反钙钛矿结构 Fe$_4$N 薄膜及异质结构

米文博　著

天津大学出版社

TIANJIN UNIVERSITY PRESS

内容提要

本书将反钙钛矿结构 Fe_4N 薄膜及异质结构的基础内容分为 8 章,分别为引言、反钙钛矿结构 Fe_4N 多晶薄膜、反钙钛矿结构 Fe_4N 外延薄膜、过渡金属元素掺杂的 Fe_4N 材料、反钙钛矿结构 Fe_4N/ 半导体异质结构、反钙钛矿结构 Fe_4N/ 反铁磁性异质结构、反钙钛矿结构 Fe_4N 基多铁性异质结构、反钙钛矿结构 Fe_4N/ 重金属异质结构。本书各个章节对相关基础知识和相应的研究结果进行了详细介绍,有利于学生了解反钙钛矿结构氮化物薄膜的基础知识和发展情况。

本书是面向物理学、材料学、电子科学与技术、微纳加工和光学等专业高年级本科生和研究生编写的。本书根据国际国内的相关文献资料和研究成果,对当前反钙钛矿结构氮化物薄膜的研究状况进行了介绍。

图书在版编目(CIP)数据

反钙钛矿结构 Fe_4N 薄膜及异质结构 / 米文博著. --
天津:天津大学出版社,2022.8
ISBN 978-7-5618-7299-4

Ⅰ.①反… Ⅱ.①米… Ⅲ.①钙钛矿型结构-薄膜
Ⅳ.①O76

中国版本图书馆CIP数据核字(2022)第156980号

出版发行	天津大学出版社	
地　　址	天津市卫津路92号天津大学内（邮编：300072）	
电　　话	发行部：022-27403647	
网　　址	www.tjupress.com.cn	
印　　刷	北京盛通商印快线网络科技有限公司	
经　　销	全国各地新华书店	
开　　本	185mm×260mm	
印　　张	23.25	
字　　数	580千	
版　　次	2022年8月第1版	
印　　次	2022年8月第1次	
定　　价	68.00元	

前　言

由于具有较简单的化学成分和晶体结构，优良的软铁磁性、抗腐蚀性、抗磨损性和金属导电性，还具有高居里温度、高化学稳定性、高热稳定性、高结构稳定性和理论计算的高自旋极化率等特点，反钙钛矿立方结构 γ'-Fe_4N 成为基础研究和磁性材料、磁性涂层材料、自旋电子学材料等领域的研究热点。

本书是面向物理学、材料学、电子科学与技术、微纳加工和光学等专业高年级本科生和研究生的专业书籍。本书的主要内容是对在国家自然科学基金项目的连续支持下开展的 γ'-Fe_4N 薄膜及异质结构研究所取得的结果以及相关文献资料的总结。

本书共分为 8 章，分别为引言、反钙钛矿结构 Fe_4N 多晶薄膜、反钙钛矿结构 Fe_4N 外延薄膜、过渡金属元素掺杂的 Fe_4N 材料、反钙钛矿结构 Fe_4N/半导体异质结构、反钙钛矿结构 Fe_4N/反铁磁性异质结构、反钙钛矿结构 Fe_4N 基多铁性异质结构、反钙钛矿结构 Fe_4N/重金属异质结构。

在本书的相关研究中，封秀平、李滋润、冯楠、张迁、张岩、殷励、赖征勋、韩雪飞、史晓慧等硕士生和博士生做出了重要贡献，在此表示衷心的感谢。在作者的学术成长过程中得到了天津大学白海力教授等前辈们的支持与教诲，在此表示衷心的感谢。

由于作者的学术水平有限，书中难免存在不足之处，欢迎读者批评指正，以便再版时加以改善。

作者

2021 年 8 月 23 日

目　　录

第1章　引言

1.1　氮化铁材料的各种相

20世纪50年代初,人们开始对氮化铁进行研究,通过研究钢铁表面的氮化现象,来提高钢铁表面的硬度和抗氧化性。随着研究的深入,人们发现氮化铁材料具有优异的铁磁性,良好的抗磨损性、抗腐蚀性、抗氧化性等,可应用于高密度磁记录介质和薄膜磁头。由于氮化铁中氮含量的不同,氮化铁材料具有不同的晶体结构,因此存在很多相,如 α-Fe(N)、α'-FeN奥氏体、Fe_3N_4、FeN(γ'' 或 γ''')、ζ-Fe_2N、ε-Fe_xN($2<x\leqslant3$)、γ'-Fe_4N、α'-Fe_8N、α''-$Fe_{16}N_2$ 等,其中 α-Fe(N)、ε-Fe_3N、γ'-Fe_4N、α'-Fe_8N 和 α''-$Fe_{16}N_2$ 在室温下具有铁磁性。有文献报道 α''-$Fe_{16}N_2$ 的饱和磁化强度高达2 320 emu/cm³,远大于块体铁的饱和磁化强度(约1 700 emu/cm³)。也有文献报道,α''-$Fe_{16}N_2$ 的饱和磁化强度为97~310 emu/cm³。α''-$Fe_{16}N_2$ 是否具有大的磁矩仍然没有统一的结论,原因在于 α''-$Fe_{16}N_2$ 是亚稳相,热稳定性较差,不易制备出单相 α''-$Fe_{16}N_2$。在氮化铁各相中,γ'-Fe_4N 的饱和磁化强度(1 384~1 461 emu/cm³)仅次于文献报道的 α''-$Fe_{16}N_2$ 的高饱和磁化强度,而且 γ'-Fe_4N 具有高热稳定性、高化学稳定性、高居里温度、简单的晶体结构和优良的力学性能等特点。

氮化铁的相结构比较复杂,包括 α-Fe(N)、α''-$Fe_{16}N_2$、γ'-Fe_4N、ε-Fe_3N、ζ-Fe_2N 等。图1-1为Fe-N的二元平衡相图。从图中可以看出,不同氮化铁相稳定存在的温度区间不同。采用不同的制备方法和工艺条件,可以制备出具有不同相的氮化铁材料。Fe原子和N原子的结合既可以形成氮化铁的 α 和 γ 两种相的固溶体,也可以形成FeN、ζ-Fe_2N、ε-Fe_3N、γ'-Fe_4N 和 α''-$Fe_{16}N_2$ 等单相化合物。由于氮含量的不同,氮化铁具有不同的晶体结构和磁性。下面将对不同氮化铁相成分进行简单的介绍,特别是室温下表现出铁磁性的氮化铁相。

α 相是具有体心立方结构的含氮铁素体,N原子位于由六个Fe原子组成的八面体间隙中,晶格常数为2.866~2.877 Å(1 Å=10^{-10} m),晶格常数取决于Fe原子组成的晶格中的含氮量。在865 K下,α 相中N原子的溶解度达到最大,N原子百分比为0.4%,α 相具有铁磁性。通过离子注入或反应溅射法制备的 α-Fe(N)薄膜中,N原子百分比达到10%。α-Fe(N)的饱和磁化强度等于或稍高于纯 α-Fe。γ 相是具有面心立方结构的含氮奥氏体,N原子分布在Fe原子组成的八面体间隙中,γ 相的晶格常数也取决于晶格中的含氮量,其最大N原子百分比可达10.3%。在室温下,纯 γ-Fe相不具有铁磁性,但是加入N原子后,表现出铁磁性。

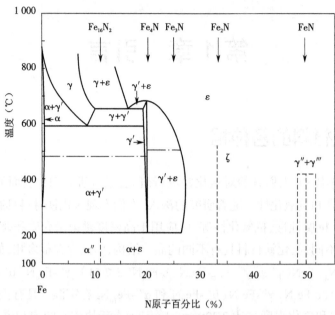

图 1-1　Fe-N 二元平衡相图

α″-Fe₁₆N₂ 是具有体心四方结构的有序相。α″-Fe₁₆N₂ 的晶胞可以看作由（2×2×2）个扭曲的体心立方结构的 α-Fe 单胞组成。图 1-2 为 α″-Fe₁₆N₂ 的晶体结构示意图，N 原子位于 α-Fe 的八面体间隙位置，晶格常数分别为 $a=b$=5.72 Å，c=6.29 Å，空间点群为 I4/mmm，属于四方晶系。从图 1-2 可以看出，在 α″-Fe₁₆N₂ 晶胞中存在三种不同的 Fe 原子位，分别为 Fe1、Fe2 和 Fe3，其中 Fe1 原子有六个近邻的原子，Fe2 原子有七个最近邻的原子，Fe3 原子没有近邻的原子，N 原子则有序地分布于由四个 Fe2 原子和两个 Fe1 原子组成的八面体间隙位置。1972 年，Kim 等在玻璃上在氮气气氛中和室温下沉积了氮化铁薄膜，首次制备了含有 α″-Fe₁₆N₂ 的多晶薄膜，α″-Fe₁₆N₂ 的饱和磁化强度约为 2 250 emu/cm³，平均每个 Fe 原子的磁矩为 3.0 μ_B。1993 年，Coehoorn 等采用第一性原理计算了 α″-Fe₁₆N₂ 的饱和磁化强度，发现 α″-Fe₁₆N₂ 的饱和磁化强度的计算值比实验值低 30%，计算所得的 Fe 原子的平均磁矩为 2.37 μ_B。1997 年，Brewer 等采用反应溅射法，在具有银衬层的硅基底上制备了外延 α″-Fe₁₆N₂ 薄膜，饱和磁化强度为 1 780 emu/cm³，略大于 α-Fe 的饱和磁化强度。2003 年，Abdel-lateef 等采用热离子直流溅射法分别在室温和 300 ℃ 的 Al₂O₃ 上沉积了外延 α″-Fe₁₆N₂ 薄膜，在 5 K 下，其饱和磁化强度为 350 emu/cm³。Sun 等采用对向靶溅射法在 150 ℃ 的 NaCl 基底上制备了单晶外延 α″-Fe₁₆N₂ 薄膜，饱和磁化强度约为 2 200 emu/cm³。Okamoto 等报道了 α″-Fe₁₆N₂ 的磁矩随晶格畸变的变化，随着晶胞体积的增大，磁矩变大，在晶胞体积为 205.8 Å³ 时，每个 Fe 原子的平均磁矩为 2.8 μ_B。Kikkawa 等通过在 130 ℃ 的氨气中氮化纯 α-Fe 粉末，得到纯 α″-Fe₁₆N₂ 粉末，测得室温饱和磁化强度为 225 emu/g，每个 Fe 原子的平均磁矩为 2.52 μ_B。Zhang 等采用核磁共振法测得 α″-Fe₁₆N₂ 中平均每个 Fe 原子的磁矩为 2.7~2.9 μ_B。Chen 等采用射频磁控溅射法在带有 Fe 衬层的硅基底上制备出 α″-Fe₁₆N₂ 薄膜，发现饱和磁化强度与薄膜厚度相关，在薄膜厚度为 300~570 nm 时，饱和磁化强度达到最大值 2 179 emu/cm³。Sun 等采用透射电子显微镜技术分析了 α″-Fe₁₆N₂ 的晶体结构，发现其晶体结构沿着不同晶向分别具有体心立方和面心立方对称性。

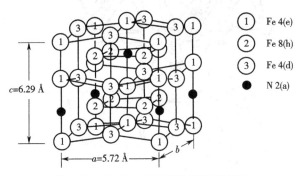

图 1-2   α″-Fe₁₆N₂ 的晶体结构示意图

α′-Fe₈N 为体心四方结构，属于四方晶系。α′-Fe₈N 是 N 原子在 α 相中形成的过饱和固溶体，晶格常数分别为 $a=b=2.86$ Å、$c=3.15$ Å。其中，N 原子分布于单位晶胞棱的中间位置，造成 Fe 晶格畸变。图 1-3 为 α′-Fe₈N 的晶体结构示意图。α′-Fe₈N 中每个 Fe 原子的平均磁矩约为 2.4 μ_B。α′-Fe₈N 为亚稳相，经过回火可以形成亚稳态的 α″-Fe₁₆N₂，最终形成稳定的 γ′-Fe₄N。

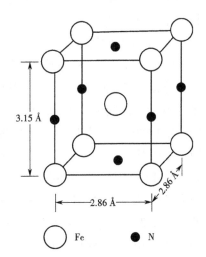

图 1-3   α′-Fe₈N 的晶体结构示意图

ε-Fe₃N 具有六角密排结构，空间点群为 $P6_322$，属于六方晶系，晶格常数为 $a=b=4.70$ Å、$c=4.38$ Å。图 1-4 为 ε-Fe₃N 的晶体结构示意图。其中，Fe 原子在空间形成六方晶格，一个 ε-Fe₃N 晶胞中包含六个 Fe 原子和两个 N 原子，N 原子位于由六个 Fe 原子组成的八面体间隙中。Utsushikawa 等采用电子束蒸发法在玻璃基底上制备了多晶 ε-Fe₃N 薄膜，测得 ε-Fe₃N 的饱和磁化强度为 1 100 emu/cm³。

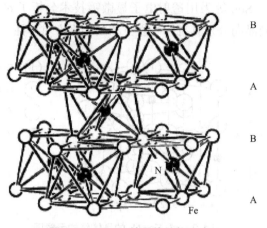

图 1-4　ε-Fe₃N 的晶体结构示意

　　Takahashi 等采用化学蒸镀法在玻璃上沉积了 ε-Fe₃N 薄膜,其饱和磁化强度为 83.6 A·m²/kg。从氮化铁相图中可以看出,ε 相的存在范围比较宽,是以 Fe_xN(2<x≤3)为基的固溶体。Fe_xN(2<x≤3)表现为铁磁性,随着 x 的减小,磁性减弱。当 $x=3$ 时,每个 Fe 原子的平均磁矩为 2.0 μ_B;当 $x=2$ 时,Fe_2N 为弱巡游铁磁体。Fe_xN(2<x≤3)具有自发磁化特征,居里温度随着 N 含量的变化而不同。从 Fe₃N 变化到 Fe₂N,居里温度从 575 K 减小到 9 K。

　　γ′-Fe₄N 具有立方反钙钛矿结构,等价于在面心立方 γ-Fe 的体心插入 N 原子,由于间隙 N 原子的溶入,面心立方的 γ-Fe 晶格常数膨胀了 33%,空间点群为 $Pm\bar{3}m$,属于立方晶系,晶格常数为 $a=b=c=3.795$ Å。图 1-5 为 γ′-Fe₄N 的晶体结构示意图。在 Fe₄N 的晶胞中,有两个不同的 Fe 原子位,即立方体顶角的 Fe Ⅰ 原子和面心处的 Fe Ⅱ 原子。N 原子有序地分布于由六个 Fe Ⅱ 原子组成的正八面体的间隙位置,即立方晶格的体心。Fe Ⅰ 原子周围有十二个最近邻的 Fe Ⅱ 原子,距离为 2.680 Å;Fe Ⅱ 原子周围有两个最近邻的 N 原子,距离为 1.900 Å,Fe Ⅱ 原子的次近邻原子是距其 2.680 Å 的十二个 Fe 原子。γ′-Fe₄N 具有良好的稳定性,居里温度约为 760 K,室温饱和磁化强度为 1 440 emu/cm³。在 0 K,每个单胞的磁矩为 8.86 μ_B。Frazer 采用中子衍射法证明了 Fe₄N 晶体中两个不同位置的 Fe 原子磁矩的大小,Fe Ⅰ 的磁矩为 3.0 μ_B,Fe Ⅱ 的磁矩为 2.0 μ_B。Houari 等认为 Fe Ⅱ 原子与体心位置处的 N 原子距离要比 Fe Ⅰ 原子与 N 原子的距离小,致使 Fe Ⅱ 原子与 N 原子之间形成更多的结合键,使 Fe Ⅱ 的磁矩小于 Fe Ⅰ 的磁矩。由于 Fe 原子具有同位素 ⁵⁷Fe,因此可以利用穆斯堡尔谱来研究氮化铁的磁性和相结构。Borsa 等利用穆斯堡尔谱分析了外延氮化铁薄膜的相成分,并分析了 γ′-Fe₄N 和其他氮化铁相的磁性和结构。

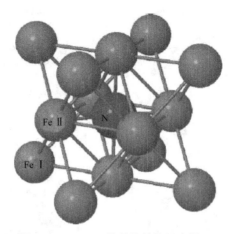

图 1-5 γ′-Fe$_4$N 的晶体结构示意图

Fe$_2$N 具有两种晶体结构:一种是上面介绍的 ε-Fe$_x$N 在 $x=2$ 时的六角结构;另一种是正交点阵的 ζ-Fe$_2$N。图 1-6 给出了这两种晶体结构的示意。ζ-Fe$_2$N 的晶格常数为 $a=4.473$ Å、$b=5.541$ Å、$c=4.843$ Å,空间点群为 $Pbcn$,属正交晶系,居里温度为 9 K。

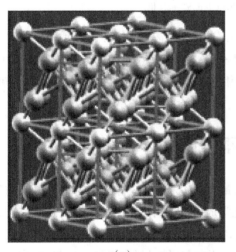 

（a） （b）

图 1-6 Fe$_2$N 的晶体结构示意(小球代表 N 原子,大球代表 Fe 原子)

(a)ε-Fe$_x$N 相;(b)ζ-Fe$_2$N 相

Fe 原子和 N 原子比为 1:1 的 FeN 也具有两种晶体结构:一种是具有氯化钠结构的 γ‴-FeN,空间点群为 $Fm3m$,晶格常数为 $a=b=c=4.57$ Å;另一种是具有闪锌矿(ZnS)晶体结构的 γ″-FeN,空间点群为 $Fd3m$,晶格常数为 $a=b=c=4.33$ Å。图 1-7 为 FeN 的晶体结构示意图。室温下,γ‴-FeN 具有反铁磁性。

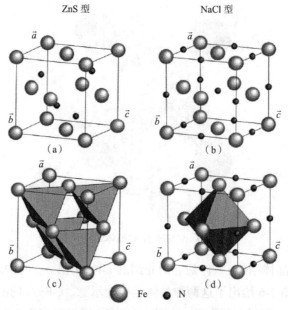

图 1-7　FeN 的晶体结构示意图

（a）（c）γ‴-FeN 相；（b）（d）γ″-FeN 相

此外，Ching 等提出了具有立方尖晶石结构的 Fe_3N_4 相，利用原子轨道线性组合正交法计算了 Fe_3N_4 的磁性，其晶格常数为 $a=b=c=7.896$ Å，空间点群为 $Fd3m$，具有弱铁磁性。

综上所述，由于氮含量的不同，氮化铁各相的晶体结构差别很大，基本性质也不同。

1.2　反钙钛矿结构 Fe₄N 的基本性质

对于 Fe₄N 材料的研究已有很长的历史，最早研究 Fe₄N 是将其作为生产氨气的催化剂及钢铁表面处理剂的。由于具有较简单的化学成分和晶体结构，优良的铁磁性、抗腐蚀性、抗磨损性和金属导电性，还具有高居里温度、高化学稳定性、高热稳定性、高结构稳定性和理论计算的高自旋极化率等特点，Fe₄N 成为基础研究和磁性材料、磁性涂层材料、自旋电子学材料等领域的热点。人们采用第一性原理的方法，在不同条件下对 Fe₄N 的能带结构进行了计算，分析了 Fe₄N 的磁性和自旋极化等。前人提出 Fe₄N 具有两种不同的电荷结构，即（Fe I ）⁰（Fe II ）₃¹⁻-N³⁺ 和（Fe I ）⁰（Fe II ）₃¹ᐟ³⁺N¹⁻。但也有人认为 Fe 原子和 N 原子之间没有电荷转移。Zhou 等采用线性缀加平面波法计算了立方结构 Fe₄N 的能带结构，解释了 N 原子的 2p 和 Fe 原子的 4s、3d 轨道电子的相互作用和电荷转移。Mohn 等和 Sifkovits 等分别采用自旋密度泛函理论和从头算方法研究了 Fe₄N 的磁相互作用和化学键对磁性的影响，得出了与实验结果较吻合的结论。Hoshino 等采用基于广义梯度近似（GGA）的 KKR 法计算了 Fe₄N 的磁性，认为采用局域密度自旋近似的线性 muffin-tin 轨道能带结构联合原子球近似方法计算氮化铁是不准确的。其原因在于：①确定平衡晶格常数有一定的难度（总能量取决于原子球半径的比率）；②低估了 Fe 原子的磁性。利用 GGA 方法计算得到 Fe_4N 的平衡晶格常数为 3.74 Å，FeⅠ原子和 FeⅡ原子的磁矩分别为 3.01 μ_B 和 2.17 μ_B，这与实验值接近；而且 Fe_4N 中 Fe 原子的磁矩大于面心立方 γ-Fe 中 Fe 原子的磁矩，这主要是由于在体心位置插入了 N 原子。Rebaza 等利用第一性原理方法分析了 Fe_4N 的磁性和电子结构与压力变化的关系。由平衡晶格常数下 Fe_4N 的态密度可以看出，在能量为 -8.5~-5.0 eV 的范围内，FeⅡ原子和 N 原子的态密度有很强的重叠。通过改变压力引起晶格常数变化，FeⅠ原子的磁矩基本不变，电荷转移与晶格常数改变引起的磁矩变化相互抵消。FeⅡ原子的磁矩在晶格常数达到平衡常数前是以抛物线形式变大的，在平衡晶格常数之后缓慢增大，磁矩变化主要来源于 FeⅡ原子的 d_{xy}、d_{yz}、d_{xz} 和 $d_{x^2-y^2}$ 轨道。Pick 等采用泛函理论对比了 Fe_4N（002）表面和 $c(2\times2)$N/Fe(001) 的性质，发现它们有很多相似之处，然而因为 Fe 原子和 N 原子间距的不同导致了磁矩的不同。Houari 等采用密度泛函理论框架下的缀加球面波法（ASW），利用交换关联势采用广义梯度近似研究了磁体积效应对 Fe_4N 和 Co_4N 体系磁性的影响，结果表明：① Fe_4N 的能量移动比 Co_4N 的大，其中能量移动是由自旋向上和自旋向下的电子态交换劈裂引起的；② FeⅠ原子的磁矩为 2.92 μ_B，FeⅡ原子的磁矩为 2.14 μ_B，这主要是由于 N 原子与 FeⅡ原子近，从而形成更多的结合键，而立方体顶角的 FeⅠ与 N 原子之间没有结合键，N 原子的插入引起体积的膨胀，致使 FeⅠ原子的磁矩比面心位置的 FeⅡ原子的磁矩大。针对合金和金属间化合物，平均磁矩 $m_{av}=z_m+0.6$，其中 z_m 为磁电子数，$z_m=2n_{d\uparrow}-z_v$，且 z_v 为价电子数，$n_{d\uparrow}$ 为极化的 d 电子数。对于过渡金属而言，周期表中前面的和后面的元素 $n_{d\uparrow}$ 分别取 0 和 5。由该理论模型得出 Fe_4N 中 Fe 原子的平均磁矩为 1.6 μ_B。Siberchicot 等采用从头算方法研究了氢原子掺入对 γ′-Fe_4N 物理性质的影响，γ′-Fe_4NH_n 随着氢原子的增多，即当 n 从 1 变到 3 时，Fe_4NH_n 的体积增大，饱和磁化强度减小。Wu 等计算了用 Ni 原子取代 Fe 原子之后对 Fe_4N 的电子结构和性质的影响，Ni 原子的取代使得 Fe_4N 的晶格常数变小。随着 x 从 0 变到 1，$(Fe_{1-x}Ni_x)_4N$ 的磁矩减小。$(Fe_{1-x}Ni_x)_4N$ 的弹性要比 Fe_4N 更加优良，但是韧性差于 Fe_4N。

对 Fe_4N 的理论计算，人们主要关注 γ′-Fe_4N 的磁性和结构，而关于 Fe_4N 的电子自旋极化输运的理论计算结果相对较少。鉴于 CoFeB/MgO/CoFeB 铁磁性隧道结室温磁电阻率高达 260%，甚至达 355%，该隧道结的最大特点为两个铁磁性电极均是由铁磁性过渡金属元素与轻元素组成的。Kokado 等认为由铁磁性元素和轻元素组成的铁磁性电极很可能会实现在室温下高自旋极化的电子输运，从而进一步提高铁磁性隧道结的磁电阻率。因此，联合第一性原理、紧束缚模型和久保公式计算了 Fe_4N 的态密度自旋极化率（$P_{DOS}(E)$）和自旋极化率（$P(E)$），得出 Fe_4N 在费米能级（费米面）处的 $P_{DOS}(E_F)=-0.6$ 和 $P(E_F)=-1$（见图 1-8）。可见，Fe_4N 在费米能级处的传导自旋极化率达到了 100%，是一种很有潜力的自旋注入电极材料。

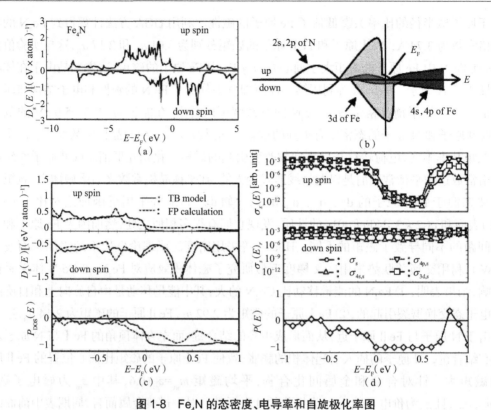

图 1-8　Fe₄N 的态密度、电导率和自旋极化率图

（a）第一性原理计算所得的态密度图；（b）分波态密度示意图（4s-4p 部分和 3d 重叠，见图中阴影部分）；
（c）紧束缚模型和第一性原理计算得到的在 $-1\ eV \leqslant E-E_F \leqslant 1\ eV$ 的态密度 $D_s(E)$ 和态密度自旋极化率 $P_{DOS}(E)$；
（d）在 $-1\ eV \leqslant E-E_F \leqslant 1\ eV$ 内的电导率 $\sigma_{i,s}(E)$、$\sigma_s(E)$ 和自旋极化率 $P(E)$

　　由于 Fe₄N 具有众多优点，人们采用各种制备方法和不同基底制备出了多晶和外延 Fe₄N 薄膜以及 Fe₄N 块体粉末。制备 Fe₄N 的方法主要有化学气相沉积、射频磁控溅射、分子束外延、直流磁控溅射、氮化纯铁薄膜等技术。制备多晶 Fe₄N 薄膜用到的基底材料主要有硅和玻璃等。Fe₄N 的晶格常数为 3.795 Å，外延生长用到的基底材料都是晶格常数与其比较匹配的，主要有氧化镁、钛酸锶、铝酸镧和铜等。

　　由于氮化铁材料具有复杂的相结构，所以无论制备氮化铁的哪一相的纯相，对基底温度、氮气流量等制备条件要求都较高。其中，根据 Fe₄N 相在相图中是较稳定相和不同的氮化铁相之间通过热处理可以相互转化的特点，人们可以对制备出的非 Fe₄N 薄膜进行一定的热处理来得到单相的 Fe₄N 薄膜。Chechenin 等研究了低温下的氮化铁相图。在这之前，氮化铁相图的起始温度为 300 ℃。Chechenin 等采用化学氮化方法研究了低温下氮化铁的情况，得出 214 ℃是 Fe、Fe₄N 和 Fe₃N 三相共存的温度点；低于 214 ℃时，Fe₄N 相可分解为 Fe₃N 和 α-Fe 相，即 Fe₄N $\xrightarrow{214\ ℃}$ α-Fe + ε-Fe₃N。Chatbi 等通过热解吸附光谱法研究了采用溅射法制备的氮化铁薄膜中氮元素的稳定性。通过控制氮气的流量，在未加热的基底上制备出了含有不同相的氮化铁薄膜：α-Fe(N) 铁素体、非晶的 FeN、Fe₂₋₃N 和 Fe₂N。在加热的基底上则制备出 Fe₄N。当退火温度为 500 ℃时，Fe₂N 和 Fe₂₋₃N 转化为 Fe₄N；当退火温度为 650 ℃时，Fe_4N 转化为更稳定的 α-Fe。上述各相之间的相互转化关系可以简单地表示如下：$\zeta\text{-}Fe_2N \xrightarrow{500\ ℃} \gamma'\text{-}Fe_4N$，$\varepsilon\text{-}Fe_{2\sim3}N \xrightarrow{500\ ℃} \gamma'\text{-}Fe_4N$，$\gamma'\text{-}Fe_4N \xrightarrow{650\ ℃} \alpha\text{-}Fe$。Wang 等采用直流磁控溅射技术在 100 ℃的 NaCl(100)基底上制备了氮化铁纳米晶薄膜并对其进行了退火处理；当退火温度为 300 ℃时，在 X 射线 $\theta\text{-}2\theta$ 扫描图上 2θ 为 41.4° 和 47.5° 处出现了 Fe_4N(111)和(200)衍射峰，即在退火温度为 300 ℃时，Fe_3N 转化为 Fe_4N；当退火温度为 350 ℃时，Fe_4N(111)衍射峰强度增强，α-Fe(211)衍射峰增强，即在退火温度为 350 ℃时，Fe_4N 部分地分解为 α-Fe。各相间的转化关系可简单表示如下：$\varepsilon\text{-}Fe_3N \xrightarrow{300\ ℃} \gamma'\text{-}Fe_4N$，$\gamma'\text{-}Fe_4N \xrightarrow{350\ ℃} \alpha\text{-}Fe$。Sumiyama 等通过先在氨气中对 Fe 粉进行 550 ℃退火处理 30 h，然后再对氮化后的粉末进行不同时间的机械研磨。在研磨时间为 0 h 时，得到了 Fe_4N 粉末，并对经过 400 h 研磨的粉末在 230 ℃和 420 ℃下退火 1 h。在 230 ℃时，$\varepsilon\text{-}Fe_3N$ 部分地转化为 $\gamma'\text{-}Fe_4N$；在退火温度为 420 ℃时，Fe_3N 大部分转化为 Fe_4N 粉末，即 $\varepsilon\text{-}Fe_3N \xrightarrow{420\ ℃} \gamma'\text{-}Fe_4N$。在 350~500 ℃温度范围内，在纯的氨气气氛中对 α-Fe 纳米晶薄膜进行氮化处理，随着温度的降低，氮化铁各相之间的转化过程为 α-Fe → $\gamma'\text{-}Fe_4N$，$\gamma'\text{-}Fe_4N \to \varepsilon\text{-}Fe_3N$，$\varepsilon\text{-}Fe_3N \to \varepsilon\text{-}Fe_2N$。$Fe_{16}N_2$ 是亚稳相，在一定的热处理条件下也可以转化为 Fe_4N。综上所述，通过在一定条件下的热处理，氮化铁各相之间可以相互转化。由于 Fe_4N 比其他氮化铁相热稳定性好，故通过退火后其他氮化铁相均可转化为 Fe_4N，但是当退火温度更高时，Fe_4N 将转化为更加稳定的 α-Fe。

除了通过间接的热处理方法可以制备出单相的 Fe_4N 外，也可以直接通过控制实验条件来得到单相的多晶和外延 Fe_4N 薄膜。Nikolaev 等采用三极溅射技术在 $SrTiO_3$(001)基底上生长了 60 nm 的外延 Fe_4N 薄膜，基底温度保持在 350~450 ℃。结构表征证明了 Fe_4N 薄膜的外延生长关系，并且 Fe_4N 薄膜的易磁化轴和难磁化轴分别为 <100> 和 <110>；在 300 K，电阻率为 92.5 μΩ·cm；在 4.2 K，电阻率为 10 μΩ·cm；在 300 K，立方各向异性常数 $K_1=1.6 \times 10^5$ erg/cm^3。Ito 等采用分子束外延法，在 $SrTiO_3$(001)基底上制备了外延 Fe_4N 薄膜，并对其结构和磁性进行了研究。Wang 等利用直流磁控溅射技术在不同基底上制备了氮化铁薄膜，并研究了氮化铁薄膜的结构和磁性。当玻璃基底温度为 250 ℃时，制备出了单相 Fe_4N 薄膜；当基底温度为 350 ℃时，出现了 Fe_3N 和 Fe_4N。在 Si(100)基底上生长单相 $\gamma'\text{-}Fe_4N$ 薄膜的最佳温度也是 250 ℃，高于 250 ℃，则出现 α-Fe。在 NaCl(100)基底上生长单相 Fe_4N 薄膜的最佳温度为 150 ℃。磁性测量结果表明，在不同基底上制备的 Fe_4N 薄膜的饱和磁化强度基本一致，矫顽力则不同，在玻璃基底上制备的薄膜的矫顽力小于在单晶硅和氯化钠基底上制备的薄膜的矫顽力。这主要是两方面的原因造成的：①在玻璃基底上的薄膜的晶粒尺寸较小，引起矫顽力的减小（在晶粒尺寸 D 小于交换长度 L_{ex} 时，$H_c \propto D^6$）；②由于单晶基底的各向异性大于非晶基底，在单晶基底上制备的 Fe_4N 薄膜的磁晶各向异性增大，导致矫顽力增大。Wang 等研究了低温下 Fe_4N 纳米晶薄膜的结构和磁性，由于低温下可以排除热扰动对磁性测量的影响，采用对向靶磁控溅射技术在 250 ℃的 Si(100)基底上制备了 720 nm 的单相 Fe_4N 纳米晶薄膜。不同温度下薄膜的磁性测量结果表明，随着温度的降低，饱和磁化强度和矫顽力都增大，剩余磁化强度与饱和磁化强度的比值减小，主要是因为热扰动随温度的降低而变弱。Atiq 等在氧化镁、钛酸锶和铝酸镧基底上采用直流磁控溅射法在基底温度为 450 ℃时沉积了氮化铁薄膜，并对其进行原位退火 30 min，通过 X 射线 θ-2θ 扫描、φ 扫描和极图实验证明了制备出的样品为外延 Fe$_4$N 薄膜，并且薄膜的饱和磁化强度随着基底与薄膜的晶格匹配度的减小而增大。对于在铜基底上制备的外延 Fe$_4$N 薄膜，研究者主要研究了它的外延结构和磁性以及只有几个原子层厚的薄膜的表面的 p4gm（2×2）重构原因及性质等。制备在铜基底上的 1 个分子层（ML）的薄膜组成是 Fe$_2$N，2 个分子层的薄膜组成是 Fe$_4$N。Fe$_4$N（100）在 Cu（100）基底上制备的为 p4gm（2×2）的表面重构。表面重构是由于次层中有过饱和的氮存在，表面与晶体的其余部分之间的相互影响消除。块体 Fe$_4$N 中 Fe I 原子的电荷和磁矩分别为 7.76 个电子和 2.97 μ_B，Fe II 原子的电荷和磁矩分别为 7.9 个电子和 2.39 μ_B，这与早期利用中子衍射得到的原子磁矩不同。

迄今为止，人们基本都是从磁性和晶体结构的角度对氮化铁材料进行研究的。随着自旋电子学的发展，少数的几个科研小组开始从自旋相关输运的角度来研究氮化铁材料。Narahara 等采用点接触 Andreev 反射法测量了 Fe$_4$N 的自旋极化率，采用分子束外延的方法制备了 800 nm 原的 Fe$_4$N 薄膜，并与同时采用射频磁控溅射法制备的 200 nm 厚的 α-Fe 薄膜做比较，为防止 α-Fe 薄膜被氧化，在其上面镀了一层 1 nm 的 Au 覆盖层。通过对测量结果的拟合，得出 Fe$_4$N 和 α-Fe 的自旋极化率分别为 59% 和 49%。Komasaki 等报道了以 Fe$_4$N 为电极的 Fe$_4$N/MgO/CoFeB 隧道结的磁电阻高达 75%，并研究了 Fe$_4$N 薄膜的结晶质量对隧穿磁电阻（TMR）的影响。Fe$_4$N 薄膜由于铜衬层的存在而表现出很好的外延生长。隧道结的磁电阻在偏压为 −250 mV 时为 75%（见图 1-9）。这比 Sunaga 等报道以 Fe$_4$N 为电极的隧道结的磁电阻在偏压为 −200 mV 时为 18.5% 要大。造成磁电阻不同的原因可能是衬层的不同，Sunaga 等用铁作为衬层，晶格没有铜与 Fe$_4$N 匹配得好，导致结晶质量差。Tsunoda 等在测量温度为 4.2~300 K 时，在 Fe$_4$N 薄膜中发现了负的各向异性磁电阻（AMR），并且随着温度的升高，在 50 K 处出现了一个台阶。各向异性磁电阻的负号主要是由少数自旋极化的电子造成的。Borsa 等研究 Cu$_3$N 薄膜生长在 MgO 基底和 MgO 基底上有 Fe$_4$N 缓冲层的性质时提出由于 Fe$_4$N 是铁磁性导体，而 Cu$_3$N 是低能带隙（1.65 eV）的绝缘体，两者为制备低电阻的磁性隧道结提供了条件。Narahara 等提出基于氮化物的以 Fe$_4$N 为铁磁电极之一的 Fe$_3$N/AlN/Fe$_4$N 磁性隧道结，主要介绍了如何在 Si（111）基底上制备磁性隧道结 Fe$_3$N/AlN/Fe$_4$N 并加以证明，在 280 K 下测量了磁性隧道结的磁滞回线，各层厚度为 Fe$_3$N（30 nm）/AlN（2 nm）/Fe$_4$N（25 nm）。其中，顶层 Fe$_3$N 的矫顽力为 160 Oe，饱和磁化强度为 800 emu/cm^3；底层 Fe$_4$N 的矫顽力为 50 Oe，饱和磁化强度为 1 600 emu/cm^3，这与在块体中得到的数值一致。Navio 等提出了以 Fe$_4$N 为铁磁性电极、金属铜为中间层的自旋阀结构，即 Fe$_4$N/Cu/Fe$_4$N。应用半导体 Cu$_3$N 和顺磁性的 FeN 的热稳定性，通过比较缓和的 700 K 退火，使全氮化物的三层膜 FeN/Cu$_3$N/Fe$_4$N 部分转变成自旋阀结构的 Fe$_4$N/Cu/Fe$_4$N。退火温度之所以选择 700 K，是因为 Cu$_3$N 薄膜完全分解成金属铜的温度和无磁性的 FeN 转化成铁磁性的 γ′-Fe$_4$N 相的退火温度都为 700 K。Narahara 等通过分子束外延方法在 MgO（001）基底上制备了外延 Fe$_4$N 薄膜以及 Fe$_4$N/MgO/Fe 磁性隧道结。制备的 Fe$_4$N 外延薄膜是通过氮化生长在 MgO(001)基底上的 α-Fe 薄膜来实现的,最后得到外延的 Fe_4N(75 nm)/MgO。Fe_4N/MgO/Fe 磁性隧道结也是通过氮化沿 a 轴取向的 Fe(7 nm)/MgO(1 nm)/Fe(100 nm)/MgO 磁性隧道结最上层的 7 nm 厚的铁薄膜,使最上面的铁薄膜转化为 Fe_4N 薄膜来制备的。

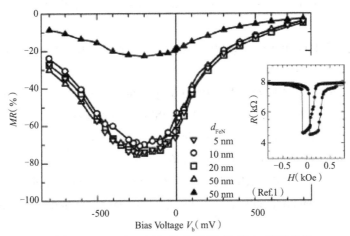

图 1-9　Fe_4N/MgO/CoFeB 的 TMR 随 V_b 变化曲线

在一些实际应用中,为了提高氮化铁材料的饱和磁化强度、降低磁致伸缩性和提高热稳定性,可采用第三种金属元素取代 Fe 原子。Zhuge 等研究了 Ni 原子取代 Fe_4N 中的 Fe 原子而形成的(Fe, Ni)$_4$N 薄膜的性质,在 Ni 原子的含量为 6.7% 时,饱和磁化强度为 1 632 emu/cm³, Ni 原子的取代影响了薄膜的取向生长,提高了 Fe_4N 薄膜的饱和磁化强度。Ma 等采用第一性原理计算了 Fe_4N 及用 Co 原子取代 Fe 原子后形成的 $CoFe_3N$ 结构的稳定性和磁性。用 Co 原子取代顶角的 Fe 原子后,结构更稳定,在高压下 $CoFe_3N$ 具有铁磁性,在低压下 $CoFe_3N$ 不具有磁性。Houben 等研究了三元合金氮化物 $GaFe_3N$ 和 $AlFe_3N$ 的合成及它们的磁性,测得 $GaFe_3N$ 和 $AlFe_3N$ 分别是反铁磁性和铁磁性。

人们已经对 Fe_4N 进行了长期的研究,本章对之前的研究进行了简介。后面的章节将详细介绍近年来 Fe_4N 薄膜及异质结构的实验和理论计算方面的研究结果。

本章参考文献

[1] KIM T K, TAKAHASHI M. New magnetic material having ultrahigh magnetic moment[J]. Applied physics letters, 1972, 20(12):493-494.

[2] KOMURO M, KOZONO Y, HANAZONO M, et al. Epitaxial growth and magnetic properties of $Fe_{16}N_2$ films with high saturation magnetic flux density[J]. Applied physics letters, 1990, 67(9):5126-5130.

[3] ABDELLATEEF M A, HEIDEN C, LEMKE H, et al. Magnetic properties and structure of the α"-$Fe_{16}N_2$ films[J]. Journal of maguelism and maguelic materials, 2003, 256(1-3):214-220.

[4]　LOLOEE R, NIKOLAEV K R, PRATT W P. Growth and characterization of sputtered epitaxial γ'-Fe_4N and NbN films and bilayers using electron backscatter diffraction patterns and magnetometry[J]. Applied physics letters, 2003, 82(19): 3281-3283.

[5]　GALLEGO J M, GRACHEV S YU, BORSA D M, et al. Mechanisms of epitaxial growth and magnetic properties of γ'-Fe_4N(100) films on Cu(100)[J]. Physical review B, 2004, 70 (11): 1-11.

[6]　COEY J M D, SMITH P A I. Magnetic nitrides[J]. Journal of maguelism and maguelic materials, 1999, 200(1-3): 405-424.

[7]　COEHOORN, DAALDEROP, JANSEN. Full-potential calculations of the magnetization of $Fe_{16}N_2$ and Fe_4N[J]. Physical review B, 1993, 48(6): 3830-3834.

[8]　LI D, GU Y S, NIE Z R, et al. Ab initio calculations of magnetic properties of $Fe_{16}N_2$[J]. Journal of materials science technology, 2006, 22(6): 833-838.

[9]　BREWER M A, ECHER C J, KRISHNAN K M, et al. Magnetic and physical microstructure of $Fe_{16}N_2$ films grown epitaxially on Si(001)[J]. Journal of applied physics, 1998, 81(8): 4128-4130.

[10]　SUN D C, JIANG E Y, TIAN M B, et al. Epitaxial single crystal $Fe_{16}N_2$ films grown by facing targets sputtering[J]. Journal of applied physics, 1996, 79(8): 5440-5442.

[11]　OKAMOTO S, KITAKAMI O, SHIMADA Y. Effect of lattice distortion on magnetic and electronic state of α"-$Fe_{16}N_2$[J]. Journal of applied physics, 1999, 85(8): 4952-4954.

[12]　OKAMOTO S, KITAKAMI O, SHIMADA Y. Crystal distortion and the magnetic moment of epitaxially grown α"-$Fe_{16}N_2$[J]. Journal of maguelism and maguelic materials, 2000, 208 (1-2): 102-104.

[13]　KIKKAWA S, YAMADA A, MASUBUCHI Y, et al. Fine $Fe_{16}N_2$ powder prepared by low-temperature nitridation[J]. Materials research bulletin, 2008, 43(12): 3352-3357.

[14]　ZHANG Y D, BUDNICK J L, HINES W A, et al. Giant moment of $Fe_{16}N_2$ as evidenced by [57]Fe NMR studies[J]. Physical review B, 1996, 54(1): 51-54.

[15]　CHEN Y F, JIANG E Y, LI Z Q, et al. Structure and magnetic properties of RF sputtered Fe-N films[J]. Journal of physics D: applied physics, 2004, 37(10): 1429-1433.

[16]　SUN D C, JIANG E Y, SUN D Q. Study on the structure of $Fe_{16}N_2$ single-crystal films by transmission electron microscopy[J]. Thin solid films, 1997, 298(1-2): 116-121.

[17]　ZHOU J P, LI D, GUA Y S, et al. Ambiguities on structure analysis of Fe-N thin films[J]. Journal of maguelism and maguelic materials, 2002, 238(1): 1-5.

[18]　LI Z W, MORRISH A H, ORTIZ C. Mössbauer studies of α"-$Fe_{16}N_2$ and α'-Fe_8N films[J]. Journal of materials science, 2001, 36(24): 5835-5838.

[19]　MATAR S. The magnetic properties of iron nitride: Fe_8N[J]. Zeitschrift für physik B: condensed matter, 1992, 87(1): 91-96.

[20] JACOBS H, RECHENBACH D, ZACHWIEJA U. Structure determination of γ'-Fe$_4$N and ε-Fe$_3$N[J]. Journal of alloys and compounds, 1995, 227(1): 10-17.

[21] UTSUSHIKAWA Y, NIIZUMA K. The saturation magnetization of Fe-N films prepared by nitriding treatment in N$_2$ plasma[J]. Journal of alloys and compounds, 1995, 222(1-2): 188-192.

[22] TAKAHASHI N, TODA Y, NAKAMURA T. Preparation of FeN thin films by chemical vapor deposition using a chloride source[J]. Materials letters, 2000, 42(6): 380-382.

[23] LEINEWEBER A, JACOBS H, HÜNING F, et al. ε-Fe$_3$N: magnetic structure, magnetization and temperature dependent disorder of nitrogen[J]. Journal of alloys and compounds, 1999, 288(1-2): 79-87.

[24] YAMAGUCHI K, YUI T, ICHUKAWA Y, et al. Epitaxial growth and magnetic properties of ferromagnetic Fe$_3$N on Si(111) by molecular beam epitaxy using AlN/3C-SiC intermediate layers[J]. Journal of applied physics, 2006, 45(27): 705-707.

[25] MOHN P, MATAR S F. The γ'-Fe$_4$N system revisited: an ab initio calculation study of the magnetic interactions[J]. Journal of maguelism and maguelic materials, 1999, 191(1-2): 234-240.

[26] GIL REBAZA A V, DESIMONI J, PELTZER Y BLANCÁ E L. Study of the magnetic and electronic properties of the Fe$_4$N with pressure[J]. Physias B: condensed matter, 2009, 404 (18): 2872-2875.

[27] GRACHEV S Y, BORSA D M, BOERMA D O. On the growth of magnetic Fe$_4$N films[J]. Surface science, 2002, 515(2-3): 359-368.

[28] FRAZER B C. Magnetic structure of Fe$_4$N[J]. Physical review, 1958, 112(3): 751-754.

[29] HOUARI A, MATAR S F, BELKHIR M A. DFT study of magneto-volume effects in iron and cobalt nitrides[J]. Journal of maguelism and maguelic materials, 2010, 322(6): 658-660.

[30] GRACHEV S, BORSA D M, VONGTRAGOOL S, et al. The growth of epitaxial iron nitrides by gas flow assisted MBE[J]. Surface science, 2001, 482(2): 802-808.

[31] BORSA D M, BORSA D M. Phase identification of iron nitrides and iron oxy-nitrides with mössbauer spectroscopy[J]. Hyperfine interactions, 2003: 31-48.

[32] COSTA-KRÄMER J L, BORSA D M, GARCÍA-MARTÍN J M, et al. Structure and magnetism of single-phase epitaxial γ'-Fe$_4$N[J]. Physical review B, 2004, 69(11)/114402: 1-8.

[33] RAVI C, SAHU H K, VALSAKUMAR M C, et al. Cluster expansion Monte Carlo study of phase stability of vanadium nitrides[J]. Physical review B, 2010, 81(10): 1-13.

[34] TELLING N D, JONES G A, GRUNDY P J, et al. Fe-N alloy films prepared using a nitrogen atom source[J]. Journal of magnetism and magnetic materials, 2001, 226(P2): 1659-1661.

[35] MOSCA D H, DIONISIO P H, SCHREINER W H, et al. Compositional and magnetic properties of iron nitride thin films[J]. Journal of applied plysics, 1990, 67(12): 7514-7519.

[36] JOUANNY I, WEISBECKER P, DEMANGE V, et al. Structural characterization of sputtered single-phase γ''' iron nitride coatings[J]. Thin solid films, 2010, 518(8): 1883-1891.

[37] HOUARI A, MATAR S F, BELKHIR M A, et al. Structural stability and magnetism of FeN from first principles[J]. Physical review B, 2007, 75(6): 1-6.

[38] CHING W Y, XU Y N, RULIS P. Structure and properties of spinel Fe_3N_4 and comparison to zinc blende FeN[J]. Applied physics letters, 2002, 80(16): 2904-2906.

[39] EMMETT P H, HENDRICKS S B, BRUNAUER S. The dissociation pressure of Fe_4N[J]. Journal of the American chemical society, 1930, 52(4): 1456-1464.

[40] ZHOU W, QU L J, ZHANG Q M, et al. Interaction and charge in the iron nitride Fe_4N[J]. Physical review B, 1989, 40(9): 6393-6397.

[41] SIFKOVITS M, SMOLINSKI H, HELLWIG S, et al. Interplay of chemical bonding and magnetism in Fe_4N, Fe_3N and Fe_2N[J]. Journal of maguelism and maguelic materials, 1999, 204(3): 191-198.

[42] HOSHINO T, ASATO M, NAKAMURA T, et al. Screened full-potntial KKR caculations for iron compounds based on the generakized-gradient approximation[J]. Journal of maguelism and maguelic materials, 2004, 272-2763(1): 231-232.

[43] PICK Š, LÉGARÉ P, DEMANGEAT C. Comparison of c(2 × 2)N/Fe(001) and Fe_4N (002) surfaces: a density-functional theory study[J]. Journal of physics: condensed matter, 2008, 20(7): 1-5.

[44] SIBERCHICOT B. Effects of hydrogen absorption on physical properties of γ'-Fe_4N[J]. Journal of maguelism and maguelic materials, 2009, 321(20): 3422-3425.

[45] WU Y Q, YAN M F. Electronic structure and properties of ($Fe_{1-x}Ni_x$)$_4$N (0≤x≤1.0)[J]. Physica B, 2010, 405(12): 2700-2705.

[46] KOKADO S, FUJIMA N, HARIGAYA K, et al. Theoretical analysis of highly spin-polarized transport in the iron nitride Fe_4N[J]. Physical review B, 2006, 73(17): 1-4.

[47] KOKADO S, FUJIMA N, HARIGAYA K, et al. Spin polarized transport of iron nitride Fe_4N: analysis using a combination of first principles calculation and model calculation[J]. Physic status solidic, 2006, 3(9): 3303-3309.

[48] WRIEDT H A, GOKCEN N A, NAFZIGER R H. The Fe-N (Iron-Nitrogen) system[J]. Journal of phase equilibria, 1987, 8(4): 355-357.

[49] VAN VOORTHUYSEN E H, CHECHENIN N C, BOEDMA D O. Low-temperature extension of the lehrer diagram and the iron-nitrogen phase diagram[J]. Metall urgical and materials transactions A, 2002, 33(8): 2593-2598.

[50] CHATBI H, VERGNAT V, BOBO J F, et al. Nitrogen stability measurements in sputtered

iron nitride thin films by thermal desorption spectrometry[J]. Solid state communications, 1997,102(9):677-679.

[51] WANG L L, WANG X, ZHENG W T, et al. Structural and magnetic properties of nanocrystalline Fe-N thin films and their thermal stability[J]. Journal of alloys and compounds, 2007,443(1-2):43-47.

[52] SUMIYAMA K, ONODERA H, SUZUKI K, et al. Structure change in Fe_4N powders by mechanical milling: a new aspect and correction of our previous reports[J]. Journal of alloys and compounds,1999,282(1-2):158-163.

[53] WALERIAN A, JACEK Z, DARIUSZ M. Kinetics of nanocrystalline iron nitriding[J]. Polish journal of chemical technology,2010,12(1):38-43.

[54] NIKOLAEV K R, KRIVOROTOV I N, DAHLBERG E D, et al. Structural and magnetic properties of triode-sputtered epitaxial γ' -Fe_4N films deposited on $SrTiO_3$ (001) substrates[J]. Applied physics letters, 2003,82(25):4534-4536.

[55] ITO K, LEE G H, SUEMASU T. Epitaxial growth of ferromagnetic Fe_4N thin films on $SrTiO_3$ (001) substrates by molecular beam epitaxy[J]. Journal of physics: conference series, 2011,266(1):012091/1-5.

[56] WANG L L, WANG X, MA N, et al. Influence of various substrate materials on the structure and magnetic properties of Fe-N thin films deposited by DC magnetron sputtering[J]. Surface and coating technology, 2005, 201(3):786-791.

[57] WANG L L, WANG X, MA N, et al. Synthesis of single nanocrystal phase γ' -Fe_4N on NaCl substrate by DC magnetron sputtering[J]. Materials chemistry and physics, 2006, 100(2-3):304-307.

[58] WANG L L, ZHENG W T, GONG J, et al. Investigation on the structure and magnetic properties at low temperature for nanocrystalline γ'-Fe_4N thin films[J]. Journal of alloys and compounds,2009,467(1-2):1-5.

[59] ATIQ S, KO H S, SIDDIQI S A, et al. Effect of epitaxy and lattice mismatch on saturation magnetization[J]. Applied physics letters,2008,92(22):1-3.

[60] GALLEGO J M, GRACHEV S Y, PASSEGGI M C G, et al. Self-assembled magnetic nitride dots on Cu(100)surfaces[J]. Physical review B,2004,69(12):1-4.

[61] GALLEGO J M, BOERMA D O, MIRANDA R, et al. 1D lattice distortions as the origin of the (2×2)$p4gm$ recondtruction in gamma'-Fe_4N(100): a magnetism-induced surface reconstruction[J]. Physical review letters,2005,95(13):1-4.

[62] NAVIO C, ALVAREZ J, CAPITAN M J, et al. Electronic structure of ultrathin γ'-Fe_4N (100)films epitaxially grown on Cu(100)[J]. Physical review B,2007,75(12):1-7.

[63] TAKAGI Y, ISAMI K, YAMAMOTO I, et al. Structure and magnetic properties of iron nitride thin films on Cu(001)[J]. Physical review B,2010,81(3):1-8.

[64] ECIGA D，JIMENEZ E，CAMARERO J，et al. Magnetisation reversal of epitaxial films of γ'-Fe₄N on Cu(100)[J]. Journal of maguelism and maguelic materials，2007，316(2)：321-324.

[65] NARAHARA A，ITO K，SUEMASU T，et al. Spin polarization of Fe₄N thin films determined by point-contact Andreev reflection[J]. Applied physics letters，2009，94(20)：1-3.

[66] KOMASAKI Y，TSUNODA M，ISOGAMI S，et al. 75% inverse magnetoresistance at room temperature in Fe₄N/MgO/CoFeB magnetic tunnel junctions fabricated on Cu underlayer[J]. Applied physics，2009，105(7)：1-3.

[67] SUNAGA K，TSUNODA M，KOMAGAKI K，et al. Inverse tunnel magnetoresistance in magnetic tunnel junctions with an Fe₄N electrode[J]. Applied physics，2007，102(1)：1-4.

[68] TSUNODA M，KOMASAKI Y，KOLKADO S，et al. Negative anisotropic magnetoresistance in Fe₄N film[J]. Applied physics express，2009，2：1-3.

[69] BORSA D M，GRACHEV S，PRESURA C，et al. Growth and properties of Cu₃N films and Cu₃N/γ'-Fe₄N bilayers[J]. Applied physics letters，2002，80(10)：1823-1825.

[70] NARAHARA A，SUEMASU T. Growth of nitride-based Fe₃N/AlN/Fe₄N magnetic tunnel junction structures on Si(111) substrates[J]. Applied physics，2007，46(37)：892-894.

[71] NAVIO C，ALVAREZ J，CAPITAN M J，et al. Thermal stability of Cu and Fe nitrides and their applications for writing locally spin valves[J]. Applied physics letters，2009，94(26)：1-3.

[72] NARAHARA A，ITO K，SUEMASU T. Growth of ferromagnetic Fe₄N epitaxial layers and a-axis-oriented Fe₄N/MgO/Fe magnetic tunnel junction on MgO(001) substrates using molecular beam epitaxy[J]. Journal of crystal growth，2009，311(16)：1616-1619.

[73] ZHUGE L J，YAO W G，WU X M. Structural and magnetic effects of Ni addition in FeN films[J]. Applied physics，2003，93(8)：4704-4707.

[74] MA X G，JIANG J J，LIANG P，et al. Structural stability and magnetism of γ'-Fe₄N and CoFe₃N compounds[J]. Journal of alloys and compounds，2009，480(2)：475-480.

[75] HOUBEN A，BURGHAUS J，DRONSKOWSKI R. The ternary nitrides GaFe₃N and Al-Fe₃N：improved synthesis and magnetic properties[J]. Journal of materials chemistry，2009，21(18)：4332-4338.

第2章 反钙钛矿结构 Fe$_4$N 多晶薄膜

从氮化铁的相图中可以看出,氮化铁材料具有复杂的相结构,并且各相均为亚稳态,在一定的温度下会分解为更加稳定的铁和氮气。因此,要制备出单相氮化铁薄膜是比较困难的,尤其是制备出在相图中单相存在条件比较窄的 Fe$_4$N 薄膜。但是,研究表明其他相的氮化铁可以转化为相对稳定的 Fe$_4$N 相。本章介绍利用超高真空对向靶磁控溅射仪在不同条件下制备的多晶氮化铁薄膜的结构、磁性和输运特性。

2.1 制备态和退火态氮化铁薄膜的结构和磁学性质

2.1.1 制备态氮化铁薄膜

图 2-1 给出了不同氮气流量下,在未加热的 Si(100)基底上制备的 0~90 nm 厚氮化铁薄膜的 X 射线 θ-2θ 扫描图。从图中可以看出,薄膜中的相结构随着氮气流量(F_{N_2})的增加而变化。2θ=33.01° 和 69.26° 分别对应着 Si(200)和(400)衍射峰。如图 2-1(a)所示,当 F_{N_2} =0.5 sccm(1 sccm=1 × 10^{-3} L/min)时,在 2θ=44.68° 和 82.37° 处出现了 α-Fe(110)和(211)衍射峰。如图 2-1(b)和(c)所示,当 F_{N_2} 增加到 1.5 sccm 和 2 sccm 时,在 2θ=43.81° 和 81.98° 处出现了 ε-Fe$_3$N(111)和(220)衍射峰,并且 F_{N_2} =2 sccm 对应的氮化铁衍射峰强度比 F_{N_2} =1.5 sccm 对应的强度。如图 2-1(d)所示,当 F_{N_2} =3 sccm 时,除了 Si 基底的衍射峰外,只在 2θ=43.07° 处出现了 ζ-Fe$_2$N(101)衍射峰。如图 2-1(e)至(g)所示,当 F_{N_2} 从 4 sccm 增加到 5 sccm 时,仅在 2θ=43.07° 处出现了一个弱而宽的氮化铁衍射峰,并且随着 F_{N_2} 的增加,衍射峰的强度逐渐增强,表明在此范围内,氮化铁薄膜为非晶态或晶粒结晶程度较差。如图 2-1(h)所示,当 F_{N_2} =11 sccm 时,除了 ε-Fe$_3$N(110)、(002)和 ζ-Fe$_2$N(101)衍射峰外,在 2θ=56.86° 处出现了 γ″-FeN(022)衍射峰。如图 2-1(i)所示,当 F_{N_2} =30 sccm 时,除了 Si 基底的衍射峰外,只出现了 γ″-FeN(002)衍射峰。通过上面的分析可以得出,在 F_{N_2} 从 0.5 sccm 增加到 30 sccm 的过程中,薄膜中氮化铁相的演变规律为 α-Fe → ε-Fe$_3$N → ε-Fe$_3$N+ζ-Fe$_2$N+γ″-FeN → γ″-FeN。可见,在未加热基底上,通过改变氮气流量不利于制备出单相多晶 γ′-Fe$_4$N 薄膜。

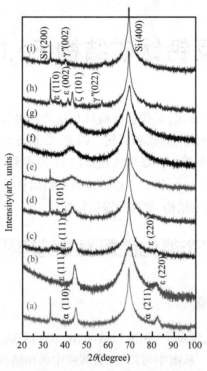

图 2-1　未加热 Si(100)基底上氮化铁薄膜的 X 射线 θ-2θ 扫描图
(a)0.5 sccm；(b)1.5 sccm；(c)2 sccm；(d)3 sccm；(e)4 sccm；(f)4.5 sccm；(g)5 sccm；(h)11 sccm；(i)30 sccm

图 2-2 给出了不同氮气流量下未加热的 Si(100)基底上制备的氮化铁薄膜的室温面内磁滞回线。从图中可以看出，氮化铁薄膜显示出了饱和磁化强度大、矫顽力小的软磁特性，随着 F_{N_2} 的增加，氮化铁薄膜的磁性逐渐减弱。为了更直观地观察样品的饱和磁化强度（ M_s ）和矫顽力（ H_c ）随着 F_{N_2} 的变化，图 2-3 给出了未加热的 Si(100)基底上制备的氮化铁薄膜的磁滞回线，其可以反映 M_s 和 H_c 随着 F_{N_2} 变化的情况 [①]。M_s 随着 F_{N_2} 的增加而减小，尤其是当 F_{N_2} >9 sccm 时，氮化铁薄膜的 M_s 小于 100 emu/cm³。这主要是由于在薄膜的制备过程中随着 F_{N_2} 的增加，进入由 Fe 原子组成的晶格中的 N 原子增多，引起薄膜的晶格结构和相成分的改变。含有不同的氮化铁相的薄膜的 M_s 是不同的，如 ε-Fe₃N 的室温饱和磁化强度 M_s=1 120 emu/cm³，ζ-Fe₂N 在室温下为顺磁性。氮化铁薄膜的 M_s 随着 F_{N_2} 的变化规律与图 2-1 中氮化铁薄膜的 X 射线 θ-2θ 扫描图给出的相成分变化规律一致。氮化铁薄膜的 H_c 随着 F_{N_2} 的变化趋势：当 F_{N_2} =2.5 sccm 时，先增大到 150 Oe；然后随着 F_{N_2} 增加到 5.5 sccm，有最小值 13 Oe；当 F_{N_2} >5.5 sccm 时，随着 F_{N_2} 的增大，H_c 基本保持不变。H_c 随 F_{N_2} 的变化也与氮化铁薄膜中的相结构变化相关。同时，还有很多因素会影响 H_c，如薄膜的表面粗糙度、颗粒尺寸、应力和磁各向异性等。结合图 2-1 给出的未加热的 Si(100)基底上制备的氮化铁薄膜的 X 射线 θ-2θ 扫描图和 Sun 提出的化学键 - 能带 - 表面势垒相关机制（ Bond-Band-Barrier correlation mechanism, BBB）可以进一步解释不同氮气流量下制备的氮

---

① 注：H_c 为磁化强度（ M ）达到饱和时对应的磁场强度（ H ）。

化铁薄膜的 M_s 随着 F_{N_2} 变化的规律。BBB 机制给出 N 原子进入 Fe 原子组成的晶格中可以调制铁基合金的 M_s。N 原子进入 Fe 原子组成的晶格中与 Fe 原子之间会形成 sp^3 的杂化轨道。在铁的氮化过程中，形成的非键孤对电子、反键偶极子和类氢键都会改变 Fe 原子价带的态密度。根据洪德定则，当少量的 N 原子进入 Fe 原子组成的晶格中时，Fe 原子的原子态会从 Fe（$3d^6 4s^2$, $J=2.22\mu_B$）变化为 Fe⁺（$3d^5 4s^2$, $J=2.5\mu_B$）或 Fe^{dipole}（$3d^5 4s^2 4p^1$, $J=4.0\mu_B$; 或 $3d^5 4s^2 4d^1$, $J=5.0\mu_B$, 其中 J 为磁极化强度）。对于 Fe⁺ 而言，Fe 原子把它的一个 3d 电子贡献出来与 N 原子之间形成 sp^3 的杂化轨道。而对于 Fe^{dipole} 而言，Fe 原子的 3d 电子由于受到 N 原子的孤对电子库仑势的作用而进入 Fe 原子本身的外壳层的 4p 或 4d 轨道。因此，对于一个由四个 Fe 原子和一个 N 原子组成的孤立的四面体 [N³⁻+3Fe⁺+Fe^{dipole}] 而言，平均磁矩将会从 $2.22\mu_B$ 增加到 $2.875\mu_B$ 或 $3.125\mu_B$。其中，N³⁻ 及其中的电子对磁矩没有贡献，氮化铁薄膜的磁矩仅来自 Fe 原子。当大量的 N 原子进入 Fe 原子组成的晶格中时，在 Fe^{dipole} 周围的 N 原子数将增多，这样将会使 Fe^{dipole} 再失去一个电子，形成类氢键 Fe$^{+/dipole}$，从而引起氮化铁薄膜的 M_s 减小，甚至引起顺磁性。根据 BBB 机制和未加热基底上制备的氮化铁薄膜的 X 射线 θ-2θ 扫描图，在制备的过程中随着 F_{N_2} 的增加，氮化铁薄膜中的 N 含量逐渐增加，当 N 含量达到一定程度时，在氮化铁薄膜中将会形成类氢键 Fe$^{+/dipole}$，从而使得制备态氮化铁薄膜的 M_s 随着 F_{N_2} 的增加而呈现出逐渐减小的趋势。

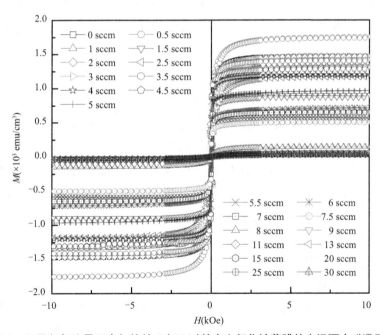

图 2-2　不同氮气流量下未加热的 Si（100）基底上氮化铁薄膜的室温面内磁滞回线

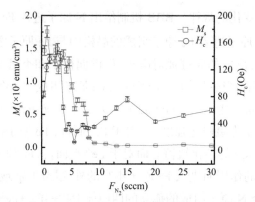

图 2-3　未加热的 Si(100)基底上氮化铁薄膜的 M_s 和 H_c 随着 F_{N_2} 的变化

2.1.2　退火态氮化铁薄膜

为了获得单相 γ′ -Fe₄N 薄膜,对不同氮气流量下未加热的 Si(100)基底上制备的氮化铁薄膜在不同条件下进行后期退火处理。首先对不同氮气流量下制备的氮化铁薄膜在 480 ℃真空条件下退火 30 min,然后采用 X 射线 θ-2θ 扫描方法表征该退火条件对氮化铁薄膜相成分的影响。图 2-4 为 480 ℃真空退火 30 min 的 Si(100)基底上氮化铁薄膜的 X 射线 θ-2θ 扫描图。如图 2-4(a)所示,当 F_{N_2} =0.5 sccm 时,除了 Si 基底的衍射峰外,只出现了 α-Fe 的衍射峰。如图 2-4(b)至(e)所示,当 F_{N_2} 从 1 sccm 增加到 3.5 sccm 时,通过退火处理,氮化铁薄膜的相成分发生了变化,在退火态氮化铁薄膜的 X 射线 θ-2θ 扫描图中出现了 α-Fe、Fe₃N 和 Fe₄N 相的衍射峰。其中,当 F_{N_2} =1 sccm 时,氮化铁薄膜中的主要相是 α-Fe;当 F_{N_2} =3.5 sccm 时,氮化铁薄膜中的主要相为 Fe₄N。如图 2-4(f)至(i)所示,随着 F_{N_2} 进一步从 5 sccm 增加到 30 sccm, Fe₄N 相的衍射峰强度逐渐变弱,而 Fe₃N 相的衍射峰强度逐渐增强。由上面的分析可以得出,经过 480 ℃真空退火 30 min,不同 F_{N_2} 下制备的氮化铁薄膜的相结构之间发生了转化。当 F_{N_2} ≤2 sccm 时,由于 Fe₃N 处于亚稳态,通过退火处理,分解为 Fe₄N 和 α-Fe 相;当 F_{N_2} >3 sccm 时,通过退火处理,氮化铁薄膜中发生了复杂的相成分变化,γ″ -FeN 和 ζ-Fe₂N 相分解为 Fe₄N 和 Fe₃N 相。由此可见,对不同氮气流量下制备的氮化铁薄膜在 480 ℃下真空退火 30 min,可以得到含有 Fe₄N 的多相共存的氮化铁薄膜,但是不能获得单相 γ′ -Fe₄N 薄膜。

为了更深入地研究退火条件对氮化铁薄膜相结构的影响,以及通过改变退火条件获得单相 Fe₄N 薄膜,进一步改变退火温度和退火气氛,对在 F_{N_2} =2、3.5、5 sccm 下制备的氮化铁薄膜进行了 30 min 的退火处理。图 2-5 给出了 F_{N_2} =2 sccm 下制备的氮化铁薄膜在不同温度下真空退火 30 min 的 X 射线 θ-2θ 扫描图。如图 2-5(a)所示,对于制备态氮化铁薄膜而言,在 2θ=43.75° 和 81.34° 处出现了 Fe₃N(111)和(220)衍射峰。当退火温度为 400 ℃时,Fe₃N 的衍射峰消失,Fe₄N(111)、α-Fe(110)和(211)衍射峰出现,如图 2-5(b)所示。当退火温度升高到 480 ℃时, Fe₄N(111)、(200)、(311)和 α-Fe(110)、(211)衍射峰出现,如图 2-5

（c）所示。由上面的结果可以得出，氮化铁薄膜中的 Fe₃N 经过退火处理后会分解为比较稳定的 Fe₄N 和 α-Fe 两相。随着退火温度的升高，γ′-Fe₄N 相在薄膜中所占的比例增大，衍射峰的强度增加，薄膜中的颗粒尺寸增大，结晶质量变好。

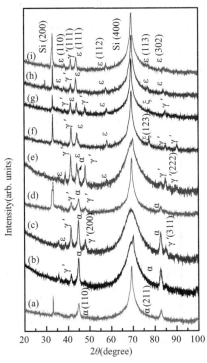

图 2-4　480 ℃真空退火 30 min 的 Si(100)基底上氮化铁薄膜的 X 射线 θ-2θ 扫描图

（a）0.5 sccm；（b）1 sccm；（c）1.5 sccm；（d）2 sccm；（e）3.5 sccm；（f）5 sccm；（g）8 sccm；（h）11 sccm；（i）30 sccm

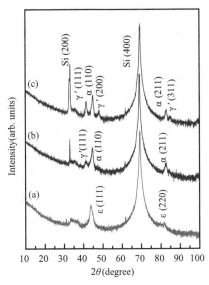

图 2-5　F_{N_2}=2 sccm 下制备的氮化铁薄膜在不同温度下真空退火 30 min 的 X 射线 θ-2θ 扫描图

（a）制备态；（b）400 ℃；（c）480 ℃

图 2-6 给出了 F_{N_2} =3.5 sccm 下制备的氮化铁薄膜在不同温度下真空退火 30 min 的 X 射线 θ-2θ 扫描图。如图 2-6(a)所示,制备态氮化铁薄膜显示了 α''-$Fe_{16}N_2$、ε-Fe_3N 和 ζ-Fe_2N 的衍射峰,但是衍射峰的强度较弱,表明室温下不利于薄膜的结晶。如图 2-6(b)所示,当退火温度为 400 ℃时,在 2θ=43.90° 和 44.69° 处出现了 Fe_3N(111)和 α-Fe(110)的衍射峰。如图 2-6(c)所示,当退火温度为 480℃时,出现了 Fe_3N(110)、(111)、(112)和 α-Fe(110)的衍射峰,Fe_4N(111)、(200)、(311)和(222)的衍射峰。如图 2-6(d)所示,当退火温度升高到 530 ℃,Fe_4N(200)的衍射峰的强度变弱,Fe_3N(110)的衍射峰消失,在 2θ=77.61° 处还出现了 Fe_2N(123)的衍射峰。由上面对图 2-6 的分析可以得出,随着退火温度的升高,氮化铁薄膜中 Fe_4N 逐渐出现,不同的氮化铁相共存于退火态氮化铁薄膜中。

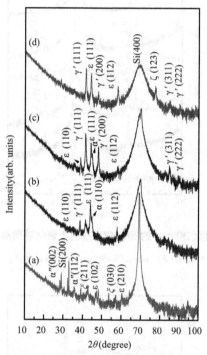

图 2-6　F_{N_2}=3.5 sccm 下制备的氮化铁薄膜在不同温度下真空退火 30 min 的 X 射线 θ-2θ 扫描图

(a)制备态;(b)400 ℃;(c)480 ℃;(d)530 ℃

图 2-7 给出了 F_{N_2} =5 sccm 下制备的氮化铁薄膜在不同温度下真空退火 30 min 的 X 射线 θ-2θ 扫描图。如图 2-7(a)所示,制备态的氮化铁薄膜在 2θ=42.60° 处出现了一个由 Fe_3N 和 Fe_2N 引起的较宽的衍射峰,可见低基底温度不利于氮化铁薄膜的结晶。如图 2-7(b)和(c)所示,随着退火温度升高到 480 ℃和 500 ℃,出现了 Fe_4N(111)、(311)、(222)、Fe_3N(110)、(111)、(112)和 Fe_2N(123)的衍射峰。随着退火温度的升高,衍射峰的半高宽宽度变窄,表明薄膜的结晶度变好。可见,通过退火可以使氮化铁薄膜的结晶度得到提升。

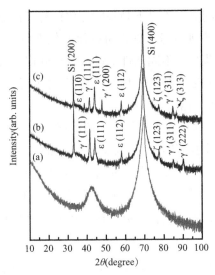

图 2-7 F_{N_2}=5 sccm 下制备的氮化铁薄膜在不同温度下真空退火 30 min 的 X 射线 θ-2θ 扫描图

（a）制备态；（b）480 ℃；（c）500 ℃

图 2-8 给出了 F_{N_2} =3.5 sccm 下制备的氮化铁薄膜在不同气氛下 480 ℃退火 30 min 的 X 射线 θ-2θ 扫描图。如图 2-8（a）所示，氮化铁薄膜经过在真空中退火后，出现了 Fe₄N（111）、（200）、（311）、α-Fe（110）和 Fe₃N（110）、（111）的衍射峰。如图 2-8（b）和（c）所示，当氮化铁薄膜在氩气流量为 30 sccm,氮气流量分别为 2 sccm 和 3.5 sccm 的气氛下退火后，α-Fe（110）的衍射峰消失，Fe₄N 的衍射峰强度减弱，Fe₃N 的衍射峰强度增强,出现了 Fe₂N（123）衍射峰。由此可见，氮化铁薄膜在氩气和氮气中进行退火可以使外部的 N 原子进入退火的氮化铁薄膜中,从而有利于富 N 相的形成。

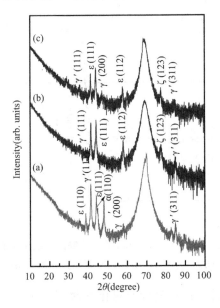

图 2-8 F_{Ar}=30 sccm 下制备的氮化铁薄膜在不同气氛下 480 ℃退火 30 min 的 X 射线 θ-2θ 扫描图

（a）真空；（b）F_{Ar} = 30 sccm，F_{N_2} = 2 sccm；（c）F_{Ar} =30 sccm，F_{N_2} =3.5 sccm

综上所述,通过分析不同氮气流量下制备的氮化铁薄膜在不同条件下退火后的性质,可以得出:对制备态氮化铁薄膜进行退火处理可以使氮化铁薄膜中不同相成分之间发生相互转化;通过对制备态氮化铁薄膜在不同条件下进行退火处理,在退火态的氮化铁薄膜中出现了 Fe_4N 相,但是得到的均是 Fe_4N 和其他相的复合相,并未得到单相 Fe_4N 薄膜,要想获得单相 Fe_4N 薄膜需要进一步改变制备条件。

为了研究不同退火条件对制备态氮化铁薄膜的磁学性质的影响,对退火处理的氮化铁薄膜的磁性进行了测量。图 2-9 给出了在 480 ℃真空退火 30 min 的氮化铁薄膜的室温面内磁滞回线。对比图 2-2 可以看出,退火处理后,氮化铁薄膜的 M_s 和 H_c 发生了变化。尤其是当 F_{N_2} ≤8 sccm 时,退火态氮化铁薄膜的 H_c 减小到几个 Oe,M_s>850 emu/cm³。可见在退火处理之后,氮化铁薄膜的软磁性变得更好。图 2-9 中的插图为退火态氮化铁薄膜的 M_s 和 H_c 随着 F_{N_2} 变化的曲线。从图中可以看出,随着 F_{N_2} 的增加,M_s 降低。当 F_{N_2} ≤5 sccm 时,M_s>1 100 emu/cm³,H_c<40 Oe。当 F_{N_2} ≥8 sccm 时,M_s 和 H_c 随着 F_{N_2} 的增加,先增大,然后减小。当 F_{N_2} =11 sccm 时,M_s 和 H_c 分别为 1 043 emu/cm³ 和 224 Oe。与制备态氮化铁薄膜相比,退火态氮化铁薄膜的 M_s 增大,这可以归因于下面两点:①对氮化铁薄膜做后期的退火处理引起氮化铁薄膜中 N 原子逸出;②氮化铁薄膜中相结构发生变化,这一变化也可用 BBB 相关机制进行解释。对制备态氮化铁薄膜进行退火处理会引起 N 原子从氮化铁薄膜中逸出,导致 Fe^{dipole} 周围的 N 原子减少,增强了 Fe^{dipole} 的极化度,使得类氢键 $Fe^{+/dipole}$ 减少,引起氮化铁薄膜的 M_s 增大。

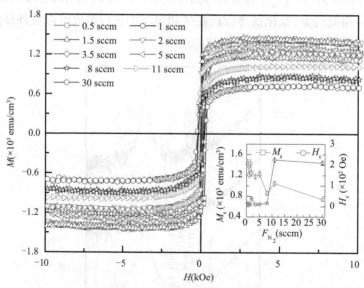

图 2-9 480 ℃真空退火 30 min 的氮化铁薄膜的室温面内磁滞回线
（插图为 M_s 和 H_c 随着氮气流量变化的关系曲线）

进一步研究了不同条件下退火处理对氮化铁薄膜磁学性质的影响。图 2-10 给出了不同氮气流量下制备的氮化铁薄膜退火后的室温面内磁滞回线。图 2-10(a)为 F_{N_2} =5 sccm

下制备的氮化铁薄膜在不同退火温度下真空退火 30 min 的室温面内磁滞回线。此时,制备态氮化铁薄膜的 M_s 和 H_c 分别为 940 emu/cm^3 和 87 Oe。当退火温度为 480 ℃时,氮化铁薄膜的 M_s 和 H_c 分别变为 1 392 emu/cm^3 和 42 Oe;当退火温度升高到 500 ℃时,氮化铁薄膜的 M_s 和 H_c 分别变为 1 056 emu/cm^3 和 44 Oe。制备态氮化铁薄膜退火处理后的磁性变化,主要是由薄膜中相结构的变化引起的,退火处理后在薄膜中出现了 Fe$_4$N 相,导致 M_s 增大。图 2-10(b)为 F_{N_2} =3.5 sccm 下制备的氮化铁薄膜在不同退火条件下的室温面内磁滞回线。制备态氮化铁薄膜的 M_s 和 H_c 分别为 1 376 emu/cm^3 和 48 Oe。在退火温度为 480 ℃,真空退火 30 min 条件下,氮化铁薄膜的 M_s 和 H_c 分别变为 1 181 emu/cm^3 和 12 Oe。当在氩气流量为 30 sccm,氮气流量分别为 2 sccm 和 3.5 sccm 的气氛中 480 ℃下退火 30 min,氮化铁薄膜的 M_s 变为 1 080 emu/cm^3, H_c 分别变为 42 Oe 和 92 Oe。在退火温度为 500 ℃,真空退火 1 h 条件下,氮化铁薄膜的 M_s 和 H_c 分别变为 446 emu/cm^3 和 134 Oe。通过上面的分析可以得出,氮化铁薄膜的 M_s 和 H_c 随着退火条件的变化而表现出复杂的变化,氮化铁薄膜的 M_s 和 H_c 与退火条件有着密切的关系。这主要是由于不同的退火条件会引起制备态氮化铁薄膜中相结构之间的相互转化和氮化铁薄膜中氮含量的变化,进而引起氮化铁薄膜的磁学性质发生变化。不同的氮化铁相的磁学性质有很大的差别,随着氮含量的增加,将从铁磁性变为顺磁性。

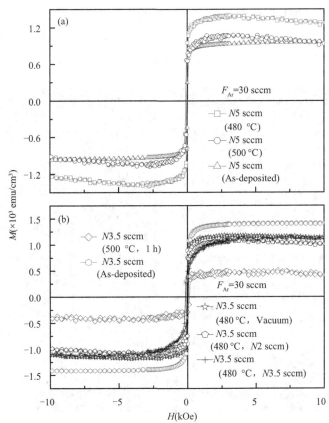

图 2-10　不同氮气流量下制备的氮化铁薄膜退火后的室温面内磁滞回线

(a)F_{N_2} =5 sccm;(b)F_{N_2} =3.5 sccm

2.2 基底加热下氮化铁薄膜的结构和性质

2.2.1 450 ℃下制备的氮化铁薄膜的结构

为了制备出单相 Fe$_4$N 薄膜,在基底温度为 450 ℃时,通过改变氮气流量(F_{N_2})制备了一系列氮化铁薄膜。图 2-11 给出了不同 F_{N_2} 下 Si(100)基底上制备的氮化铁薄膜的扫描电子显微镜(SEM)图像。从图中可以看出,随着 F_{N_2} 的增加,薄膜表面的颗粒形状和大小都发生了变化。如图 2-11(a)、(c)和(d)所示,当 F_{N_2} =2 sccm、20 sccm 和 30 sccm 时,在氮化铁薄膜的表面出现了很多类似于立方体的不规则颗粒,颗粒尺寸分别约为 65 nm、70 nm 和 40 nm。当 F_{N_2} =10 sccm 时,氮化铁薄膜表面出现了尺度约为 25 nm 的类似于三棱体的不规则颗粒,如图 2-11(b)所示。可见 F_{N_2} 会影响薄膜的表面形貌,不同 F_{N_2} 下制备的氮化铁薄膜表面形貌与不同 F_{N_2} 下制备的薄膜中的相结构相关。当 F_{N_2} =2 sccm 和 20 sccm 时,在薄膜中分别生成了具有体心立方结构的 α-Fe 和由 Fe 原子组成的面心立方晶格,N 原子位于其体心位置的 Fe$_4$N。当 F_{N_2} =10 sccm 时,薄膜由 α-Fe 和 Fe$_4$N 组成。当 F_{N_2} =30 sccm 时,薄膜由 Fe$_3$N 和 Fe$_4$N 组成。对于具有立方结构的材料,具有 [111] 取向的薄膜表面颗粒呈现出有棱角的形状,对于具有 [200] 取向的薄膜表面颗粒则呈现出较光滑平整的表面,任意取向的薄膜则表现出上面两者的混合表面形貌。随着 F_{N_2} 的增加,制备的氮化铁颗粒呈现出不同取向的共存态,所以薄膜表面呈现出了类似于正方体和三棱体的颗粒。

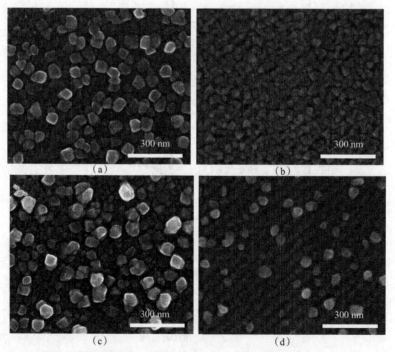

图 2-11　450 ℃时不同 F_{N_2} 下 Si(100)基底上制备的氮化铁薄膜的 SEM 图像
(a)2 sccm;(b)10 sccm;(c)20 sccm;(d)30 sccm

为了进一步证明氮化铁薄膜的相成分和结构随着 F_{N_2} 的变化情况,对在不同 F_{N_2} 下制备的氮化铁薄膜进行了 X 射线 θ-2θ 表征。图 2-12 给出了 450 ℃下 Si(100)基底上制备的氮化铁薄膜的 X 射线 θ-2θ 扫描图,其在 2θ=69.29° 处的衍射峰来自 Si(400)。如图 2-12(a)所示,当 F_{N_2} =2 sccm 时,除了 Si 基底的衍射峰外,出现了 α-Fe(110)、(211)和(220)的衍射峰。如图 2-12(b)所示,当 F_{N_2} =6 sccm 时,除了 α-Fe(110)、(211)和(220)的衍射峰外,在 2θ=41.23°、47.96° 和 84.86° 处对应出现了 Fe₄N(111)、(200)和(311)的衍射峰。如图 2-12(c)和(d)所示,当 F_{N_2} 从 8 sccm 增加到 10 sccm 时,α-Fe 的衍射峰的强度逐渐变弱,Fe₄N 的衍射峰的强度逐渐增强。如图 2-12(e)所示,当 F_{N_2} =18 sccm 时,除了有 Fe₄N(111)、(200)、(311)的衍射峰外,出现了 Fe₂N(211)和 Fe₃N(210)的衍射峰,表明此时在氮化铁薄膜中出现了三相共存的形式。如图 2-12(f)所示,当 F_{N_2} =20 sccm 时,只出现了 Fe₄N(111)、(200)和(311)衍射峰,表明制备出了单相 Fe₄N 薄膜。如图 2-12(g)和(h)所示,当 F_{N_2} >20 sccm 时,除了 Fe₄N 的衍射峰外,在 2θ=43.86° 和 60.11° 处还出现了 Fe₃N(111)和(210)衍射峰。由上面的结果可知,当基底温度为 450 ℃时,Si 基底上制备的氮化铁薄膜中的相成分随着氮气流量增加的演变规律为 α-Fe → α-Fe+γ′-Fe₄N → γ′-Fe₄N+ε-Fe₃N+ ζ-Fe₂N → γ′-Fe₄N → γ′-Fe₄N+ε-Fe₃N,并且在 F_{N_2}=20 sccm 的条件下,可以制备出单相多晶 Fe₄N 薄膜。

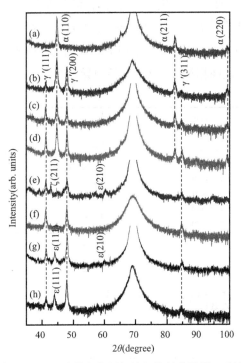

图 2-12　450 ℃下 Si(100)基底上制备的氮化铁薄膜的 X 射线 θ-2θ 扫描图

(a)2 sccm;(b)6 sccm;(c)8 sccm;(d)10 sccm;(e)18 sccm;(f)20 sccm;(g)25 sccm;(h)30 sccm

2.2.2　450 ℃下不同F_{N_2}下制备的氮化铁薄膜的磁性和磁电阻效应

图 2-13 给出了 450 ℃时不同F_{N_2}下 Si(100)基底上制备的氮化铁薄膜的室温面内磁滞回线。为了更清楚地观察氮化铁薄膜的M_s和H_c随着F_{N_2}变化的趋势，图 2-13 中的插图给出了M_s和H_c随着F_{N_2}变化的关系曲线。从图 2-13 可以看出，薄膜表现为软磁特性，具有较小的H_c。随着F_{N_2}从 2 sccm 增加到 10 sccm，氮化铁薄膜的M_s大于 1 120 emu/cm³；随着F_{N_2}进一步从 18 sccm、20 sccm 增加到 25 sccm，氮化铁薄膜的M_s从 911 emu/cm³、1 072 emu/cm³变到 940 emu/cm³；当F_{N_2} =30 sccm 时，氮化铁薄膜的M_s为 926 emu/cm³。

综上所述，随着F_{N_2}的增加，氮化铁薄膜的M_s呈现出减小的趋势。这主要是由于随着F_{N_2}的增加，在薄膜中生成了顺磁的 Fe₂N 和 Fe₃N(1 120 emu/cm³)，其饱和磁化强度小于α-Fe 的 1 720 emu/cm³和 Fe₄N 的 1 440 emu/cm³。氮化铁薄膜的M_s变化趋势与薄膜的 X 射线$\theta\text{-}2\theta$扫描图的结果一致。氮化铁薄膜的M_s随着F_{N_2}变化的关系，也可以用 BBB 机制进行解释。当F_{N_2}逐渐增加时，进入由 Fe 原子组成的晶格中的 N 原子是一个从少变多的过程，当很少的 N 原子进入晶格中时，会使 Fe 原子变为 Fe⁺或是 Fe^{dipole}，从而提高氮化铁薄膜的M_s。随着F_{N_2}的进一步增加，进入由 Fe 原子组成的晶格中的 N 原子变多，Fe^{dipole}周围的 N 原子就会变多，这样就会使 Fe^{dipole}失去一个电子而变成类氢键 Fe$^{+/dipole}$，从而使氮化铁薄膜的M_s降低。而氮化铁薄膜的H_c几乎是相等的，随着F_{N_2}的增加，H_c的变化范围为 43~45 Oe。H_c的变化也与氮化铁薄膜中的相结构演变相关。同时，影响氮化铁薄膜H_c大小的因素还有很多，如颗粒尺寸(D)、表面粗糙度、应力和各向异性等。

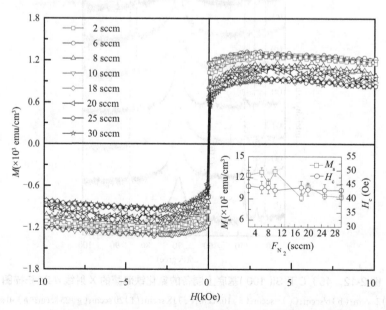

图 2-13　450 ℃时不同F_{N_2}下 Si(100)基底上制备的氮化铁薄膜的室温面内磁滞回线
（插图为M_s和H_c随着氮气流量的变化关系曲线）

对于氮化铁薄膜而言,影响其 H_c 大小的主要因素是颗粒尺寸(D)和氮化铁薄膜中的氮含量。当颗粒间的间距与磁交换长度相比较足够小时, H_c 随着 D 的变化可以表示为 $H_c \propto D^6$;当颗粒尺寸(D)比磁交换长度大时,H 随着 D 的变化可以表示为 $H_c \propto 1/D$。氮化铁薄膜中的氮含量随着 F_{N_2} 的增加而增大,薄膜中氮含量的变化会影响颗粒的尺寸,进而影响 H_c。在金属中加入 N 原子会减小颗粒尺寸,有效的磁晶各向异性会降低,低的各向异性会使薄膜的 H_c 减小。因此,薄膜的 H_c 变化是颗粒尺寸和氮含量两者共同作用的结果。

迄今为止,对氮化铁薄膜的电输运特性的研究较少。采用 PPMS-9 型综合物性测量系统对不同 F_{N_2} 下在玻璃基底上制备的氮化铁薄膜的电输运特性进行了测量。图 2-14 给出了在 450 ℃时玻璃基底上不同 F_{N_2} 下制备的氮化铁薄膜的电阻率比 $\rho(T)/\rho(305\ \mathrm{K})$ 随着温度 T 变化的关系。从图中可以看出,样品的 ρ 随着温度的降低而减小,表现出金属的导电行为。图 2-14 的插图为在 305 K 下氮化铁薄膜的 ρ 随着 F_{N_2} 变化的关系曲线,从图中可以看出,氮化铁薄膜的 ρ 与 F_{N_2} 之间并不是一个简单的线性关系。这主要是因为不同 F_{N_2} 下制备的氮化铁薄膜中含有不同氮化铁相以及氮化铁薄膜中的晶粒边界有差异。

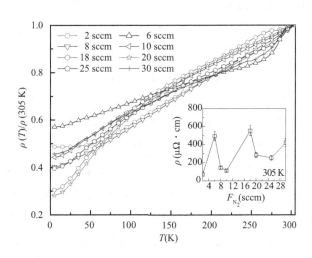

图 2-14　450 ℃时玻璃基底上不同 F_{N_2} 下制备的氮化铁薄膜的电阻率比随温度的变化曲线
（插图为 305 K 下氮化铁薄膜电阻率随氮气流量的变化关系曲线）

众所周知,导体中的 ρ 起源于不同的散射机制,导体中总的 ρ 可以表示为

$$\rho(T) = \rho_0 + \rho_{ph}(T) + \rho_{ee}(T) + \rho_m(T) \tag{2-1}$$

其中,ρ_0 为剩余电阻率,$\rho_{ph}(T)$ 为电子 - 声子散射引起的电阻率,$\rho_{ee}(T)$ 为电子 - 电子散射引起的电阻率,$\rho_m(T)$ 为无序的局域磁矩引起的电阻率。

一般而言,电子 - 声子散射在高温时占主导。当温度 $T \geqslant \theta_D$(θ_D 为德拜温度),ρ_{ph} 随温度的变化关系为 $\rho_{ph}(T) \propto T$;当温度 $T \leqslant \theta_D$ 时, ρ_{ph} 随温度的变化关系为 $\rho_{ph}(T) \propto T^5$。在低温区域,电子 - 声子散射被冻结,主要是电子 - 电子散射起作用, ρ_{ph} 随温度的变化关系为 $\rho_{ee}(T) \propto T^2$。无序的局域磁矩对 ρ 的贡献在整个测量温度范围内都很重要,此时的 ρ_m 随温度的变化关系对于铁磁耦合表现为 $\rho_m(T) \propto T^2$,而对于反铁磁耦合则表现为 $\rho_m(T) \propto T^5$

或 T^4。利用式(2-1)对不同 F_{N_2} 下制备的氮化铁薄膜的 ρ 随温度的变化进行了拟合,发现无法进行很好的拟合。当 F_{N_2} =2 sccm、6 sccm 和 8 sccm 时,可以在不同温度区间进行拟合,在高温区间,氮化铁薄膜的 ρ 满足 T 关系, ρ 主要来自电子 - 声子散射;在低温区间,氮化铁薄膜的 ρ 满足 T^2 关系,可见薄膜的 ρ 主要来自局域磁矩的热无序和电子 - 电子的相互作用。对于 F_{N_2} =10 sccm、18 sccm、20 sccm、25 sccm 和 30 sccm 的氮化铁薄膜的 ρ 随温度的变化关系不能用式(2-1)进行很好的拟合,在高温区间,氮化铁薄膜的 ρ 满足 T^n 关系,其中 $n<1$,这表明氮化铁薄膜的 ρ 来自电子 - 声子散射的贡献,并且 ρ-T 曲线的斜率会随着温度的升高而减小。如果在高温区域在 ρ-T 曲线中存在 T^n($n>1$)项,则 ρ-T 曲线的斜率会随着温度的升高而增大,所以在 ρ-T 曲线中只存在 T 项。在低温区间,对 ρ 的贡献主要来自局域磁矩的热无序和电子 - 电子相互作用的贡献,氮化铁薄膜的 ρ 满足 T^2 的变化关系。

为了研究磁场对氮化铁薄膜 ρ 的影响,给薄膜外加垂直于膜面的磁场,在不同温度下测量氮化铁薄膜的磁电阻。磁电阻(MR)的定义为 $MR = \{[R(H) - R(0)] / R(0)\} \times 100\%$,其中 $R(H)$ 和 $R(0)$ 分别为加磁场和不加磁场时的电阻。图 2-15 给出了 450 ℃时不同 F_{N_2} 下玻璃基底上制备的氮化铁薄膜的 MR-H 曲线。如图 2-15(a)所示,当 F_{N_2} =2 sccm 时,随着温度(T_m)从 2 K 升高到 100 K, MR 为正值,且随着外加磁场的增大而逐渐增大;当 T_m 从 150 K 升高到 300 K, MR 为负值,且随着磁场的增大 MR 的绝对值逐渐增大。如图 2-15(b)所示,当 F_{N_2} =6 sccm 时,在整个 T_m 范围内,在零磁场附近,随着磁场增大, MR 有一个小的减小,表现为负磁电阻;然后 MR 随着磁场的进一步增大而增大,且在 150 K 以下为正磁电阻, 150 K 以上为负磁电阻。如图 2-15(c)和(d)所示,当 F_{N_2} =10 sccm 和 18 sccm 时, T_m 从 2 K 升高到 30 K 时, MR 随着磁场的增大而增大;当 T_m 从 50 K 升高到 300 K 时,随着磁场的增大, MR 先增大,然后减小。如图 2-15(e)所示,当 F_{N_2} =25 sccm 时, T_m 从 2 K 升高到 30 K 时,随着磁场的增大, MR 先有一个快的增大,然后又逐渐增大;当 T_m 从 50 K 升高到 300 K 时,随着磁场的增大, MR 先增大,然后减小。如图 2-15 所(f)所示,当 F_{N_2} =30 sccm 时, T_m 从 2 K 升高到 200 K 时, MR 随着磁场的增大而增大,开始斜率比较大,而后斜率变小;当 T_m 升高到 300 K 时,随着磁场的增大, MR 先增大,然后开始减小。随着 F_{N_2} 和 T_m 的变化,氮化铁薄膜的 MR 表现出了复杂的变化规律。

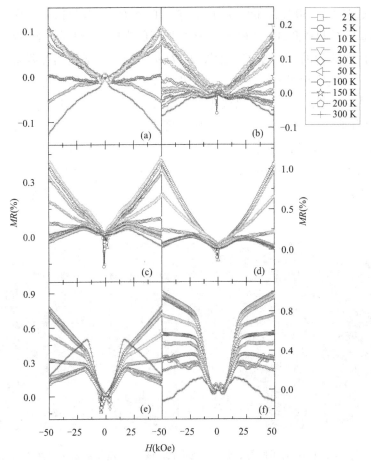

图 2-15　450 ℃时不同 F_{N_2} 下玻璃基底上制备的氮化铁薄膜的 MR-H 曲线

（a）2 sccm；（b）6 sccm；（c）10 sccm；（d）18 sccm；（e）25 sccm；（f）30 sccm

2.2.3　不同基底温度下氮化铁薄膜的结构

如果固定氮气流量，改变基底温度，氮化铁薄膜中的相结构会怎样变化，是否可以在更大的温度范围内制备出单相 Fe₄N。根据不同氮气流量下制备的氮化铁薄膜的结果，选择在 F_{N_2} =20 sccm 时，在不同的基底温度（ T_s ）下制备氮化铁薄膜。图 2-16 给出了 F_{N_2} =20 sccm 时，在 T_s=350 ℃ 和 450 ℃下 Si（100）基底上制备的氮化铁薄膜的 SEM 图像。对于在 T_s=350 ℃下制备的氮化铁薄膜，由于弱的结晶度，薄膜的表面形貌很模糊；对于在 T_s=450 ℃ 下制备的氮化铁薄膜，表面呈现出尺度约为 70 nm 的类似于立方体的不规则颗粒。由此可见，高的 T_s 有利于氮化铁薄膜的结晶。为了表征不同基底温度下制备的氮化铁薄膜中的相成分和晶体结构，图 2-17 给出了 F_{N_2} =20 sccm 时不同基底温度下 Si（100）基底上制备的氮化铁薄膜的 X 射线 θ-2θ 扫描图，在 2θ=69.29° 处的衍射峰为 Si 基底的（400）衍射峰。如图 2-17（a）所示，当 T_s=450 ℃ 时，只出现了 Fe₄N（111）、（200）和（311）的衍射峰，说明在 T_s=450 ℃和 F_{N_2} =20 sccm 的条件下，可以制备出单相多晶 Fe₄N 薄膜。如图 2-17（b）至（f）

所示,随着基底温度从 350 ℃降低到 150 ℃,除了 Fe$_4$N 的衍射峰外,还出现了 Fe$_3$N(111)的衍射峰,并且随着 T_s 的降低,Fe$_4$N 和 Fe$_3$N 的衍射峰的强度逐渐变弱,半高宽变宽,表明随着 T_s 的降低,氮化铁薄膜的结晶变差。如图 2-17(g)所示,当基底温度降低到 100 ℃时,在 2θ=43.15° 处,对应地出现了一个弱而宽的衍射峰。由此可以得出,低的基底温度不利于氮化铁薄膜的结晶,基底温度对于氮化铁薄膜中相结构的形成起着很重要的作用。因为所有的氮化铁相均为亚稳态,所以在一定的基底温度下这些氮化铁相是会分解和互相转化的。低的基底温度不利于制备出单相 γ′ -Fe$_4$N 薄膜,会在氮化铁薄膜中出现多相共存的形式。在 T_s=450 ℃时,可以得到单相多晶 Fe$_4$N 薄膜。当基底温度从 350 ℃降低到 100 ℃时,氮化铁薄膜中的相成分主要是 Fe$_4$N 和 Fe$_3$N。由上面的结果可见,为了制备出单相多晶氮化铁薄膜,基底温度是很重要的影响因素。

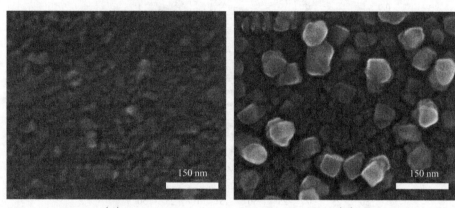

（a）　　　　　　　　　　　（b）

图 2-16　F_{N_2} =20 sccm 时不同基底温度下 Si(100)基底上制备的氮化铁薄膜的 SEM 图像

（a）350 ℃;（b）450 ℃

2.2.4　不同基底温度下制备的氮化铁薄膜的磁性和磁电阻效应

图 2-18 给出了 F_{N_2} =20 sccm 时不同基底温度下 Si(100)基底上制备的氮化铁薄膜的室温面内磁滞回线,同时插图给出了氮化铁薄膜的 M_s 和 H_c 随着基底温度的变化关系。当 T_s=100 ℃和 150 ℃时,氮化铁薄膜的 M_s 分别为 1 285 emu/cm³ 和 1 102 emu/cm³, H_c 分别为 6.5 Oe 和 7.5 Oe。当 T_s 从 200 ℃升高到 450 ℃时,氮化铁薄膜的 H_c 基本保持不变。当 T_s=200 ℃时, M_s 先增大到 1 381 emu/cm³;当 T_s=350 ℃时,又减少到 1 141 emu/cm³。随着 T_s 从 400 ℃增加到 450 ℃,氮化铁薄膜的 M_s 从 1 347 emu/cm³ 变到 1 064 emu/cm³。不同基底温度下制备的氮化铁薄膜的 M_s 变化规律与薄膜的氮化铁相成分的变化规律相对应。因为低的基底温度不利于氮化铁薄膜的结晶,所以随着 T_s 从 100 ℃升高到 200 ℃,氮化铁薄膜的结晶质量有所提高。低的 T_s 会致使薄膜中存在非晶成分,降低 M_s。随着 T_s 从 250 ℃升高到 450 ℃,氮化铁薄膜的 X 射线 θ-2θ 扫描图中只有 Fe$_4$N 和 Fe$_3$N 的衍射峰。可见, M_s 的变化主要由于氮化铁薄膜的结晶质量和其相成分所占的比例所致。随着 T_s 的升高, M_s 有一个小的变化。 H_c 随着 T_s 的变化可能与薄膜不同的生长机制和不同的相成分有关。与多晶

氮化铁薄膜相比较,非晶氮化铁薄膜有较小的 H_c。当 T_s=100 ℃和 150 ℃时,小的 H_c 主要是由于低的有效磁晶各向异性造成的,非晶会引起磁晶各向异性的减小。随着 T_s 从 200 ℃升高到 450 ℃,H_c 小的变化与薄膜的结晶程度有关。

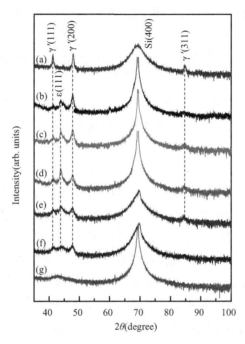

图 2-17　F_{N_2}=20 sccm 时不同基底温度下 Si(100)基底上制备的氮化铁薄膜的 X 射线 θ-2θ 扫描图

(a)450 ℃;(b)350 ℃;(c)300 ℃;(d)250 ℃;(e)200 ℃;(f)150 ℃;(g)100 ℃

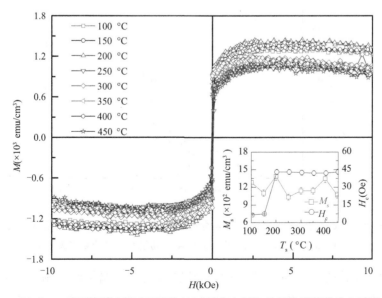

图 2-18　F_{N_2}=20 sccm 时不同基底温度下 Si(100)基底上制备的氮化铁薄膜的室温面内磁滞回线

(插图为 M_s 和 H_c 随着基底温度的变化关系曲线)

　　图 2-19 给出了 F_{N_2} =20 sccm 时不同基底温度下，玻璃基底上制备的氮化铁薄膜的电阻率比 $\rho(T)/\rho(305\text{ K})$ 随着温度的变化关系。氮化铁薄膜的电阻率比随着温度的降低而减小，表现出金属导电行为。由于 T_s 的升高会提高氮化铁薄膜的结晶程度和形成单相 Fe$_4$N，因此电阻率比随着温度降低而减小的程度随着 T_s 的升高而增加。当 T_s=100 ℃和 150 ℃时，随着温度的升高，氮化铁薄膜的 ρ 先降到一个最小值，然后又随着测量温度的升高而增大，电阻率的这种变化行为与低的基底温度导致的氮化铁薄膜弱的结晶质量和磁性有关。在低温下，薄膜中可能存在着近藤效应。近藤效应一般是指在金属中由于存在磁性杂质而对传导电子的一种反常的散射机制，它对 ρ 的贡献只有在低温时才存在，近藤效应的存在会使 ρ 随着温度的指数关系变化。总的电阻率在低温下的表达式为

$$\rho(T) = \rho_0 + aT^2 + b\ln T \qquad (2\text{-}2)$$

其中，ρ_0 为剩余电阻率，aT^2 为费米液体性质的贡献，$b\ln T$ 为近藤对数项。在 T_s=100 ℃和 150 ℃下制备的氮化铁薄膜的电阻率随着温度的变化关系可以用近藤效应来解释。当 T_s=200 ℃、250 ℃、300 ℃、350 ℃、400 ℃和 450 ℃时，在低温下，氮化铁薄膜的 ρ 与温度满足 $\rho \propto T^2$ 的关系，表明对 ρ 的贡献主要来自局域磁矩的热无序和电子 - 电子相互作用。不同基底温度下制备的氮化铁薄膜的 ρ 实验数据并不能用式（2-1）进行拟合，实验数据在高温下满足 $\rho \propto T^n$ 的关系，其中 n<1。这一关系表明对不同基底温度下制备的氮化铁薄膜的电阻率的贡献主要来自电子 - 声子散射，并且 ρ-T 曲线的斜率随着温度的增加而减小。因为如果 T^n（n>1）项在高温下存在，则 ρ-T 曲线的斜率会随着温度的升高而增大，所以在 ρ-T 曲线中只存在 T 项。

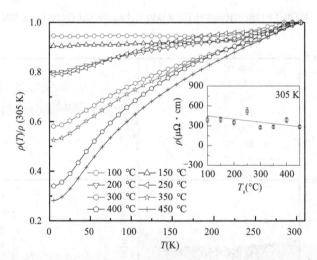

图 2-19　F_{N_2} =20 sccm 时不同基底温度下玻璃基底上制备的氮化铁薄膜的电阻率比随温度的变化
（插图为 305 K 下氮化铁薄膜电阻率随基底温度的变化关系）

　　图 2-20 给出了 F_{N_2} =20 sccm 时在不同基底温度下玻璃基底上制备的氮化铁薄膜的 MR-H 曲线。如图 2-20（a）和（b）所示，当基底温度为 100 ℃和 150 ℃时，当温度从 2 K 升高到 300 K，在零磁场附近氮化铁薄膜的 MR 随着磁场的增大而减小，表现为负磁电阻效

应;随着磁场的继续增大,MR 逐渐增大,并且 MR 在高磁场区域趋近饱和,表现为正磁电阻效应。如图 2-20(c)至(h)所示,当基底温度从 200 ℃升高到 450 ℃时,氮化铁薄膜的 MR 随着外加磁场的增大而增大;在低温下,在高磁场区域表现出弱的饱和趋势;在高温下,氮化铁薄膜的 MR 随着磁场的增大,先增大到最大值,然后随着磁场的继续增大又开始减小。

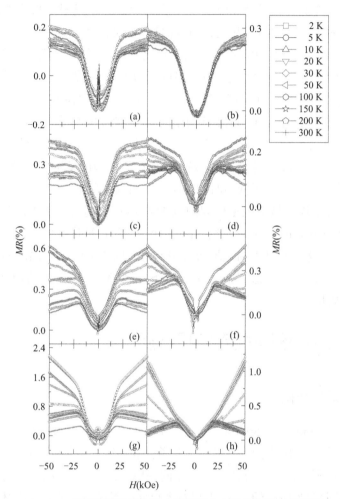

图 2-20　F_{N_2} =20 sccm 时不同基底温度下玻璃基底上制备的氮化铁薄膜的 MR-HT 曲线

(a)100 ℃;(b)150 ℃;(c)200 ℃;(d)250 ℃;(e)300 ℃;(f)350 ℃;(g)400 ℃;(h)450 ℃

综合图 2-15 和图 2-20 可以看出,不同温度和不同氮气流量下制备的氮化铁薄膜和不同基底温度下制备的氮化铁薄膜的 MR 随着磁场的变化均呈现出复杂的变化行为。可见,氮化铁薄膜的 MR 是多个物理机制共同作用的结果。一般而言,影响铁磁性材料的 MR 的物理机制主要包括下面几个因素。①洛伦兹力的贡献,它会影响载流子的运动轨迹。在磁场中运动的载流子由于受到洛伦兹力的作用表现出螺旋形的运动轨迹,具有一个高的散射率,平均自由程减小。MR 与磁感应强度 B 的平方成正比。②各向异性磁电阻的贡献。由自旋 - 轨道相互作用引起的各向异性磁电阻对 MR 的贡献很大。自旋 - 轨道相互作用引起

3d 轨道上自旋向上和自旋向下的电子发生混合,其混合程度取决于净自旋态密度的磁化方向。所以,磁化方向决定了费米面处 3d 轨道未占据态的态密度,同时提高了依赖于 s-d 散射率的磁化方向,它决定着氮化铁薄膜的 MR。③弱局域效应的贡献。在低磁场下,由于弱局域效应,MR 表现为很小的负值。弱局域效应理论给出在零场附近,随着磁场的变化,MR 会突然有一个大的降低。弱局域效应是一种量子干涉效应,这种效应主要是由两个翻转的部分电子波振幅的相干背散射引起的,翻转经过一个回路之后又重新回到原点。外加一个磁场会破坏时间翻转对称性,相应的相干背散射受到抑制,最后导致一个负的 MR。对于上面给出的 MR 的变化行为,在低温下,由于洛伦兹力的作用,薄膜的 MR 随着磁场的增加而增大,但是在高磁场下,薄膜的 MR 随着磁场的增加速度要比在低场时慢,这主要是由于在高磁场下,磁场提供了铁磁有序同时抑制了由自旋波激发引起的电子散射和局域磁各向异性,使电阻减小。根据 Mott 的 s-d 能带散射模型,在磁场的作用下多数和少数自旋能带的移动也会产生一个负的 MR。这个负的 MR 会使由洛伦兹力引起的正 MR 减小。同时,在高温时,氮化铁薄膜的电阻率高于低温时的电阻率,这也将减弱由洛伦兹力引起的正 MR。通过与基于 Mott 的 s-d 能带散射模型引起的负 MR 的竞争,高磁场下 MR 随着磁场的增大而减小。从图 2-20(a)和(b)中可以看出,在低磁场范围内,氮化铁薄膜的 MR 随着磁场的增加而减小,为负值。这主要是由弱局域效应引起的。因为低的基底温度使氮化铁薄膜的结晶质量变差,薄膜中存在无序态;在高基底温度下,低场附近的负 MR 消失,因为高的基底温度使薄膜的结晶质量提高。

2.3　多晶 Fe$_4$N 薄膜的结构和性质

2.3.1　形貌和微观结构

　　图 2-21 给出了 450 ℃下 Si(100)基底上制备的不同厚度的多晶 Fe$_4$N 薄膜的 SEM 图像。从图中可以看出,薄膜表面的颗粒尺寸随着薄膜厚度的增加而逐渐增大,颗粒的形状也从不规则的球形逐渐趋向于立方体形。对于同一厚度的薄膜,上层颗粒的尺寸大于下层颗粒的尺寸;并且随着薄膜厚度的增加,上层较大尺寸的颗粒数量增多。上述表面形貌随着薄膜厚度的变化可能是由于在薄膜比较薄时,制备时样品处在 450 ℃的时间较短,颗粒趋于以小的均匀的球形形状存在。随着薄膜厚度的增加,制备时沉积时间变长,样品处在 450 ℃的时间变长,有更多的能量使得小颗粒汇聚成大颗粒。按照这样的趋势,如果薄膜足够厚,薄膜表面的颗粒尺寸就应该是大且均匀的。通过对比 450 ℃下 Si(100)基底上制备的不同厚度的多晶 Fe$_4$N 薄膜的 X 射线 θ-2θ 扫描图可以看出,随着薄膜厚度的增加,衍射峰的半高宽逐渐减小。由谢乐公式可知,晶粒尺寸随着衍射峰的半高宽的减小而增大,可见随着薄膜厚度的增加,晶粒尺寸呈现出增大的趋势。

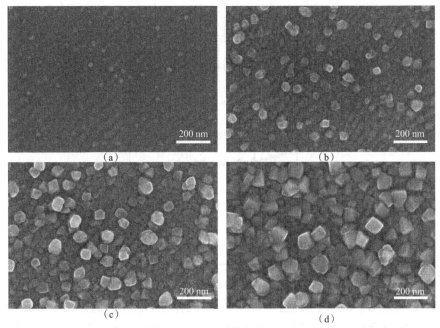

图 2-21   450 ℃下 Si(100)基底上制备的不同厚度的多晶 Fe₄N 薄膜的 SEM 图像

（ a ）26 nm；（ b ）58 nm；（ c ）91 nm；（ d ）163 nm

图 2-22 给出了 450 ℃下 Si(100)基底上制备的不同厚度的多晶 Fe₄N 薄膜的 X 射线 θ-2θ 扫描图。从图中可以看出,不同厚度的氮化铁薄膜都只有 Si 基底和 Fe₄N 的衍射峰出现,说明在 450 ℃时 Si 基底上制备出了单相多晶 Fe₄N 薄膜。随着薄膜厚度的逐渐增加,Fe₄N(111)和(200)的衍射峰的强度逐渐增强,从 58 nm 开始,随着薄膜厚度的增加,逐渐出现了 Fe₄N(311)和(222)的衍射峰。然而,当薄膜厚度为 10 nm 时,除了 Si 基底的衍射峰外,只能看到一个很微弱的 Fe₄N(200)的衍射峰,这是由于薄膜厚度相对太薄,因此参与衍射的晶面数目较少。用布拉格公式和谢乐公式,计算了在 450 ℃下 Si(100)基底上制备的厚度为 163 nm 的 Fe₄N 薄膜的晶格常数和晶粒尺寸。通过计算,得到 Fe₄N 薄膜的晶格常数约为 3.798 Å,与通过理论计算得到的理论值(3.795 Å)很接近;得到 Fe₄N 薄膜的晶粒尺寸为 0~31.7 nm。

图 2-23 给出了 NaCl 基底上制备的 10 nm 和 91 nm 厚的自由态的 γ' -Fe₄N 薄膜的透射电子显微镜(TEM)明场像和选区电子衍射图。从图 2-23(a)可以看出,在 10 nm 厚的 Fe₄N 薄膜上晶粒呈现出无规则的形状,晶粒尺度为 20~40 nm;晶粒之间白色区域表明薄膜中存在无序原子或面间距较小的晶格。图 2-23(b)为 10 nm 厚的 Fe₄N 薄膜对应的选区电子衍射图,电子衍射环均来自 Fe₄N(111)、(200)和(220)及相对弱的(100)和(110),并没有其他氮化铁相的衍射环出现,说明制备的薄膜为单相多晶 γ' -Fe₄N。从图 2-23(c)可以看出,晶粒尺寸为 80~100 nm,比 10 nm 薄膜中的晶粒大;晶粒边界处也存在无序原子或面间距较小的晶格。从图 2-23(d)可以看出,选区电子衍射环同样来自 γ' -Fe₄N(111)、(200)和(220)及相对弱的(100)和(110)。由此可见,在 450 ℃下制备出的不同厚度的薄膜均为单相多晶 γ' -Fe₄N 薄膜。

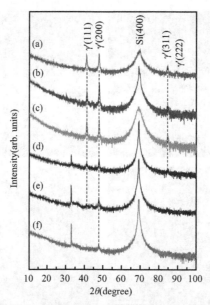

图 2-22　450 ℃下 Si(100)基底上制备的不同厚度的多晶 Fe₄N 薄膜的 X 射线 θ-2θ 扫描图

（a）163 nm 薄膜；（b）91 nm 薄膜；（c）84 nm 薄膜；（d）58 nm 薄膜；（e）26 nm 薄膜；（f）10 nm 薄膜

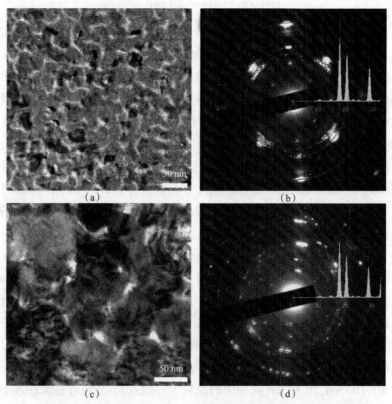

图 2-23　NaCl 基底上制备的自由态的 Fe₄N 薄膜的 TEM 明场像和相应的选区电子衍射图

（a）（b）10 nm 薄膜；（c）（d）91 nm 薄膜

2.3.2　磁学性质

采用超导量子干涉仪在不同温度下测量了 Si(100)基底上不同厚度的多晶 Fe₄N 薄膜的磁滞回线。测量时磁场平行于薄膜表面,最大磁场为 50 kOe。图 2-24 给出了不同温度下 5 nm 多晶 Fe₄N 薄膜的面内磁滞回线,图中的曲线已扣除基底和样品杆的抗磁性信号,插图给出了多晶薄膜的饱和磁化强度 M_s 和矫顽力 H_c 随着测量温度的变化关系曲线。从图中可以看出,Fe₄N 薄膜呈现出软磁性。Fe₄N 薄膜的 M_s 随着测量温度的升高而逐渐减小,当温度为 5 K 时,M_s 为 1 128 emu/cm³,随着温度升高到 300 K,M_s 减小到 830 emu/cm³。Fe₄N 薄膜的 H_c 随着测量温度的升高而减小,当温度大于或等于 100 K 时,H_c 随着温度的升高基本保持为 24 Oe。当温度为 5 K 时,H_c 为 404 Oe,随着温度升高到 50 K,H_c 减小为 125 Oe。图 2-25 给出了不同温度下 91 nm 多晶 Fe₄N 薄膜的面内磁滞回线,图中的曲线已扣除基底和样品杆的抗磁性信号,插图给出了多晶 Fe₄N 薄膜的 M_s 和 H_c 随着测量温度的变化关系曲线。从磁滞回线上可以看出,91 nm 多晶 Fe₄N 薄膜表现出软磁性。随着测量温度从 5 K 升高到 350 K,Fe₄N 薄膜的 M_s 从 1 386 emu/cm³ 逐渐减小到 738 emu/cm³。随着温度的升高,Fe₄N 薄膜的 H_c 呈现出减小的趋势。当温度为 5 K 时,H_c 最大为 150 Oe,随着温度从 25 K 升高到 100 K,H_c 从 125 Oe 逐渐减小到 75 Oe。当温度大于或等于 150 K 时,随着温度的升高,H_c 基本保持 25 Oe 不变。

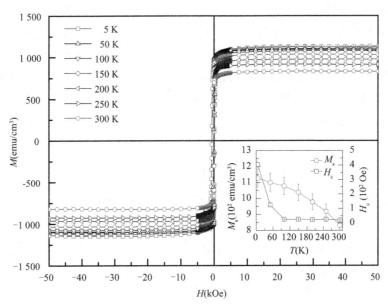

图 2-24　不同测量温度下 5 nm 多晶 Fe₄N 薄膜的面内磁滞回线

（插图为 M_s 和 H_c 随着温度的变化关系曲线）

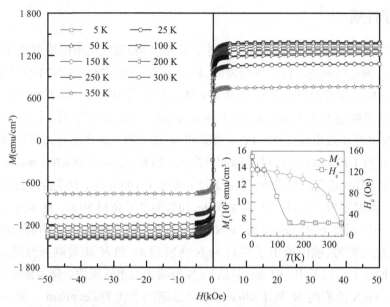

图 2-25　不同测量温度下 91 nm 多晶 Fe₄N 薄膜的面内磁滞回线
（插图为 M_s 和 H_c 随着温度的变化关系曲线）

图 2-26 给出了 5 nm、91 nm、163 nm 多晶 Fe₄N 薄膜的 M_s 随着温度的变化关系曲线。对于单位体积的铁磁性样品而言，原子间存在交换作用，交换积分大于零。当温度等于零时，铁磁体处于基态，各原子的电子自旋平行取向，表现出最大的磁化强度（绝对饱和磁化）。当温度升高时，由于热激发效应使得一部分原子的电子自旋反向，这种反向的自旋不是固定在某个或某几个原子上，而是以波的形式在整个铁磁晶体中传播，这就是由布洛赫通过理论推导提出的自旋波的概念。基于布洛赫自旋波的理论，可以得到铁磁性样品的饱和磁化强度与温度 T 之间满足一定的关系。布洛赫提出饱和磁化强度与温度 T 满足下面的关系式：

$$M_s(T) = M_s(0)\left[1 - 0.117\,3\left(\frac{k_B T}{A}\right)^{3/2}\right] \qquad (2-3)$$

其中，k_B 为玻耳兹曼常数，A 为交换积分常数。式（2-3）称为布洛赫的 $T^{3/2}$ 定律。由于布洛赫的自旋波理论忽略了自旋波之间的相互作用，所以这一定律在较低的温度范围与实验结果符合。随后，戴森考虑了自旋波之间的相互散射问题，进一步修正了布洛赫的 $T^{3/2}$ 定律。由戴森修正后的关系式为

$$M_s(T) = M_s(0)\left[1 - aT^{3/2} - bT^{5/2} - cT^{7/2} - \cdots\right] \qquad (2-4)$$

其中，a、b 和 c 是相关的系数。式（2-4）适用于较高的测量温度。我们采用式（2-3）和式（2-4）对厚度为 5 nm、91 nm、163 nm 的多晶 Fe₄N 薄膜的 M_s 随着测量温度的变化进行了拟合。采用布洛赫的 $T^{3/2}$ 定律不能进行很好的拟合，采用由戴森修正后的式（2-4）可以很好地对实验数据进行拟合，如图 2-26 中的实线所示，图中三角形、圆形和正方形的点为实验数据点。可见在测量温度 5~350 K 的范围内，存在自旋波相互作用。对于 5 nm 的多晶 Fe₄N 薄膜的拟合所得数据如下：$M_s(0)$=1 128 eum/cm³、a=3.579 × 10⁻⁴ K⁻³/²、b=9.922 × 10⁻⁷ K⁻⁵/² 和

c=2.319 × 10^{-19} K$^{-7/2}$。对于 91 nm 的多晶 Fe$_4$N 薄膜的拟合所得数据如下：M_s(0)=1 370 eum/cm^3、a=1.399 × 10^{-8} K$^{-3/2}$、b=0 和 c=4.879 × 10^{-19} K$^{-7/2}$。对于 163 nm 的多晶 Fe$_4$N 薄膜的拟合所得数据如下：M_s(0)=1 201 eum/cm^3、a=1.537 × 10^{-8} K$^{-3/2}$、b=0 和 c=3.055 × 10^{-19} K$^{-7/2}$。同时，根据 $a = 0.117 3(k_B / A)^{3/2}$，可以求出交换积分常数 A。对于 5 nm 的多晶 Fe$_4$N 薄膜，交换积分常数 A=8.670 × 10^{-22}。对于 91 nm 的多晶 Fe$_4$N 薄膜，交换积分常数 A=5.699 × 10^{-19}。对于 163 nm 的多晶 Fe$_4$N 薄膜，交换积分常数 A=5.355 × 10^{-19}。

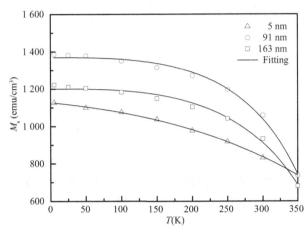

图 2-26　不同厚度的多晶 Fe$_4$N 薄膜的 M_s 随着温度的变化关系曲线

图 2-27 给出了在 300 K 和 5 K 下测量得到的多晶 Fe$_4$N 薄膜的 M_s 和 H_c 随着薄膜厚度 t 的变化关系曲线。图 2-27(a)给出了 300 K 下的 M_s 和 H_c 随着薄膜厚度的变化关系曲线。随着薄膜厚度从 5 nm 增加到 163 nm，多晶 Fe$_4$N 薄膜的 M_s 呈现出先增大再减小，然后又增大再减小的趋势。当薄膜厚度为 5 nm 时，M_s=830 emu/cm^3。当薄膜厚度从 10 nm 增加到 58 nm 时，M_s 从 1 134 emu/cm^3 减小到 931 emu/cm^3。当薄膜厚度增加到 91 nm 时，M_s 增大为 1 058 emu/cm^3，随着薄膜厚度进一步增加到 163 nm，M_s 又减小到 933 emu/cm^3。多晶 Fe$_4$N 薄膜的 H_c 随着薄膜厚度从 5 nm 增加到 163 nm，在 25 Oe 上下变化。图 2-27(b)给出了 5 K 下的 M_s 和 H_c 随着薄膜厚度的变化关系曲线。随着薄膜厚度的增加，M_s 的变化趋势与在 300 K 下的变化趋势相同，呈现出先增大再减小，然后又增大再减小的趋势。多晶 Fe$_4$N 薄膜的 H_c 随着薄膜厚度的变化关系如下：当厚度为 5 nm 时，H_c=404 Oe；当厚度从 10 nm 增加到 26 nm，H_c 从 100 Oe 增大为 126 Oe；当厚度从 26 nm 增加到 58 nm 时，H_c 又减小为 100 Oe；当厚度进一步增加到 91 nm 时，H_c 也增大到 150 Oe；随着厚度增加到 163 nm，H_c 又减小为 125 Oe。从上面的分析得出，Fe$_4$N 薄膜的 M_s 和 H_c 随着薄膜厚度的变化没有呈现出很明显的变化规律，而是随着薄膜厚度的增加出现了振荡的变化趋势。

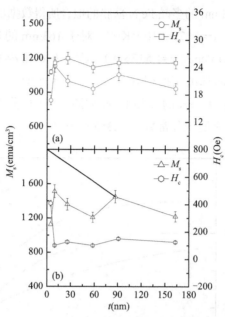

图 2-27   不同温度下多晶 Fe$_4$N 薄膜的 M_s 和 H_c 随着薄膜厚度 t 的变化关系曲线
（a）300 K；（b）5 K

2.3.3   磁电阻效应

图 2-28 给出了玻璃基底上不同厚度的多晶 Fe$_4$N 薄膜的电阻率比 $\rho(T)/\rho(305\ K)$ 随温度的变化关系曲线。从图中可以看出，样品的电阻率比随温度的降低而减小，表现为金属导电特性，插图给出了室温下多晶 Fe$_4$N 薄膜的电阻率随薄膜厚度的变化关系曲线。随着 Fe$_4$N 薄膜的厚度从 5 nm 增加到 163 nm，薄膜的电阻率逐渐减小，这主要是由于随着薄膜厚度的增加，薄膜中的晶粒尺寸逐渐增大，引起薄膜中晶粒边界减少，导致对传导电子的散射减小。薄的薄膜的表面对电子的散射也会使得薄的薄膜的电阻率比厚的薄膜的电阻率大。导体中的载流子在外加电场的驱动下会发生定向的运动，载流子在运动过程中会受到杂质、缺陷和晶格振动的散射，导体的电阻率起源于不同的散射机制，对电阻率的贡献主要有剩余电阻率、电子 - 声子散射引起的电阻率 $\rho_{ph}(T)$、电子 - 电子相互作用引起的电阻率 $\rho_{ee}(T)$ 和无序的局域磁矩散射引起的电阻率 $\rho_m(T)$。在不同的测量温度范围内，不同的散射机制所起的主导作用不同，利用式（2-1）在 2~305 K 的测量温度范围内不能对实验数据进行很好的拟合。通过拟合发现在低温范围内，电阻率随温度的变化关系满足 T^2 关系。可见在低温范围内，对多晶 Fe$_4$N 薄膜的电阻率的贡献来自电子 - 电子相互作用和 / 或无序的局域磁矩引起的散射。在较高的温度范围内，电阻率随温度的变化关系满足 T^n 关系，其中 $n<1$，并且随着温度的升高，曲线的斜率越来越小，说明在高温范围内，对多晶 Fe$_4$N 薄膜的电阻率的贡献主要来自电子 - 声子散射。总而言之，在不同厚度的多晶 Fe$_4$N 薄膜中，电阻率是由多种散射机制共同作用引起的，在不同温度范围内，不同的散射机制起着主导作用。

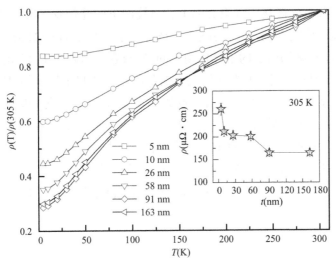

图 2-28　玻璃基底上不同厚度的多晶 Fe$_4$N 薄膜的电阻率比随温度的变化关系曲线
（插图为室温电阻率随薄膜厚度的变化关系曲线）

为了研究磁场对多晶 Fe$_4$N 薄膜电输运特性的影响,测量了不同温度下的磁电阻 MR。测量 MR 时,磁场平行于薄膜表面,最大磁场为 50 kOe。图 2-29 给出了玻璃基底上不同厚度的多晶 Fe$_4$N 薄膜的 MR-H 曲线。从图 2-29（a）看出,5 nm 的 Fe$_4$N 薄膜,在 5~200 K 的测量温度范围内,当磁场在 0~±500 Oe 范围内时, MR 随着磁场的增加呈现出急剧增大的趋势。当磁场的绝对值大于 500 Oe 时,温度为 5~100 K 时,MR 随着磁场的增加呈现出缓慢的继续增大的趋势,当磁场达到最大值 50 kOe 也未达到饱和。当温度大于 100 K 时,MR 随着磁场的增加呈现出减小的趋势,为负磁电阻。图 2-29（b）为 10 nm 的 Fe$_4$N 薄膜,在 5~200 K 范围内,当磁场在 0~±500 Oe 的范围内时, MR 随着磁场的增加呈现出急剧增大的趋势。当磁场的绝对值大于 500 Oe 时,温度为 5~40 K 时, MR 随着磁场的增加呈现出缓慢的继续增大的趋势,在最大的外场 50 kOe 下也未达到饱和;温度大于 40 K 时,MR 随着磁场的增加呈现减小的趋势,为负磁电阻。对于厚度为 26~163 nm 的 Fe$_4$N 薄膜而言,在零磁场附近 500 Oe 左右的磁场范围内,在所有温度下,薄膜的 MR 随着磁场增加而急剧地增大;当磁场的绝对值大于 500 Oe,在温度为 5 K、10 K 和 20 K 时, MR 随着磁场的增加而继续增大;最大外加磁场下也未达到饱和。而当温度大于或等于 30 K 时, MR 随着磁场增加而减小,表现为负磁电阻。通过上面的结果可以看出, MR 随着薄膜厚度的变化,没有一定的规律,但是对于不同厚度的多晶 Fe$_4$N 薄膜而言,在低温下, MR 都是随着磁场的增加而增大;在较高温度下,MR 随着磁场的增加先增大然后减小为负值,而且 MR 的数值几乎都小于 1.2%。

上述不同厚度的多晶 Fe$_4$N 薄膜的 MR 在不同温度下随着磁场的变化呈现出了复杂的行为。这种复杂的 MR 变化行为是多种散射机制引起的正 MR 与负 MR 相互竞争的结果。其中,洛伦兹力的存在使得 Fe$_4$N 薄膜的 MR 为正。因为载流子在传导的过程中会受到洛伦兹力的影响而做螺旋运动,从而使得其受到散射的概率增大,平均自由程减小,引起电阻随着磁场的增加而增大。而随着磁场的增加,磁场提供的铁磁有序抑制了自旋波的无序散射,

使得 *MR* 为负。同时,外磁场引起自旋向上和自旋向下的能带发生劈裂,使得 Fe₄N 薄膜的 s 电子散射到 d 态的概率减小,也会引起负 *MR*。由于引起多晶 Fe₄N 薄膜磁电阻变化的物理机制在不同温度和磁场所起的主导作用不同,导致磁电阻随着磁场和温度的变化呈现出复杂行为。在低温和磁场下,因为洛伦兹力引起的正 *MR* 起主导作用,所以随着磁场的增加,*MR* 呈现出快速增大的趋势。随着磁场的不断增加,磁场提供了铁磁有序,同时抑制了由自旋波激发引起的电子散射和局域磁各向异性,使得 *MR* 减小,所以 Fe₄N 薄膜的 *MR* 随着磁场增加呈现出相对于低场下的 *MR* 平缓的增大趋势;在高温下,薄膜的 *MR* 随着磁场的增加,呈现出先增大后减小的趋势。这主要是由于随着磁场的增加,磁场抑制自旋的无序散射引起的负 *MR*,能带劈裂引起的负 *MR* 逐渐竞争过由洛伦兹力引起的正 *MR*。

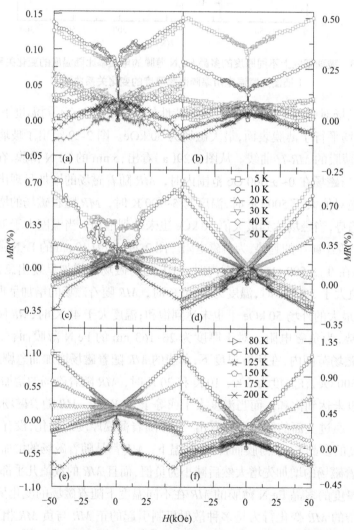

图 2-29　玻璃基底上不同厚度的多晶 Fe₄N 薄膜的 *MR-H* 曲线

（a）5 nm；（b）10 nm；（c）26 nm；（d）58 nm；（e）91 nm；（f）163 nm

本章参考文献

[1]　KIM T K，TAKAHASHI M. New magnetic material having ultrahigh magnetic moment[J]. Applied physics letters，1972，20（12）：493-494.

[2]　WANG L L，WANG X，ZHENG W T，et al. Structural and magnetic properties of nanocrystalline Fe-N thin films and their thermal stability[J]. Journal of alloys and compounds，2007，443（1-2）：43-47.

[3]　SUMIYAMA K，ONODERA H，SUZUKI K，et al. Structure change in Fe$_4$N powders by mechanical milling：a new aspect and correction of our previous reports[J]. Journal of alloys and compounds，1999，282（1-2）：158-163.

[4]　ARABCZYK W，ZAMLYNNY J，MOSZYŃSKI D. Kinetics of nanocrystalline iron nitriding[J]. Polish journal of chemical technology，2010，12（1）：38-43.

[5]　SUN C Q. Oxidation electronics：bond-band-barrier correlation and its applications[J]. Progress in materials sience，2003，48（6）：521-685.

[6]　ZHENG W T，SUN C Q. Electronic process of nitriding：mechanism and applications[J]. Progress in solid state chemistry，2006，34（1）：1-20.

[7]　CHEN Y F，JIANG E Y，LI Z Q，et al. Structure and magnetic properties of RF sputtered Fe-N films[J]. Journal of physics D applied physics，2004，37（10）：1429-1433.

[8]　NAGANUMA H，NAKATANI R，ENDO Y，et al. Structure and magnetic properties of iron nitride films prepared by reactive dc magnetron sputtering[J]. Journal of applied physics，2004，43（7A）：4166-4170.

[9]　ZHOU J P，LI D，GU Y S，et al. Structure and soft magnetic properties of the Fe-N thin films[J]. IEEE Transaction on magnetics，2001，37（5）：3844-3849.

[10]　HERZER G. Grain size dependence of coercivity and permeability in nanocrystalline ferromagnets[J]. IEEE transaction on magnetics，1990，26（5）：1397-1402.

[11]　SNYDER J E，LO C C H，CHEN R，et al. The effect of nitrogen on the microstructure，stress，and magnetic properties of RF-sputtered FeSiAl（N）thin films[J]. Journal of magnetism maguetic materials，2001，226（P2）：1669-1671.

[12]　CHATTOPADHYAY S K，MEIKAP A K，LAL K，et al. Transport properties of iron nitride films prepared by ion beam assisted deposition[J]. Solid state communications，1998，108（12）：977-982.

[13]　GALLEGO J M，YU GRACHEV S，BORSA D M，et al. Mechanisms of epitaxial growth and magnetic properties of γ'-Fe$_4$N（100）films on Cu（100）[J]. Physical review B，2004，70（11）：1-11.

[14]　FENG X P，MI W B，BAI H L. Investigation of structure and magnetic properties of the as-deposited and post-annealed iron nitride films by reactive facing-target sputtering[J]. Ap-

plied surface science,2011,257(16):7320-7325.

[15] ZHANG L, MA T Y, AHMAD Z, et al. Low temperature pulsed laser deposition of textured γ'-Fe₄N films on Si(100)[J]. Journal of alloys and compounds,2011,509(16):5075-5078.

[16] RAEBURN S J, ALDRIDGE R V. The Hall effect, resistivity and magnetic moment of amorphous and polycrystalline iron films[J]. Journal of physics F metal physics, 1978, 8 (9):1917-1928.

[17] HE H T, YANG C L, GE W K, et al. Resistivity minima and Kondo effect in ferromagnetic GaMnAs films[J].Applied physics letters,2005,87(16):1-3.

[18] HASEGAWA R, TSUEI C C. Kondo effect in amorphous Fe-Pd-Si and Co-Pd-Si alloys[J]. Physical review B,1971,3(1):214-219.

[19] GERBER A, KISHON I, YA KORENBLIT I, et al. Linear positive magnetoresistance and quantum interference in ferromagnetic metals[J]. Physical review letters,2007,99(2):1-4.

[20] VAN GORKOM R P, CARO J, KLAPWIJK T M, et al. Temperature and angular dependence of the anisotropic magnetoresistance in epitaxial Fe films[J]. Physical review B, 2001,63(13):1-9.

[21] JIN Z W, HASEGAWA K, FUKUMURA T, et al. Magnetoresistance of 3d transition-metal-doped epitaxial ZnO thin films[J]. Physica E: Low-dimensional systems and nanostructures, 2001,10(1):256-259.

[22] KIM J H, KIM H, KIM D, et al. Magnetoresistance in laser-deposited $Zn_{1-x}Co_xO$ thin films[J]. Physica B:physics of condensed matler,2003,327(2):304-306.

[23] RAQUET B, VIRET M, SONDERGARD E, et al. Electron-magnon scattering and magnetic resistivity in 3d ferromagnets[J]. Physical review B,2002,66(2):1-11.

[24] BERGMANN G. Magnetoresistance of amorphous ferromagnetic metals[J]. Physical review B,1977,15(3):1514-1518.

[25] MOTT N F. Electrons in transition metals[J]. Advances in physics,1964,13(51):325-422.

[26] 姜寿亭,李卫. 凝聚态磁性物理 [M]. 北京:科学出版社,2003.

[27] FENG X P, MI W B, BAI H L. Investigation of structure and magnetic properties of the as-deposited and post-annealed iron nitride films by reactive facing-target sputtering[J]. Applied surface science, 2011,257:7320–7325.

[28] FENG X P, MI W B, BAI H L. Polycrystalline iron nitride films fabricated by reactive facing-target sputtering: structure, magnetic and electrical transport properties[J]. Journal of applied physics,2011,110(5):053911.

[29] MI W B, FENG XP, DUAN XF, et al. Microstructure, magnetic and electrical transport properties of polycrystalline γ'-Fe₄N films[J]. Thin solid films,2012,520:7035-7040.

[30] 封秀平.γ'-Fe₄N 薄膜的结构、磁性和磁电阻效应 [D]. 天津:天津大学,2011.

第3章 反钙钛矿结构 Fe₄N 外延薄膜

3.1 外延 Fe₄N 薄膜的结构和性质

3.1.1 形貌和微观结构

在单晶基底上制备外延薄膜,必须计算薄膜和基底之间的晶格失配度,只有失配度在一定范围内才能制备出外延薄膜。薄膜晶格与基底晶格失配度的计算公式为

$$m = \frac{b-a}{a} \times 100\% \qquad (3-1)$$

其中,m 为晶格失配度,a 和 b 分别为基底和外延薄膜的晶格常数。通常情况下,当 m 较小时,才能够在单晶基底上制备出外延薄膜。但实验表明,有时当失配度较大时也可以制备出外延薄膜。例如 Cu 与 NaCl 的晶格失配度约为 -36%,但可以在 NaCl 基底上制备出外延 Cu 薄膜。由 Fe₄N 的晶格常数为 3.795 Å,首先选择和 Fe₄N 晶格失配度分别为 0%、-3% 和 -10% 的 LaAlO₃、SrTiO₃ 和 MgO(100)取向的基底来制备外延 Fe₄N 薄膜。在 450 ℃ 的 MgO(100)、SrTiO₃(100)和 LaAlO₃(100)基底上制备了氮化铁薄膜。制备氮化铁薄膜的条件是氮气和氩气的流量分别为 20 sccm 和 100 sccm,溅射压强为 1 Pa,溅射电压为 1 175 V。通过控制溅射时间,制备了不同厚度的氮化铁薄膜。

图 3-1 给出了 MgO(100)基底和在 MgO(100)基底上制备的不同厚度的 γ′-Fe₄N 薄膜的 X 射线 θ-2θ 扫描图。从图中可以看出,除了 MgO 基底的(200)和(400)衍射峰外,不同厚度的氮化铁薄膜的衍射峰都是在 23.45° 的 Fe₄N(100)衍射峰和 47.97° 的 Fe₄N(200)衍射峰。由此可见,在单晶 MgO(100)基底上制备出了取向生长的单相 Fe₄N 薄膜。随着薄膜厚度从 163 nm 减小到 5 nm,Fe₄N 薄膜的衍射峰对应的峰位逐渐向大角度移动,并且衍射峰的强度逐渐变弱,衍射峰的半高宽的宽度逐渐变大。衍射峰向大角度偏移,这主要是由薄膜受到拉应力导致的。MgO(100)基底的晶格常数是 4.21 Å,大于 Fe₄N 的晶格常数 3.795 Å,所以 Fe₄N 的(h00)面要受到面内的拉应力,引起(h00)面之间的面间距 d 变小,根据布拉格公式可知对应的衍射角往大角度偏移。衍射峰的强度随着薄膜厚度从厚变薄而逐渐变弱,这主要是因为随着薄膜厚度逐渐变薄,对 X 射线的衍射级数就会减少,接收到的信号就会变弱,最后形成弱的衍射峰。随着薄膜厚度逐渐变薄,薄膜衍射峰的半高宽宽度逐渐增大,根据谢乐公式可以得出,Fe₄N 薄膜垂直膜面的晶粒尺寸逐渐减小。

选择晶格常数与 Fe₄N 晶格常数失配度分别约为 -10% 的 MgO(100)基底、-3% 的 SrTiO₃(100)基底、0% 的 LaAlO₃(100)基底来制备单相外延 Fe₄N 薄膜。图 3-2 给出了在三种基底上制备的厚度为 163 nm 的单相 Fe₄N 薄膜的 X 射线 θ-2θ 扫描图。从图中可以看出,随

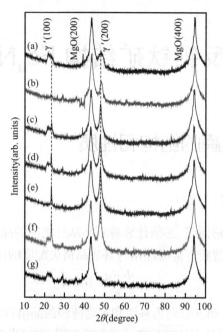

图 3-1 MgO(100)基底和 MgO(100)基底上制备的不同厚度的 Fe$_4$N 薄膜的 X 射线 θ-2θ 扫描图

(a)5 nm 薄膜;(b)10 nm 薄膜;(c)26 nm 薄膜;(d)58 nm 薄膜;(e)91 nm 薄膜;(f)163 nm 薄膜;(g)MgO(100)基底

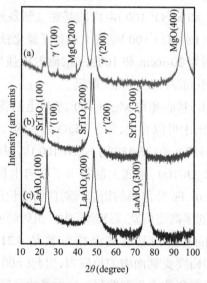

图 3-2 不同单晶基底上制备的 163 nm 单相 Fe$_4$N 薄膜的 X 射线 θ-2θ 扫描图

(a)MgO(100);(b)SrTiO$_3$(100);(c)LaAlO$_3$(100)

着薄膜晶格常数与基底晶格常数失配度的减小,Fe$_4$N(100)和(200)衍射峰与基底的衍射峰逐渐靠近,尤其是在 LaAlO$_3$(100)基底上制备的 Fe$_4$N 薄膜的衍射峰与基底的衍射峰基本上是重合的。同时,为了研究不同取向 Fe$_4$N 薄膜的磁学性质和电输运特性,还在 SrTiO$_3$(110)取向的基底上制备了氮化铁薄膜。图 3-3 给出了在 450 ℃下 SrTiO$_3$(110)基底上制备的厚度分别为 163 nm 和 91 nm 的氮化铁薄膜以及 $SrTiO_3$(110)基底的 X 射线 θ-2θ 扫描图。当薄膜厚度为 163 nm 时，除了 Fe_4N(220)衍射峰外，还出现了 Fe_4N(111)、(200)和(311)衍射峰。当薄膜厚度为 91 nm 时，除了 $SrTiO_3$ 基底的(110)和(220)衍射峰外，只在 2θ=70.18° 的地方出现了 Fe_4N(220)衍射峰。图 3-3(c)给出了 $SrTiO_3$(110)基底的 X 射线 θ-2θ 扫描图，可以看出，除了基底的(110)和(220)衍射峰外，还出现了很多其他小的凸起。由此可见，在 $SrTiO_3$(110)基底上制备出取向的 Fe_4N 薄膜会受到厚度的限制，当薄膜的厚度为 163 nm 时，Fe_4N 薄膜已经不是取向生长的了，所以就更不会是外延生长的了。91 nm 的 Fe_4N 薄膜是取向生长的，需要进一步的结构表征来验证是否为外延生长。

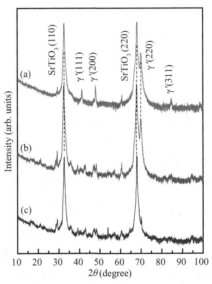

图 3-3　450℃下 $SrTiO_3$(110)基底上制备的氮化铁薄膜以及 $SrTiO_3$(110)基底的 X 射线 θ-2θ 扫描图

(a)163 nm 薄膜；(b)91 nm 薄膜；(c)$SrTiO_3$(110)基底

已知制备在 $LaAlO_3$(100)、$SrTiO_3$(100)、$SrTiO_3$(110)和 MgO(100)取向的单晶基底上的 γ'-Fe_4N 薄膜都为取向生长。为了证明制备在这些单晶基底上的 γ'-Fe_4N 薄膜是外延生长的模式，对制备在 MgO(100)和 $SrTiO_3$(100)、$SrTiO_3$(110)取向的单晶基底上的 Fe_4N 薄膜进行了 X 射线 φ 扫描和极图的结构表征。因为 $LaAlO_3$(100)基底的晶格常数与 Fe_4N 薄膜的晶格常数几乎是相等的，所以从 X 射线的 θ-2θ 扫描图上已无法区分衍射峰是来自基底还是薄膜，则对其做 X 射线的 φ 扫描和极图的结构表征也无法区分衍射是来自基底还是薄膜。图 3-4 给出了在 MgO(100)基底上制备的厚度分别为 5 nm、10 nm、58 nm 和 163 nm 的取向生长的 Fe_4N 薄膜的 X 射线 φ 扫描图。为了避开 MgO(100)基底的衍射峰的影响，把 2θ 衍射角固定于 41.22°，因为在 41.22° MgO(100)基底是没有衍射峰出现的，只有 Fe_4N 薄膜的(111)衍射峰。测量时样品的旋转范围是 α=35.26°，β=−180°~+180°。从图中可以看出，不同厚度的 Fe_4N 薄膜的 X 射线 φ 扫描图中在 360° 范围内都出现了四个比较尖锐的等间隔(间隔为 90°)的衍射峰，这四个衍射峰来自具有 C_4 旋转对称的 γ'-Fe_4N(111)面的衍射，表现出四重对称性。随着 Fe_4N 薄膜厚度的增加，衍射峰的强度增强，这是因为随着薄膜厚度的增加,薄膜中参与 X 射线衍射的晶面越来越多,所以衍射峰的强度增强,但是并不会影响到 Fe_4N 薄膜的四重对称性。所以,MgO(100)基底上取向生长的 Fe_4N 薄膜具有立方外延结构,Fe_4N 薄膜与 MgO(100)基底的外延生长关系为 γ′-Fe_4N(100)[001] ‖ MgO(100)[001]。

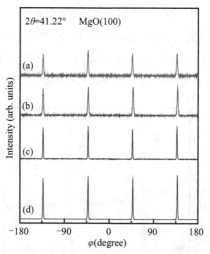

图 3-4　MgO(100)基底上制备的不同厚度的 Fe_4N 薄膜的 X 射线 φ 扫描图
(a)5 nm 薄膜;(b)10 nm 薄膜;(c)58 nm 薄膜;(d)163 nm 薄膜

图 3-5 给出了 $SrTiO_3$(100)和(110)基底上制备的厚度分别为 163 nm 和 91 nm 的取向生长的单相 Fe_4N 薄膜的 X 射线 φ 扫描图,其中 2θ 衍射角对应固定于 Fe_4N(111)的峰位处,即 2θ=41.22°。图 3-5(a)为 $SrTiO_3$(100)基底上取向生长的 Fe_4N 薄膜的 X 射线 φ 扫描图,当 φ 转过 360° 后,φ 扫描图中出现了四个比较尖锐的等间隔(间隔为 90°)的 γ′-Fe_4N 薄膜的衍射峰,这四个衍射峰来自具有 C_4 旋转对称的(111)面,说明 Fe_4N 薄膜具有面内的立方对称性,则 Fe_4N 薄膜与 $SrTiO_3$(100)基底的外延生长关系可表示为 Fe_4N(100)[001] ‖ $SrTiO_3$(100)[001]。图 3-5(b)为 $SrTiO_3$(110)基底上取向生长的 Fe_4N 薄膜的 X 射线 φ 扫描图,当 φ 转过 360° 后,φ 扫描图中出现了两个比较尖锐的等间隔(间隔为 180°)的 Fe_4N 薄膜的衍射峰,说明 Fe_4N 薄膜具有面内的立方对称性,取向生长的 Fe_4N 薄膜与 $SrTiO_3$(110)基底的外延生长关系可表示为 Fe_4N(110)[110] ‖ $SrTiO_3$(110)[110]。为了表征 Fe_4N 薄膜在单晶基底上的外延生长,测量了 MgO(100)和 $SrTiO_3$(100)单晶基底上制备的厚度为 163 nm 的 Fe_4N 薄膜的极图。图 3-6 给出了 MgO(100)和 $SrTiO_3$(100)单晶基底上制备的厚度为 163 nm 的外延 Fe_4N 薄膜的平面极图和三维极图,反映了 Fe_4N 薄膜的四重对称性,佐证了 Fe_4N 薄膜在单晶基底上的外延生长模式。图 3-7 给出了 $SrTiO_3$(110)基底上制备的厚度为 91 nm 的外延 Fe_4N 薄膜的平面极图和三维极图,证明了薄膜的外延生长特性。X 射线 θ-2θ 衍射结合 φ 扫描图和极图的结构表征,证明了 Fe_4N 薄膜的外延生长模式。

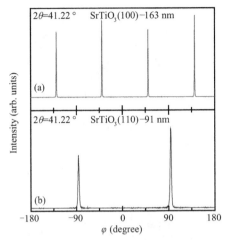

图 3-5　SrTiO$_3$(100)和(110)基底上制备的不同厚度的单相 Fe$_4$N 薄膜的 X 射线 φ 扫描图

(a) SrTiO$_3$(100)；(b) SrTiO$_3$(110)

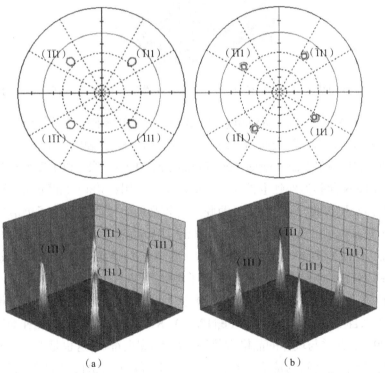

图 3-6　MgO(100)和 SrTiO$_3$(100)基底上制备的 163 mm 外延 Fe$_4$N 薄膜的平面和三维极图

(α=20°~90°，步长为 2.5°)

(a) MgO(100)基底；(b) SrTiO$_3$(100)基底

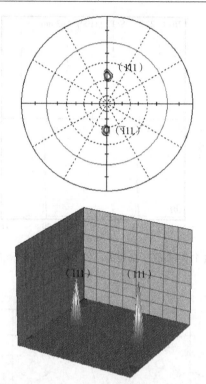

图 3-7　SrTiO₃(110)基底上 91 nm 外延 Fe₄N 薄膜的平面和三维极图($α$=20° ~90°,步长为 2.5°)

图 3-8 给出了 MgO 基底上 85 nm Fe₄N 薄膜的高分辨透射电子显微镜图像(HRTEM)。其中,图 3-8(a)和(d)为薄膜表面和界面处的图像,图 3-8(b)和(e)为图 3-8(a)和(d)框内区域的快速傅里叶变换(Fast Fourier Transformation, FFT)图像。FFT 图像中均匀的点阵排布进一步表明 Fe₄N 薄膜为外延生长。图 3-8(c)和(f)为图 3-8(b)和(e)的逆 FFT 图像,图中有序排列的 Fe 和 N 原子表明 Fe₄N 薄膜具有较高的生长质量。为了更清楚地展现样品的原子像,在图 3-8(c)中用蓝色点标记 Fe 原子,用黄色点标记 N 原子。从图 3-8(f)中可以清楚地看出,界面处 Fe₄N 薄膜的失配位错。图 3-8(f)的插图为方框内区域的放大图,蓝色和红色的线条表示 MgO 基底和薄膜的原子排列,可以更清楚地看到界面处 MgO 基底和 Fe₄N 薄膜的失配位错。Fe₄N 薄膜的晶格常数从界面到表面的变化并不大,表明界面处的失配位错释放了来自基底的应力。除了 Fe₄N/MgO,STO 基底上生长的 Fe₄N 薄膜的面外晶格常数约为 3.797 Å,几乎与块体的晶格常数(3.795 Å)完全符合,这也是由于界面处的失配位错释放了薄膜与基底之间的应力。在图 3-8 中,对样品的 HRTEM 图像所做的 FFT 和逆 FFT 变换都是利用 Gatan's Digital Micrograph 软件进行操作的,并不会改变原有图像的信息。在进行逆 FFT 变换之前,先用该软件在 FFT 图像上覆盖掩膜,以此来减少背景噪声的影响并保留 HRTEM 图像的所有其他信息。

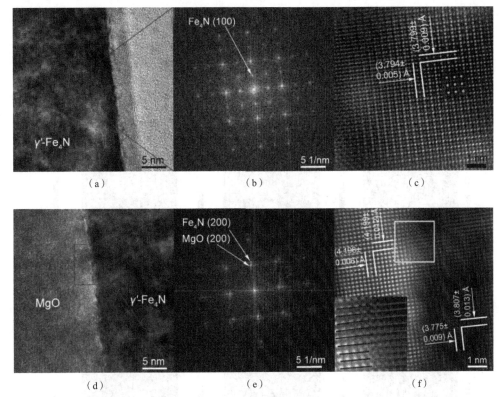

图 3-8　MgO 基底上 85nm γ′-Fe₄N 薄膜的高分辨透射电子显微镜图像（HRTEM）
（a）薄膜表面的图像；（b）图（a）框内区域的 FFT 图像；（c）图（b）的逆 FFT 图像；（d）薄膜界面处的图像；
（e）图（d）框内区域的 FFT 图像；（f）图（e）的逆 FFT 图像（左下角的插图是方框内区域的放大图）

图 3-9 给出了 MgO、STO 和 LAO 基底上不同厚度 Fe₄N 薄膜的 AFM 图像。从图中可以看出,样品表面起伏较小。当薄膜厚度减小时,表面起伏度也减小,170 nm 厚的样品表面起伏为 −8.0~7.4 nm,8.5 nm 厚的样品表面起伏为 −0.5~0.5 nm。薄膜的平均表面粗糙度为

$$Ra = \frac{1}{L}\int_{x=0}^{x=L}|y|\mathrm{d}x \qquad (3\text{-}2)$$

其中,x 是 AFM 探针横向扫描方向上的位移,y 是薄膜表面的纵向起伏。

图 3-10 给出了不同基底上 γ′-Fe₄N 薄膜的平均表面粗糙度 Ra 随薄膜厚度的变化。不同基底上相同厚度薄膜的 Ra 随所受应力的变化是无规律的,进一步表明薄膜受到的应力大部分被失配位错释放。MgO、STO 和 LAO 基底上 170 nm 厚 Fe₄N 薄膜的平均表面粗糙度分别为 1.530 nm、1.210 nm 和 1.370 nm;85 nm 厚 Fe₄N 薄膜的平均表面粗糙度分别为 0.859 nm、0.771 nm 和 0.739 nm;17 nm 厚 Fe₄N 薄膜的平均表面粗糙度分别为 0.344 nm、0.631 nm 和 0.545 nm。由上述结果可知,基底应力对 Fe₄N 薄膜的平均表面粗糙度的影响不大。从图 3-10 也可以看出,同一基底上的 Fe₄N 薄膜的 Ra 随着厚度的增加逐渐增大。

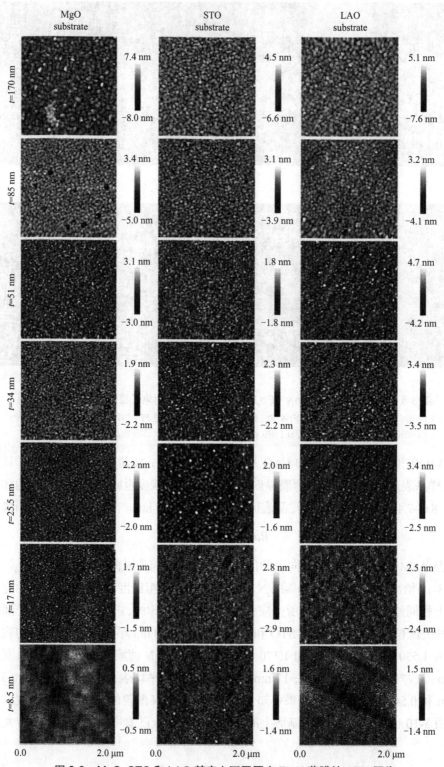

图 3-9　MgO、STO 和 LAO 基底上不同厚度 Fe₄N 薄膜的 AFM 图像

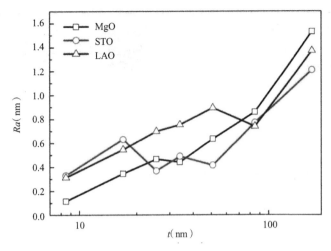

图 3-10　MgO、STO 和 LAO 基底上 Fe₄N 薄膜的平均表面粗糙度随薄膜厚度的变化

3.1.2　磁学性质

虽然对于外延 Fe₄N 薄膜磁性的报道已有很多,但是不同研究小组报道的结果并不一致。采用超导量子干涉仪 SQUID 对在 MgO(100)基底上采用反应磁控溅射法制备的不同厚度的外延 Fe₄N 薄膜的磁学性质进行了测量。测量时,磁场平行于膜面,最大磁场为50 kOe。图 3-11 给出了 MgO(100)基底上不同厚度的外延 Fe₄N 薄膜的室温面内磁滞回线。从磁滞回线的形状可以看出,不同厚度的外延 Fe₄N 薄膜呈现出软磁性。其插图给出的是薄膜的 M_s 和 H_c 随着薄膜厚度的变化关系曲线。当薄膜厚度从 5 nm 增加到 10 nm 时,薄膜的 M_s 从 1 213 emu/cm³ 增加到 1 243 emu/cm³;随着薄膜厚度增大到 58 nm,M_s 几乎线性地减小到最小值 1 056 emu/cm³;当薄膜的厚度为 91 nm 时,M_s 有最大值 1 341 emu/cm³;当薄膜的厚度增大到 163 nm 时,M_s 又减小到 1 181 emu/cm³。可见外延 Fe₄N 薄膜的厚度会影响到它的 M_s 大小,但是 M_s 随着厚度变化没有很强的规律性。从外延 Fe₄N 薄膜的矫顽力H_c 随着薄膜厚度的变化关系曲线可以看出,H_c 不随薄膜厚度的变化而变化,基本保持在50 Oe 左右。影响薄膜 H_c 大小的因素有很多,如薄膜受到的应力大小、表面粗糙度、颗粒尺寸等,在 MgO(100)基底上制备的外延 Fe₄N 薄膜的 H_c 随着厚度变化基本保持不变,可能就是上面提到的诸多因素综合影响造成的。

测量了 MgO(100)基底上不同厚度的外延 γ′-Fe₄N 薄膜在不同温度下的磁滞回线。图3-12 和图 3-13 分别给出了 MgO(100)基底上 10 nm 和 163 nm 的外延 γ′-Fe₄N 薄膜在不同温度下的面内磁滞回线。从图中可以看出,外延 γ′-Fe₄N 薄膜呈现出软磁性。图 3-12 右下角的插图给出了外延 γ′-Fe₄N 薄膜的 M_s 和 H_c 随着温度的变化关系曲线,M_s 随着温度的升高而逐渐减小;当温度小于 100 K 时,H_c 约为 150 Oe,随着温度的升高,H_c 减小。当温度大于 100 K 时,H_c 减小到约 50 Oe。对于图 3-13,薄膜的 M_s 随着温度的升高而逐渐减小,尤其是右下角插图更能明显地反映出随着温度的升高,M_s 减小的趋势。但是 163 nm 的 Fe₄N 薄膜的 H_c 不随着温度的变化而变化,在整个温度范围内,薄膜的 H_c 都约为 50 Oe。外延 Fe₄N

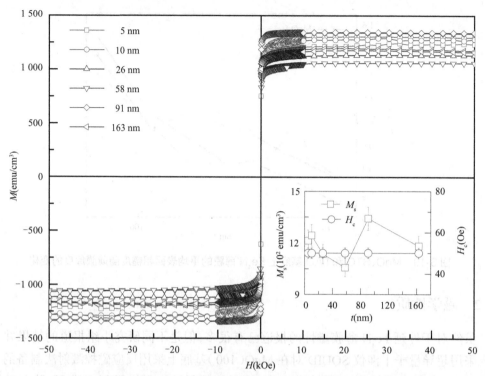

图 3-11　MgO(100)基底上不同厚度的外延 Fe$_4$N 薄膜的室温面内磁滞回线
(插图为 M_s 和 H_c 随着薄膜厚度的变化关系曲线)

薄膜的 M_s 随着温度的升高而减小,这主要是由于磁矩受到了热扰动的影响造成的。在低温范围内,磁矩的无序度相对于高温范围内是较小的,所以在低温范围内,薄膜具有大的 M_s,在高温范围内薄膜的 M_s 减小。

图 3-14 给出了 MgO 基底上 17 nm 的 Fe$_4$N 薄膜的沿面内 [010] 和 [011] 方向的磁滞回线,插图是磁场为 -600~600 Oe 范围内的磁滞回线。可以看出, Fe$_4$N 薄膜具有较好的软磁特性,饱和磁化强度为 1 360 emu/cm^3,矫顽力约为 24 Oe,并且面内 [010] 方向比 [011] 方向更容易磁化,但是两个方向各向异性的差距并不大,这是由于 [010] 和 [011] 两个方向的夹角较小(仅为 45°)导致的。

图 3-15 给出了 MgO、STO 和 LAO 基底上 8.5 nm 和 34 nm 的 γ′ -Fe$_4$N 薄膜的 MFM 图像及相应的 AFM 图像。不同基底上 Fe$_4$N 薄膜均出现了明显的磁畴结构,磁畴分布较为无序,表明薄膜中不存在单轴各向异性。LAO 基底上 Fe$_4$N 薄膜的磁畴相位要高于 MgO 和 STO 上的样品。图 3-16 给出了 LAO 基底上不同厚度 Fe$_4$N 薄膜的 MFM 图像及相应的 AFM 图像。从图中可以看出,不同厚度薄膜均出现了明显的磁畴结构。此外,随着薄膜厚度的增加,磁畴相位先增大后减小,85 nm 时达到 853.4 m°,由于在薄膜较薄时畴壁为奈尔畴壁,薄膜较厚时为布洛赫畴壁,这与之前的研究结果一致。

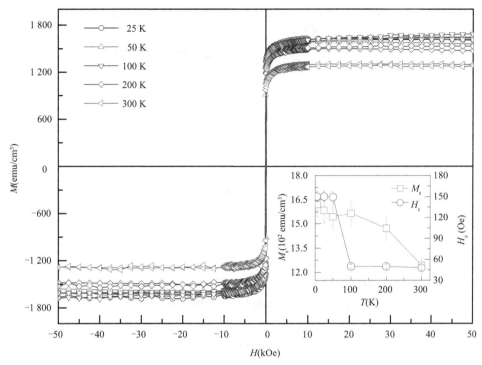

图 3-12　MgO(100)基底上 10 nm 的外延 Fe₄N 薄膜在不同温度下的面内磁滞回线
（ 插图为 M_s 和 H_c 随着温度的变化关系曲线 ）

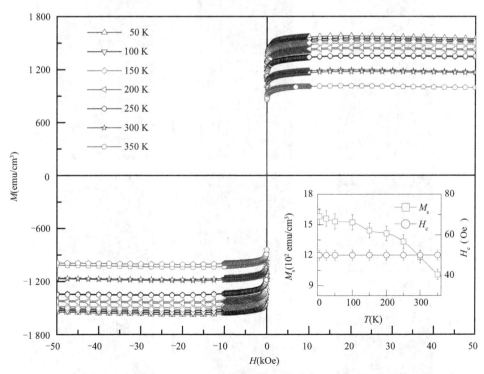

图 3-13　MgO(100)基底上 163 nm 的外延 Fe₄N 薄膜在不同温度下的面内磁滞回线
（ 插图为 M_s 和 H_c 随着温度的变化关系曲线 ）

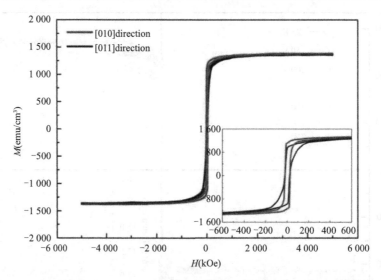

图 3-14　MgO 基底上 17 nm 的 Fe₄N 薄膜的沿面内 [010] 和 [011] 方向的磁滞回线
（插图为 −600~600 Oe 范围内的磁滞回线）

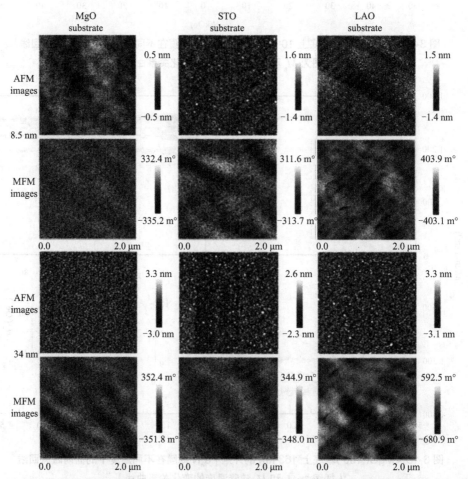

图 3-15　MgO、STO 和 LAO 基底上 8.5 nm 和 34 nm 的 Fe₄N 薄膜的 MFM 图像及相应的 AFM 图像

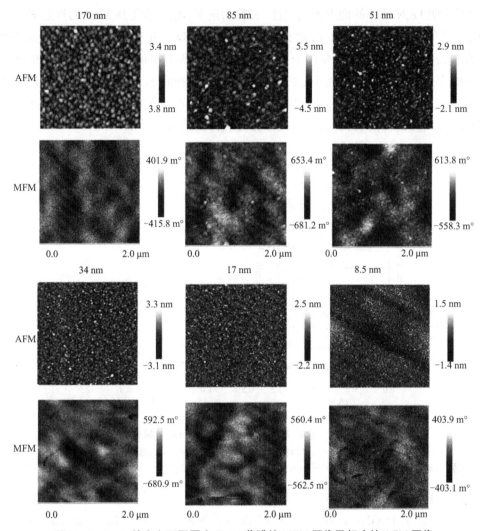

图 3-16　LAO 基底上不同厚度 Fe$_4$N 薄膜的 MFM 图像及相应的 AFM 图像

3.1.3　高频特性

　　随着科学技术的不断发展,自旋电子学器件需要具有低能耗和高频率特性,因此研究自旋电子学材料的高频特性尤为重要。铁磁体的高频特性已被广泛研究,影响铁磁性材料高频磁阻尼的因素是其中最重要的研究内容之一。铁氧体是常见的具有低磁阻尼的磁性材料,例如钇铁石榴石的磁阻尼常数为 3×10^{-5}。然而,具有低磁阻尼的铁氧体绝大多数是绝缘体,限制了它们在自旋电子学器件中的应用。大部分铁磁性金属虽然具有较低的电阻,但它们的磁阻尼相对较大,其中产生磁阻尼的机制也不是十分清楚。因此,研究铁磁性金属的高频特性以及影响磁阻尼的因素具有重要意义。由于具有高自旋极化率及物理化学性质的稳定性等优点,Fe$_4$N 是一种具有应用价值的自旋电子学材料。迄今为止,对于 Fe$_4$N 的高频特性的研究较少,本节将介绍 γ′-Fe$_4$N 薄膜的高频特性及影响高频特性的因素。

　　为了说明 Fe₄N 薄膜的面内各向异性,实验测量了 MgO 基底上 5 nm 的外延 Fe₄N 薄膜的面内不同角度的铁磁共振曲线,微波频率为 9.207 GHz。图 3-17(a)给出了测量结果,其中 0° 设置为面内 [010] 方向。从图中可以看出, Fe₄N 薄膜的面内铁磁共振场从 0° 到 45° 逐渐增加,从 45° 到 90° 逐渐减小,并且 0° 和 90° 的共振峰的大小一致,表明外延 Fe₄N 薄膜的磁各向异性具有面内四重对称性,易轴在 [010] 方向,难轴在 [011] 方向。因此,本章将对外延 Fe₄N 薄膜的面内 [010] 方向的高频特性进行测量与分析。

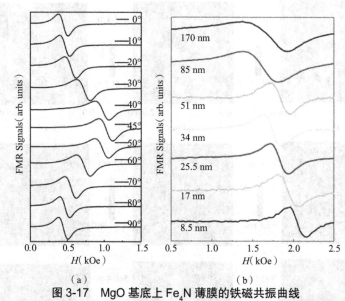

图 3-17　MgO 基底上 Fe₄N 薄膜的铁磁共振曲线

(a)MgO 基底上 5 nm 外延 Fe₄N 薄膜面内不同角度的铁磁共振曲线,微波频率为 9.207 GHz;
(b)MgO 基底上不同厚度外延 Fe₄N 薄膜面内 [010] 方向的铁磁共振曲线,微波频率为 18 GHz

　　又测量了 MgO 基底上不同外延厚度 Fe₄N 薄膜在不同微波频率下的铁磁共振曲线。图 3-17(b)给出了 18 GHz 下不同外延厚度 Fe₄N 薄膜的铁磁共振曲线。随着薄膜厚度的改变,薄膜的铁磁共振线宽发生了明显的变化,表明样品的线宽并不只来自固有阻尼。除了材料固有阻尼的线宽外,引起线宽展宽的主要因素有涡流产生的阻尼引起的 ΔH_{ec} 和双磁子散射(Two-Magnon Scattering, TMS)引起的 ΔH_{TMS}。涡流产生的阻尼系数与铁磁性薄膜的电阻率成反比,Fe₄N 的电阻率比普通金属大一个数量级左右,大约为 10^{-6} Ω·m,因此涡流阻尼可以被忽略, Fe₄N 薄膜线宽展宽主要来源于 TMS 过程。从铁磁共振曲线的线形也可以得到线宽展宽的原因,当铁磁共振曲线更接近于高斯线形时,线宽展宽主要来自系统的不均匀性;当铁磁共振曲线更接近洛伦兹线形时,线宽展宽主要来自 TMS 过程。为了进一步证实线宽展宽的机制,对铁磁共振曲线进行了高斯和洛伦兹拟合,如图 3-18(a)至(g)所示。其中,黑色圆圈为铁磁共振的实验数据,红色和蓝色曲线表示对实验数据的高斯拟合和洛伦兹拟合。如图 3-18(a)至(g)所示,洛伦兹拟合的结果与实验结果更符合。图中左下角的数字表示拟合的标准回归系数 R^2,它是描述拟合准确度的参量, R^2 越接近 1 说明拟合得越好。图中 R^2 的值也可以说明洛伦兹拟合比高斯拟合更符合实验数据。图 3-18(h)和(i)给出了实验数据、高斯拟合和洛伦兹拟合得出的共振场 H_r 和线宽 ΔH 随薄膜厚度的变化。从图中可以看出,洛伦兹拟合的 H_r 和 ΔH 与实验数据符合得更好,高斯拟合结果与实验数据偏差较大。随着薄膜厚度的变化,H_r 和 ΔH 也发生变化,这也表明存在 TMS 过程。TMS 过程是由样品的表面或者界面处的缺陷引起的,所以随着 Fe₄N 薄膜厚度的增加,平均表面粗糙度增加,并且 FMR 线宽也增加。洛伦兹拟合的线宽只包括 TMS 阻尼线宽(ΔH_{TMS})和 Gilbert 阻尼线宽(固有线宽)(ΔH_{int})。固有线宽为

$$\Delta H_{int} = \left(\frac{2\alpha_{int}}{\sqrt{3}|\gamma|} \right) f + \Delta H_0 \qquad (3\text{-}3)$$

其中,α_{int} 是 Gilbert 阻尼常数;γ 是旋磁比;f 是微波频率;ΔH_0 是非均匀线宽展宽,为定值。根据式(3-3),固有线宽 ΔH_{int} 与微波频率 f 呈线性关系。但是,ΔH_{TMS} 与频率 f 并不是线性关系。图 3-19(a)给出了 MgO 基底上不同厚度 Fe₄N 薄膜沿 [010] 方向的 FMR 线宽随微波频率的变化关系。在薄膜厚度为 25.5~170 nm 时,线宽 ΔH 并不与 f 呈线性关系,表明较大的表面粗糙度导致了 TMS 过程的出现。对于 8.5 nm 的样品,ΔH 与 f 几乎呈线性关系,如图 3-19(b)所示。此外,8.5 nm 样品的表面粗糙度为 0.115 nm,可以忽略双磁子散射作用。

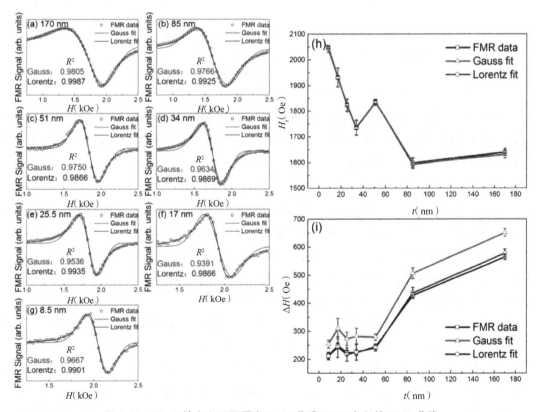

图 3-18　MgO 基底上不同厚度 Fe₄N 薄膜 [010] 方向的 FMR 曲线

（ a ）170 nm 薄膜；（ b ）85 nm 薄膜；（ c ）51 nm 薄膜；（ d ）34 nm 薄膜；（ e ）25.5 nm 薄膜；（ f ）17 nm 薄膜；
（ g ）8.5 nm 薄膜（图（ a ）至（ g ）微波频率为 18 GHz,黑色圆圈为实验数据,红色和蓝色的曲线为高斯和洛伦兹拟合曲线 ）；
（ h ）实验值、高斯拟合和洛伦兹拟合的共振场 H_r 随薄膜厚度的变化；
（ i ）实验值、高斯拟合和洛伦兹拟合的线宽 ΔH 随薄膜厚度的变化

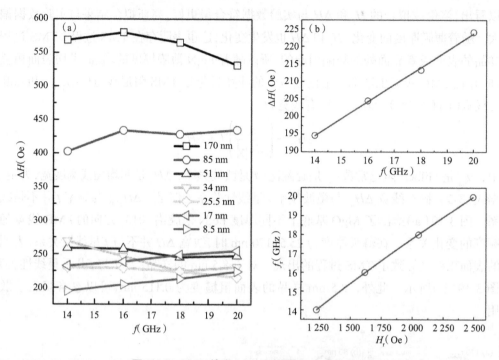

图 3-19 MgO 基底上 Fe₄N 薄膜部分变化曲线
（a）MgO 基底上不同厚度 Fe₄N 薄膜沿 [010] 方向的 FMR 线宽随微波频率的变化；
（b）8.5 nm 的 Fe₄N 薄膜的 FMR 线宽随微波频率的变化；
（c）8.5 nm 的 Fe₄N 薄膜的铁磁共振频率随共振场的变化

图 3-19（c）给出了 MgO 基底上 8.5 nm 的 Fe₄N 薄膜的铁磁共振频率随共振场的变化关系。对于 [100] 取向的 Fe₄N 薄膜，面内各向异性场具有四重对称性，所以图 3-19（c）中的实验数据可以利用 Kittel 方程进行拟合（红线表示）：

$$\omega = 2\pi|\gamma|\sqrt{(H_r + H_a)(H_r + H_a + 4\pi M_s)} \qquad (3\text{-}4)$$

其中，H_r 是铁磁共振场，H_a 是 Fe₄N 薄膜的面内四重各向异性场，$4\pi M_s$ 是饱和磁化强度。通过拟合可以得到，γ=3.21 MHz/Oe，$4\pi M_s$=11 367 G，H_a=257 Oe。利用公式（3-4）对图 3-19（b）中的实验数据进行拟合，可以得到 Gilbert 阻尼系数 α_{int}=0.013 5。本书中得到的 Gilbert 阻尼系数比之前 Isogami 等报道的 Fe₄N 薄膜的阻尼系数（α_{int}=0.045）小。Fe₄N 的阻尼系数比经常被用作磁性隧道结的电极材料的 CoFeB 的值略大一些。

图 3-20（a）给出了 MgO 基底上不同厚度 Fe₄N 薄膜的铁磁共振频率随磁场的变化，空心符号代表实验数据，不同颜色的线是利用式（3-4）得到的拟合结果。这里只对四个频率下的实验数据进行了拟合。为了验证结果的准确性，对 170 nm 的 Fe₄N 薄膜的九个频率下的数据进行拟合。从图 3-21 可以看出，九个频率和四个频率的拟合结果一致，说明本章中的实验结果具有较高的准确性。图 3-20（b）至（d）给出了拟合得到的 Fe₄N 薄膜的旋磁比 γ、各向异性场 H_a 和饱和磁化强度 $4\pi M_s$ 随着薄膜厚度的变化。从图中可以看出，随着薄膜厚度从 8.5 nm 增加到 170 nm，旋磁比 γ 略有减小。旋磁比 $\gamma=g\mu_B/h$，通过计算得到朗德因子 g 随着薄膜厚度的增加，由 2.29 下降到 2.05。此外，MgO 基底上 Fe₄N 薄膜的各向异性场 H_a

和饱和磁化强度 $4\pi M_s$ 随着薄膜厚度的增加而增大。H_a 和 $4\pi M_s$ 随着薄膜厚度的变化趋势可以归于基底的失配位错导致的界面处晶格混乱,随着薄膜厚度的增加,薄膜内的原子变得更有序。虽然界面处有失配位错的存在,薄膜还会受到比较小的基底应力。在界面处少量的失配位错不仅可以使具有较大晶格失配的薄膜外延生长,还可以大幅度降低晶格失配引起的应力。

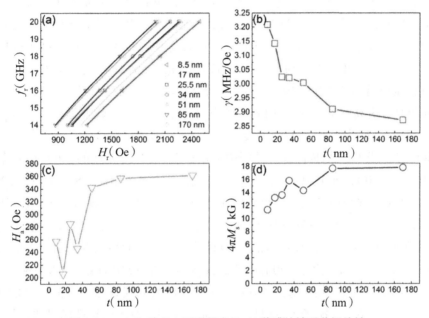

图 3-20　MgO 基底上不同厚度 Fe₄N 薄膜的铁磁共振特性
(a) [010] 方向的 FMR 微波频率随恒定磁场的变化关系;
(b) 旋磁比随薄膜厚度的变化;(c) 各向异性场随薄膜厚度的变化;
(d) 饱和磁化强度随薄膜厚度的变化

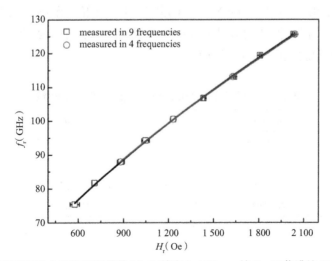

图 3-21　在九个频率下和四个频率下测量的 MgO 基底上 170 nm 的 Fe₄N 薄膜的 FMR 频率随共振场的变化(空心符号是实验数据,实线是利用式(3-4)拟合的结果)

图 3-22(a)至(c)给出了不同基底上 170 nm 的 Fe$_4$N 薄膜的铁磁共振曲线,微波频率为 18 GHz。其中,黑色圆圈为实验数据,红色和蓝色曲线分别为洛伦兹和高斯拟合曲线。从图中可以看出,MgO、STO 和 LAO 基底上的 Fe$_4$N 薄膜的共振场几乎一样,分别为 1 640、1 670 和 1 630 Oe,线宽分别为 550、450 和 400 Oe。Fe$_4$N 薄膜的线宽随着晶格失配度的减小而减小。然而,Fe$_4$N 薄膜的晶格常数受晶格失配的影响比较小,几乎都和块体 Fe$_4$N 的晶格常数一致,所以固有阻尼对线宽的影响可以忽略,也就是不同基底上线宽的差别来自 TMS 过程。图 3-22(e)给出了不同基底上 Fe$_4$N 薄膜的共振频率随着磁场的变化关系,利用式(3-4)对实验数据进行了拟合,表 3-1 给出了拟合得到的参数。MgO、STO 和 LAO 基底上 Fe$_4$N 薄膜的饱和磁化强度分别为 18 000、17 000 和 17 500 G,这与 SQUID 测得的饱和磁化强度一致。随着晶格失配度的减小,磁各向异性场增加,这是由于失配度减小导致失配位错减少,薄膜具有更高质量,所以各向异性场增加。此外,为了比较外延和多晶 Fe$_4$N 薄膜的高频特性,在 Si 基底上生长了不同厚度的多晶 Fe$_4$N 薄膜。图 3-23(f)给出了 Si 基底上 Fe$_4$N 薄膜的 X 射线 θ-2θ 扫描图像。从图中可以看出,除了 Si 基底的(400)衍射峰以外,还有 Fe$_4$N(100)、(110)、(200)、(220)和(311)晶面的衍射峰,表明在 Si 基底上 Fe$_4$N 薄膜为多晶结构。由 X 射线扫描结果计算得到多晶 Fe$_4$N 薄膜的晶格常数为 3.796 Å,与块体的晶格常数一致。图 3-23 给出了 Si 基底上不同厚度多晶 Fe$_4$N 薄膜的 AFM 图像,样品表面的起伏明显大于外延薄膜。不同厚度多晶 Fe$_4$N 薄膜的平均表面粗糙度分别为 2.42、2.80、1.29 和 1.11 nm。图 3-22(d)给出了 170 nm 多晶 Fe$_4$N 薄膜的 FMR 曲线,微波频率为 18 GHz。从图中可以看出,多晶膜薄线宽为 300 Oe,比外延样品的线宽小。多晶样品的共振场为 1 830 Oe,比外延样品的共振场大,这是由于多晶样品中没有各向异性场对铁磁共振的磁场做出贡献,因此需要更大的共振场来达到铁磁共振的状态。由于多晶样品中各向异性场为零,对于多晶样品,式(3-4)可表示为

$$\omega = 2\pi|\gamma|\sqrt{H_{\mathrm{r}}(H_{\mathrm{r}} + 4\pi M_{\mathrm{s}})} \tag{3-5}$$

图 3-33(g)给出了多晶 γ'-Fe$_4$N 薄膜的共振频率随着共振场的变化关系,红线为式(3-5)的拟合结果。拟合得到的多晶薄膜的参数见表 3-1,其饱和磁化强度为 19 000 G,与单晶薄膜接近,但是旋磁比大于外延薄膜。

表 3-1 不同基底上 170 nm 的 Fe$_4$N 薄膜的高频特性

样品	γ(MHz/Oe)	g	M_{s}(G)	H_{a}(Oe)
MgO/Fe$_4$N	2.871 ± 0.006	2.051 ± 0.004	17 836.5 ± 1 792.4	361.0 ± 36.1
STO/Fe$_4$N	2.820 ± 0.003	2.015 ± 0.002	17 204.4 ± 1 082.1	411.7 ± 29.3
LAO/Fe$_4$N	2.810 ± 0.005	2.008 ± 0.004	17 571.3 ± 1 594.3	466.3 ± 12.5
Si/Fe$_4$N	2.908 ± 0.031	2.078 ± 0.022	19 068.9 ± 912.1	0

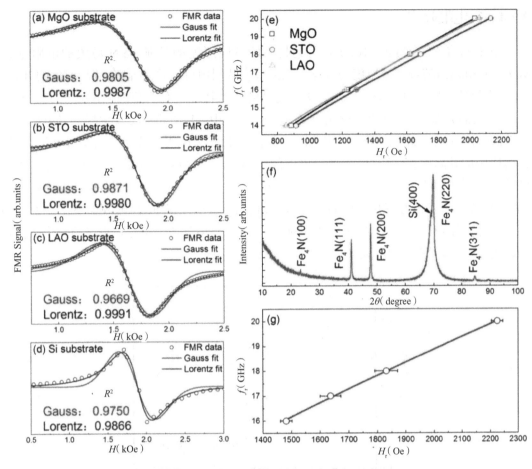

图 3-22　不同基底上 Fe₄N 薄膜的铁磁共振特性

（a）MgO；（b）STO；（c）LAO 和（d）Si 基底上 170 nm 的 Fe₄N 薄膜的 FMR 曲线；
（e）不同基底上 170 nm 的外延 Fe₄N 薄膜的共振频率随磁场的变化；（f）Si 基底上 Fe₄N 薄膜的 XRD θ-2θ 扫描图像；
（g）Si 基底上 170 nm 的多晶 Fe₄N 薄膜的共振频率随共振场的变化

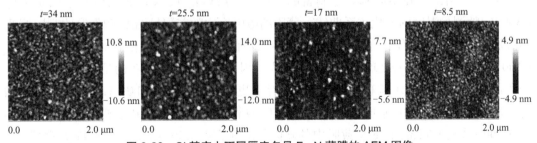

图 3-23　Si 基底上不同厚度多晶 Fe₄N 薄膜的 AFM 图像

3.1.4　磁电阻效应

图 3-24 给出了 MgO(100)基底上制备的不同厚度的外延 Fe₄N 薄膜的电阻率比 $\rho(T)/\rho(300\ K)$ 随着测量温度的变化关系曲线。从图中可以看出,随着测量温度的升高, Fe₄N 薄膜的电阻率比逐渐增大,呈现出金属的导电特性。右下角的插图给出了室温下 Fe₄N 薄膜的 ρ 随着薄膜厚度的变化关系曲线。从图中可以看出, Fe₄N 薄膜的导电率 ρ 随着薄膜厚度的减小而逐渐增大。因为随着薄膜厚度的减小,薄膜受到张应力逐渐增大,使得薄膜中的缺陷增多,并且随着薄膜厚度的减小,薄膜表面对电子的散射就会增强,所以随着 Fe₄N 薄膜厚度的减小,ρ 逐渐增大。同时,通过对比玻璃基底上制备的相同厚度的多晶 Fe₄N 薄膜的 ρ 随着薄膜厚度的变化得出,相同厚度的多晶 Fe₄N 薄膜的室温 ρ 大于外延 Fe₄N 薄膜的室温 ρ,这主要是由于相对于外延薄膜,多晶薄膜中存在更多的缺陷杂质和颗粒边界,引起薄膜 ρ 的增大。

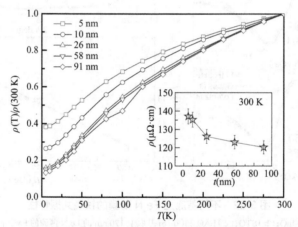

图 3-24　MgO(100)基底上制备的不同厚度的外延 Fe₄N 薄膜的电阻率比随温度的变化关系曲线
(插图为室温电阻率随薄膜厚度的变化关系曲线)

图 3-25 给出了在不同基底上制备的厚度为 10 nm 的 Fe₄N 薄膜的电阻率比 $\rho(T)/\rho$ (300 K)随测量温度的变化关系曲线。薄膜的电阻率比随着测量温度的降低而减小,呈现出金属的导电特性。右下角的插图给出了不同基底上制备的 Fe₄N 薄膜的室温 ρ。LaAlO₃ (100)基底上的 ρ 最小,玻璃基底上的 ρ 最大。因为玻璃基底上制备的是多晶 Fe₄N 薄膜, 与单晶基底上制备的外延 Fe₄N 薄膜相比,存在更多的颗粒边界和缺陷,所以会引起 ρ 增大。由于 LaAlO₃(100)基底的晶格常数与 Fe₄N 薄膜的晶格常数几乎相等,所以在 LaA- lO₃(100)基底上制备的 Fe₄N 薄膜中的缺陷相对而言就会很少,在低温下 Fe₄N 薄膜的 ρ 相对在 MgO(100)和 SrTiO₃(100)基底上制备的 γ' -Fe₄N 薄膜的 ρ 就要小些。

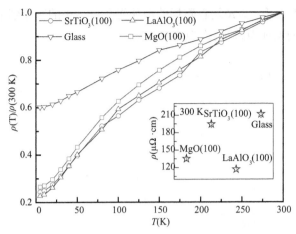

图 3-25　不同基底上制备的厚度为 10 nm 的 Fe₄N 薄膜的电阻率比随温度的变化关系曲线
（插图为室温下的电阻率）

图 3-26 给出了 SrTiO₃（100）和（110）基底上制备的 Fe₄N 薄膜的电阻率比 $\rho(T)/\rho(300\ \text{K})$ 随测量温度的变化关系曲线。随着测量温度的升高，不同取向的 SrTiO₃ 基底上制备的 Fe₄N 薄膜的电阻率比都逐渐增大，表现出金属的导电特性。右下角的插图给出了不同取向的 SrTiO₃ 基底上制备的 Fe₄N 薄膜的室温 ρ。随着测量温度的升高，不同取向的 SrTiO₃ 基底上制备的 Fe₄N 薄膜的电阻率大小关系为 $\rho(110)>\rho(100)$。可见氮化铁薄膜的 ρ 沿着氮化铁薄膜的不同生长取向是不同的。这主要是因为在氮化铁薄膜的不同取向上，Fe 原子和 N 原子的占位不同，使得电子云的分布不同，进而影响到氮化铁薄膜不同取向的 ρ 大小不同。

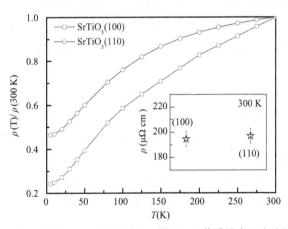

图 3-26　SrTiO₃（100）和（110）基底上制备的 10 nm 的 Fe₄N 薄膜的电阻率比随温度的变化关系曲线
（插图为室温下的电阻率）

图 3-27 给出了 MgO（100）基底上不同厚度的外延 Fe₄N 薄膜的 MR-H 曲线。图 3-27（a）和（b）给出了厚度分别为 5 nm 和 10 nm 的 Fe₄N 薄膜的 MR 在不同温度下随磁场的变化关系曲线。在较低的温度下，MR 随着磁场的增加而增大，当温度大于 30 K 时，MR 随着磁场的增加而减小，呈现出负 MR。如图 3-27（c）和（d）所示，随着 Fe₄N 薄膜的厚度增加到

26 nm 和 58 nm,在低温下,*MR* 随着磁场的增加先有一个小的减小然后又增大。在较高温度下,*MR* 随着磁场的增加而减小,表现为负 *MR*。

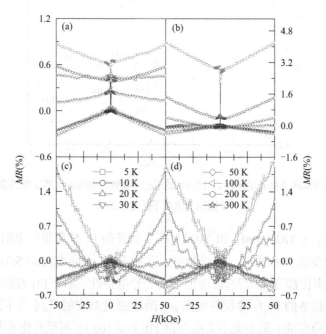

图 3-27　MgO(100)基底上不同厚度的外延 Fe₄N 薄膜的 *MR-HT* 曲线

(a)5 nm 薄膜;(b)10 nm 薄膜;(c)26 nm 薄膜;(d)58 nm 薄膜

图 3-28 给出了在 MgO(100)、SrTiO₃(100)、LaAlO₃(100)单晶基底和玻璃基底上制备的 10 nm 的 γ'-Fe₄N 薄膜的 *MR-H* 曲线。从图中可以看出,无论是单晶基底上制备的外延 Fe₄N 薄膜还是玻璃基底上制备的多晶 Fe₄N 薄膜,除了零场附近 *MR* 随着磁场的增加变化不同外,在较低的测量温度下,*MR* 随着磁场的增加而增大,并且在最大的磁场下也未达到饱和。当测量温度大于 30 K 时,*MR* 随着磁场的增加而减小,呈现出负 *MR*。在零场附近,对于四种基底上制备的 γ'-Fe₄N 薄膜而言,随着磁场的增加,*MR* 在不同的测量温度下表现为有的先增大再减小,有的一直增大,有的一直减小。并且在同一个测量温度下,单晶基底上制备的 Fe₄N 薄膜的 *MR* 要比玻璃基底上的大。

图 3-29 给出了 SrTiO₃ 基底上制备的不同取向的 Fe₄N 薄膜的 *MR-H* 曲线。从图中可以看出,在不同取向的 SrTiO₃ 基底上制备的 Fe₄N 薄膜的 *MR* 随着磁场的变化表现出相似的行为,都是在低的测量温度下,*MR* 随着磁场的增加而增大,当测量温度大于 30 K 时,*MR* 随着磁场的增加而减小为负值。其中,在(100)取向上的 *MR* 大于在(110)取向上的 *MR*。

上面介绍的是 Fe₄N 薄膜的 *MR* 随测量温度和磁场的变化关系。无论是同一基底上不同厚度的 Fe₄N 薄膜的 *MR* 变化规律,还是不同基底上相同厚度的 Fe₄N 薄膜的 *MR* 变化规律,基本上都是相似的。通过对比可以得出,无论是多晶还是外延 Fe₄N 薄膜,*MR* 产生的原因是相同的。随着测量温度的降低,Fe₄N 薄膜的电阻率减小,使得 *MR* 增大。随着测量温度的升高,外加磁场使得 Fe₄N 薄膜中的铁磁有序化和由自旋波引起的电子散射和局域磁各向异性受到抑制,从而使得 *MR* 随着磁场的增大而减小。根据 s-d 能带散射模型,外加磁场会使得多数自旋能带和少数自旋能带发生劈裂,产生负 *MR*。这几种机制在不同温度和磁场下相互竞争,使得 *MR* 的行为表现复杂化。

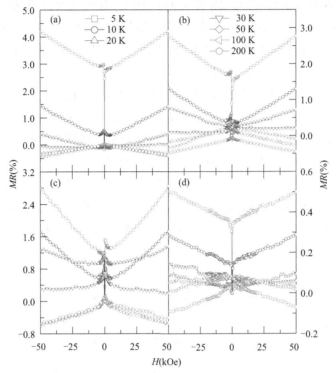

图 3-28　不同基底上制备的厚度为 10 nm 的 Fe₄N 薄膜的 *MR-HT* 曲线

（a）MgO(100)基底;（b）SrTiO₃(100)基底;（c）LaAlO₃(100)基底;（d）玻璃基底

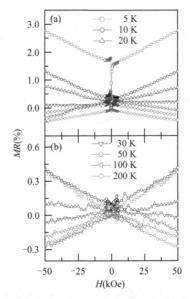

图 3-29　SrTiO₃ 基底上制备的不同取向的外延 Fe₄N 薄膜的 *MR-HT* 曲线

（a）(100)取向;（b）(110)取向

3.1.5　外延 γ′-Fe₄N 薄膜的各向异性磁电阻效应

人们也常用各向异性磁电阻（AMR）来研究铁磁性材料的电输运特性。AMR 效应一般存在于铁磁金属及其合金材料中，电阻率 ρ 的大小与磁化强度方向和电流的方向之间的夹角有关。从 20 世纪 90 年代初期，AMR 效应就已经用于硬盘驱动器的磁记录读出磁头。1857 年，汤姆逊首先在铁磁金属中发现 AMR 效应。本节中 AMR 的定义为

$$AMR = (R_{//} - R_{\perp})/R_{\perp} \qquad (3\text{-}6)$$

其中，$R_{//}$ 和 $R_{\perp}$ 分别为磁化方向与电流方向平行和垂直时薄膜的电阻。

图 3-30 给出了 MgO（100）基底上制备的不同厚度的外延 Fe₄N 薄膜在外加磁场为 10 kOe 时不同温度下的 AMR 变化极图。从图中可以得出，不同厚度的 Fe₄N 薄膜的 AMR 表现出两重对称性，并且 AMR 的数值为负。随着测量温度从 5 K 升高到 300 K，AMR 的两重对称性逐渐减弱。随着薄膜厚度的变化，外延 Fe₄N 薄膜的 AMR 也发生了变化。当薄膜厚度为 5 nm 时，Fe₄N 薄膜最大的 AMR 值约为 -1.7%。当薄膜厚度为 26 nm 时，Fe₄N 薄膜具有最大的 AMR 值，约为 -4.2%。厚度为 10 nm 和 58 nm 的 Fe₄N 薄膜的 AMR 值分别约为 -3.4% 和 -3.7%。

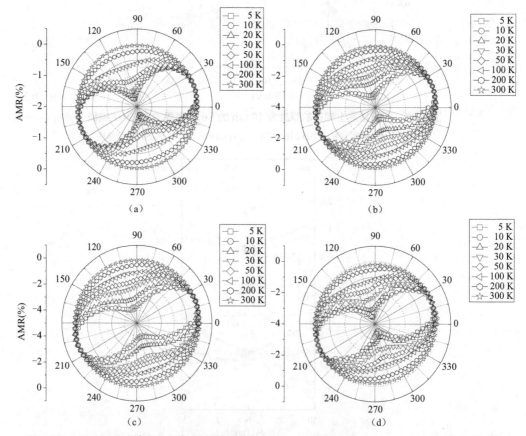

图 3-30　MgO（100）基底上制备的不同厚度的外延 Fe₄N 薄膜在磁场为 10 kOe 时不同温度下的
AMR 变化极图（电流方向沿着 [001]）

（a）5 nm 薄膜；（b）10 nm 薄膜；（c）26 nm 薄膜；（d）58 nm 薄膜

图 3-31 更加清楚地给出了 MgO(100)基底上制备的不同厚度的外延 γ′-Fe₄N 薄膜在 10 kOe 磁场下的 AMR 随着温度的变化关系曲线。从图中可以看出,随着温度的升高,不同厚度的外延 Fe₄N 薄膜的 AMR 的绝对值减小,当测量温度为 300 K 时,AMR 接近于零。随着 Fe₄N 薄膜厚度的增加,不同温度下的 AMR 的绝对值增大。

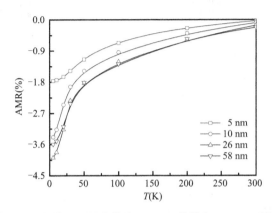

图 3-31 MgO(100)基底上制备的不同厚度的外延 Fe₄N 薄膜在 10 kOe 磁场下的 AMR 随着温度的变化关系曲线

图 3-32 给出了 5 K 和 300 K 下 MgO(100)基底上不同厚度的外延 Fe₄N 薄膜的 AMR 随着磁场的变化关系曲线。其中图的左边对应着在 5 K 下的 AMR 随着磁场的变化关系曲线,右边对应着在 300 K 下的 AMR 随着磁场的变化关系曲线。从图中可以看出,在 5 K 下测得的 AMR 除了在 200 Oe 下表现出不同的形状外,随着磁场从 50 kOe 变化到 500 Oe,AMR 都呈现出两重对称性。在 200 Oe 的磁场下得到的 AMR 的形状类似于梯形,在峰的顶部变得很平缓,偏离了余弦波函数的形状。可以看出,随着磁场的逐渐减小,AMR 的形状从余弦波的形状逐渐过渡到类似于梯形的形状。而且,AMR 数值为负值,AMR 的大小基本不随磁场的变化而改变。随着薄膜厚度的变化,AMR 的数变化不大,只有在薄膜厚度为 5 nm 时,样品的 AMR 比较小,仅约为 -1.7%。其余不同厚度的 Fe₄N 薄膜的 AMR 值均在 -4% 左右。从 300 K 下测量得到的不同厚度的 γ′-Fe₄N 薄膜的 AMR 值可以看出,不同薄膜厚度和磁场下测得的 AMR 都呈现出两重对称性。AMR 为负值,随着磁场的变化,AMR 的数值基本也是不变的,但是数值很小,都小于 -0.2%。随着外加磁场从 50 kOe 减小到 100 Oe,300 K 下 Fe₄N 薄膜的 AMR 的形状逐渐从余弦形状过渡到峰的顶部比较平坦的形状。造成低磁场下 Fe₄N 薄膜的 AMR 有别于高磁场下的特殊形状的原因,目前还没有给出一个合理的解释,可能与小的外加磁场不足以使 Fe₄N 薄膜磁化到饱和有关。

为了进一步研究不同基底上制备的 Fe₄N 薄膜的 AMR 特点,图 3-33 给出了不同基底上制备的 γ′-Fe₄N 薄膜在 10 kOe 的磁场下随着温度变化的 AMR 极图。从图中可以看出,在不同的基底上制备的 Fe₄N 薄膜的 AMR 均呈现出两重对称性,随着温度的升高,AMR 的两重对称性减弱。在三种单晶基底 MgO(100)、SrTiO₃(100)和 LaAlO₃(100)上制备的 Fe₄N 薄膜的 AMR 值最大分别达到 -3.45%、-3.47% 和 -3.56%。在玻璃基底上制备的多晶 Fe₄N 薄膜的 AMR 值相对于单晶基底上的要小很多,最大只有约 -0.89%。

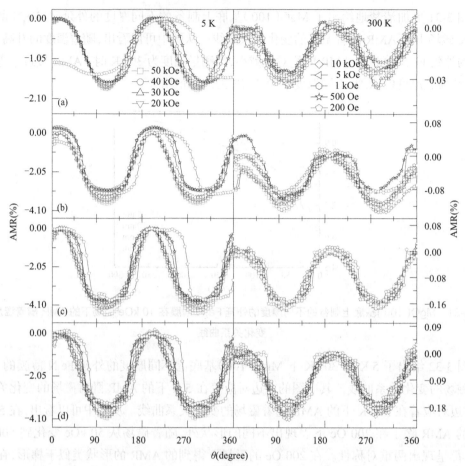

图 3-32　5 K 和 300 K 下 MgO（100）基底上不同厚度的外延 Fe$_4$N 薄膜的 AMR 随着磁场的变化关系曲
线（电流方向沿着 [001]）

（a）5 nm 薄膜；（b）10 nm 薄膜；（c）26 nm 薄膜；（d）58 nm 薄膜

　　为了更清楚地表达出不同基底上制备的 Fe$_4$N 薄膜的 AMR 随着温度的变化关系，图
3-34 给出了不同基底上制备的 Fe$_4$N 薄膜在 10 kOe 磁场下的 AMR 随着温度的变化关系曲
线。从图中可以看出，随着温度的升高，不同基底上制备的氮化铁薄膜的 AMR 的绝对值都
减小，尤其是玻璃基底上制备的氮化铁薄膜的 AMR 的绝对值在整个温度范围内都小于
1%，单晶基底上制备的 Fe$_4$N 薄膜的 AMR 的绝对值都大于玻璃基底上的，LaAlO$_3$（100）基
底上制备的 Fe$_4$N 薄膜的 AMR 在各温度下都是最大的。

　　图 3-35 给出了不同基底上制备的 Fe$_4$N 薄膜在 5 K 测量温度下的 AMR 曲线。从图中
可以看出，除了在 200 Oe 下测量的 AMR 在不同的基底上表现出不同的形状外，其余磁场
下测量的 AMR 基本都表现出两重对称性，且随着磁场的减小，AMR 的形状偏离余弦形状，
波峰处变得更加趋于宽平。200 Oe 下的 AMR 在上面的四种基底上都没有呈现出对称性，
而且形状也比较无规则。同时可以看出，在单晶基底上制备的 Fe$_4$N 薄膜的 AMR 的绝对值
要大于在玻璃基底上制备的 Fe$_4$N 薄膜的 AMR 的绝对值。

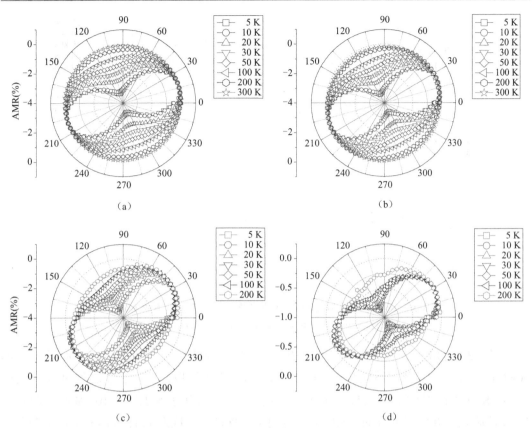

图 3-33　不同基底上制备的 Fe₄N 薄膜在 10 kOe 的磁场下随着温度变化的 AMR 极图

（a）MgO(100)；（b）SrTiO₃(100)；（c）LaAlO₃(100)；（d）玻璃

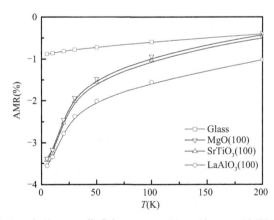

图 3-34　不同基底上制备的 Fe₄N 薄膜在 10 kOe 磁场下的 AMR 随着温度的变化关系曲线

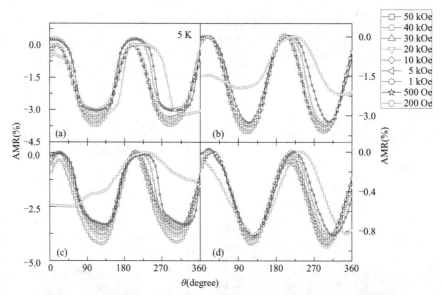

图 3-35 不同基底上制备的 Fe₄N 薄膜在 5 K 测量温度下的 AMR 曲线

（a）MgO（100）；（b）SrTiO₃（100）；（c）LaAlO₃（100）；（d）玻璃

图 3-36 给出了 SrTiO₃（100）和（110）基底上制备的 Fe₄N 薄膜在 10 kOe 磁场下的 AMR 随着温度的变化关系曲线。从图中可以看出,在不同取向的基底上制备的 Fe₄N 薄膜的 AMR 在不同温度下都呈现出了很好的两重对称性,除了 SrTiO₃（110）基底上制备的 Fe₄N 薄膜在 300 K 下测得的 AMR 不具有两重对称性。不同取向的 SrTiO₃ 基底上制备的 Fe₄N 薄膜的 AMR 值均为负值,并且在低温时 AMR 达到最大值。SrTiO₃（100）和（110）基底上制备的 Fe₄N 薄膜的 AMR 最大值分别为 -3.47% 和 -1.06%。

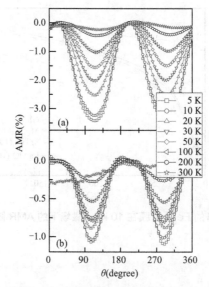

图 3-36 SrTiO₃ 基底上制备的 γ′-Fe₄N 薄膜在 10 kOe 磁场下的 AMR 随着温度的变化关系曲线

（电流方向沿着 [001]）

（a）SrTiO₃（100）；（b）SrTiO₃（110）

为了更清楚地观察 $SrTiO_3$（100）和（110）基底上制备的 Fe₄N 薄膜的 AMR 随着温度的变化关系,图 3-37 给出了在不同取向的 $SrTiO_3$ 基底上制备的 Fe₄N 薄膜的 AMR 随着温度的变化关系曲线。从图中可以看出,随着测量温度的升高,不同取向的基底上制备的 Fe₄N 薄膜的 AMR 的绝对值逐渐减小。其中,（100）取向的 Fe₄N 薄膜的 AMR 的绝对值在各测量温度下均大于（110）取向上的 Fe₄N 薄膜的 AMR 的绝对值。图 3-38 给出了 $SrTiO_3$（100）和（110）基底上制备的外延 Fe₄N 薄膜在 5 K 和 300 K 不同磁场下测量的 AMR 曲线。从图中可以看出,在 5 K 下测量的 AMR,除了在外加磁场为 200 Oe 的形状比较特殊外,其余磁场下 AMR 随着角度的变化呈现出很好的两重对称性,并且 AMR 为负值。对于 $SrTiO_3$（100）基底上制备的外延 Fe₄N 薄膜的 AMR 而言,随着外加磁场从 50 kOe 减小到 200 Oe,AMR 随着角度的变化曲线开始逐渐偏离余弦曲线的形状,当磁场为 200 Oe 时, AMR 的形状已经完全偏离了余弦曲线的形状。而对于 $SrTiO_3$（110）基底上制备的外延 Fe₄N 薄膜的 AMR 而言,随着外加磁场的变化趋势与 $SrTiO_3$（100）基底上的类似,只是在波峰的地方表现得更加尖锐,类似于一个倒三角,并且 AMR 的绝对值小于 $SrTiO_3$（100）基底上的。随着磁场的减小, $SrTiO_3$（100）和（110）基底上外延 Fe₄N 薄膜的 AMR 的变化行为主要是因为当外加磁场较小的时候,磁化受到一定的钉扎作用,这样磁化方向就与外加磁场的方向不一致,则随着磁场和电流夹角的变化,薄膜的 AMR 形状就会偏离余弦状,尤其是 200 Oe 外场下, AMR 偏离最大。图 3-38 的右边对应的是 300 K 下测量的 $SrTiO_3$（100）和（110）基底上外延 Fe₄N 薄膜的 AMR。从图中可以看出,在 300 K 下测量的 Fe₄N 薄膜的 AMR 几乎已经看不出具有两重对称性,而且不同磁场下测得的 AMR 比较乱, AMR 的数值也相差得比较大。这可能主要是因为外延 Fe₄N 薄膜本身的 AMR 就很小,在 300 K 的温度下,由于受到热扰动的影响,AMR 的对称性消失。

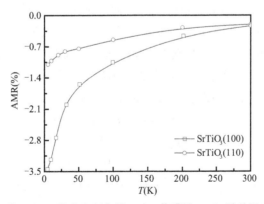

图 3-37　不同取向的 $SrTiO_3$ 基底上制备的 Fe₄N 薄膜的 AMR 随着温度的变化关系曲线

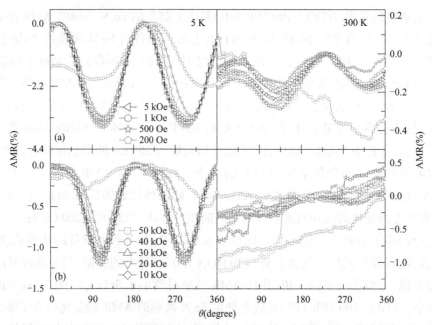

图 3-38　SrTiO₃ 基底上制备的外延 Fe₄N 薄膜在 5 K 和 300 K 不同磁场下测量的 AMR 曲线
（电流方向沿着 [001]）
（a）SrTiO₃（100）；（b）SrTiO₃（110）

通过上面对 MgO（100）基底上制备的不同厚度的 Fe₄N 薄膜、不同基底上制备的厚度为 10 nm 的 Fe₄N 薄膜和不同取向的 SrTiO₃ 基底上制备的 Fe₄N 薄膜的 AMR 的测量结果的解释，可以看出，除了在个别测量温度和磁场下外，氮化铁薄膜的 AMR 在不同的磁场和测量温度下随着角度的变化都表现出很好的两重对称性，而且测量得到的 γ'-Fe₄N 薄膜的 AMR 的数值均为负值。一般认为，内磁场比外磁场强得多，在氮化铁薄膜中，微观内部场和磁化强度 M 一起与电流密度耦合，也就是电子轨迹（轨道）与磁化强度（自旋）之间的自旋-轨道相互作用，引起铁磁及其合金材料的 AMR 起源于低于立方对称性的散射势（具有初态或末态立方对称性）或具有低于立方对称的波函数的各向同性散射势。在铁磁性材料中，电场和电流密度的关系为 $\vec{E} = \rho \vec{J}$，其中 ρ 通常是一个张量，表达式为

$$\rho(H) = \begin{bmatrix} \rho_\perp(H) & -\rho_H(H) & 0 \\ \rho_H(H) & \rho_\perp(H) & 0 \\ 0 & 0 & \rho_{//}(H) \end{bmatrix} \tag{3-7}$$

其中，磁场 H 沿着 z 轴方向，$\rho_{//}$ 和 $\rho_\perp$ 分别为平行和垂直于磁场 H（磁化强度方向）方向上的电阻率，ρ_H 为霍尔电阻率。则电场和电流密度关系可以写成如下形式：

$$\vec{E} = \vec{h}(\vec{J} \cdot \vec{h})[\rho_{//} - \rho_\perp] + \rho_\perp \vec{J} + \rho_H \vec{h} \times \vec{J} \tag{3-8}$$

其中，$\vec{h}$ 为外磁场方向的单位矢量（磁化强度方向的单位矢量）。设电流的密度为 $\vec{J} = (0, J_y, 0)$，则由式（3-7）和式（3-8）得出 $E_x = -\rho_H J_y$，$E_y = -\rho_\perp J_y$，$E_z = 0$。因此，在 x 方向上测量的是 Hall 电压，在 y 方向上测量的是垂直于磁场的电阻率。要测量平行方向的电阻率，磁化强度的方向要转到 y 方向。根据电阻率是在电流方向上测量的，可以把电阻率

写成 $\rho = \vec{E} \cdot \vec{J} / |\vec{J}|^2$，则电阻率随着磁场的变化满足 $\rho(\theta) = \rho_\perp + (\rho_{//} - \rho_\perp)\cos^2\theta$，其中 θ 为磁化强度和电流方向的夹角。当磁场足以使得薄膜材料的磁化强度达到饱和时，磁化强度的方向与外加磁场方向一致。可见，随着 θ 转过 360°，电阻率呈现出两重对称性。电阻各向异性是与磁化方向相关的电流方向的函数。在铁磁材料中，磁晶各向异性和各向异性磁电阻效应都是由于自旋 - 轨道耦合引起的，自旋 - 轨道耦合把 3d 电子的轨道态和自旋态联系起来作为波函数的微扰。磁各向异性通过晶体场的改变来改进，AMR 比例通过传导电子进入到 3d 态的跃迁概率来改进。自旋 - 轨道耦合使原来简并的能级分裂开来，简并被部分消除。自旋 - 轨道相互作用可以提供一种使自旋向上和自旋向下相混合的途径，使得自旋向上的 s 电子散射到空 d 态。自旋 - 轨道相互作用中算符可以表示为 $\vec{L} \cdot \vec{S} = L_z S_z + (L^+ S^- + L^- S^+)/2$，其中 $L^+ S^- + L^- S^+ = L_x S_x + L_y S_y$，定义 $L^\pm = L_x \pm i L_y$。与量子化方向垂直的轨道、自旋或总角动量分量都可以用类似算符 $A^\pm$ 表示。$L^\pm$ 对波函数的作用是升降用初始波函数描述的角动量状态的 m_l 值，即，$L^\pm \Psi(m_l) \to \Psi(m_l \pm 1)$。自旋反向算符 $L^+ S^- + L^- S^+$ 将使 3d↓(m_l) 态跃迁到 3d↓(m_l+1) 态，或者 3d↓(m_l) 态跃迁到 3d↑(m_l-1) 态。因此，自旋 - 轨道相互作用使自旋向上与自旋向下电路相混合，可以降低波函数的对称性。这种作用使得 d 态的能量取决于自旋或磁化的方向，使得自旋沿着某个确定的晶轴方向。因此，d 电子自旋就和轨道运动相耦合，然后通过晶体场耦合到晶格。自旋 - 轨道相互作用使不同的自态混合，则在没有自旋 - 轨道耦合作用时的波函数 ψ_d^0 由于自旋 - 轨道耦合作用变为低于立方对称性的波函数 ψ_d^1，不再是 S_z 的本征波函数。由于 d 电子的有效质量 m_d 比较大，在 γ' -Fe₄N 薄膜中起导电作用的主要是 s 电子。s-d 能带之间的电子跃迁就成了电阻率的主要贡献，因为在费米面处 d 轨道的态密度 $N_d(E_F)$ 是很大的。根据 Mott 提出的 3d 过渡金属及其合金的导电理论，可以得到 s 电子散射到 d 态的弛豫时间为 $\tau^{-1} \propto |V_{scatt}|^2 N(E_F)$，从而可以进一步得到电导率为

$$\sigma = \frac{1}{\rho} = \frac{n_s e^2 \tau_s}{m_s^*} \tag{3-9}$$

由此可以得出，薄膜的电阻率与弛豫时间成反比关系，电阻率的大小是与散射势和费米面处的态密度相关的。基于自旋 - 轨道相互作用和双电流模型，自旋向上和自旋向下的 s 电子跃迁到 d 态的弛豫时间为

$$\frac{1}{\tau_{s+,d}} \propto \left| \int \psi_{s+}^* V_{scatt} \psi_d^1 \mathrm{d}\tau \right|^2 \tag{3-10}$$

$$\frac{1}{\tau_{s-,d}} \propto \left| \int \psi_{s-}^* V_{scatt} \psi_d^1 \mathrm{d}\tau \right|^2 \tag{3-11}$$

对称性就会低于立方对称性，进而引起各向异性磁电阻为两重对称性。其中，s 态电子的波函数为 $\psi_s = e^{ik \cdot r}\chi$，$\chi$ 为与自旋相关的函数。散射势为径向的，$V_{scatt} = (\Delta z e^2 / r)e^{-qr}$，$-q$ 为屏蔽长度。为了计算各向异性磁电阻，Smit 提出波函数 ψ_d^0 由于交换作用和晶体场劈裂而退简并为五个轨道波函数 ψ_d^1。波函数 ψ_d^1 包含具有空态的 3d 轨道 $xyf(r)\chi^-$ 和 $1/2(x^2-y^2)f(r)\chi^-$。如果散射势是球形的，则散射势的矩阵元为

$$\int xyf(r)V_{\text{scatt}}(r)e^{ik\cdot r}\mathrm{d}^3r \propto k_x k_y \tag{3-12}$$

$$\frac{1}{2}\int(x^2-y^2)f(r)V_{\text{scatt}}(r)e^{ik\cdot r}\mathrm{d}^3r \propto \frac{1}{2}(k_x^2 - k_y^2) \tag{3-13}$$

从式（3-12）和式（3-13）来看，如果 $k_x=k_y=0$，则沿着 z 方向的电流不会散射到上面的两个态。但是由于在上面的两个态存在空态，使得平行于磁化方向（z 轴）的 s-d 散射概率最大，也就是人们实验中经常观察到的 $\rho_{//}>\rho_\perp$。在 Smit 的上述推导中，只考虑了多数自旋电子（自旋向上电子）的散射，并且忽略了自旋 - 轨道耦合作用中的 $L_z S_z$ 项。而在铁磁性的 Fe₄N 薄膜中，s-d 电子散射在电子传导中起主要作用，并且主要是自旋向下的电子散射占主导。所以，在 γ′-Fe₄N 薄膜中，s-d 电子散射引起的各向异性磁电阻与多数自旋电子散射引起的各向异性磁电阻是相反的，即 $\rho_{//}<\rho_\perp$。

对于一般的 3d 铁磁金属及其合金而言，AMR 为正值，而在制备的 Fe₄N 薄膜中的 AMR 却为负值。根据 Campbell 和 Fert 推导的 AMR，得到 AMR $=(\alpha-1)\gamma$，其中 $\gamma=(3/4)(A/H_{\text{ex}})^2$，$A$ 为自旋 - 轨道耦合常数，H_{ex} 为 d 能带的劈裂能。对于 Fe₄N 薄膜取 $\gamma=0.01$。可见 AMR 为负值的条件就是 $\alpha-1<0$。Tsunoda 等在 Campbell 和 Fert 的基础上进一步对 Fe₄N 薄膜的 AMR 进行计算，给出了在 $\alpha<1$ 时，AMR 为负值。其他 3d 铁磁合金的电子传导大部分为自旋向上电子的传导，表现出的 AMR 为正值，而 Fe₄N 薄膜中的电子传导主要是自旋向下电子的传导，AMR 为负值。可见，Fe₄N 薄膜的负的 AMR 主要归功于自旋向下的传导电子。

在相同的测量温度下，随着外加磁场从 50 kOe 减小到 200 Oe，AMR 的形状在磁场小于某一数值时开始偏离余弦形状，尤其是当磁场为 200 Oe 时，AMR 的数值大小和形状随着 θ 角的变化关系都不同于其他磁场下的。造成上述现象的原因可能主要是外加磁场小于 Fe₄N 薄膜的各向异性场，Fe₄N 薄膜的磁矩没有完全与外磁场方向一致。当外加磁场为 10 kOe 时足够使 Fe₄N 薄膜的磁化达到饱和，当饱和磁化强度的方向与外加磁场的方向一致时，随着温度的升高，Fe₄N 薄膜的 AMR 的绝对值逐渐减小。这可能主要是因为随着测量温度的升高，声子散射对电阻率的影响越来越大，晶格振动作为一个微扰势加进来，使得 AMR 减小。

3.1.6　反常霍尔效应

图 3-39 给出了在不同温度下不同厚度的外延和多晶 Fe₄N 薄膜的横向电阻率 ρ_{xy} 随磁场 H 的变化关系。从图中得到反常霍尔电阻率：在正的强磁场区域中，薄膜磁化强度饱和后，曲线的延长线和纵坐标轴的截距即为反常霍尔电阻率。在 5~300 K 的范围内，正磁场中外延和多晶 Fe₄N 薄膜的横向电阻率均为正。此外，在 5~350 K 的范围内，反常霍尔电阻率随着温度的增加而增加。相比于 Fe 样品，外延和多晶 Fe₄N 薄膜的反常霍尔电阻率都和温度有更强的相关性。室温下，随着 Fe₄N 薄膜从 100 nm 变化为 18 nm，外延 Fe₄N 薄膜的反常霍尔电阻率从 14.15 μΩ·cm 增加至 18.20 μΩ·cm。反常霍尔电阻率随着 Fe₄N 薄膜厚度的增加而减小。在相同温度下，相比多晶 Fe₄N 薄膜，外延 Fe₄N 薄膜的反常霍尔电阻率更大。

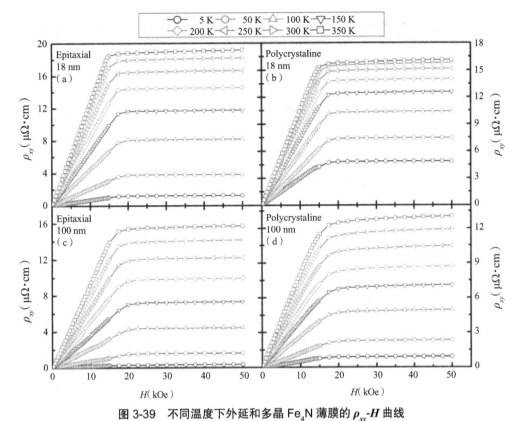

图 3-39　不同温度下外延和多晶 Fe$_4$N 薄膜的 ρ_{xy}-H 曲线

（a）18 nm 的外延薄膜；（b）18 nm 的多晶薄膜；（c）100 nm 的外延薄膜；（d）100 nm 的多晶薄膜

反常霍尔效应可能起源于以传统标度关系（$\rho_{AH} \propto \rho_{xx}^{\gamma}$）中不同指数因子 γ 为特征的本征或非本征机制。因此，有必要通过分析反常霍尔电阻率和纵向电阻率的指数关系来确定指数因子 γ。图 3-40（a）为不同厚度的多晶 Fe$_4$N 薄膜标度关系的对数坐标图。当温度低于 125 K 时，曲线可以拟合成一条斜率为 2.28 的直线。但在高温下，反常霍尔电阻率偏离了这条直线。事实上，温度的改变必然会改变样品的饱和磁化强度 M_s。Fe$_4$N 薄膜的饱和磁化强度随温度的变化关系满足布洛赫的自旋波理论。图 3-40（b）给出了归一化磁化强度 m 随温度的变化关系。归一化磁化强度可以表示为

$$m(T) = M_s(T) / M_s(5 \text{ K}) \tag{3-14}$$

图 3-40（b）为 ρ_{AH}/m-ρ_{xx} 曲线的对数坐标图。所有的数据点均在斜率为 2.25 的直线附近。在高温下外延 Fe$_4$N 薄膜的非线性标度关系源于随温度变化的磁化强度。

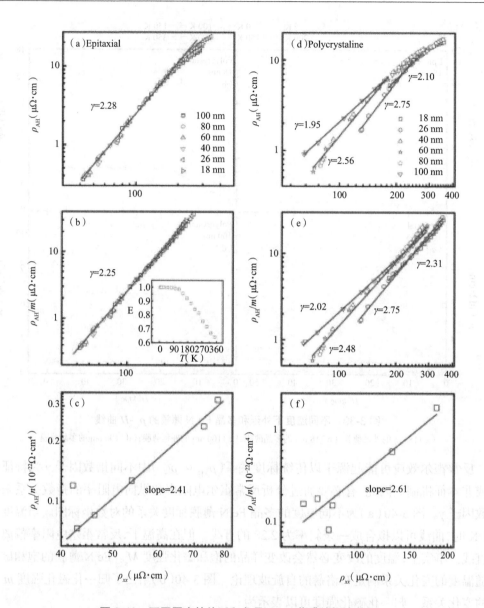

图 3-40　不同厚度的外延和多晶 Fe₄N 薄膜的标度关系

（a）外延薄膜的 ρ_{AH}-ρ_{xx} 曲线；（b）外延薄膜的 ρ_{AH}/m-ρ_{xx} 曲线（插图为 Fe₄N 薄膜中随温度变化的归一化磁化强度）；
（c）外延薄膜的 ρ_{AH}/n-ρ_{xx} 曲线；（d）多晶薄膜的 ρ_{AH}-ρ_{xx} 曲线；（e）多晶薄膜的 ρ_{AH}/m-ρ_{xx} 曲线；（f）多晶薄膜的 ρ_{AH}/n-ρ_{xx} 曲线

为了探究 Fe₄N 薄膜中的反常霍尔效应电流是否无耗散，在计算时分离出载流子密度 n。基于 Nozie`res 和 Lewiner 提出的简易的理论模型，反常霍尔效应电流可以表示为

$$J_{AH} = 2ne^2\lambda E \times S \qquad (3-15)$$

其中，λ 是增强的自旋 - 轨道耦合常数，e 是电子电荷，E 是横向电场强度，S 是电子自旋。载流子密度 n 由公式 $n = -1/R_0 e$ 计算得到，其中 R_0 是正常霍尔系数。图 3-40（c）为 5 K 下外延 Fe₄N 薄膜 ρ_{AH}/n-ρ_{xx} 曲线的对数坐标图。曲线可以拟合成一条斜率为 2.41 的直线。之前的研究认为 ρ_{AH}/n 对 ρ_{xx} 的二次相关性源于反常霍尔效应电流的无耗散特性。指数因子

为 2.41 表明外延 Fe$_4$N 薄膜中的反常霍尔效应电阻率与散射相关。

为了研究晶界散射对标度关系的影响,测量了在相同条件下制备的多晶薄膜。图 3-40 (d)给出了不同厚度的多晶 Fe$_4$N 薄膜的标度关系。与外延薄膜相比,多晶薄膜厚度显著影响了 ρ_{AH}-ρ_{xx} 曲线,这是因为薄膜厚度改变导致晶界发生了变化。当温度低于 125 K 时,随着薄膜厚度增加,指数因子(γ=2.10, 2.75, 2.56, 1.95)显示出下降趋势。然而,在高温区域没有观察到线性关系。图 3-40(e)给出了不同厚度的多晶 Fe$_4$N 薄膜的 ρ_{AH}/m-ρ_{xx} 曲线。在考虑了磁化强度的影响后,曲线可以在整个温度区域内线性拟合。图 3-40(f)给出了 5 K 下多晶 Fe$_4$N 薄膜 ρ_{AH}/n-ρ_{xx} 曲线。曲线可以拟合成一条斜率为 2.61 的直线,这表明多晶 Fe$_4$N 薄膜中的反常霍尔效应电导率与散射相关。

Fe$_4$N 薄膜中指数因子大于 2。指数因子大于 2 的情况经常出现在铁磁性异质结构中,例如,Co-Ag 颗粒状薄膜中 γ=3.7,Fe/Cr 多层复合材料中 γ=2.6,Co/Pd 多层复合材料中 γ=5.7。目前认为反常霍尔效应中与自旋相关的界面和表面散射可以解释铁磁性异质结构中 γ>2 的情况。图 3-41 给出了当温度低于 125 K 时不同厚度的外延和多晶 Fe$_4$N 薄膜的 ρ_{AH}-ρ_{xx} 曲线,曲线忽略了随温度变化的磁化强度对反常霍尔效应电阻率的影响。大部分样品的指数因子大于 2。虽然多晶 Fe$_4$N 薄膜中指数因子大于 2 的情况可以归因于反常霍尔效应中的晶界散射,但是在同质外延 Fe$_4$N 薄膜中出现指数因子大于 2 的情况并不在预期之中。值得注意的是,在外延 Fe$_4$N 薄膜中出现的指数因子大于 2 的异常情况表现出与薄膜厚度无关的特性,这说明表面散射对反常霍尔效应的贡献很微小。近期对 Fe 和 Co 薄膜中反常霍尔效应的研究报道了一种适当标度关系:ρ_{AH}=$\alpha'\rho_{xx0}$+$b\rho^2_{xx}$。这种适当标度关系排除了声子对斜散射的贡献,并表明非本征机制对反常霍尔效应的贡献只与杂质或缺陷导致的散射有关。传统标度关系是在同等的基础上处理声子和杂质或缺陷对斜散射的贡献。忽略声子和杂质或缺陷对反常霍尔效应输运数据的贡献之间的差异可能导致 Fe$_4$N 薄膜中出现指数因子大于 2 的异常情况。基于上述讨论,我们采用新标度关系:

$$\rho_{AH}=c'\rho_{xx0}+b\rho_{xx}^{\alpha} \tag{3-16}$$

这种标度关系将与温度无关的剩余电阻率 ρ_{xx0} 从对反常霍尔效应的各种贡献中分离出来。如图 3-42 所示,外延和多晶 Fe$_4$N 薄膜的数据在新标度关系下都拟合得非常好。新的指数因子 α=1~2。这有力地证明了声子和杂质或缺陷对反常霍尔效应的贡献是明显不同的。这些拟合结果表明,Fe$_4$N 薄膜中的剩余电阻率导致指数因子大于 2 的异常情况。这种新标度关系和适当标度关系有着相同的形式。还考虑了由温度决定的散射导致的本征机制。在新标度关系和适当标度关系中,剩余电阻率都被从对反常霍尔效应的各种贡献中分离出来。指数因子 α 是在新标度关系下对测量数据拟合的结果,但在适当标度关系中指数因子是一个代表本征机制对反常霍尔效应贡献的常数 2。新标度关系的新奇之处在于拟合结果中指数因子 α 可以直接证明传统标度关系中指数因子大于 2 的情况出现与剩余电阻率密切相关。应当指出的是,在 40、60、80 和 100 nm 的外延样品中测得指数因子 α 分别为 19.2、1.96、2.01 和 1.94,均接近 2。这表明新标度关系和适当标度关系具有相同的物理性质。但是,在其他样品特别是多晶样品中出现了指数因子小于 2 的情况。这是一个不完美的结果,因为与反常霍尔效应由温度决定的本征贡献相对应的指数因子不是常数 2。目前,

我们认为指数因子 α 和常数 2 的偏差可能源于一个相对较小斜散射贡献的热无序。然而，全面理解这一现象需要在实验和理论研究中付出更多的努力。

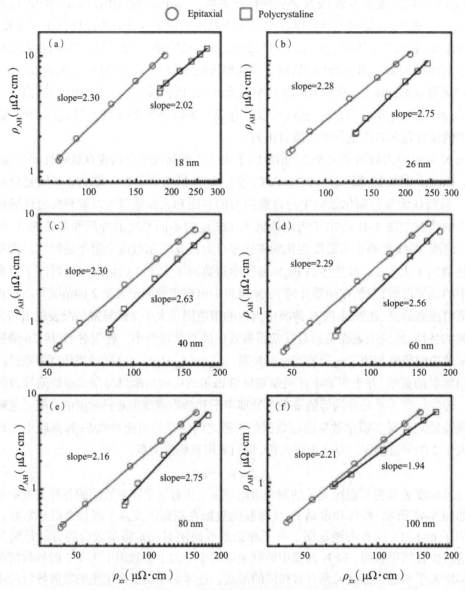

图 3-41　当温度低于 125 K 时不同厚度外延和多晶 Fe₄N 薄膜的 ρ_{AH}-ρ_{xx} 曲线

(a)18 nm 薄膜；(b)26 nm 薄膜；(c)40 nm 薄膜；(d)60 nm 薄膜；(e)80 nm 薄膜；
(f)100 nm 薄膜(红线和黑线为拟合出的直线)

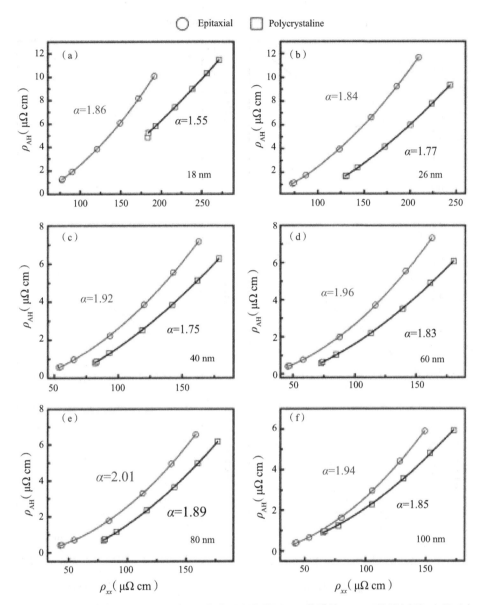

图 3-42　当温度低于 125 K 时不同厚度外延和多晶 Fe$_4$N 薄膜的 ρ_{AH}-ρ_{xx} 曲线（新标度关系）
（a）18 nm 薄膜；（b）26 nm 薄膜；（c）40 nm 薄膜；（d）60 nm 薄膜；（e）80 nm 薄膜；
（f）100 nm 薄膜（红线和黑线是在新标度关系下的拟合结果）

最后，图 3-43 给出了适当标度关系下外延和多晶 Fe$_4$N 薄膜的 ρ_{AH}-ρ_{xx}^2 曲线。适当标度关系符合实验数据。图 3-44（a）给出了适当标度关系下由温度决定的散射对反常霍尔效应的本征贡献 b。外延和多晶样品中的本征贡献分别为 276 和 196 S/cm。外延样品较大的本征贡献可能源于同质性结构。为了探究杂质散射对反常霍尔效应的影响，图 3-44（b）和（c）分别给出了 5 K 下不同厚度的外延和多晶 Fe$_4$N 的 ρ_{AH}-ρ_{xx} 曲线。将数据线性拟合可得出外延样品的指数因子 $\gamma=2.0$ 和多晶样品的指数因子 $\gamma=1.87$，这说明斜散射对反常霍尔效应贡献较小。因此，在外延和多晶 Fe$_4$N 薄膜中边跳跃机制和本征机制占主导地位。

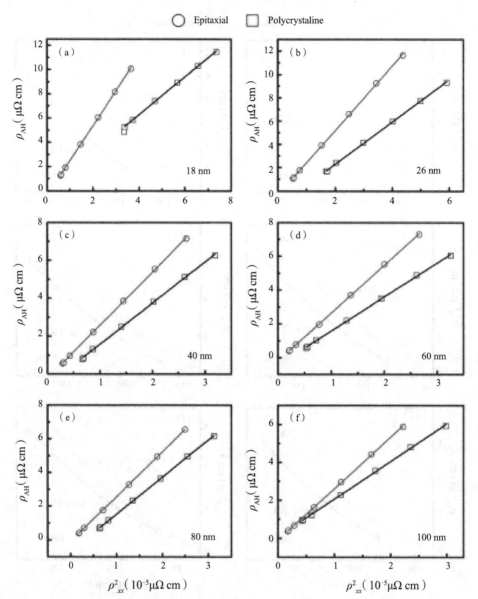

图 3-43　当温度低于 125 K 时不同厚度外延和多晶 Fe₄N 薄膜的 ρ_{AH}-ρ_{xx}^2 曲线（适当标度关系）
（a）18 nm 薄膜；（b）26 nm 薄膜；（c）40 nm 薄膜；（d）60 nm 薄膜；
（e）80 nm 薄膜；（f）100 nm 薄膜（红线和黑线为拟合出的直线）

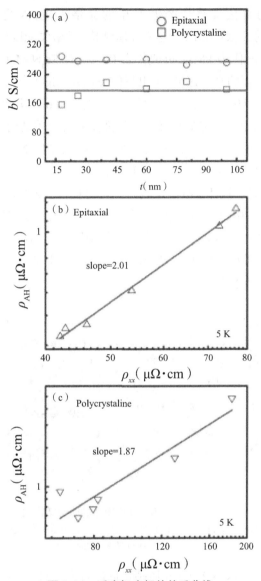

图 3-44　适当标度相关关系曲线

（a）适当标度关系下外延和多晶 Fe₄N 薄膜由温度决定的散射对反常霍尔效应的本征贡献 b；
（b）5 K 下不同厚度外延 Fe₄N 薄膜的 ρ_{AH}-ρ_{xx} 曲线；（c）5K 下不同厚度多晶 Fe₄N 薄膜的 ρ_{AH}-ρ_{xx} 曲线

3.2　Fe₄N/MgO 异质结构的磁各向异性

Fe₄N/MgO 异质结构的计算采用基于密度泛函理论的 VASP 软件包来进行，交换关联函数选用 GGA-PBE，平面波截断能为 500 eV，K 点网格选用 7×7×1，能量和力的收敛标准为 10^{-5} eV 和 0.01 eV/Å。MFe₃N/MgO（M=Fe、Co 和 Ni）异质结构包括五层 MFe₃N 和三层 MgO，固定最底层 MgO 原子，真空层为 15 Å。Fe₄N 的晶格常数为 3.795 Å，MgO 的晶格常数为 4.211 Å。在实验上，Fe₄N(001) 薄膜可以外延生长在 MgO(001) 基底上。但是，Fe₄N

（001）和 MgO（001）的直接堆叠会产生 10% 的晶格失配，因此本节选用 $\sqrt{5} \times \sqrt{5}$ 的 MFe$_3$N（001）和 2×2 的 MgO（001）来形成异质结构，晶格失配度仅为 0.7%。MFe$_3$N/MgO 异质结构的 MAE 的正值代表 PMA，负值代表 IMA。对 Fe$_4$N/MgO 异质结构施加电场时，电场 E 施加在垂直于界面的真空区域，正电场的方向从 MgO 指向 Fe$_4$N。电场的大小分别为 0、0.05、0.1、-0.05 和 -0.1 V/nm。在电场作用下的电荷密度差可以通过 $\Delta\rho = \rho(E) - \rho(0)$ 来计算。无论是界面氧化还是外加电场的情况，都需要对异质结构重新优化。

　　块体 CoFe$_3$N 和 NiFe$_3$N 与 Fe$_4$N 具有相似的晶格结构。Ni 替代 Fe$_4$N 的立方顶角位置，Co 占据面心位置，如图 3-45（a）所示。其中，块体 NiFe$_3$N 和 Fe$_4$N 具有立方对称性，它们的 MAE 几乎可以忽略。块体 CoFe$_3$N 具有四方对称性，表现出较大的垂直磁各向异性。在 MFe$_3$N/MgO 异质结构中，与 FeN 终端相比，MFe 终端模型更稳定，因此在实际计算中只考虑 MFe 终端模型，如图 3-45（b）至（d）所示。结构优化后，MFe$_3$N/MgO 异质结构的界面距离都接近 2.2 Å，并且界面层的 Fe、Co 和 Ni 原子都发生了明显的位移，表明 MFe$_3$N 和 MgO 之间具有较强的相互作用。

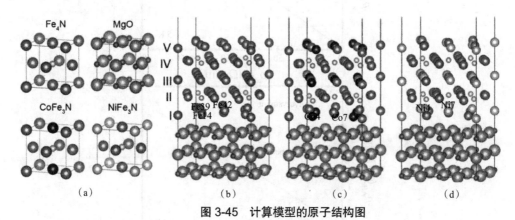

图 3-45　计算模型的原子结构图

（a）四种块体的晶体结构；（b）Fe$_4$N/MgO 异质结构的结构；（c）CoFe$_3$N/MgO 异质结构的结构；
（d）NiFe$_3$N/MgO 异质结构的结构

　　为了研究界面氧化对 Fe$_4$N/MgO 异质结构的磁各向异性的影响，本节考虑了两种可能的氧化情况，如图 3-46 所示。一种是过氧化状态，在界面 Fe 层中插入一个 O 原子来模拟过氧化状态，模型命名为 O-Fe$_4$N/MgO；另一种是欠氧化状态，在 MgO 层中设置一个氧空位，模型命名为 U-Fe$_4$N/MgO。在界面氧化的研究中，过氧化状态的浓度及位置和氧空位的浓度及位置不做讨论。

　　通过 Co 和 Ni 掺杂形成具有不同对称性的 CoFe$_3$N 和 NiFe$_3$N，然后与 MgO 形成异质结构，来研究元素掺杂和对称性对界面磁各向异性的影响。表 3-2 给出了三种 MFe$_3$N/MgO 异质结构的结合能和原子磁矩。正的结合能表示这三种异质结构都具有良好的稳定性。表中给出的这些界面原子均在图 3-45 中进行了标记。在 Fe$_4$N/MgO 异质结构中，界面 Fe 原子的磁矩约为 2.75 μ_B。在 CoFe$_3$N/MgO 异质结构中，界面 Co 原子的磁矩为 1.2~1.3 μ_B。在 NiFe$_3$N/MgO 异质结构中，界面 Ni 原子的磁矩约为 0.67 μ_B。对于 Co 和 Ni 原子，增多的电子数填充在多于半满的 d 轨道中,使未成对的电子数减小。因此,Co 和 Ni 原子的磁矩明显低于 Fe 原子。尽管掺杂后 Co 和 Ni 原子的磁矩减小,但是这些原子的 MAE 却增大,这一现象将在后面进行解释。

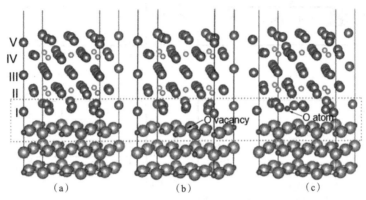

图 3-46 界面结构的原子结构图

(a)Fe$_4$N/MgO 界面的结构;(b)Fe$_4$N/MgO 欠氧化界面的结构;(c)Fe$_4$N/MgO 过氧化界面的结构

表 3-2 MFe$_3$N/MgO 异质结构的结合能和原子磁矩

	原子	磁矩(μ_B)	原子	磁矩(μ_B)	结合能(eV)
Fe$_4$N/MgO	Fe39	2.747	Fe42	2.759	2.878
CoFe$_3$N/MgO	Co4	1.165	Co7	1.317	2.889
NiFe$_3$N/MgO	Ni4	0.666	Ni7	0.663	3.769

图 3-47(a)给出了 MFe$_3$N/MgO 异质结构的总 MAE。Fe$_4$N/MgO 和 NiFe$_3$N/MgO 异质结构表现面内磁各向异性。CoFe$_3$N/MgO 异质结构具有较大的垂直磁各向异性,PMA 值为 2.99 mJ/m^2。Ni 掺杂减小了 Fe$_4$N/MgO 异质结构的 MAE。与立方的 Fe$_4$N 和 NiFe$_3$N 相比,CoFe$_3$N/MgO 异质结构中大的 PMA 主要是由于四方结构的 CoFe$_3$N 本身的垂直磁各向异性导致。弱的四方畸变来源于 Co 在面心位置的掺杂,Co 掺杂使 Fe$_4$N/MgO 异质结构的磁各向异性从 IMA 转变为 PMA。这种对称性改变的 Co 掺杂与 Fe 的 Co 合金化不同。FeCo 合金与 MgO 形成异质结构后,它的 MAE 要小于 Fe/MgO 异质结构的 MAE。FeCo 合金与 Fe 的对称性相同,只是用 Co 替代了部分 Fe,增加了电子数。也就是说,在不改变铁磁体晶格对称性的情况下,Co 和 Ni 掺杂这种增加电子数的方法会降低铁磁体/MgO 异质结构的磁各向异性。

图 3-47(b)给出了 MFe$_3$N/MgO 异质结构的层分辨的 MAE。Fe$_4$N/MgO 异质结构的界面层和表面层的 MAE 几乎为零,而第三层表现出较大的面内磁各向异性。CoFe$_3$N/MgO 异质结构中界面 CoFe 层具有 PMA,而 NiFe$_3$N/MgO 异质结构中界面 NiFe 层具有 IMA。CoFe$_3$N/MgO 异质结构的每一层都具有 PMA,而 Fe$_4$N/MgO 异质结构的每一层都表现为 IMA。NiFe$_3$N/MgO 异质结构中只有界面第二层具有 PMA,而其余几层都表现为 IMA。

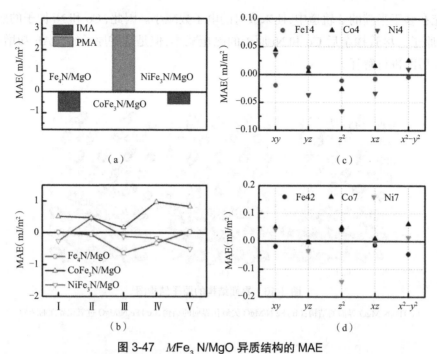

图 3-47　*M*Fe₃N/MgO 异质结构的 MAE
（a）*M*Fe₃N/MgO 异质结构的总 MAE；（b）*M*Fe₃N/MgO 异质结构的层分辨的 MAE；
（c）（d）*M*Fe₃N/MgO 异质结构的轨道分辨的 MAE

在 Fe/MgO 异质结构中,界面的 Cr 和 V 杂质态会减小 Fe/MgO 异质结构的 PMA。如果杂质态在内部层,界面还能保持较高的垂直磁各向异性,可见界面效应是引起异质结构的磁各向异性改变的关键。因此,图 3-47（c）和（d）给出了 *M*Fe₃N/MgO 异质结构中界面 Fe、Co 和 Ni 原子的轨道分辨的 MAE。在 Fe₄N/MgO 异质结构中,界面 Fe14 原子的 MAE 贡献很小。在 NiFe₃N/MgO 异质结构中,界面 Ni4 原子的面外轨道 d_{yz}、d_{xz} 和 d_{z^2} 具有大的 IMA 贡献,面内轨道 d_{xy} 和 $d_{x^2-y^2}$ 则表现为 PMA。在 CoFe₃N/MgO 异质结构中,Co4 原子的多数轨道都有利于 PMA,除了 d_{z^2} 轨道表现为 IMA。对于其他位置的 Fe42、Co7 和 Ni7 原子也有基本类似的结果。界面 Fe42 原子的 MAE 非常小。Ni7 原子的面内和面外轨道具有不同的磁各向异性贡献。但是,Co7 原子的变化比较显著,它的 d_{z^2} 轨道表现为 PMA。

轨道分辨的 MAE 贡献可以通过界面 Fe、Co 和 Ni 原子的分态密度来理解,如图 3-48 所示。对于 Fe、Co 和 Ni 原子,随着电子数的增多,费米面上移,更多的未占据态变成占据态。最明显的改变是 d_{z^2} 轨道的能级移动。Fe14 原子的未占据的自旋向下的 d_{z^2} 态在接近 1 eV 的能级处,Co4 原子的 d_{z^2} 态移动到费米面附近 0.2 eV 处。Ni4 原子的 d_{z^2} 态甚至成为占据态,自旋向下的 d_{z^2} 态劈裂成两个态,分别位于 -0.2 和 -1 eV 能级处。因此,Ni4 原子在费米面附近的自旋向下的 d_{z^2} 占据态对 MAE 有主要贡献,表现出大的 IMA,如图 3-47（c）所示。与 Co4 和 Ni4 原子相比,Fe14 原子的 d_{z^2} 态离费米面较远,并且 d_{z^2} 态的强度较弱,

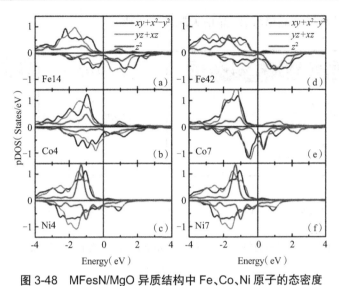

图 3-48 MFesN/MgO 异质结构中 Fe、Co、Ni 原子的态密度

（a）（d）Fe₄N/MgO 异质结构中 Fe 原子的态密度；（b）（e）CoFe₃N/MgO 异质结构中 Co 原子的态密度；
（c）（f）NiFe₃N/MgO 异质结构中 Ni 原子的态密度

因此，Fe14 原子的 d_{z^2} 态的 MAE 较小。Co7 和 Co4 原子的 d_{z^2} 态在费米面处分布的差异引起了磁各向异性的转变。Co4 原子的 d_{z^2} 态在费米面以上，为未占据态；Co7 原子的 d_{z^2} 态移动到费米面以下，成为占据态。因此，Co4 和 Co7 原子的 d_{z^2} 轨道表现出不同的磁各向异性贡献。另外，Co7 原子的 $d_{xy}+d_{x^2-y^2}$ 态和 $d_{yz}+d_{xz}$ 态在费米面处也发生了劈裂，劈裂成一个占据态和一个未占据态。Co4 和 Co7 原子的磁各向异性能和态密度的明显差别可能与二者所处的环境有关，二者周围的 Fe 与 Co 原子的磁相互作用不同。总之，与 Fe₄N/MgO 异质结构中的界面 Fe 原子相比，界面 Ni 原子的面内磁各向异性增加，界面 Co 原子具有垂直磁各向异性。Co 原子的 d 轨道在费米面处的重新分布导致了 CoFe₃N/MgO 异质结构的垂直磁各向异性。

3.2.1 界面氧化的影响

界面过氧化会导致 Fe/MgO 异质结构的 PMA 减小，甚至转变为 IMA。实验上也发现 CoFe/MgO 界面的过氧化和欠氧化状态会导致较低的垂直磁各向异性。可见氧化对界面的磁各向异性有很大的影响。本节计算了不同氧化状态下 Fe₄N/MgO 异质结构的磁各向异性。图 3-49 给出了不同界面氧化条件下 Fe₄N/MgO 异质结构的结合能和总的 MAE。正的结合能表明这三种氧化情况下异质结构都是稳定的。图 3-49（b）中，纯的 Fe₄N/MgO 界面表现为 IMA。在缺氧状态下，U-Fe₄N/MgO 界面的 MAE 略有减小。在过氧化状态下，O-Fe₄N/MgO 界面的 MAE 从 IMA 转变为 PMA，PMA 达到 2.13 mJ/m²。这表明界面氧化确实可以改变 MAE 的符号。在之前的文献报道中，有关 Fe₄N/MgO 的 MAE 计算结果是 PMA，这里得到的是 IMA，相反的结果可能归因于不同的界面结构。本节采用的是 $\sqrt{5}\times\sqrt{5}$ 的 MFe₃N（001）和 2×2 的 MgO（001），二者具有良好的晶格匹配，而之前报道的

Fe₄N/MgO 界面是直接的晶格堆叠,晶格失配度为 10%。

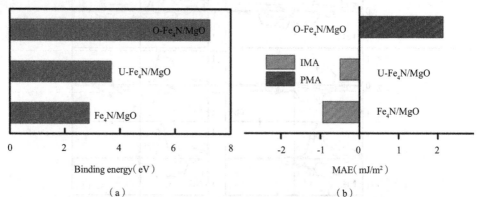

图 3-49　不同界面氧化条件下 Fe₄N/MgO 异质结构的结合能和总 MAE

(a)结合能;(b)总 MAE

尽管界面的氧化情况不同,但是层分辨的 MAE 展现出相似的 V 形趋势,如图 3-50(a)所示。在纯 Fe₄N/MgO 异质结构中,Fe₄N 的第一层和第五层的 MAE 很小,第三层表现出大的 IMA。为了分析界面层较小的 MAE 的原因,图 3-50(b)比较了不同层中 Fe 原子的 MAE 贡献。在块体 Fe₄N 中有两种 Fe 原子,即位于顶角的 FeⅠ原子和位于面心的 FeⅡ原子。由于与 N 原子的距离不同,FeⅠ和 FeⅡ原子具有不同的磁矩,它们对 MAE 的贡献也明显不同。在 Fe₄N 的第一层和第五层中,FeⅠ和 FeⅡ原子有相反的 MAE 贡献,FeⅠ原子表现为 PMA,而 FeⅡ原子表现为 IMA。在 Fe₄N 的第三层中,FeⅠ和 FeⅡ原子的 MAE 的符号相同,都具有 IMA。两种原子的 MAE 贡献叠加导致 Fe₄N 界面层的 MAE 很小。不同 Fe 原子之间通过 N 原子的间接交换,产生不同的磁相互作用,对于 FeⅠ和 FeⅡ原子的 MAE 贡献起着重要的作用。

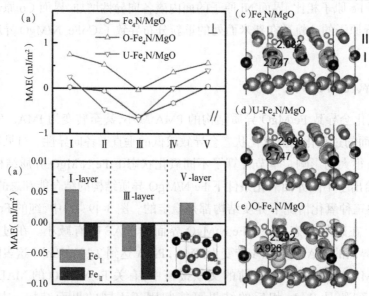

图 3-50　Fe₄N/MgO 异质结构的 MAE 和差分电荷

(a)不同界面氧化条件下 Fe₄N/MgO 异质结构的层分辨的 MAE;(b)纯 Fe₄N/MgO 界面中 Fe₄N 的 I、III 和 V 层中 FeⅠ和 FeⅡ
原子的 MAE;(c)至(e)不同界面氧化条件下 Fe₄N/MgO 异质结构的差分电荷密度

图 3-50（a）中，U-Fe₄N/MgO 界面的层分辨的 MAE 与纯 Fe₄N/MgO 界面相比变化不大。而在 O-Fe₄N/MgO 界面中，几乎每一层的 MAE 贡献都是正的，并且界面 Fe₄N 层的 MAE 贡献最大。界面过氧化诱导的 MAE 的变化主要来自界面电荷的重新分布，如图 3-50（c）至（e）所示。Fe₄N/MgO 异质结构的电荷转移主要发生在界面 Fe₄N 层。纯 Fe₄N/MgO 界面和欠氧化的 U-Fe₄N/MgO 界面具有相似的电荷分布。过氧化的 O-Fe₄N/MgO 界面展现了强的电荷转移，主要发生在插入的 O 原子附近，O 原子拉近了 Fe 原子之间的距离，改变了 Fe 原子之间的磁相互作用。在 O-Fe₄N/MgO 异质结构中，界面 Fe 原子的磁矩为 2.926 μ_B，比纯 Fe₄N/MgO 异质结构增加了约 0.2 μ_B。U-Fe₄N/MgO 异质结构中界面 Fe 原子的磁矩并未改变，为 2.747 μ_B。原子磁矩的增大进一步证实电荷转移对磁性的影响。

界面电荷的重新分布引起了费米面处 Fe 原子 d 轨道的态密度的变化。费米面处 d 轨道的占据直接影响 MAE 的大小，根据二阶微扰理论，MAE 与占据态和未占据态之间形成的非零耦合矩阵元有关。这些非零矩阵元包括 $\langle xz|\hat{L}_z|yz\rangle=1$、$\langle x^2-y^2|\hat{L}_z|xy\rangle=2$、$\langle z^2|\hat{L}_x|yz\rangle=\sqrt{3}$、$\langle xy|\hat{L}_x|xz\rangle=1$ 和 $\langle x^2-y^2|\hat{L}_x|yz\rangle=1$。因此，通过分析费米面附近的态密度变化，可以解释 Fe 原子的 d 轨道分辨的 MAE。下面将详细讨论纯净的 Fe₄N/MgO 界面和过氧化的 O-Fe₄N/MgO 界面的 MAE 变化的根源。在图 3-51（a）和（c）中，纯的 Fe₄N/MgO 界面的 Fe I 原子的 d_{z^2} 轨道有利于 PMA，面内轨道 $d_{xy}+d_{x^2-y^2}$ 有利于 IMA。在过氧化的 O-Fe₄N/MgO 界面，由于界面氧化，Fe I 原子的 d_{z^2} 轨道和 O 原子的 p_z 轨道发生杂化。杂化态远离费米面，并不影响 d_{z^2} 轨道的 MAE。但是，自旋向上的 $d_{xy}+d_{x^2-y^2}$ 占据态移动到费米面附近，导致 $\langle xy|\hat{L}_z|x^2-y^2\rangle$ 矩阵元的贡献增加，因此 $d_{xy}+d_{x^2-y^2}$ 轨道的 IMA 增加。最终，O-Fe₄N/MgO 界面的 Fe I 原子的 PMA 减小。

对于 Fe II 原子，界面氧化导致所有 d 轨道的 MAE 符号发生变化，如图 3-51（b）所示。Fe II 原子有利于 PMA。在 O-Fe₄N/MgO 异质结构中，Fe II 原子的 $d_{xy}+d_{x^2-y^2}$ 轨道和 O 原子的 p_x+p_y 轨道发生杂化，使 $d_{xy}+d_{x^2-y^2}$ 轨道略微向费米面移动。面外轨道 $d_{yz}+d_{xz}$ 和 d_{z^2} 在费米面处却发生重新分布。自旋向下的 $d_{yz}+d_{xz}$ 占据态恰好移动到费米面处，自旋向下的 d_{z^2} 占据态也出现在费米面附近。面外轨道之间的耦合形成非零矩阵元 $\langle xz|\hat{L}_z|yz\rangle$、$\langle z^2|\hat{L}_x|yz\rangle$ 和 $\langle xy|\hat{L}_z|yz\rangle$，这些矩阵元对 MAE 的贡献相互叠加，导致了 Fe II 原子的 MAE 发生转变。因此，Fe 原子的 d 轨道和 O 原子的 p 轨道的杂化是引起 O-Fe₄N/MgO 界面中 Fe I 和 Fe II 原子的磁各向异性变化的主要原因。

由上面的分析可知，Fe I 和 Fe II 原子的 MAE 对界面氧化具有相反的响应。界面氧化后 Fe I 原子的 PMA 明显减小，Fe II 原子的磁各向异性从 IMA 转变为 PMA。这一差异来源于不同的 Fe-O 杂化能级。Fe I 原子和 O 原子的杂化态出现在远离费米面处，仅仅改变了面内轨道 $d_{xy}+d_{x^2-y^2}$ 的磁各向异性。但是，Fe II 原子和 O 原子的杂化出现在费米面附近，引起了所有 d 轨道的改变，特别是面外轨道的变化。因此，界面氧化导致 Fe 原子的 d 轨道在费米面附近重新分布,从而改变了 Fe₄N/MgO 异质结构的 MAE 的符号。

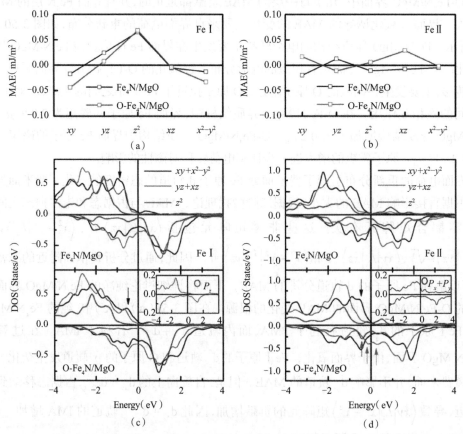

图 3-51　Fe₄N/MgO 和 O-Fe₄N/MgO 异质结构的界面 Fe_I 和 Fe_{II} 原子的轨道分辨的 MAE 和态密度
（插图为 O 原子的 p 轨道的态密度）

（a）Fe I 原子的 MAE；（b）Fe II 原子的 MAE；（c）Fe I 原子的态密度；（d）Fe II 原子的态密度

3.2.2　外加电场的影响

在铁磁性金属中电场调控的磁各向异性已经被广泛研究,电场甚至可以导致 Fe 原子的自旋取向发生反转,可见电场对磁性材料的磁各向异性具有调控作用。实验上也同样发现电场对界面磁各向异性具有较大的调控作用。基于 Fe I 和 Fe II 原子的 MAE 对外界环境的不同响应,本节主要研究电场对 Fe₄N/MgO 界面的磁各向异性的影响。图 3-52（a）给出了 Fe₄N/MgO 界面的静电势分布。在 Fe₄N/MgO 界面处,Fe₄N 和 MgO 之间存在明显的电势差。电场作用下的电势与未加电场的电势相比,有接近 1 eV 的电势差。图 3-52（b）指出了外加电场的方向,电场的正方向从 MgO 指向 Fe₄N。施加的电场大小分别为 0、0.05、0.1、−0.05 和 −0.1 V/nm。图 3-52（c）和（e）给出了不同电场下 Fe₄N/MgO 异质结构的层分辨的MAE。从图中可以看出,无论是正电场还是负电场,也不论施加电场的大小如何,都能够使 Fe₄N/MgO 异质结构的磁各向异性从 IMA 转变为 PMA。在电场作用下,层分辨的 MAE 与

O-Fe₄N/MgO 界面的层分辨 MAE 相似，呈现 V 形趋势。界面和表面的 Fe₄N 层都具有 PMA，并且贡献最大。通过分析 Fe I 和 Fe II 原子的 MAE，发现未施加电场时，Fe I 原子有利于 PMA，而 Fe II 原子有利于 IMA。但是，在不同的外加电场下，Fe I 原子仍然有利于 PMA，而 Fe II 原子从 IMA 转变为 PMA，并且 Fe II 原子的 PMA 不依赖于电场的大小和方向。Fe II 原子的磁各向异性的转变表明 Fe II 原子的 MAE 对外电场比较敏感。特别地，在 0.1 V/nm 的电场下，Fe II 原子的 PMA 明显增加，甚至超过了 Fe I 原子的 PMA 贡献。因此，界面的 Fe II 原子对 Fe₄N/MgO 异质结构的 MAE 的转变具有重要的作用。

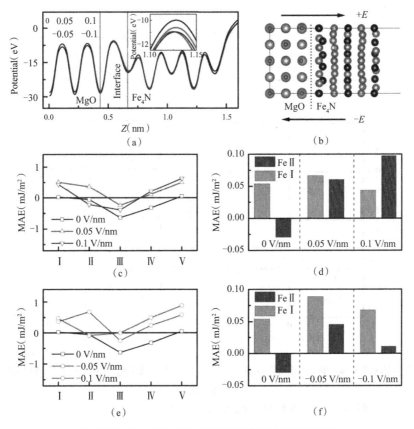

图 3-52　Fe₄N/MgO 异质结构的电势分布和 MAE

（a）在不同电场下静电势分布；（b）电场方向的示意图；（c）（e）在不同电场下 Fe₄N/MgO 异质结构的层分辨的 MAE；
（d）（f）在不同电场下 Fe₄N/MgO 异质结构中界面 Fe I 和 Fe II 原子的 MAE

　　图 3-53 给出了加电场和不加电场下 Fe₄N/MgO 异质结构中界面 Fe I 和 Fe II 原子的轨道分辨的 MAE 和态密度。不加电场时，界面 Fe II 原子除了 d_{yz} 轨道，其余 d 轨道都有利于 IMA。在 0.1 V/nm 的电场下，界面 Fe II 原子的轨道分辨的 MAE 与不加电场的 MAE 有相似的曲线，但是所有 d 轨道均有利于 PMA，导致 Fe II 原子的 PMA 增大。从图 5-53（b）中可以看出，电场改变了 Fe II 原子的 d 轨道态密度，所有自旋向下的 d 轨道在电场作用下发生重新分布。自旋向下的 $d_{xy} + d_{x^2-y^2}$ 占据态的峰减弱，自旋向下的 d_{z^2} 未占据态出现在费米

面附近,自旋向下的 d$_{yz}$+d$_{xz}$ 态恰好移动到费米面处。如图 3-53(c)和(d)所示,对于界面 Fe I 原子,施加电场后 d$_{xy}$+d$_{x^2-y^2}$ 轨道的 IMA 贡献减小,d$_{z^2}$ 轨道的 PMA 贡献也减小。费米面处自旋向下的 d$_{xy}$+d$_{x^2-y^2}$ 轨道的出现减小了 IMA 贡献,自旋向上的 d$_{z^2}$ 轨道在费米面以下的出现导致 PMA 贡献减小。因此,在电场作用下,Fe$_4$N/MgO 异质结构的 MAE 的转变源于费米面附近 Fe d 轨道的重新分布。

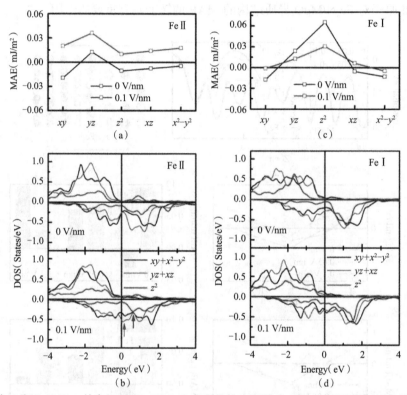

图 3-53　在 0 和 0.1 V/nm 的电场下,Fe$_4$N/MgO 异质结构中界面 Fe$_{II}$ 和 Fe$_I$ 原子的轨道分辨的 MAE 和态密度

(a)Fe II 原子的 MAE;(b)Fe II 原子的态密度;(c)Fe I 原子的 AME;(d)Fe I 原子的态密度

　　在外电场作用下,界面 Fe$_4$N 层中的电偶极子会屏蔽电场进入 Fe$_4$N 内部。如图 3-54 所示,界面 Fe$_4$N 层中诱导的电荷密度分为自旋向上和自旋向下。在 Fe$_4$N 的第 I 层和第 II 层中,自旋向上的电荷密度差要强于自旋向下的电荷密度差,这说明电场诱导的电荷密度差是自旋极化的,并且电场的屏蔽作用超过了 Fe$_4$N 的前两层。屏蔽电荷的自旋不平衡是电场诱导的磁各向异性变化的根本原因。结合态密度分析,可以得出以下结论:电场诱导的 Fe$_4$N/MgO 异质结构的 PMA 归因于屏蔽电荷的自旋极化引起的 Fe 原子 d 轨道的重新分布。

　　总之,Co 元素掺杂、界面氧化和施加电场可以实现 Fe$_4$N/MgO 异质结构的 PMA。CoFe$_3$N/MgO 异质结构的 PMA 的产生机制是 Co 元素掺杂诱导的四方畸变。界面氧化和电场导致的 PMA 主要是由界面电荷转移及电荷的自旋极化引起的。Fe$_4$N 中界面 Fe I 和 Fe II 原子的磁各向异性对外界环境的响应不同,如图 3-55 所示。界面氧化导致 Fe I 原子的

PMA 明显减小, 甚至转变为 IMA, 而 FeⅡ原子从 IMA 转变为 PMA, 并且 FeⅡ原子的 PMA 占主导。在电场作用下, 界面 FeI 原子的 PMA 减小, FeⅡ原子的 MAE 从 IMA 转变为 PMA。可见 FeⅠ和 FeⅡ原子的 MAE 对外界环境的响应不同, 最终导致了 Fe₄N/MgO 异质结构的 PMA。

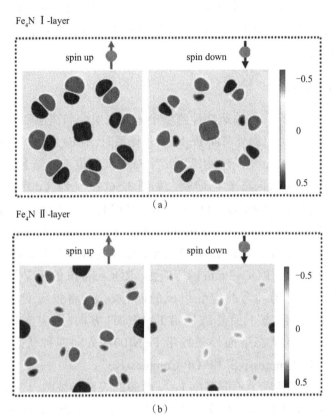

图 3-54　在 0.1 V/nm 的电场下 Fe₄N/MgO 异质结构中 Fe₄N 的Ⅰ和Ⅱ层的自旋差分电荷密度
（a）第Ⅰ层；（b）第Ⅱ层

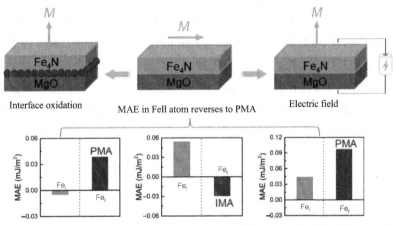

图 3-55　界面氧化和电场作用对 Fe₄N/MgO 异质结构的磁各向异性的影响示意图

3.3 柔性 Fe$_4$N 外延薄膜的结构、磁性和电输运特性

本节将介绍采用对向靶反应溅射法在柔性云母（Mica）基底上制备 Fe$_4$N 外延单层薄膜和具有交换偏置效应的 NiMn/Fe$_4$N 双层薄膜。本节主要研究外加弯曲应变对不同厚度的外延 Fe$_4$N 薄膜和具有交换偏置效应的 NiMn/Fe$_4$N 双层薄膜的磁性和电输运特性的影响，并结合第一性原理计算结果分析应变对体系的磁性调控的物理机制，为新型柔性自旋电子器件的设计提供思路。

3.3.1 形貌和微观结构

图 3-56 给出了在磁性和电输运特性测量中施加张应变和压应变的弯曲构型示意图。当 Fe$_4$N 薄膜位于云母上方且向外弯曲 Fe$_4$N/ 云母体系时，沿 Fe$_4$N[010] 方向将产生张应变，如图 3-56（a）、（e）、（c）和（g）所示。相反地，当 Fe$_4$N 薄膜位于云母下方且向内弯曲 Fe$_4$N/云母体系时，沿 Fe$_4$N[010] 方向将产生压应变，如图 3-56（b）、（f）、（d）和（h）所示。将 Fe$_4$N/云母置于具有弯曲曲率半径（Radius of Curvature, ROC）为 2、3 和 5 mm 的模具上，施加不同张 / 压应变。本节中，∞、+2 mm、+3 mm、+5 mm、+ ∞、-2 mm、-3 mm、-5 mm 和 - ∞分别代表未弯曲、ROC=2 mm 的张应变、ROC=3 mm 的张应变、ROC=5 mm 的张应变、释放张应变、ROC=2 mm 的压应变、ROC=3 mm 的压应变、ROC=5 mm 的压应变和释放压应变的状态。为了简单地描述磁场和弯曲应变组成的四种状态，将张应变状态下面内磁场沿 Fe$_4$N[100] 方向、张应变状态下面外磁场沿 Fe$_4$N[001] 方向、压应变状态下面内磁场沿 Fe$_4$N[100] 方向和压应变状态下面外磁场沿 Fe$_4$N[001] 方向四种状态分别记作 "IP-Tensile" "OP-Tensile" "IP-Compressive" 和 "OP-Compressive"。

图 3-57 给出了云母基底上不同厚度 Fe$_4$N 薄膜的表面形貌图。当薄膜厚度由 1.8 nm 增大至 48 nm 时，Fe$_4$N 薄膜的 R_q 依次为 1.07、2.10、1.74、3.25、0.97、0.75、1.26、1.87 和 5.11 nm。结果表明，当膜厚为 12 nm 时，Fe$_4$N 薄膜表面最平整。

图 3-58（a）给出了沿解理面分离云母的表面形貌。云母的 R_q 为 0.05 nm，比 Liu 等得到的 0.18 nm 小一个数量级，表明云母基底表面干净平整，为沉积高质量的外延 Fe$_4$N 薄膜奠定了基础。为了观察 Fe$_4$N 薄膜经 ROC=2 mm 的张/压应变弯曲 50 次后薄膜的质量，图 3-58（b）至（d）给出了弯曲前后 Fe$_4$N 薄膜的 AFM 图。结果表明，当释放张应变时，Fe$_4$N（18 nm）/ 云母的 R_q 由 0.73 nm 变为 0.84 nm；当释放压应变时，R_q 由 0.84 nm 变为 0.64 nm。不同应变作用下，R_q 波动很小，表明施加应变前后 Fe$_4$N 薄膜表面质量良好。图 3-58（e）至（i）给出了在五种应变状态下薄膜大小为 4 mm×6 mm 的 Fe$_4$N 薄膜的照片，进一步证明了 Fe$_4$N 薄膜具有良好的柔韧性。

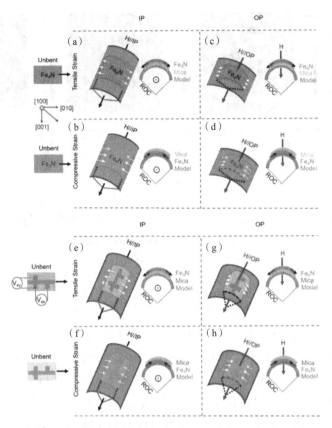

图 3-56 在磁性和电输运特性测量中施压张应变和压应变的弯曲构型示意图

（a）（e）张应变且面内磁场沿 Fe₄N[100] 方向；（b）（g）张应变且面外磁场沿 Fe₄N[001] 方向；
（c）（f）压应变且面内磁场沿 Fe₄N[100] 方向；（d）（h）压应变且面外磁场沿 Fe₄N[001] 方向

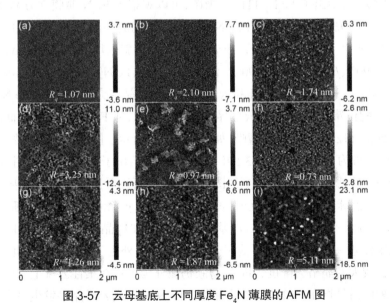

图 3-57 云母基底上不同厚度 Fe₄N 薄膜的 AFM 图

（a）1.8 nm 薄膜；（b）3 nm 薄膜；（c）4.2 nm 薄膜；（d）6 nm 薄膜；（e）9 nm 薄膜；（f）12 nm 薄膜；
（g）18 nm 薄膜；（h）30 nm 薄膜；（i）48 nm 薄膜

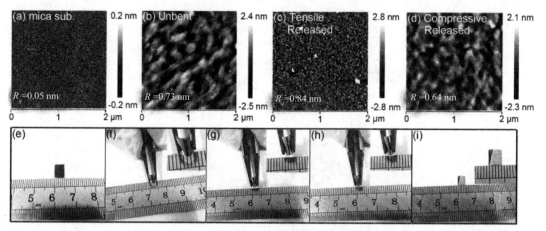

图 3-58　Fe₄N/ 云母薄膜的形貌图

（a）云母基底的 Fe₄N（12 nm）/ 云母的 AFM 图；（b）未弯曲状态下的 Fe₄N（12 nm）/ 云母的 AFM 图；
（c）释放张应变状态下的 Fe₄N（12 nm）/ 云母的 AFM 图；（d）释放压应变状态下的 Fe₄N（12 nm）/ 云母的 AFM 图；
（e）未弯曲状态下 Fe₄N（12 nm）/ 云母的照片；（f）（g）（h）具有不同 ROC 的张应变的 Fe₄N（12 nm）/ 云母的照片；
（i）释放张应变的 Fe₄N（12 nm）/ 云母的照片

图 3-59（a）给出了云母基底、Fe₄N（18 nm）/ 云母和 Fe₄N（30 nm）/ 云母的 X 射线 θ-2θ 扫描图。从图中可以看出，只有云母（001）和 Fe₄N（002）的衍射峰出现，表明 Fe₄N 薄膜在云母基底上沿（001）方向择优取向生长。根据布拉格公式，计算得到 Fe₄N 薄膜的晶格常数为 3.799±0.006 Å，与 Fe₄N 块体的 3.795 Å 相接近。图 3-59（b）给出了 Fe₄N（111）峰和 mica（202）峰的 X 射线 φ 扫描图，其中 Fe₄N（111）峰的 2θ 和 α 固定在 41.22° 和 35.26°，mica（202）峰的 2θ 和 α 固定在 42.84° 和 54.13°。X 射线 φ 扫描的结果表明 Fe₄N 薄膜具有面内四重对称性，可在云母上外延生长。为了进一步证明在云母基底上 Fe₄N 薄膜呈外延生长方式，图 3-59（c）给出了 Fe₄N（111）的极图，可以观察到 Fe₄N 薄膜立方晶格的强度随角度呈周期性变化的关系，进一步表明 Fe₄N 和云母基底间的外延关系为 [001]Fe₄N//[001]_mica。

在立方 Fe₄N 中，$a=b=c=3.795$ Å，$\alpha=\beta=\gamma=90°$；在单斜云母中，$a=5.208$ Å、$b=8.995$ Å 和 $c=10.275$ Å，$\alpha=90°$、$\beta=101.6°$ 和 $\gamma=90°$。值得注意的是，Fe₄N[100] 和云母 [100] 间的晶格失配度高达约 27%。一般来说，Fe₄N 和云母之间较大的晶格失配度，会在 Fe₄N/ 云母界面处产生较大的失配位错，导致 Fe₄N/ 云母界面粗糙。然而，从 Fe₄N/ 云母的断面的 TEM 图中可以看出，Fe₄N 和云母之间界面清晰，如图 3-59（d）所示。图 3-59（d）插图为云母断面的 TEM 图，表明云母为层状结构。图 3-59（e）和（f）分别给出了对图 3-59（d）中的方框区域进行傅里叶变换和反傅里叶变换后得到的图谱。从图中可以看到，Fe₄N 层衍射斑点以及有序排列的 Fe_I（蓝色球）和 Fe_{II}（黄色球）原子。图 3-59（g）给出了 Fe₄N 层断面的 HAADF-STEM 图，发现在具有弯曲应变的云母基底上，Fe₄N[001] 晶格出现了一些畸变，但仍保持 Fe₄N[001] 取向，进一步证明在云母基底上 Fe₄N 薄膜呈外延生长方式。因此，即使 Fe₄N 和云母之间存在较大的晶格失配度，Fe₄N 薄膜仍能外延生长在柔性云母上，这可能与失配位错有关。失配位错是指在 Fe₄N/ 云母界面附近 Fe₄N 晶格或云母晶格发生畸变，可通过基底来释放较大的应变。通常，失配位错出现在薄膜和基底间具有较大晶格失配度的异质结构体系中,如 Fe₄N/MgO 的晶格失配度为 −9.88%。图 3-59(i)至(1)给出了 Si、O、Al 和 Fe 元素的 EDS 面分布图,发现各元素均匀地分布于 Fe₄N 层中, Fe₄N 和云母界面清晰,未观察到界面扩散。

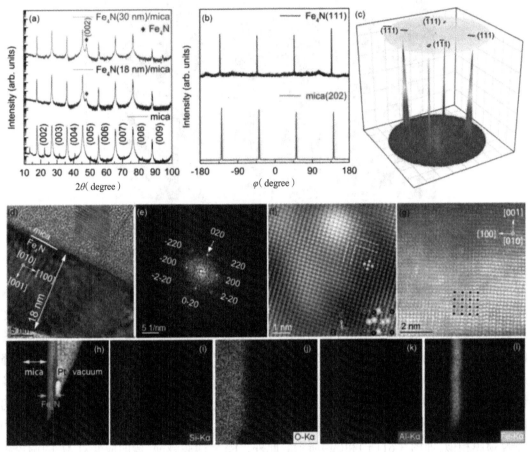

图 3-59　Fe₄N/ 云母薄膜的微观结构

(a)Fe₄N/ 云母的 X 射线 θ-2θ 扫描图;(b)Fe₄N/ 云母的 X 射线 φ 扫描图;(c)Fe₄N/ 云母的 X 射线极图;
(d)Fe₄N/ 云母的断面的 TEM 图;(e)对图(d)中的方框 Fe₄N 区域的傅里叶变换图谱;
(f)图(e)的反傅里叶变换图谱;(g)Fe₄N 层的 HAADF-STEM 图;(h)Fe₄N/ 云母的 HAADF-STEM 图;
(i)Si 元素的 EDS 面图;(j)O 元素的 EDS 面图;(k)Al 元素的 EDS 面图;(1)Fe 元素的 EDS 面图

3.3.2　磁学性质

图 3-60 给出了云母基底上不同厚度 Fe₄N 薄膜的 MFM 图。图中不同颜色区域代表磁畴具有不同大小面外磁化分量。以图 3-60(g)为例,当 Fe₄N 薄膜的厚度为 18 nm 时,沿蓝色、黄色和粉色的线计算得到磁畴的平均尺寸。对于 1.8 nm 到 48 nm 的 Fe₄N 薄膜,磁畴尺寸依次为 32.80、35.80、111.75、120.80、141.00、147.35、158.15、174.50 和 225.00 nm,随薄膜厚度的增大而增大。MFM 结果表明,在云母基底上 Fe₄N 薄膜呈现铁磁性状态。

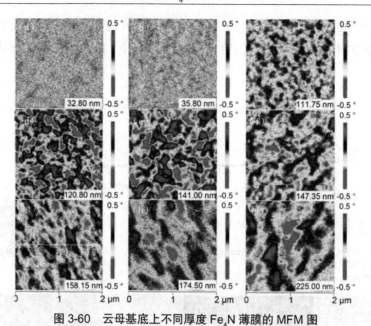

图 3-60　云母基底上不同厚度 Fe$_4$N 薄膜的 MFM 图
（a）1.8 nm 薄膜；（b）3 nm 薄膜；（c）4.2 nm 薄膜；（d）6 nm 薄膜；（e）9 nm 薄膜；（f）12 nm 薄膜；
（g）18 nm 薄膜；（h）30 nm 薄膜；（i）48 nm 薄膜

为了研究弯曲应变对外延 Fe$_4$N 薄膜磁性的调控,室温下测量了不同张/压应变下 Fe$_4$N 薄膜的面内(In Plane, IP)和面外(Out of Plane, OP)M-H 曲线。图 3-61(a)给出了张应变状态下 3 nm 的 Fe$_4$N 薄膜的面内 M-H 曲线。结果表明,当 ROC 从 ∞ 变为 +3 mm 时,随着 ROC 减小,M_s 增大且 H_c 减小;当 ROC<3 mm 时,随着 ROC 减小,M_s 减小且 H_c 增大;当释放张应变时,M_s 和 H_c 逐渐恢复但略小于初始未弯曲态,表明 Fe$_4$N 薄膜具有良好的延展性和柔韧性。图 3-61(b)至(e)分别给出了张应变下厚度为 6、18、30 和 48 nm 的 Fe$_4$N 薄膜的面内 M-H 曲线,发现不同厚度 Fe$_4$N 薄膜的 M_s 和 H_c 随弯曲应变的变化关系与 3 nm 的 Fe$_4$N 薄膜相似,如图 3-61(f)和(g)所示。此外, Fe$_4$N 薄膜越薄,弯曲应变对 M_s 的调控越大,表明薄 Fe$_4$N 薄膜对弯曲应变更敏感。当 ROC= ± 3 mm 时,施加相同应变的情况下,较薄 Fe$_4$N 薄膜的 M_s 较大,尤其 3 nm 的 Fe$_4$N 薄膜的 M_s 最大,这可能与弯曲应变作用下 Fe$_4$N 中 Fe-N 相形成有关。图 3-61(a′)至(g′)给出了压应变下不同厚度 Fe$_4$N 薄膜的面内 M-H 曲线,发现压应变下 M_s 和 H_c 的变化趋势与张应变相似。

此外,图 3-62 给出了张/压应变下不同厚度 Fe$_4$N 薄膜的面外 M-H 曲线,发现张/压应变下面外 M_s 和 H_c 与面内的情形相似。因此,在 IP-tensile、OP-tensile、IP-compressive 和 OP-compressive 四种状态下, Fe$_4$N 薄膜的 M_s(或 H_c)变化趋势相似。值得注意的是, Fe$_4$N 薄膜对弯曲应变的磁响应与其他铁磁性材料是有区别的。例如,在 CoFe$_2$O$_4$、Fe$_{81}$Ga$_{19}$ 和 Co$_{40}$Fe$_{40}$B$_{20}$ 薄膜中,张应变对薄膜磁性的影响与压应变相反,表明弯曲应变对磁性的影响与磁 - 力耦合效应相关。然而,尽管 Fe$_4$N 具有 −143 ppm 的磁致伸缩系数,但磁致伸缩效应并不能解释不同张/压应变下 Fe$_4$N 薄膜 M_s 和 H_c 随 ROC 的变化趋势。因此,在弯曲应变下 Fe$_4$N 薄膜的磁性变化可能与磁 - 力耦合效应诱发的其他因素有关。

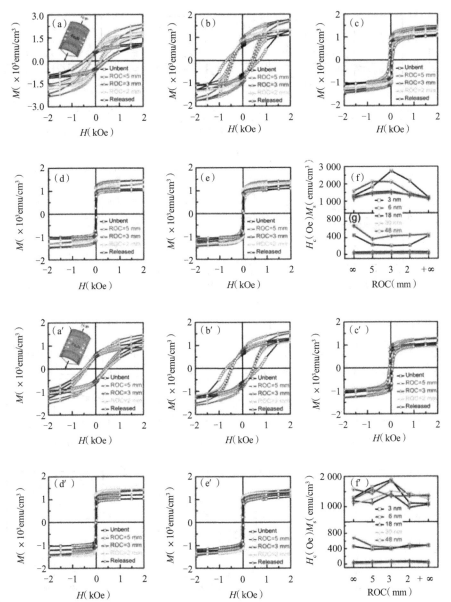

图 3-61 不同张应变和压应变下 Fe₄N 薄膜的面内室温 $M\text{-}H$ 曲线及其 M_s 和 H_c 随 ROC 的变化关系

（a）张应变，3 nm 薄膜；（b）张应变，6 nm 薄膜；（c）张应变，18 nm 薄膜；（d）张应变，30 nm 薄膜；（e）张应变，48 nm 薄膜；
（f）张应变，M_s 随 ROC 的变化关系；（g）张应变，H_c 随 ROC 的变化关系；（a'）压应变，3 nm 薄膜；（b'）压应变，6 nm 薄膜；
（c'）压应变，18 nm 薄膜；（d'）压应变，30 nm 薄膜；（e'）压应变，48 nm 薄膜；（f'）压应变，M_s 随 ROC 的变化关系；
（g'）压应变，H_c 随 ROC 的变化关系

图 3-63 给出了 300 K 时不同厚度 Fe₄N 薄膜 $M_s(\text{ROCs})/M_s(\text{Unbent})$ 和 $H_c(\text{ROCs})/H_c$（Unbent）随弯曲应变的变化关系。不同应变下 $M_s(\text{ROCs})/M_s(\text{Unbent})$ 峰值几乎同时出现在 ROC=3 mm 处，如图 3-63（a）至（d）所示。在 IP-tensile 态下，$M_s(\text{ROCs})/M_s(\text{Unbent})$ 为 1.17~2.10；在 OP-tensile 态下，$M_s(\text{ROCs})/M_s(\text{Unbent})$ 为 0.97~2.07；在 IP-compressive 态下，$M_s(\text{ROCs})/M_s(\text{Unbent})$ 为 1.06~1.45；在 OP-compressive 态下，$M_s(\text{ROCs})/M_s(\text{Unbent})$ 为

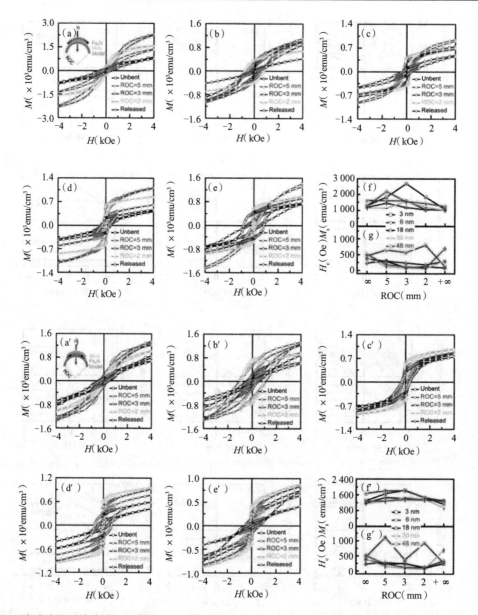

图 3-62　张应变和压应变下不同厚度 Fe₄N 薄膜的面外室温 M-H 曲线及其 M_s 和 H_c 随 ROC 的变化关系
　　（a）张应变，3 nm 薄膜；（b）张应变，6 nm 薄膜；（c）张应变，18 nm 薄膜；（d）张应变，30 nm 薄膜；（e）张应变，48 nm 薄膜；
（f）张应变，M_s 随 ROC 的变化关系；（g）张应变，H_c 随 ROC 的变化关系；（a′）压应变，3 nm 薄膜；（b′）压应变，6 nm 薄膜；
（c′）压应变，18 nm 薄膜；（d′）压应变，30 nm 薄膜；（e′）压应变，48 nm 薄膜；（f′）压应变，M_s 随 ROC 的变化关系；
（g′）压应变，H_c 随 ROC 的变化关系

1.08~1.41。Fe₄N 薄膜的最大 M_s(ROCs)/M_s(Unbent) 可达 210%。Liu 等在 SrRuO₃/ 云母体系中报道了 10 K 时应变作用下每个 Ru 原子的磁矩由 1.2 μ_B 变为 3.2 μ_B，最大的 M_s(ROCs)/M_s(Unbent) 为 267%，但并不能在室温下使用。Zhang 等报道了应变作用下 CoFe₂O₄ 薄膜的 M_s 由 100 emu/cm³ 变为 150 emu/cm³，最大 M_s(ROCs)/M_s(Unbent) 为 150%。Huang 等

报道了张 / 压应变下 La$_{0.67}$Sr$_{0.33}$MnO$_3$ 薄膜的 M_s 均未发生较大变化。因此,在柔性自旋电子学的实际应用中,研究室温下弯曲应变对 Fe₄N 薄膜磁性的调控规律具有重要意义。

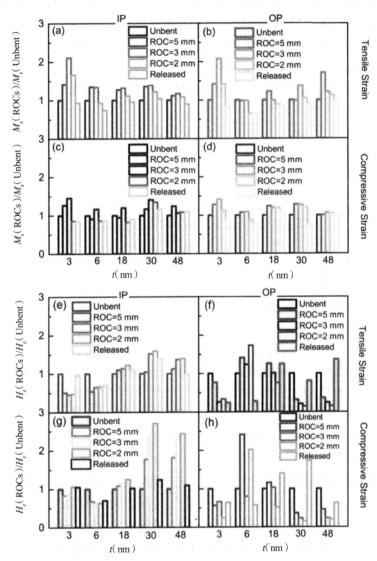

图 3-63　300 K 时不同厚度 Fe₄N 薄膜的 M_s(ROCs)/M_s(Unbent)和 H_c(ROCs)/H_c(Unbent)随弯曲应变的变化关系

（a）（e）张应变且面内磁场沿 Fe₄N[100] 方向;（b）（f）张应变且面外磁场沿 Fe₄N[001] 方向;
（c）（g）压应变且面内磁场沿 Fe₄N[100] 方向;（d）（h）压应变且面外磁场沿 Fe₄N[001] 方向

图 3-63（e）至（h）给出了不同厚度 Fe₄N 薄膜 H_c(ROCs)/H_c(Unbent)随弯曲应变的变化关系,与 M_s(ROCs)/M_s(Unbent)随弯曲应变的变化关系相反。在铁磁性薄膜中,M_s 和 H_c 之间的关系为

$$\frac{pk_{\text{eff}}}{\mu_0} = M_s \times H_c \qquad (3\text{-}17)$$

其中，k_{eff} 是有效各向异性常数；p 是取决于磁各向异性类型的无量纲因子；μ_0 是真空中的磁导率。显然，M_s 和 H_c 之间存在相反的变化关系。根据式（3-17），k'_{eff}/k_{eff} 可通过计算 $(M'_s \times H'_c)/(M_s \times H_c)$ 来获得，其中 M'_s（M_s）和 H'_c（H_c）是在弯曲（不弯曲）的状态下获得的，如图 3-64 所示。$k'_{eff}/k_{eff}>1$（或 <1）代表施加弯曲应变后 k_{eff} 增大（或减小）。在 30 nm 的 Fe₄N 薄膜中，不同张/压应变下均可观察到面内 k'_{eff}/k_{eff} 的峰，如图 3-64（a）和（b）所示。尽管 $k'_{eff}/k_{eff}>1$ 和 $k'_{eff}/k_{eff}<1$，但在 30 nm 的 Fe₄N 薄膜中可观察到 k'_{eff}/k_{eff} 的谷，如图 3-64（c）和（d）所示。结果表明，在弯曲应变下外延 Fe₄N（30 nm）薄膜的磁各向异性发生较大变化。

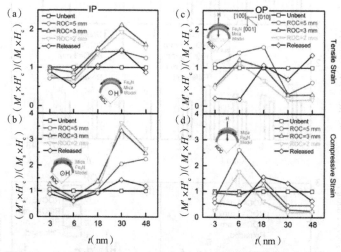

图 3-64　Fe₄N 薄膜的 $(M'_s \times H'_c)/(M_s \times H_c)$ 随薄膜厚度的变化关系

（a）张应变且面内磁场沿 Fe₄N[100] 方向；（b）压应变且面内磁场沿 Fe₄N[100] 方向；
（c）张应变且面外磁场沿 Fe₄N[001] 方向；（d）压应变且面外磁场沿 Fe₄N[001] 方向

　　为了研究弯曲应变调控 Fe₄N 薄膜的物理机制，分别测量了不同张/压应变下 3 和 30 nm 的 Fe₄N 薄膜的面内和面外 *M-H* 曲线，如图 3-65 和 3-66 所示。对比应变调控的 3 和 30 nm 的 Fe₄N 薄膜磁各向异性的相对变化量，发现弯曲应变对 30 nm 的 Fe₄N 薄膜磁各向异性的调控更加明显。图 3-66（a）给出了未弯曲状态下 Fe₄N 薄膜的面内和面外 *M-H* 曲线。面内 *M-H* 曲线的剩磁比 M_r/M_s 为 0.74，面外 M_r/M_s 仅为 0.08，表明未弯曲的 Fe₄N 薄膜具有 IMA。图 3-66（f）至（i）给出了在 IP-tensile、IP-compressive、OP-tensile 和 OP-compressive 四种状态下 Fe₄N（30 nm）薄膜的 *M-H* 曲线，发现不同张/压应变下面外磁化强度的变化比面内更加明显。图 3-66（j）和（k）分别提取了图 3-66（b）至（d）和（b'）至（d'）的面内和面外剩磁比 M_r/M_s，发现不同张/压应变下面内 M_r/M_s 几乎是常数 0.80 ± 0.05，表明面内剩磁比对弯曲应变不敏感。面外 M_r/M_s 从 0.08（ROC$=\infty$）增加为 0.25（ROC$=+5$ mm）、0.26（ROC$=-5$ mm）、0.34（ROC$=+3$ mm）、0.33（ROC$=-3$ mm）、0.48（ROC$=+2$ mm）和 0.42（ROC$=-2$ mm），其中张/压应变下的面外 M_r/M_s 是未弯曲的 4.25~6 倍（425%~600%）。在之前的报道结果中，在弯曲应变下 Co₄₀Fe₄₀B₂₀ 薄膜的 M_r/M_s 的变化小于 62%，CoFe₂O₄ 纳米柱中 M_r/M_s 的变化约为 198%。因此，弯曲应变对 Fe₄N 薄膜的 M_r/M_s 的调控对于实际应用具有重要的意义。图 3-66（e）和（e'）分别给出了张/压应变释放后的 *M-H* 曲线，发现磁化强度均逐渐恢复至初始态，这与 M_s 随 ROC 的变化结果一致。

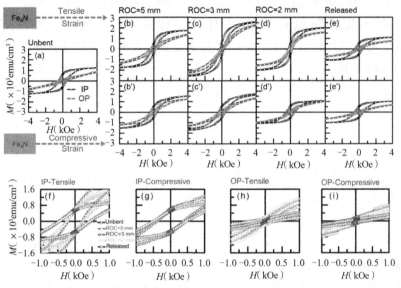

图 3-65　3 nm 的 Fe$_4$N/ 云母薄膜的磁学性质

（a）未弯曲；（b）张应变，ROC=5 mm；（c）张应变，ROC=3 mm；（d）张应变，ROC=2 mm；（e）张应变释放；
（a'）未弯曲；（b'）压应变，ROC=5 mm；（c'）压应变，ROC=3 mm；（d'）压应变，ROC=2 mm；（e'）压应变释放；
（f）张应变下 Fe$_4$N（3 nm）薄膜的面内 M-H 曲线；（g）压应变下 Fe$_4$N（3 nm）薄膜的面内 M-H 曲线；
（h）张应变下 Fe$_4$N（3 nm）薄膜的面外 M-H 曲线；（i）压应变下 Fe$_4$N（3 nm）薄膜的面外 M-H 曲线

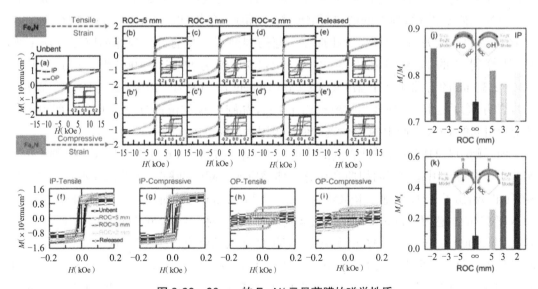

图 3-66　30 nm 的 Fe$_4$N/ 云母薄膜的磁学性质

（a）未弯曲；（b）张应变，ROC=5 mm；（c）张应变，ROC=3 mm；（d）张应变，ROC=2 mm；（e）张应变释放；
（a'）未弯曲；（b'）压应变，ROC=5 mm；（c'）压应变，ROC=3 mm；（d'）压应变，ROC=2 mm；（e'）压应变释放；
（f）张应变下 Fe$_4$N（30 nm）薄膜的面内 M-H 曲线；（g）压应变下 Fe$_4$N（30 nm）薄膜的面内 M-H 曲线；
（h）张应变下 Fe$_4$N（30 nm）薄膜的面外 M-H 曲线；（i）压应变下 Fe$_4$N（30 nm）薄膜的面外 M-H 曲线；
（j）面内剩磁化 M_r/M_s 随 ROC 的变化关系；（k）面外剩磁化 M_r/M_s 随 ROC 的变化关系

　　基于弯曲应变调控的外延 Fe_4N/ 云母体系磁性的变化规律,研究了弯曲应变调控 Fe_4N/云母体系磁学性质的物理机制。应变对磁性的影响一般来自磁力耦合效应。在应变作用下,Fe_4N 中围绕给定的 Fe 原子的 N_6 八面体发生"呼吸"形变。值得注意的是,"呼吸"形变和弯曲形变之间是有差异的。本节中的弯曲形变意味着 Fe_4N 的单胞中既出现了近似"呼吸"形变,也出现了 Fe_4N 晶胞中 N 位置的偏移。为了阐明"呼吸"扭曲对磁矩和磁各向异性能的影响,进行了第一性原理的计算,如图 3-67(a)至(c)所示。实验中弯曲应变的大小 ε 可表示为

$$\varepsilon = \frac{t_{Fe_4N} + t_{mica}}{ROC} \qquad (3-18)$$

其中,t_{Fe_4N} 和 t_{mica} 分别代表 Fe_4N 薄膜和云母基底的厚度。当 $t_{Fe_4N} \ll t_{mica}$ 时,t_{Fe_4N} 可以忽略。测量中,云母厚度为 37.5 μm。因此,当 ROC= ∞、5、3、2 mm 和 ± ∞时,相应地伸缩应变 ε= ∞、0.75%、1.25%、1.88% 和 ± ∞。在张 / 压应变时,ε 和 ROC 为正 / 负。根据实验中的应变值(−1.88%、−1.25%、−0.75%、0、+0.75%、+1.25% 和 +1.88%),计算中采用 −2%、−1%、0、+1% 和 +2% 的单轴应变,研究由"呼吸"形变引起的伸缩应变对 Fe_4N 的磁矩和 MAE 的影响。计算中,面内单轴应变的 ε 被定义为($b-b_0$)/$b_0 \times 100\%$,b 和 b_0(b_0=3.795 Å)分别是施加应变和未弯曲状态下的 Fe_4N 的晶格常数。面内单轴应变沿 b 轴方向,即 Fe_4N[010] 方向。面内 / 面外磁场分别沿 a/c 轴方向,即 Fe_4N[100]/Fe_4N[001] 方向。图 3-67(a)给出了 Fe_4N 的磁矩随伸缩应变 ε 的变化关系。当拉伸应变从 0 增加为 +2% 时,Fe_4N 的磁矩从 $9.933\mu_B$ 增大为 $9.971\mu_B$;当压缩应变由 0 变为 −2% 时,Fe_4N 的磁矩从 $9.933\mu_B$ 减小为 $9.857\mu_B$。因此,Fe_4N 的磁矩随拉伸应变的增加而增加,随压缩应变的增加而减小,这与 $CoFe_2O_4$ 薄膜的 M_s 随应变的变化关系相似,与弯曲形变引起的"呼吸"形变有关。当伸缩应变为 $\varepsilon = \pm 2\%$ 时,计算得到的 Fe_4N 的磁矩变化($m(\varepsilon)/m(0)$)仅为 99.23%~100.38%,小于实验中 ROC= ± 3 mm 的弯曲应变下 M_s(ROCs)/M_s(Unbent)的 141%~210%。磁矩的计算结果进一步表明,除了近似的"呼吸"形变外,由于 Fe_4N 晶胞中 N 的位置对其磁矩的显著影响,弯曲应变引起的 Fe_4N 晶胞中 N 的位置的偏移等因素也应考虑在内。

　　为了阐明弯曲应变对磁性影响的物理机制,图 3-67(d)、(d′)和(e)、(e′)分别给出了实验中弯曲应变引起的弯曲扭曲和计算中伸缩应变引起的"呼吸"扭曲的模型示意图。图 3-67(d′)给出了 Fe_4N 晶胞以 ROC= ∞、+5、+3 和 +2 mm 弯曲时,N 分别位于 N0、N5、N3 和 N2 位置的示意图。首先,当 ROC 从 ∞ 减小为 3 mm 时,N 从 N0 移至 N3,M_s 逐渐增加;其次,当 ROC= ± 3 mm 时,M_s 出现突变,表明 M_s 最大值将出现在 ROC 从 3 mm 变为 2 mm 的过程中,对应 N 的位置从 N3 移至 N2;最后,施加 ROC=2 mm 的应变下的 M_s 小于施加 ROC=5 mm 的应变的 M_s。在弯曲形变的 Fe_4N 薄膜中,沿弯曲方向的薄膜的长度 L 可视为常数,对应的弯曲薄膜的圆心角记作 β。β 将满足 β=L/ROC。当 ROC=5、3 和 2 mm 时,β=57.29°、95.48° 和 143.22°。通常,在体心立方中,随着 β 的增加,位于体心位置的 N 原子 N0 将从 N0 移至 N5、N3 和 N2。在不同 ROC 下,M_s 可视为 N 偏移的函数。基于 M_s 随 ROC 变化的实验结果,在不同 ROC 下,M_s 和 N 的位置之间的关系满足 $M_s \propto \sin\beta$。临界

β_0 使 N 移至 N3 处，M_s 出现最大值。当 $\beta<\beta_0$（即 ROC>3 mm）时，N 从 N0 移至 N3；当 $\beta>\beta_0$（即 ROC<3 mm）时，N 从 N3 移至 N2。张/压应变下 N 的位置的相似移动方式，可以解释张/压应变下相似磁性行为的原因。此外，N 位置的较大偏移将导致 N 对 Fe₄N 晶胞的贡献减小，可能形成诸如 α″-Fe₁₆N₂ 的氮化物相。因此，弯曲 Fe₄N 中 210% 的 M_s 变化值应该与 N 的位置偏移紧密相关。早在 20 世纪 70 年代，Kim 和 Takahashi 报道了 α″-Fe₁₆N₂ 具有 2 320 emu/cm³ 的饱和磁化强度。α″-Fe₁₆N₂ 的晶格结构呈体心四方结构，晶格常数 a=5.72 Å、c=6.29 Å。值得注意的是，α″-Fe₁₆N₂ 的体心四方排列方式相当于在变形的八面体间隙中 N 原子有序分布。在弯曲 Fe₄N 晶胞中，近似四方扭曲和 N 位置的偏移同时出现。Fe₄N 的铁磁性结构也是比较特殊的，它是由面心立方的 γ-Fe 发展而来的，其中 N 位于晶胞的体心。然而，γ-Fe 是无磁性的。因此，在弯曲应变下 Fe₄N 薄膜磁性的变化与 Fe₄N 晶胞四方扭曲以及 N 原子的位置偏移有关。

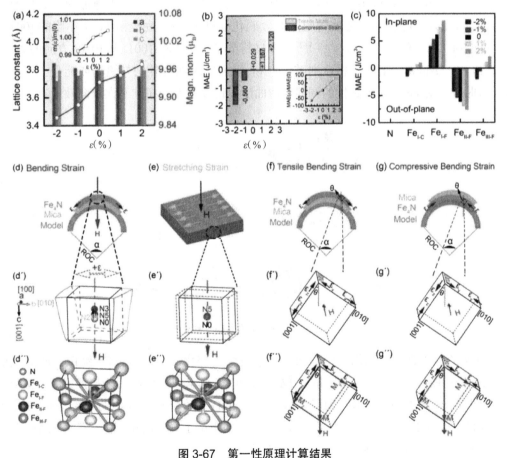

图 3-67　第一性原理计算结果

（a）Fe₄N 的晶格常数和磁矩随伸缩应变 ε 的变化关系；（b）总 MAE 随伸缩应变 ε 的变化关系；
（c）不同应变下单个原子的 MAE；（d）-（d″）弯曲张应变下外延 Fe₄N 薄膜晶格形变的示意图；
（e）~（e″）拉伸应变下外延 Fe₄N 薄膜晶格形变的示意图；（f）~（f″）弯曲张应变下外延 Fe₄N 薄膜晶格形变的示意图；
（g）-（g″）弯曲压应变下外延 Fe₄N 薄膜晶格形变的示意图

值得注意的是，在弯曲应变的作用下面外剩磁比大幅增强。为了研究伸缩应变对 MAE

的影响,进行了第一性原理的计算,如图 3-67(b)和(c)所示。正 / 负 MAE 值分别代表 IMA/PMA。图 3-67(b)给出了伸缩应变为 -2%~+2% 时 Fe₄N 块体的 MAE,发现张应变下 MAE 为正,压应变下 MAE 为负。因此,张应变下 Fe₄N 呈 IMA,压应变下 Fe₄N 呈 PMA。在 2% 的张应变下, Fe₄N 的 MAE 是未弯曲 Fe₄N 的 72.44 倍,如图 3-67(b)所示。在 -1% 和 -2% 的压应变下, Fe₄N 呈 PMA,与图 3-66 的实验结果不同。图 3-67 给出了伸缩应变为 -2%~+2% 范围内单个原子的 MAE。图 3-68 给出了 Fe₄N 晶胞中每个原子的位置,图中 Fe_{I-C}、Fe_{I-F}、Fe_{II-F} 和 Fe_{III-F} 分别代表 Fe 原子位于立方 Fe₄N 的顶角和三个面心位置。从图 3-67(c)可以得出,N 的 p 轨道对 MAE 的贡献可以忽略,Fe 的 d 轨道对 MAE 的贡献最多。在张应变下,Fe_{I-F} 和 Fe_{III-F} 原子的 d 轨道对 IMA 起主要贡献;在压应变下,Fe_{II-F} 原子的 d 轨道对 PMA 起主要贡献。值得注意的是,计算中压应变下 Fe₄N 中出现了 PMA 现象,这在实验结果中并未观察到,该现象可能与实验测量中弯曲应变产生的误取向效应有关。当面内磁场沿弯曲薄膜的 Fe₄N[100] 方向时,无其他方向的磁场分量产生;当施加面外磁场时,由于弯曲薄膜的误取向效应,弯曲薄膜的有效磁化强度 M 将不完全沿 Fe₄N 晶胞的 [001] 方向,如图 3-67(f)~(f′)和(g)~(g′)所示。M 将分解为沿 Fe₄N[001] 和 [010] 方向的 $M_z=M\cos\theta$ 和 $M_y=M\sin\theta$ 分量。若想达到磁化饱和,则需要施加额外的外磁场或能量。因此,实验上弯曲应变对 Fe₄N 薄膜磁性的调控与弯曲应变诱发的四方扭曲和误取向效应有关。

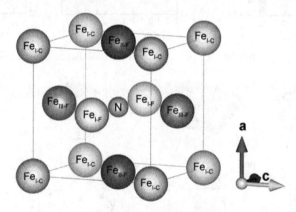

图 3-68　Fe₄N 的晶胞结构图

Fe₄N 的晶格常数 b 随沿 b 轴方向的单轴应变的变化,键长(Fe—Fe 和 Fe—N 键)和键角(Fe—Fe—Fe 和 Fe—N—Fe 键角)均发生了变化,引起 Fe₆N 八面体扭曲,激发 MAE 变化,如图 3-69(a)至(c)所示。为了分析应变引起 Fe₄N 的 MAE 变化的原因,图 3-69(a′)、(a″)、(b′)、(b″)和(c′)、(c″)给出了 -2%~+2% 应变下的 Fe 原子的轨道分辨的 MAE。根据二阶微扰理论,MAE 由自旋 - 轨道耦合矩阵元决定,有

$$\text{MAE} \propto \xi^2 \sum_{o,u} \frac{\left|\langle \psi_o | \hat{L}_z | \psi_u \rangle\right|^2 - \left|\langle \psi_o | \hat{L}_x | \psi_u \rangle\right|^2}{E_u - E_o} \tag{3-19}$$

其中,ξ 是 SOC 常数;ψ_o 和 ψ_u 分别代表占据态和未占据态;E_o 和 E_u 分别代表占据态和未占

据态的能量本征值; $\hat{L}_x$ 和 $\hat{L}_z$ 分别代表占据态和未占据态耦合时的轨道角动量算符。由于 $Fe_{II\text{-}F}$ 和 $Fe_{III\text{-}F}$ 原子对 MAE 的贡献与 $Fe_{I\text{-}F}$ 原子类似,因此图 3-69 只给出了 $Fe_{I\text{-}F}$ 原子的 d 轨道分辨的 MAE。在 $Fe_{I\text{-}C}$ 原子中,非零耦合矩阵元 $\langle x^2-y^2|\hat{L}_z|xy\rangle$ 对 IMA 有贡献,但是 $\langle xy|\hat{L}_x|xz\rangle$ 对 PMA 有贡献;在 $Fe_{I\text{-}F}$ 原子中,$\langle x^2-y^2|\hat{L}_z|xy\rangle$ 对 PMA 有贡献,但是 $\langle z^2|\hat{L}_x|yz\rangle$ 对 IMA 有贡献,如图 3-69(b′)和(b″)所示。在所有矩阵元的共同作用下,未弯曲的 Fe₄N 的总 MAE 仅为 0.029 J/cm³。在 -2% 的压应变下, $Fe_{I\text{-}C}$ 原子的 $\langle x^2-y^2|\hat{L}_z|xy\rangle$、$Fe_{I\text{-}F}$ 原子的 $\langle x^2-y^2|\hat{L}_x|yz\rangle$ 和 $\langle xz|\hat{L}_z|yz\rangle$ 的正的贡献均减小;$Fe_{I\text{-}C}$ 原子中的 $\langle x^2-y^2|\hat{L}_x|yz\rangle$ 和 $Fe_{I\text{-}F}$ 原子中的 $\langle xy|\hat{L}_x|xz\rangle$ 的负的贡献均增强,导致 -2% 应变下 Fe₄N 中出现 PMA,如图 3-69(a′)和(a″)所示。在 2% 的张应变下,$Fe_{I\text{-}C}$ 原子的占据和未占据的 d 态的耦合矩阵元均减小;$Fe_{I\text{-}F}$ 原子激发所有 d 轨道的 MAE 间的竞争,导致 2% 应变下 Fe₄N 中出现 IMA,如图 3-69(c′)和(c″)所示。

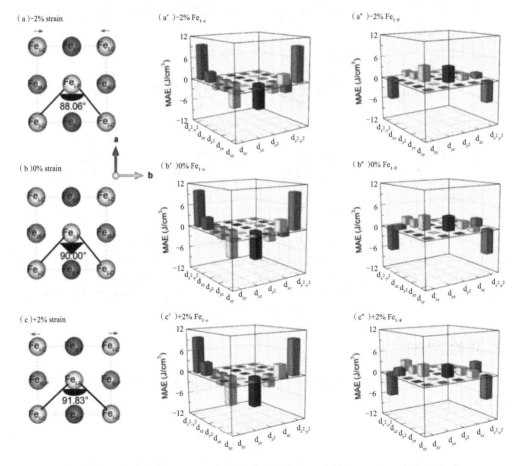

图 3-69　不同应变下的原子结构图和轨道分辨 MAE

(a)-2% 应变下 Fe₄N 晶胞正视图;(b)0 应变下 Fe₄N 晶胞正视图;(c)+2% 应变下 Fe₄N 晶胞正视图;
(a′)(a″)-2% 应变下 Fe₄N 的轨道分辨的 MAE;(b′)(b″)0 应变下 Fe₄N 的轨道分辨的 MAE;
(c′)(c″)+2% 应变下 Fe₄N 的轨道分辨的 MAE

　　此外,图 3-70(a)至(c)给出了 –2%~2% 应变范围内 Fe₄N 块体的总态密度(Density of State, DOS)。与未弯曲状态下 Fe₄N 块体的 DOS 相比,张 / 压应变对总 DOS 几乎无影响。图 3-70(d)至(o)给出了 –2%~2% 应变范围内 Fe₄N 中四个 Fe 原子的轨道分辨的 DOS,从阴影部分可以发现不同应变下 DOS 是有差别的。因此,张 / 压应变对所有 Fe 原子的 DOS 是有影响的。

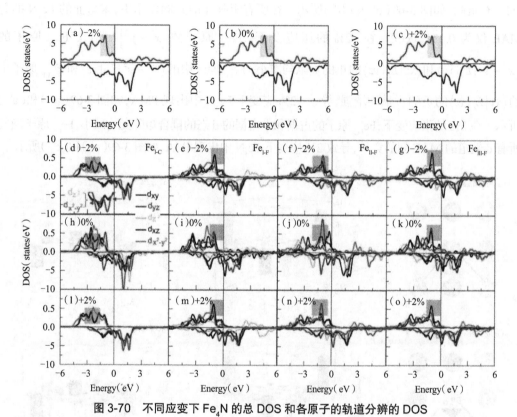

图 3-70　不同应变下 Fe₄N 的总 DOS 和各原子的轨道分辨的 DOS

(a)-2% 应变下 Fe₄N 的总 DOS;(b)0% 应变下 Fe₄N 的总 DOS;(c)+2% 应变下 Fe₄N 的总 DOS;(d)-2%,Fe$_{\text{I-C}}$ 的 DOS;(e)-2%,Fe$_{\text{I-F}}$ 的 DOS;(f)-2%,Fe$_{\text{II-F}}$ 的 DOS;(g)-2%,Fe$_{\text{III-F}}$ 的 DOS;(h)0%,Fe$_{\text{I-C}}$ 的 DOS;(i)0%,Fe$_{\text{I-F}}$ 的 DOS;(j)0%,Fe$_{\text{II-F}}$ 的 DOS;(k)0%,Fe$_{\text{III-F}}$ 的 DOS;(l)+2%,Fe$_{\text{I-C}}$ 的 DOS;(m)+2%,Fe$_{\text{I-F}}$ 的 DOS;(n)+2%,Fe$_{\text{II-F}}$ 的 DOS;(o)+2%,Fe$_{\text{III-F}}$ 的 DOS

3.3.3　电输运特性

　　图 3-71(a)给出了不同弯曲应变下 Fe₄N/ 云母的电阻变化率 ΔR 随温度的变化关系。电阻变化率 ΔR 可表示为

$$\Delta R = \frac{R_{xx}(\text{ROC}) - R_{xx}(\infty)}{R_{xx}(\infty)} \tag{3-20}$$

式中, $R_{xx}(\text{ROC})$ 和 $R_{xx}(\infty)$ 分别代表不同 ROC 的应变和未弯曲状态下纵向电阻值。在 ROC=3 mm 的应变下,Fe₄N 薄膜的电阻变化可达 5%;随着张应变逐渐释放,R_{xx} 几乎保持在电阻态"2";在 ROC=3 mm 的压应变下, ΔR 小于张应变释放状态下的值,处于电阻态"3";

当完全释放压应变后，R_{xx} 逐渐恢复至初始电阻态。因此，在弯曲的 Fe₄N 薄膜中，出现了随弯曲应变改变的多电阻态。图 3-71（b）给出了 300 K 时不同弯曲应变下反常霍尔电阻率 ρ_{xy} 随面外磁场的变化关系，发现在 ROC=3 mm 的张应变下 ρ_{xy} 减小了 22%。值得注意的是，由于纵向应变较弱且横向应变较强，在弯曲应变下 ρ_{xy} 的变化量（22%）比 R_{xx} 的变化量（5%）大。图 3-71（c）给出了 300 K 时不同弯曲应变下 MR 随面外磁场的变化关系。与压应变状态下的 ρ_{xy} 和 MR 相比，发现 ρ_{xy} 和 MR 均对张应变更加敏感。

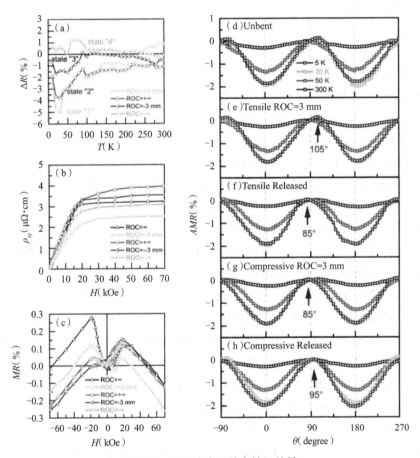

图 3-71　不同应变下的电输运特性

（a）不同 ROC 的弯曲应变下 Fe₄N 的 ΔR 随温度的变化关系；
（b）不同弯曲应变下 Fe₄N（30 nm）/云母的 ρ_{xy} 随面外磁场的变化关系；
（c）不同弯曲应变下 Fe₄N（30 nm）/云母的 MR 随面外磁场的变化关系；
（d）~（h）不同温度下 Fe₄N（30 nm）/云母的 AMR 随角度 θ 的变化关系

图 3-71（d）至（h）给出了温度为 5~300 K 时，不同弯曲应变下 Fe₄N（30 nm）/云母的 AMR 随 θ 的变化关系。从图中可以看出，不同弯曲应变下 AMR 均为负值，表明自旋向下的传导电子在 Fe₄N（30 nm）薄膜中起支配作用。5 K 时，AMR 的相位从 105°（ROC=+3 mm）移至 85°（ROC=+ ∞ mm）、85°（ROC=-3 mm）和 95°（ROC=- ∞ mm）。Fe₄N 薄膜的 AMR 与磁晶各向异性密切相关。因此，AMR 的相位偏移表明在弯曲应变下 Fe₄N 薄膜的磁晶各向异性发生了改变。不同弯曲应变下 AMR 的相位偏移与弯曲 Fe₄N 晶胞中 N 位

置的偏移有关。在之前报道的结果中,在弯曲应变下 FM/ 云母体系的 R_{xx}、ρ_{xy}、MR 或 AMR 的变化并不明显。在不同应变下, Fe$_3$O$_4$/ 云母和 VO$_2$/ 云母体系均保留了刚性基底上材料的优越性能,丰富了其在自旋电子器件中的应用。值得注意的是,尽管 Fe$_4$N 薄膜发生了形变,但其电输运特性仍然保持良好。因此,柔性外延 Fe$_4$N 薄膜在具有应变可调性能的可穿戴器件中具有潜在的应用前景。

本章参考文献

[1] TSUNODA M, KOMASAKI Y, KOLKADO S, et al. Negative anisotropic magnetoresistance in Fe$_4$N film[J]. Appl. Phys. Express, 2009, 2:083001/1-3.

[2] FENG X P, MI W B, BAI H L. Investigation of structure and magnetic properties of the as-deposited and post-annealed iron nitride films by reactive facing-target sputtering[J]. Appl. Surf. Sci., 2011, 257(16):7320-7325.

[3] ZHANG L, MA T Y, AHMAD Z, et al. Low temperature pulsed laser deposition of textured γ'-Fe$_4$N films on Si(100)[J]. Alloys Compd., 2011, 509(16):5075-5078.

[4] RAEBURN S J, ALDRIDGE R V. The Hall effect, resistivity and magnetic moment of amorphous and polycrystalline iron films[J]. Phys. F, 1978, 8(9):1917-1928.

[5] SHEA J J. Modern magnetic materials-principles and applications [Book Review][J]. IEEE electrical insulation magazine, 2005, 21(4).

[6] MCGUIRE T R, POTTER R I. Anisotropic magnetoresistance in ferromagnetic 3d alloys[J]. IEEE T. Magn., 1975, 11(4):1018-1038.

[7] JAOUL O, CAMPBELL I A, FERT A. Spontaneous resistivity anisotropy in Ni alloys[J]. Magn. Magn. Mater., 1977, 5(1):23-24.

[8] ISOGAMI S, TSUNODA M, OOGANE M, et al. Dependence of magnetic damping on temperature and crystal orientation in epitaxial Fe$_4$N thin films[J]. Journal of the magnetics society of Japan, 2014, 38(4):162-168.

[9] MI W B, GUO Z B, FENG X P, et al. Reactively sputtered epitaxial γ' -Fe$_4$N films: surface morphology, microstructure, magnetic and electrical transport properties[J]. Acta Materialia, 2013, 61(17):6387-6395.

[10] FARLE M. Ferromagnetic resonance of ultrathin metallic layers[J]. Reports on progress in physics, 1998, 61(7):755-826.

[11] EBELS U, DUVAIL J L, WIGEN P E, et al. Ferromagnetic resonance studies of Ni nanowire arrays[J]. Physical review B, 2001, 64(14):144421/1-6.

[12] SONG Y Y, KALARICKAL S, PATTON C E. Optimized pulsed laser deposited barium ferrite thin films with narrow ferromagnetic resonance linewidths[J]. Journal of applied physics, 2003, 94(8):5103-5110.

[13] LIU T, CHANG H C, VLAMINCK V. Ferromagnetic resonance of sputtered yttrium iron garnet nanometer films[J]. Journal of applied physics, 2014, 115(17): 17A501/1-3.

[14] CELINSKI Z, HEINRICH B. Ferromagnetic resonance linewidth of Fe ultrathin films grown on a bcc Cu substrate[J]. Journal of applied physics, 1991, 70(10): 5935-5937.

[15] MCMICHAEL R D, KRIVOSIK P. Classical model of extrinsic ferromagnetic resonance linewidth in ultrathin films[J]. IEEE Transactions on Magnetics, 2004, 40(1): 2-11.

[16] SPECKMANN M, OEPEN H P, IBACH H. Magnetic domain structures in ultrathin Co/Au (111): on the influence of film morphology[J]. Physical review letters, 1995, 75(10): 2035-2038.

[17] TRUNK T, REDJDAL M, KÁKAY A, et al. Domain wall structure in Permalloy films with decreasing thickness at the Bloch to Néel transition[J]. Journal of applied physics, 2001, 89 (11): 7606-7608.

[18] LOCK J M. Eddy current damping in thin metallic ferromagnetic films[J]. British journal of applied physics, 1966, 17(12): 1645-1647.

[19] LI Y, BAILEY W E. Wave-number-dependent Gilbert damping in metallic ferromagnets[J]. Physical review letters, 2016, 116(11): 117602/1-5.

[20] KABARA K, TSUNODA M, KOKADO S. Anomalous Hall effects in pseudo-single-crystal γ'-Fe₄N thin films[J]. AIP advances, 2016, 6(5): 055801/1-5.

[21] KUMAR A, PAN F, HUSAIN S, et al. Temperature-dependent Gilbert damping of Co₂FeAl thin films with different degree of atomic order[J]. Physical review B, 2017, 96(22): 224425/1-9.

[22] KALARICKAL S S, KRIVOSIK P, DAS J, et al. Microwave damping in polycrystalline Fe-Ti-N films: physical mechanisms and correlations with composition and structure[J]. Physical review B, 2008, 77(5): 054427/1-8.

[23] STONEHAM A M. Linewidths with Gaussian and Lorentzian broadening[J]. Journal of physics D: applied physics, 1972, 5(3): 670-672.

[24] ARIAS R, MILLS D L. Extrinsic contributions to the ferromagnetic resonance response of ultrathin films[J]. Physical review B, 1999, 60(10): 7395-7409.

[25] KALARICKAL S S, MO N, KRIVOSIK P, et al. Ferromagnetic resonance linewidth mechanisms in polycrystalline ferrites: role of grain-to-grain and grain-boundary two-magnon scattering processes[J]. Physical review B, 2009, 79(9): 094427/1-7.

[26] LENZ K, WENDE H, KUCH W, et al. Two-magnon scattering and viscous Gilbert damping in ultrathin ferromagnets[J]. Physical review B, 2006, 73(14): 144 424/1-6.

[27] LU L, YOUNG J, WU M Z, et al. Tuning of magnetization relaxation in ferromagnetic thin films through seed layers[J]. Applied physics letters, 2012, 100(2): 022 403/1-3.

[28] KALARICKAL S S, KRIVOSIK P, WU M, et al. Ferromagnetic resonance linewidth in me-

tallic thin films: comparison of measurement methods[J]. Journal of applied physics, 2006, 99(9):093909/1-7.

[29] WANG M X, ZHANG Y, ZHAO X X, et al. Tunnel junction with perpendicular magnetic anisotropy: status and challenges[J]. Micromachines, 2015, 6(8):1023-1045.

[30] WANG D, WU R, FREEMAN A J. First-principles theory of surface magnetocrystalline anisotropy and the diatomic-pair model[J]. Physical review B, 1993, 47(22):14932-14947.

[31] HALLAL A, YANG H X, DIENY B, et al. Anatomy of perpendicular magnetic anisotropy in Fe/MgO magnetic tunnel junctions: first-principles insight[J]. Physical review B, 2013, 88(18):184 423/1-5.

[32] NISTOR L E, RODMACQ B, DUCRUET C, et al. Correlation between perpendicular anisotropy and magnetoresistance in magnetic tunnel junctions[J]. IEEE transactions on magnetics, 2010, 46(6):1412-1415.

[33] IBRAHIM F, YANG H X, HALLAL A, et al. Anatomy of electric field control of perpendicular magnetic anisotropy at Fe/MgO interfaces[J]. Physical review B, 2016, 93(1): 014429/1-5.

[34] HALLAL A, DIENY B, CHSHIEV M. Impurity-induced enhancement of perpendicular magnetic anisotropy in Fe/MgO tunnel junctions[J]. Physical review B, 2014, 90(6): 064 422/1-6.

[35] RAJANIKANTH A, HAUET T, MONTAIGNE F, et al. Magnetic anisotropy modified by electric field in V/Fe/MgO(001)/Fe epitaxial magnetic tunnel junction[J]. Applied physics letters, 2013, 103(6):062402/1-4.

[36] NOZAKI T, SHIOTA Y, SHIRAISHI M, et al. Voltage-induced perpendicular magnetic anisotropy change in magnetic tunnel junctions[J]. Applied physics letters, 2010, 96(2): 022506/1-3.

[37] YANG B, TAO L, JIANG L, et al. Ultrahigh tunneling-magnetoresistance ratios in nitride-based perpendicular magnetic tunnel junctions from first principles[J]. Physical review applied, 2018, 9(5):054019/1-10.

[38] LI Z R, MI W B, BAI H L. Electronic structure, vibronic properties and enhanced magnetic anisotropy induced by tetragonal symmetry in ternary iron nitrides: a first-principles study[J]. Computional materials science, 2018, 142:145-152.

[39] TAO K, XUE D, POLYAKOV O P, et al. Single-spin manipulation by electric fields and adsorption of molecules[J]. Physical review B, 2016, 94(1):014437/1-4.

[40] ZHANG J, FRANZ C, CZERNER M, et al. Perpendicular magnetic anisotropy in CoFe/ MgO/CoFe magnetic tunnel junctions by first-principles calculations[J]. Physical review B, 2014, 90(18):184409/1-6.

[41] ZHANG J, LUKASHEV P V, JASWAL S S, et al. Model of orbital populations for volt-

age-controlled magnetic anisotropy in transition-metal thin films[J]. Physical review B, 2017,96(1):014435/1-8.

[42] KO J, HONG J. Voltage-assisted magnetic switching in MgO/CoFeB-based magnetic tunnel junctions by way of interface reconstruction[J]. ACS applied materials & interfaces, 2017, 9 (48):42 296-42 301.

[43] HE K H, CHEN J S, FENG Y P. First principles study of the electric field effect on magnetization and magnetic anisotropy of FeCo/MgO (001) thin film[J]. Applied physics letters, 2011,99(7):072503/1-3.

[44] NIRANJAN M K, DUAN C G, JASWAL S S, et al. Electric field effect on magnetization at the Fe/MgO (001)interface[J]. Applied physics letters,2010,96(22):222504/1-3.

[45] YANG Q, NAN T, ZHANG Y, et al. Voltage control of perpendicular magnetic anisotropy in multiferroic (Co/Pt)$_3$/PbMg$_{1/3}$Nb$_{2/3}$O$_3$-PbTiO$_3$ heterostructures[J]. Physical review applied,2017,8(4):044 006/1-9.

[46] NOZAKI T, KOZIOŁ-RACHWAŁ A, SKOWROŃSKI W, et al. Large voltage-induced changes in the perpendicular magnetic anisotropy of an MgO-based tunnel junction with an ultrathin Fe layer[J]. Physical review applied,2016,5(4):044006/1-10.

[47] SMELOVA E M, TSYSAR K M, SALETSKY A M. Electron quantum conductance of bimetallic Pt-Fe nanowires[J]. Bulletin of the russian academy of sciences: physics, 2014, 78 (2):149-151.

[48] SMELOVA E M, TSYSAR K M, SALETSKY A M. Emergence of spin-filter states in Pt-Fe nanowires[J]. Physical chemistry chemical physics,2014,16(18):8360-8366.

[49] ONG P V, KIOUSSIS N, AMIRI P K, et al. Electric field control and effect of Pd capping on magnetocrystalline anisotropy in FePd thin films: a first-principles study[J]. Physical review B,2014,89(9):094422/1-8.

[50] KAWABE T, YOSHIKAWA K, TSUJIKAWA M, et al. Electric-field-induced changes of magnetic moments and magnetocrystalline anisotropy in ultrathin cobalt films[J]. Physical review B,2017,96(22):220412/1-6.

[51] DUAN C G, VELEV J P, SABIRIANOV R F, et al. Surface magnetoelectric effect in ferromagnetic metal films[J]. Physical review letters,2008,101(13):137201/1-4.

[52] DASA T R, IGNATIEV P A, STEPANYUK V S. Effect of the electric field on magnetic properties of linear chains on a Pt (111) surface[J]. Physical review B, 2012, 85(20): 205447/1-7.

[53] FRAZER B C. Magnetic structure of Fe$_4$N[J]. Physical review,1958,112(3):751-754.

[54] TAKATA F, KABARA K, ITO K, et al. Negative anisotropic magnetoresistance resulting from minority spin transport in Ni$_x$Fe$_{4-x}$N (x=1 and 3) epitaxial films[J]. Journal of applied physics,2017,121(2):023903/1-5.

[55] SKOMSKI R, SELLMYER D J. Anisotropy of rare-earth magnets[J]. Journal of rare earths, 2009, 27(4):675-679.

[56] SHEN L K, LIU M, MA C R, et al. Enhanced bending tuned magnetic properties in epitaxial cobalt ferrite nanopillar arrays on flexible substrates[J]. Materials horizons, 2018, 5(2): 230-239.

[57] DAI G H, ZHAN Q F, LIU Y W, et al. Mechanically tunable magnetic properties of $Fe_{81}Ga_{19}$ films grown on flexible substrates[J]. Applied physics letters, 2012, 100:122407/1-4.

[58] CHE W R, XIAO X F, SUN N Y, et al. Critical anomalous Hall behavior in Pt/Co/Pt trilayers grown on paper with perpendicular magnetic anisotropy[J]. Applied physics letters, 2014, 104(26):262404/1-4.

[59] MILLIS A J. Lattice effects in magnetoresistive manganese perovskites[J]. Nature, 1998, 392(6672):147-150.

[60] HUANG J, WANG H, SUN X, et al. Multifunctional $La_{0.67}Sr_{0.33}MnO_3$ (LSMO) thin films integrated on mica substrates toward flexible spintronics and electronics[J]. ACS applied materials & interfaces, 2018, 10:42698-42705.

[61] WANG K, DONG S, XU Z. Thickness and substrate effects on the perpendicular magnetic properties of ultra-thin TbFeCo films[J]. Surface and coatings technology, 2019, 359: 296299.

[62] YU C Q, LI H, LUO Y M, et al. Thickness-dependent magnetic order and phase-transition dynamics in epitaxial Fe-rich FeRh thin films[J]. Physics letters A, 2019, 383:2424-2428.

[63] WANG L, FENG C, CAO M D, et al. Synergistic effect of lattice strain and Co doping on enhancing thermal stability in $Fe_{16}N_2$ thin film with high magnetization[J]. Journal of magnetism and magnetic materials, 2020, 495:165873/1-7.

[64] QIAO X Y, WANG B M, TANG Z H, et al. Tuning magnetic anisotropy of amorphous CoFeB film by depositing on convex flexible substrates[J]. AIP advances, 2016, 6(5): 056106/1-5.

[65] LIU H J, WANG C K, SU D, et al. Flexible heteroepitaxy of $CoFe_2O_4$/muscovite bimorph with large magnetostriction[J]. ACS applied materials & interfaces, 2017, 9(8):7297-7304.

[66] LIU J D, FENG Y, TANG R J, et al. Mechanically tunable magnetic properties of flexible $SrRuO_3$ epitaxial thin films on mica substrates[J]. Advanced electronic materials, 2018, 4 (4):1700522/1-9.

[67] LAI Z X, LI Z R, LIU X, et al. Ferromagnetic resonance of facing-target sputtered epitaxial γ'-Fe_4N films: the influence of thickness and substrates[J]. Journal of physics D: applied Physics, 2018, 51(24):245001/1-10.

[68] LU L, DAI Y Z, DU H C, et al. Atomic scale understanding of the epitaxy of perovskite oxides on flexible mica substrate[J]. Advanced materials interfaces, 2020, 7:1901265/1-8.

[69] ZHANG Y, SHEN L K, LIU M, et al. Flexible quasi-two-dimensional CoFe₂O₄ epitaxial thin films for continuous strain tuning of magnetic properties[J]. ACS nano, 2017, 11(8): 8002-8009.

[70] ZHANG Y, WANG Z, CAO J X. Predicting magnetostriction of MFe₃N(M=Fe, Mn, Ir, Os, Pd, Rh)from ab initio calculations[J]. Computational materials science, 2014, 92464-467.

[71] LORD J S, ARMITAGE J G M, RIEDI P C, et al. The volume dependence of the magnetization and NMR of Fe₄N and Mn₄N[J]. Journal of physics: condensed matter, 1994, 6(9): 1779-1790.

[72] ARCAS J, HERNANDO A, BARANDIARÁN J M, et al. Soft to hard magnetic anisotropy in nanostructued magnets[J]. Physical review B, 1 998, 58(9): 5193-5196.

[73] KURTAN U, TOPKAYA R, BAYKAL A, et al. Temperature dependent magnetic properties of CoFe₂O₄/CTAB nanocomposite synthesized by sol-gel auto-combustion technique[J]. Ceramics international, 2013, 39(6): 6551-6558.

[74] ZHAO J, HE C L, YANG R, et al. Ultra-sensitive strain sensors based on piezoresistive nanographene films[J]. Applied physics letters, 2012, 101(6): 063112/1-5.

[75] KIM T K, TAKAHASHI M. New magnetic material having ultrahigh magnetic moment[J]. Applied physics letters, 1972, 20(12): 492-494.

[76] KOMURO M, KOZONO Y, HANAZONO M, et al. Epitaxial growth and magnetic properties of Fe₁₆N₂ films with high saturation magnetic flux density(invited)[J]. Journal of applied physics, 1990, 67: 5 126-5130.

[77] COEHOOM R, DAALDEROP G H O, JANSEN H J F. Full-potential calculations of the magnetization of Fe₁₆N₂ and Fe₄N[J]. Physical review B, 1993, 48(6): 3830-3834.

[78] SHEN L K, LAN G H, LU L, et al. A strategy to modulate the bending coupled microwave magnetic in nanoscale epitaxial lithium ferrite for flexible spintronic devices[J]. Advanced science, 2018, 5: 1800855/1-8.

[79] WANG D S, WU R Q, FREEMAN A J. First-principles theory of surface magnetocrystalline anisotropy and the diatomic-pair model[J]. Physical review B, 1993, 47(22): 14932-14947.

[80] KOKADO S, TSUNODA M, HARIGAYA K, et al. Anisotropic magnetoresistance effects in Fe, Co, Ni, Fe₄N, and half-metallic ferromagnet: a systematic analysis[J]. Journal of physical society Japan, 2012, 81(2): 024705/1-17.

[81] WU P C, CHEN P F, DO T H, et al. Heteroepitaxy of Fe₃O₄/muscovite: a new perspective for flexible spintronics[J]. ACS applied materials & interfaces, 2016, 8(49), 33794-33801.

[82] LI C I, LIN J C, LIU H J, et al. Van der waal epitaxy of flexible and transparent VO₂ film on muscovite[J]. Chemistry of materials, 2016, 28(11): 3914-3919.

[82] ZHANG Y, MI WB, et al.Scaling of anomalous Hall effects in facing-target reactively sput-

tered Fe$_4$N films[J]. Physical chemistry chemical physics,2015,17:15435-15441.

[83] 封秀平.γ′-Fe$_4$N 薄膜的结构、磁性和磁电阻效应 [D]. 天津:天津大学,2012.

[84] 赖征勋. 对向靶磁控溅射外延 γ′-Fe$_4$N 薄膜的高频特性和磁电耦合 [D]. 天津:天津大学,2019.

[85] 史晓慧. 对向靶反应溅射 Fe$_4$N 薄膜的磁性和自旋相关输运特性的调控 [D]. 天津:天津大学,2021.

[86] 李滋润. 反钙钛矿结构 Fe$_4$N 材料的磁各项异性调控 [D]. 天津:天津大学,2019.

第 4 章　过渡金属元素掺杂的 Fe_4N 材料

铁磁性氮化物 Fe_4N 具有良好的金属导电性、化学稳定性、热稳定性,还具有高居里温度、高饱和磁化强度和高自旋极化率等性质,成为自旋电子学领域的研究热点。过渡金属氮化物 Co_4N 和 Ni_4N 与 Fe_4N 具有相似的晶体结构、电子结构和磁学性质。实验研究发现 Fe_4N、Co_3FeN 和 Ni_3FeN 这些过渡金属氮化物的各向异性磁电阻在低温下显著增强,四方晶体场劈裂是各向异性磁电阻增强的主要原因。立方结构 Fe_4N 具有较小的磁各向异性。考虑到大的磁各向异性在未来低能耗的信息存储中的应用价值,特别是垂直磁各向异性,寻找改善 Fe_4N 的磁各向异性的方法成为迫切需要解决的问题。

3 d 过渡金属元素掺杂 Fe_4N 会改变晶体对称性,使空间群从 $Pm\overline{3}m$ 降为 $P4/mmm$。在过渡金属合金中,降低晶格对称性(例如四方畸变)会增强磁各向异性,例如 FeCo 和 FePd 合金。研究发现在四方结构的 $Fe_{16}N_2$ 中掺杂 Co 元素也可以调控磁各向异性。因此,通过理论计算研究 3 d 过渡金属掺杂 Fe_4N 的磁各向异性具有重要的意义和可行性。对于过渡金属掺杂 Fe_4N 已经有大量的研究工作。理论上,更偏重于替代位置、稳定性和机械性能的研究,对于磁各向异性的研究还未被详细地报道。在铁磁体中,磁各向异性主要来源于自旋 - 轨道耦合和静电晶体场相互作用。充分利用这两个因素就可以实现磁各向异性的增强。与 3 d 过渡金属相比,4f 稀土金属具有更强的自旋 - 轨道耦合,因此选用 4f 稀土金属来掺杂 Fe_4N 也会影响磁各向异性。如果能利用过渡金属和稀土金属掺杂 Fe_4N 来增强磁各向异性,将进一步推动 Fe_4N 在自旋电子学器件上的实际应用。

4.1　3d 过渡金属掺杂 Fe_4N

4.1.1　磁性和电子结构

3 d 过渡金属掺杂 Fe_4N 的理论计算采用了密度泛函理论和 PAW 赝势方法,利用 VASP 软件包进行计算,交换关联函数选用 GGA-PBE 近似。平面波基组的截断能为 500 eV,以 Γ 为中心的布里渊区的倒空间网格选用 $13 \times 13 \times 13$。能量收敛和力收敛标准分别为 5×10^{-6} eV 和 1×10^{-3} eV/Å。

块体 Fe_4N 具有反钙钛矿晶体结构,空间群为 $Pm\overline{3}m$,晶体结构如图 4-1(a)所示。用 3 d 过渡金属 Sc、Ti、V、Cr、Mn、Co、Ni、Cu 和 Zn 等九种元素掺杂 Fe_4N。考虑两种掺杂浓度,即替代 1 个 Fe 和 3 个 Fe,形成 $M_xFe_{4-x}N$(x=1 和 3)。$M_xFe_{4-x}N$ 的磁基态通过对比铁磁态和反铁磁态的总能量来确定。$M_xFe_{4-x}N$ 的初始空间群都设置为 $Pm\overline{3}m$。考虑 M 原子的两种可能替代位置:立方顶角 FeI 位置和面心 FeII 位置,如图 4-1(b)和 4-1(c)所示。$M^c Fe_3$N 表示 M 占据立方顶角 FeI 位置,$M^f Fe_3$N 中 M 占据面心 FeIIB 位置。M_3FeN 表示 M 占据

FeI 和 FeIIA 位置,M_3FeN 中 M 占据全部面心的 FeIIA 和 FeIIB 位置。结构弛豫、磁矩和态密度的计算用 $1\times1\times1$ 的单胞,声子谱的计算用 $2\times2\times2$ 的超胞。MAE 计算采用 force theorem 方法,为得到精确的 MAE 值,计算时选用 $21\times21\times21$ 的 K 点网格,在考虑自旋 - 轨道耦合作用下,计算 M_xFe$_{4-x}$N 的两个磁化方向的能量差,计算公式为:MAE=E[001]-E[100],E[001] 和 E[100] 表示磁化沿着 [001] 和 [100] 方向的能量。

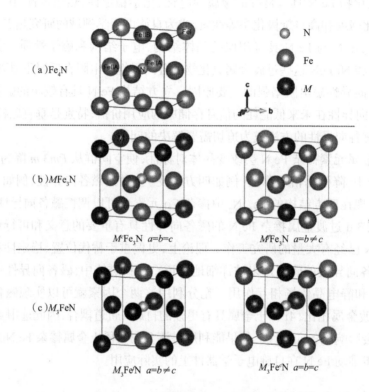

图 4-1　几种模型的晶体结构图

(a)Fe$_4$N 的结构示意图;(b)MFe$_3$N 的结构示意图;(c)M_3FeN 的结构示意图

（1）MFe$_3$N 的磁性、稳定性和电子结构

当 M 占据面心位置时,由于原子半径的大小和原子间交换相互作用的影响,MFe$_3$N 的空间群从立方对称的 $Pm\overline{3}m$ 降为四方对称的 $P4/mmm$。当 M 占据立方顶角位置时,McFe$_3$N 仍然保持立方对称性。

图 4-2(a)和(b)给出了 McFe$_3$N 的晶格常数和磁矩,不同原子半径的元素掺杂引起晶格常数的振荡。Sc 掺杂后体系的磁性消失。Ti、V、Cr 和 Zn 掺杂后,与 Fe 形成反铁磁耦合,而其他元素掺杂则形成铁磁耦合,这与之前的报道结果一致。Cr 和 Mn 分别具有 -3.356 和 3.599 μ_B 的磁矩。因此,与 Fe$_4$N(9.915 μ_B)相比,Mn 在顶角位置的掺杂会增强总磁矩(10.512 μ_B)。尽管 Cr 的磁矩比较大,但是与 Fe 的反铁磁耦合导致总磁矩减小。

图 4-2(c)和(d)给出了 M^fFe$_3$N 的 c/a 和磁矩。M^fFe$_3$N 的晶体对称性降低,3 d 元素掺杂出现不同程度的四方畸变。元素周期表中 Fe 附近的元素具有和 Fe 相近的原子半径,因

此 MFe₃N 的四方畸变较小,并且 c/a 小于 1。远离 Fe 的元素掺杂例如 Sc 和 Zn 等,较大的原子半径拉长了 c 轴方向,导致 c/a 大于 1。MFe₃N 的晶格常数和掺杂原子的半径有密切相关性,这与实验结果相似。由此可见,面心位置的掺杂会改变 c 轴方向的晶格常数,导致晶格结构发生畸变。图 4-2(d)中,总磁矩和掺杂原子的磁矩具有相似的曲线。按照元素周期表,排在 Fe 前面的元素和 Fe 形成反铁磁排布,排在 Fe 后面的元素和 Fe 形成铁磁排布。磁相互作用的改变导致曲线在 Fe₄N 前后发生突变。未替代的 FeI 和 FeIIA 的磁矩变化比较小,基本保持在 2.7 和 2 μB。随着 3 d 电子数的增加,掺杂元素的磁矩增加。Mn 的 3 d 电子数为半满,磁矩达到最大,为 −2.407 μB。排在 Mn 之后的掺杂元素的磁矩逐渐减小。因此,磁矩的变化依赖于未成对的 3 d 电子数,遵循 Hund 定则。对于 Mn 掺杂来说,替代顶角位置时,铁磁态稳定;替代面心位置为反铁磁态稳定,这与先前的报道一致。对于其他掺杂原子,不同替代位置并不改变磁基态。

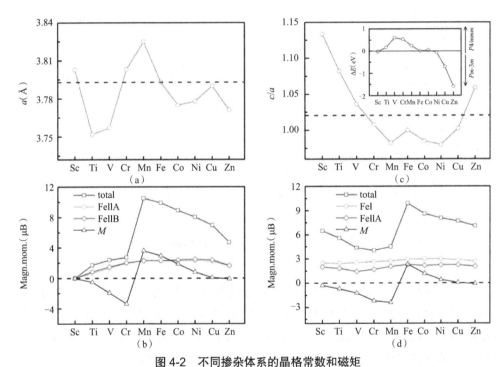

图 4-2　不同掺杂体系的晶格常数和磁矩

(a)MFe₃N 的晶格常数;(b)MFe₃N 的原子磁矩和总磁矩;
(c)MFe₃N 的 c/a 比(插图为两种替代位置的总能差,$\Delta E = E(M$Fe₃N$) - E(M$Fe₃N$)$);
(d)MFe₃N 的原子磁矩和总磁矩

　　金属掺杂的一个重要问题就是元素的替代位置的稳定性。Mn 掺杂倾向于占据 FeII 位置,Ni 掺杂占据 FeI 位更稳定,Co 没有明显的位置占据倾向。图 4-2(c)中的插图对两种替代位置的总能量作差,负值表明更倾向于占据 FeI 位,正值代表占据 FeII 位。Ti、V、Cr 和 Mn 掺杂倾向于占据 FeII 位置,形成四方结构。Co 和 Ni 分别以微弱的能量优势占据 FeII 和 FeI 位置。Cu 和 Zn 掺杂形成稳定的立方结构。Mn、Co 和 Ni 掺杂后,体系具有相对较大的磁矩,而且通过总能量差来判断这三者的替代位置并不十分可靠,因此通过声子谱进一步判断了这三种元素掺杂后体系的稳定性。

图 4-3 是 Mn、Co 和 Ni 掺杂后体系的声子谱。从图中可以看出，无论是替代立方顶角位置还是面心位置，MnFe$_3$N、CoFe$_3$N 和 NiFe$_3$N 的声子谱都没有虚频，表明这三种化合物都是稳定的。具体替代哪种位置，需要进一步的实验及更多的稳定性计算来验证。

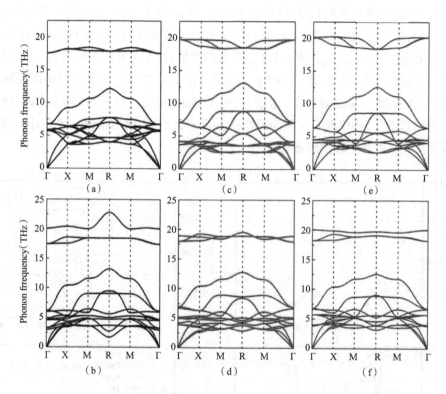

图 4-3　不同替代位置的 MnFe$_3$N、CoFe$_3$N 和 NiFe$_3$N 的声子谱
（a）Mn^{c}Fe$_3$N；（b）Mn^{f}Fe$_3$N；（c）Co^{c}Fe$_3$N；（d）Co^{f}Fe$_3$N；（e）Ni^{c}Fe$_3$N；（f）Ni^{f}Fe$_3$N

考虑到 MFe$_3$N 的四方畸变可能会引起磁各向异性的变化，因此下面主要关注 MFe$_3$N。图 4-4 给出了 MFe$_3$N 的总态密度和分态密度。Cr 和 Mn 的 d 轨道态密度在费米面附近的分布与 Fe 恰好相反，证实了 Cr、Mn 与 Fe 的反铁磁相互作用。Co 和 Ni 的 d 轨道与面心 FeII 的 d 轨道在费米面附近发生杂化。掺杂元素 M 更倾向于与面心 FeII 发生相互作用。FeI 的 d 轨道更加局域，几乎是完全自旋极化的。CoFe$_3$N 和 NiFe$_3$N 的自旋极化率要大于 CrFe$_3$N 和 MnFe$_3$N 的。Co、Ni 和 Fe 原子的自旋极化率都为负值，费米面附近主要是自旋向下的电子。计算得到 CoFe$_3$N、NiFe$_3$N 和 Fe$_4$N 的自旋极化率分别为 −42.2%、−26.8% 和 −47.9%。可见，CoFe$_3$N 和 NiFe$_3$N 的总磁矩和自旋极化率均小于 Fe$_4$N 的。

（2）M_3FeN 的磁性、稳定性和电子结构

下面讨论 3 个原子掺杂的情况。在 M_3FeN 中，M 占据不同的位置会形成不同的晶格结构。当立方顶角 FeI 位和面心 FeIIA 位都被占据时，形成四方结构。没有被 M 占据的 FeIIB 位置限制了晶格在 c 轴方向的扩张，仅仅 a 和 b 方向的晶格膨胀导致 c/a 小于 1，如图 3-5 （a）所示。与 Fe 原子半径相近的 Co 和 Ni 则出现了 c/a 接近 1 的情况。当所有面心 FeII

位置被 M 取代时，M_3FeN 保持立方晶体结构不变，并且 M_3FeN 的晶格常数依赖于 M 的原子半径,如图 4-5(c)所示。图 4-5(b)给出了 M_3FeN 中每个原子的磁矩和总磁矩。所有掺杂体系的总磁矩都小于 Fe₄N。特别地,Cr_3FeN 的总磁矩接近零,在 FeI 位置的 Cr 的磁矩为 $-2.499\ \mu_B$,在 FeII 位置的 Cr 的磁矩为 $1.602\ \mu_B$,Cr 与 Cr 的反铁磁耦合导致了 Cr_3FeN 磁性的消失。Mn_3FeN 有较大的总磁矩,面心的 Mn 和体心的 N 的共价相互作用导致电子的去局域化。立方顶角位置的 Mn 的 d 电子更加地局域。因此,在顶角位置的 Mn 的磁矩($3.247\ \mu_B$)要大于面心位置的 Mn 的磁矩。对于 Co_3FeN 和 Ni_3FeN,所有的原子磁矩都小于 Fe 原子的。图 4-5(d)给出了 M_3FeN 中每个原子的磁矩和总磁矩。总磁矩的变化趋势和 M_3FeN 相似,但是 Mn_3FeN 的总磁矩大于 Fe₄N。在 Mn_3FeN 中,八面体的六个顶角位置都是 Mn 原子,每个 Mn 原子都有 $2.6\ \mu_B$ 的磁矩。值得注意的是位于八面体中心的 N 原子的磁矩为 $-0.112\ \mu_B$,表明 N 与 Mn 之间较强的共价作用。顶角位置的 Fe 的磁矩约为 $3\ \mu_B$,因此 3 个 Mn 原子在面心位置的掺杂可以增强 Fe₄N 的总磁矩。由此可知,所有的 3 d 过渡金属元素掺杂中,无论是 1 个还是 3 个原子掺杂的情况,只有 Mn 掺杂可以增强 Fe₄N 的磁矩。

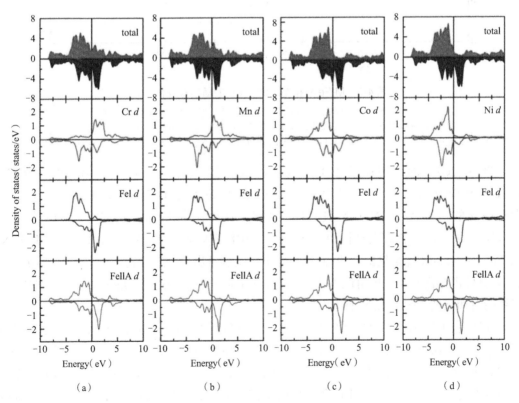

图 4-4　$M'Fe_3$N 的总态密度和分态密度
(a)$Cr'Fe_3$N;(b)$Mn'Fe_3$N;(c)$Co'Fe_3$N;(d)$Ni'Fe_3$N;

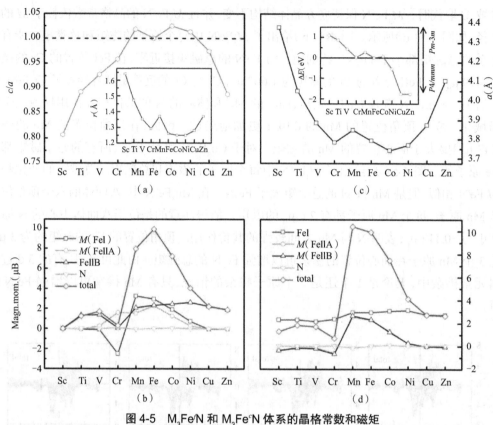

图 4-5　M₃FeN 和 M₃Fe'N 体系的晶格常数和磁矩

（a）M₃FeN 的 c/a 比（插图为金属 M 的原子半径）；（b）M₃FeN 的原子磁矩和总磁矩；
（c）M₃FeN 的晶格常数（插图为两种替代位置的总能差，$\Delta E = E(M_3Fe'N) - E(M_3FeN)$）；
（d）M₃Fe'N 的原子磁矩和总磁矩

　　图 4-5(c) 中的插图比较了不同替代位置的总能量差，发现立方结构的 Sc₃Fe'N、Ti₃Fe'N、V₃Fe'N 和 Mn₃Fe'N 更加稳定，Cu₃Fe'N 和 Zn₃Fe'N 更倾向于形成四方结构。Co₃FeN 没有明显的占位特征。Ni₃FeN 具有四方结构，和之前文献的报道一致。图 4-6 给出了 M₃FeN 的声子谱，用来证明结构稳定性，声子谱中没有虚频，表明两种替代位置的 Mn₃FeN、Co₃FeN 和 Ni₃FeN 都是热稳定的，而且实验上已经制备出了这三种物质。实际上，Mn、Co 和 Ni 具体占据面心还是顶角位置，或者是无序占位，都需要进一步的实验研究，例如利用 X 射线衍射和穆斯堡尔谱来进行测定。

　　在所有面心替代位置的 M₃FeN 中，仅仅 Mn₃FeN 的总磁矩比 Fe₄N 大，因此进一步分析 Fe₄N 和 Mn₃FeN 的电子结构。图 4-7 给出了 Fe₄N 和 Mn₃FeN 的态密度。在 Mn₃FeN 中，FeI 和 Mn 发生了强的杂化。与 Fe₄N 相比，Mn₃FeN 中 Fe、Mn 的 d 轨道和 N 的 p 轨道的占据态均向费米面移动。图中的箭头表示能量移动的方向。这意味着更多的未成对的电子填充在费米面以下，引起了磁矩的增加。尽管 Co₃FeN 和 Ni₃FeN 的总磁矩没有增加，但是自旋极化率增大，分别为 -67.8% 和 -70.0%。

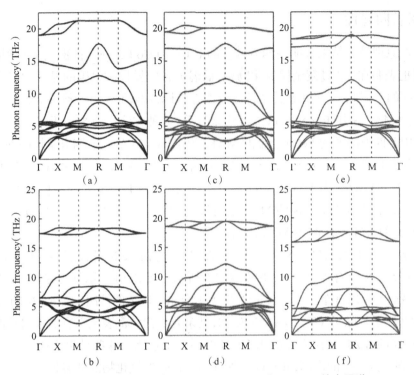

图 4-6　不同替代位置的 Mn₃FeN、Co₃FeN 和 Ni₃FeN 的声子谱

（a）Mn₃Fe′N；（b）Mn₃Fe″N；（c）Co₃Fe′N；（d）Co₃Fe″N；（e）Ni₃Fe′N；（f）Ni₃Fe″N

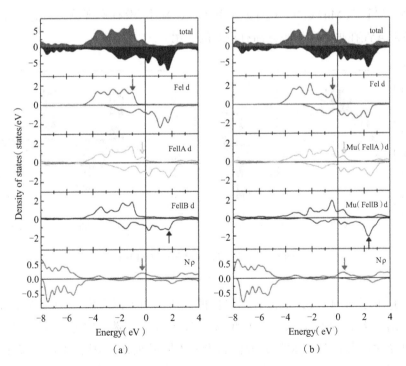

图 4-7　Fe₄N 和 Mn₃FeN 的总态密度和分态密度

（a）Fe₄N；（b）Mn₃FeN

4.1.2　磁各向异性

第一性原理计算结果表明在四方畸变的 FeCo 和 $Co_xFe_{16-x}N_2$ 中磁各向异性增强。许多实验结果也表明在 3 d 过渡金属氮化物中,低温下各向异性磁电阻的显著增强是由于四方晶体场引起的。因此,通过元素掺杂诱导的四方结构将推动磁各向异性的研究。3 d 过渡金属氮化物的 MAE 采用 force theorem 方法来计算,这种方法已经被用于四方对称性的过渡金属系统中。四方畸变的 FeCo 合金的 MAE 达到 200 μeV/ 原子,四方结构的 Fe、Co 和 Ni 的 MAE 为几十到几百个 μeV/ 原子。在四方畸变下 $L1_0$-FeNi 合金的 MAE 为几百个 μeV/ 原子。$Fe_{16}N_2$ 的 MAE 为 50.1 μeV/Fe 原子。Co 掺杂的 $Fe_{16}N_2$ 的 MAE 为 165 μeV/Fe 原子。本节计算的四方 $M_xFe_{4-x}N$ 的 MAE 也可以达到约 ~150 μeV/ 原子。因此,用 force theorem 方法来计算 $M_xFe_{4-x}N$ 的 MAE,结果是可靠的。

由于立方对称性,$M'Fe_3N$ 和 $M_3Fe'N$ 的 MAE 包括 Fe₄N 都接近零。具有四方结构的 $M'Fe_3N$ 和 $M_3Fe'N$ 具有较大的 MAE,如图 4-8 所示。MAE<0 表示垂直磁各向异性,MAE>0 表示磁矩沿面内方向排布。图 3-8(a)给出了 1 个原子掺杂的情况,$Cu'Fe_3N$ 的 MAE 最大,为 −83 μeV/ 原子。除了 $V'Fe_3N$ 和 $Cr'Fe_3N$,其余元素掺杂都表现垂直磁各向异性。四方畸变的 $M'Fe_3N$ 的 MAE 要比立方的 $M'Fe_3N$ 增强两个量级。这些结果表明四方结构畸变对 MAE 的增强起到关键的作用,并且间接地证明了铁磁性氮化物的低温各向异性磁电阻的机制。实验上也证实四方畸变可以诱导 FeCo 合金的垂直磁各向异性。理论计算表明无论是在 $Fe_{16}N_2$ 中掺杂 Co,还是掺杂 Ti,都能够增强磁各向异性。因此大的磁各向异性来自结构的各向异性。尽管在 $Mn'Fe_3N$、$Co'Fe_3N$ 和 $Ni'Fe_3N$ 中,没有实现总磁矩的增加,但是增强的垂直磁各向异性在垂直磁记录方面有重要的应用。

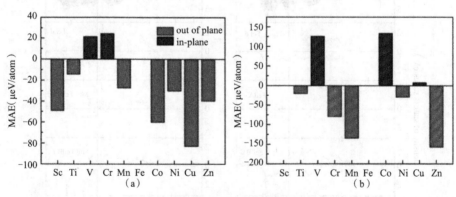

图 4-8　$M'Fe_3N$ 和 $M_3Fe'N$ 的 MAE
(a)$M'Fe_3N$;(b)$M_3Fe'N$

图 4-8(b)给出了 $M_3Fe'N$ 的磁各向异性能。从图中可以看出,除了非磁性的 $Sc_3Fe'N$,其余均表现出较大的 MAE。$Mn_3Fe'N$ 和 $Ni_3Fe'N$ 具有垂直磁各向异性,但是 $Co_3Fe'N$ 表现面内磁各向异性。当立方对称性被破坏后,沿着不同晶轴,磁结构的对称性发生改变,因此 MAE 增加。事实上,在铁磁体中,磁各向异性主要来源于静电晶体场相互作用和自旋 - 轨道耦合。在过渡金属体系,自旋 - 轨道耦合较弱,因此磁各向异性主要来源于降低的晶体对

称性。MFe₃N 和 M₃Fe N 的增强的磁各向异性与晶体结构的四方对称性密切相关。

以上所有的讨论都是基于完美有序的结构,并没有考虑无序效应。原子占位的混乱会引起无序,而无序对磁耦合和磁各向异性有很重要的影响。Hudl 认为有序度的改变会引起 Fe-Mn 系统的磁性发生较大的改变。Turek 指出化学无序会减小 Fe$_{1-x}$Co$_x$ 合金的磁各向异性。因此,在 M_xFe$_{4-x}$N 中,占位的无序可能会影响四方结构的形成,阻碍磁各向异性的增加。如果在 M_xFe$_{4-x}$N 中出现无序的情况,磁矩和磁各向异性能都会减小。无论有序还是无序,只要四方结构的 M_xFe$_{4-x}$N 形成,磁各向异性能就会增加。另外,本节假设了 M_xFe$_{4-x}$N 具有理想的共线磁结构。当然,非线性的磁结构也有可能出现在 Mn$_x$Fe$_{4-x}$N 中,因为第一性原理计算发现在 Mn₄N 中存在非共线的亚铁磁结构,并且已经通过中子衍射观察到。

图 4-9 给出了能量稳定的 M_xFe$_{4-x}$N 的总磁矩和 MAE 的相图分布。在图 3-9(a)中,仅仅 Co、Ni、Cu 与 Fe 的磁相互作用是铁磁耦合,其余元素掺杂都是反铁磁耦合。尽管 MFe₄N 的磁矩没有增大,但是 TiFe₃N、MnFe₃N 和 CoFe₃N 具有垂直磁各向异性,VFe₃N 和 CrFe₃N 表现为面内磁各向异性。考虑到结构稳定性、磁矩和磁各向异性的大小,在九种 3 d 过渡金属元素的掺杂中,Mn、Co 和 Ni 的掺杂是比较有价值的。MnFe₃N 支持面心位置的掺杂,形成四方结构,从而诱导出垂直磁各向异性。CoFe₃N 以微弱的能量优势有利于四方结构,也具有垂直磁各向异性。NiFe₃N 同样以微弱的优势表现出顶角位置的占据倾向,磁矩和磁各向异性都没有增加。

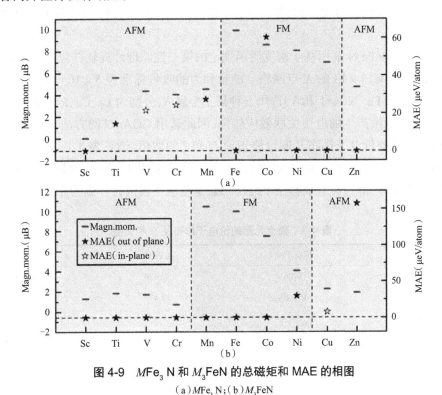

图 4-9　MFe₃N 和 M₃FeN 的总磁矩和 MAE 的相图

(a)MFe₃N;(b)M₃FeN

如图 4-9(b)所示,M₃FeN 中 Mn、Co 和 Ni 的掺杂导致 M 与 Fe 形成铁磁耦合,Ni₃FeN

和 Zn_3FeN 具有垂直磁各向异性。立方结构的 Mn_3FeN 更稳定,并且总磁矩增加。Co_3FeN 以微弱能量优势更有利于形成立方结构,Ni_3FeN 倾向于形成四方结构。Ni_3FeN 具有较高的自旋极化率和垂直磁各向异性。通过 3d 过渡金属元素的掺杂,可以改善 Fe_4N 的磁性,提高 Fe_4N 在高密度磁记录和自旋电子学器件中的应用。基于图 4-9 的相图分布,可以有目的地制备三元铁磁性氮化物,从而挑选出具有高自旋极化率和垂直磁各向异性的自旋电子学材料。

4.2 4f 稀土金属掺杂 Fe_4N

4.2.1 磁性和电子结构

稀土金属对永磁体的应用有着巨大的影响,最常见的是 $Nd_2Fe_{14}B$ 永磁体。稀土永磁体可以用在各种电磁仪表、医疗器械、计算机磁盘驱动器和磁悬浮系统等。稀土材料的优势在于它们具有高的磁晶各向异性,也就是在晶轴方向的磁化稳定性比较高。大的磁晶各向异性主要来自稀土元素 4f 电子的各向异性。稀土元素拥有大的未湮灭的轨道磁矩和自旋 - 轨道耦合作用,可以有效地提高铁磁体的磁各向异性。将 Nd 掺入 NiFe 合金可以增强轨道磁矩和自旋 - 轨道耦合作用。将稀土金属原子吸附在二维材料或者磁性金属表面,能够提高材料的磁各向异性。因此,研究稀土金属掺杂对 Fe_4N 的磁各向异性的影响具有重要的价值。

稀土元素掺杂 Fe_4N 采用基于密度泛函理论的第一性原理计算软件包 VASP 来完成,选用块体单胞及 $13 \times 13 \times 13$ 的 K 点网格。能量和力的收敛标准为 5×10^{-6} eV 和 1×10^{-3} eV/Å。稀土掺杂的 $R_xFe_{4-x}N$(x=1 和 3)选用五种稀土金属 R,分别为 La、Ce、Pr、Nd 和 Eu。由于 4f 电子的强局域性,产生的电子关联效应较强,因此选用 GGA+U 的方法,对库伦作用进行修正。稀土原子的价电子排布及库伦修正项 U 和 J 的取值,请见表 4-1。R_xFe_{4-x} 的 MAE 计算选用致密的 $21 \times 21 \times 21$ 的 K 点网格,声子谱计算采用 $2 \times 2 \times 2$ 的超胞。掺杂位置和掺杂浓度的设置与 3d 过渡金属掺杂 Fe_4N 一致,这里就不再进行详细的介绍。

表 4-1 稀土元素的价电子排布及 U 和 J 值

稀土元素	价电子排布	U(eV)	J(eV)
La	5 d¹6 s²	7.470	0.989
Ce	4f¹5 d¹6 s²	7.470	0.989
Pr	4f³6 s²	7.276	0.941
Nd	4f⁴6 s²	7.609	0.987
Eu	4f⁷6 s²	7.000	1.200

计算得到的 Fe_4N 的晶格常数为 3.793 Å,总磁矩为 9.915 μ_B,FeI 和 FeII 原子的磁矩分别为 2.952 和 2.322 μ_B,这些结果和之前文献报道的结果相吻合,说明计算参数的合理性及

结果的可靠性。在 $R_xFe_{4-x}N$ 中，FeI 位置的掺杂保持立方结构，FeIIB 位置的掺杂形成四方结构，与 3 d 过渡金属掺杂 Fe₄N 的结果类似。

（1）RFe₃N 的磁性和电子结构

R^cFe₃N 保持立方结构，而 R^tFe₃N 形成四方结构。两种掺杂位置的结构差异主要是由于稀土元素较大的原子半径和原子间相互作用。图 4-10（a）和（c）给出了 R^cFe₃N 的晶格常数和磁矩。从图中可以看出，晶格常数的振荡行为依赖于稀土元素的原子半径。由于稀土元素的原子半径远比 Fe 原子大，因此掺杂后体系的晶格膨胀。所有的稀土原子均与 Fe 原子形成反铁磁耦合，因此体系的总磁矩减小。在 Ni₈₀Fe₂₀ 合金中也发现了 4f~3 d 之间的这种反铁磁耦合作用。稀土原子的磁矩主要由 4f 电子贡献，5 d 电子几乎没有贡献。稀土元素 Ce、Pr、Nd 和 Eu 的 4f 电子分别为 $4f^1$、$4f^3$、$4f^4$ 和 $4f^7$，因此稀土元素的磁矩依赖于 4f 电子数。FeIIB 位置的稀土金属掺杂导致较大的四方畸变，远大于 3 d 过渡金属掺杂，如图 4-10（b）所示。在图 4-10（d）中可以看到，除了 Pr 元素，其他元素在 FeIIB 位置的掺杂与 Fe 形成反铁磁耦合。值得注意的是 Eu 原子无论替代 FeI 位置还是 FeIIB 位置，均具有接近 -7 μ_B 的磁矩，导致掺杂后的稀土氮化物的总磁矩接近零。因此，EuFe₃N 具有亚铁磁基态。Pr 与 Fe 之间的铁磁耦合使 PrFe₃N 的总磁矩为 8.89 μ_B。不同替代位置的 Pr 和 Fe 交换作用的改变来源于原子键长的改变。通过比较两种替代位置的总能量，可以获得更稳定的结构，如图 4-10（a）的插图所示。通过计算，发现 Pr 和 Nd 倾向于占据 FeIIB 位置，Ce 和 Eu 占据 FeI 位置。

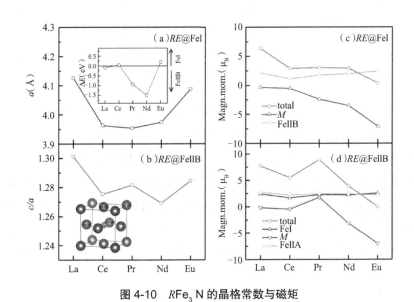

图 4-10　RFe₃N 的晶格常数与磁矩

（a）R^cFe₃N 的晶格常数（插图为两种替代位置的总能差，$\Delta E=E(R^c$Fe₃N$)-E(R^t$Fe₃N$)$）；（b）R^tFe₃N 的 c/a 比；
（c）R^cFe₃N 的原子磁矩和总磁矩；（d）R^tFe₃N 的原子磁矩和总磁矩

为了分析磁矩的来源和稀土原子替代的作用，本节计算了稀土元素掺杂后体系的电子结构。图 4-11 给出了稀土元素掺杂 FeI 位置的体系的总态密度和分态密度。在 FeI 位置掺杂 Ce 和 Eu 后，费米面处的电子态主要来自 Fe 3 d 轨道，还有少量的稀土原子的 f 轨道和 N

原子的 p 轨道。从态密度图上可以看到，在费米面附近，Ce 和 Eu 的 4f 轨道和 FeⅡB 的 3 d 轨道发生杂化。Ce 和 Eu 的 5 d 轨道贡献很小，而 4f 电子的态密度非常局域，并且 Eu 和 Fe 的自旋分辨的态密度在费米面以下恰好相反。当 4f 价电子增多时，更多局域的 4f 电子填充在费米面以下，导致自旋磁矩增加。稀土元素掺杂还会改变自旋极化率。Fe$_4$N 的自旋极化率为 -47.9%，费米面处主要是自旋向下的电子导电。Eu^{c}Fe$_3$N 的自旋极化率为 -65.8%，Ce^{c}Fe$_3$N 的自旋极化率发生反转，为 33.2%，表明 4f~3 d 之间的交换作用对费米面附近的态密度有很大影响。

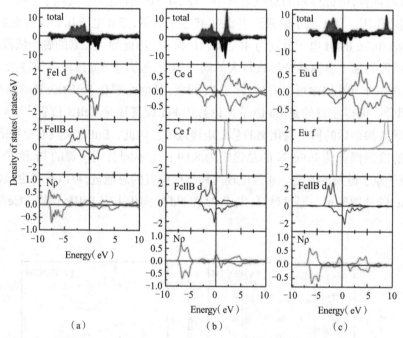

图 4-11　Fe$_4$N、Ce^{c}Fe$_3$N 和 Eu^{c}Fe$_3$N 的总态密度和分态密度
(a)Fe$_4$N；(b)Ce^{c}Fe$_3$N；(c)Eu^{c}Fe$_3$N

图 4-12 给出了稀土元素掺杂在 FeⅡ 位置的体系的总态密度和分态密度。具有较大的原子半径的 Pr 掺杂到面心位置时，会导致大量波函数的重叠，从而导致 Pr 的 5 d 和 4f 轨道发生杂化。在费米面以下，Pr 的自旋向上的 4f 电子态和 FeⅠ 的自旋向上的 3 d 电子态发生杂化，形成铁磁耦合。但是，对于 Nd 的 4f 轨道，大部分局域的自旋向下的电子态远离费米面，FeⅠ 的 3 d 轨道在费米面以下主要是自旋向上的电子态，因此 Nd 和 Fe 之间形成反铁磁耦合。

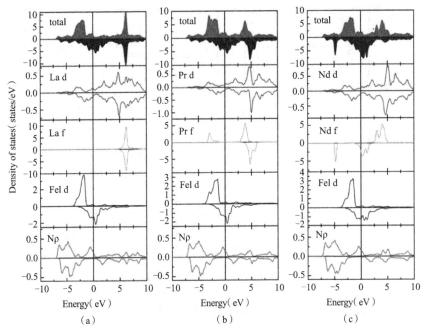

图 4-12　La/Fe₃N、Pr/Fe₃N 和 Nd/Fe₃N 的总态密度和分态密度

（a）La/Fe₃N；（b）Pr/Fe₃N；（c）Nd/Fe₃N

（2）R_3FeN 的磁性和电子结构

对于 1 个稀土原子的掺杂，由于反铁磁耦合作用，体系的总磁矩均减小。因此本节关注更大浓度的掺杂，希望得到磁矩的增强。图 4-13 给出了 3 个稀土原子掺杂后的晶格参数和磁矩。R_3FeN 具有四方结构而 R_3FeN 保持立方对称性。R_3FeN 的 a 和 b 轴由于较大的稀土原子半径被严重拉伸，导致 c/a 远小于 1。稀土原子引起的晶格膨胀导致块体 R_3FeN 的体积增大，由于磁体积效应，有可能实现总磁矩的增加。图 4-13（c）和（d）给出了 R_3FeN 的磁矩。对于 R_3FeN，尽管 Fe 原子局域在 FeII 位置，并与稀土元素形成反铁磁耦合，但是随着 4f 电子数的增加，总磁矩增大。特别是 Eu₃FeN，总磁矩到达 20.336 μ_B，每个 Eu 原子的磁矩超过 7 μ_B，主要由 4f 电子提供，还有 5d 电子的少量贡献。相似地，当 4f 电子增加时，R_3FeN 的总磁矩也增加。稀土金属原子与立方顶角的 Fe 成铁磁耦合。La 没有 4f 电子，并且 La₃FeN 没有磁性。Eu 有半满的 4f 电子，因此 Eu₃FeN 的总磁矩最大，为 23.279 μ_B。通过比较两种替代位置的总能量，得到稳定的占据位置。Eu₃FeN 倾向于形成立方结构，Pr₃FeN 更倾向于四方结构。Nd₃FeN 支持立方结构，Ce₃FeN 几乎没有明显的占位偏好。

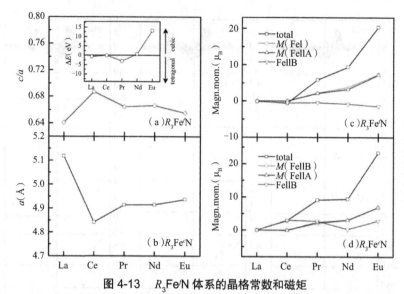

图 4-13　$R_3\text{Fe}'\text{N}$ 体系的晶格常数和磁矩

(a)$R_3\text{Fe}'\text{N}$ 的 c/a 比(插图为两种替代位置的总能差,$\Delta E=E(R_3\text{Fe}'\text{N})-E(R_3\text{Fe}^c\text{N})$);(b)$R_3\text{Fe}'\text{N}$ 的晶格常数;
(c)$R_3\text{Fe}'\text{N}$ 的原子磁矩和总磁矩;(d)$R_3\text{Fe}^c\text{N}$ 的原子磁矩和总磁矩

　　图 4-14 给出了 $R_3\text{FeN}$ 的总态密度和分态密度,其中左边一列为 $R_3\text{Fe}'\text{N}$,右边一列是 $R_3\text{Fe}^c\text{N}$。$\text{Ce}_3\text{Fe}^c\text{N}$ 的态密度几乎完全对称,证实了它的磁矩为零。对于 $\text{Nd}_3\text{Fe}^c\text{N}$ 和 $\text{Eu}_3\text{Fe}^c\text{N}$,Nd 的 f 轨道远离费米面,而 Eu 的 f 轨道局域在费米面附近。除了 $\text{Eu}_3\text{Fe}^c\text{N}$,其余稀土掺杂结构中的 Fe 原子的自旋极化率几乎为零。但是,$\text{Eu}_3\text{Fe}^c\text{N}$ 中的 Fe 原子是完全自旋极化的,自旋极化率为 -100%。自旋极化率的改变证实了稀土金属的 4f 轨道对 Fe 的 3 d 轨道的影响。费米面处的电子态密度的明显变化预示着磁各向异性会发生改变。

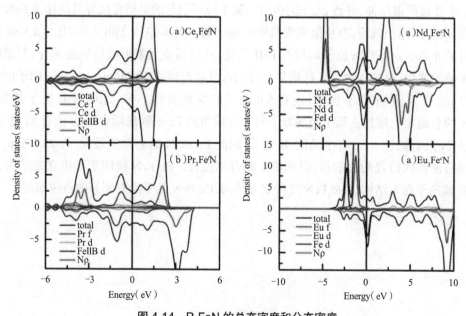

图 4-14　$R_3\text{FeN}$ 的总态密度和分态密度

(a)$\text{Ce}_3\text{Fe}^c\text{N}$;(b)$\text{Pr}_3\text{Fe}^c\text{N}$;(c)$\text{Nd}_3\text{Fe}^c\text{N}$;(d)$\text{Eu}_3\text{Fe}^c\text{N}$

4.2.2　磁各向异性

图 4-15 给出了稀土元素掺杂的氮化物 R_xFe$_{4-x}$N 的 MAE。与 3 d 过渡金属掺杂 Fe$_4$N 相似，立方结构的 R_xFe$_{4-x}$N 的 MAE 几乎为零。在立方晶体中，3 d 波函数的立方晶体场态几乎被湮灭，因此 MAE 几乎为零。同时，立方晶体场会影响稀土金属原子的磁各向异性，使偶极矩相互作用为零。因此并不是所有的稀土掺杂都可以提高材料的磁各向异性。若掺杂后的晶体结构为立方对称性，则磁各向异性不会增大。从图 4-15(a)中可以看出，四方结构的 R'Fe$_3$N 具有大的 MAE。Pr'Fe$_3$N 具有面内磁各向异性，其余稀土元素掺杂都具有垂直磁各向异性。Pr'Fe$_3$N 和 Nd'Fe$_3$N 的 MAE 分别为 85.07 和 -64.88 MJ/m³，相当于 7.8 和 -5.9 meV/原子，远高于 3 d 过渡金属掺杂 Fe$_4$N 的 MAE。这一结果表明 4f 电子的自旋 - 轨道耦合作用对于磁各向异性的增加起到了至关重要的作用。3 d 过渡金属掺杂 Fe$_4$N 的磁各向异性增强反映了四方晶体场的作用，4f 稀土金属掺杂 Fe$_4$N 的磁各向异性增强体现了自旋 - 轨道耦合的作用。因此，要想提高块体磁性材料的 MAE，有两种方法，一种是降低晶体对称性；另一种是增强自旋 - 轨道耦合作用。图 4-15(b)给出了四方结构 R_3FeN 的磁各向异性。除了 Nd$_3$FeN 具有垂直磁各向异性之外，其余元素掺杂都呈现面内磁各向异性。考虑到立方结构 Nd$_3$FeN 和 Eu$_3$FeN 更稳定，因此在 R_3FeN 中只有 Pr$_3$FeN 的四方结构稳定，并且表现出较大的面内磁各向异性（~6 MJ/m³）。与 PrFe$_3$N 相比，Pr$_3$FeN 的 MAE 减小，表明 MAE 并不与稀土金属的掺杂浓度成比例。

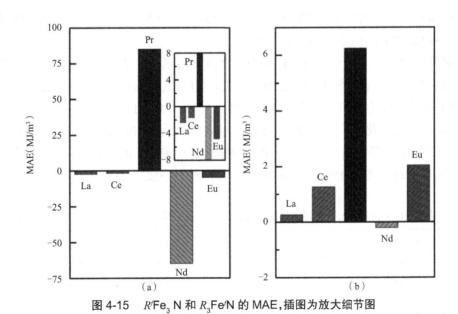

图 4-15　R'Fe$_3$N 和 R_3Fe'N 的 MAE，插图为放大细节图

(a) R'Fe$_3$N (插图为放大细节图)；(b) R_3Fe'N

事实上，MAE 依赖于费米面处 d 和 f 轨道的态密度分布。研究表明费米面附近的局域电子态之间的自旋激发是产生 MAE 和轨道磁矩的主要原因。根据自旋 Hamiltonian 理论，自旋 - 轨道耦合张量 Λ_{ii} 可以写为

$$\Lambda_{ii}=\xi^2 \sum_{nm} \frac{c_n^2 c_m^2 \left|\langle \varphi_n | \hat{L}_i | \varphi_m \rangle\right|^2}{E_m - E_n} \qquad (4\text{-}1)$$

其中，ξ 为自旋 - 轨道耦合常数，$c_n^2(c_m^2)$ 为赝原子轨道 $\varphi_n(\varphi_m)$ 的权重，$\hat{L}_i$ 代表轨道矩算符，E_n 和 E_m 分别代表占据态和未占据态的本征能量。因此，自旋 - 轨道耦合作用体现在费米面附近电子在占据态和未占据态之间的跃迁。

为了进一步解释稀土金属掺杂 Fe$_4$N 的 MAE 的来源，图 4-16 给出了 Fe$_4$N、PrFe$_3$N 和 NdFe$_3$N 的轨道分辨的态密度。通过比较，发现 Pr 的 f 轨道在费米面处没有贡献。FeI 和 FeIIA 原子的 d 轨道在费米面处出现明显的变化，特别是 d$_{xy}$ 和 d$_{xz}$ 态。在 Fe$_4$N 中，FeI 原子的自旋向下的 d$_{xy}$ 态是可以忽略的，而在 PrFe$_3$N 中该原子的 d$_{xy}$ 态贡献最多，并且劈裂成两个峰穿过费米面。同时，FeI 原子的自旋向下的 d$_{xz}$ 态移动到费米面以上，也劈裂成两个峰。因此，d$_{xy}$ 和 d$_{xz}$ 态之间的电子跃迁引起了自旋激发。另外，对于 PrFe$_3$N 中的 FeIIA 原子，自旋向上的 d$_{xy}$ 和 d$_{xz}$ 态在费米面处有较大的贡献，而 Fe$_4$N 中的 FeIIA 原子的这两个态在费米面处并没有明显占据。可见，这些 Fe 原子的 d 态能级对晶体场比较敏感。Pr 在面心位置的掺杂引起了 Fe 的 d 态在费米面附近的重新分布，导致 PrFe$_3$N 的 MAE 增强。但是，对于 NdFe$_3$N 而言，Nd 原子在费米面处有局域的 4f 电子态。局域的 f 电子态主要包括自旋向下的 f(zx^2-zy^2)、f$(5xz^2-3xr^2)$ 和 f$(5yz^2-yr^2)$ 电子态。这些态在费米面的自旋激发增大了 MAE。对于 FeI 和 FeIIA 原子，d$_{xy}$ 和 d$_{xz}$ 轨道的自旋向上态仍然有重要的贡献，这些 Fe 原子受到周围稀土原子的影响，导致费米面处的轨道发生劈裂。NdFe$_3$N 的 MAE 增强是 Fe 的 d 轨道和 Nd 的 f 轨道的共同作用。

根据公式（4-1），未湮灭的轨道磁矩对磁各向异性的产生有重要影响。表 4-2 给出了 Fe$_4$N、PrFe$_3$N 和 NdFe$_3$N 沿着面内和面外磁化方向的轨道磁矩。Fe$_4$N 中 Fe 的轨道磁矩非常小，两个磁化方向的值相等表明了各向同性。与 Fe 相比，Pr 和 Nd 有较大的轨道磁矩。轨道磁矩更大的磁化方向对应的是易磁化轴。PrFe$_3$N 中 Pr 的面内轨道磁矩更大，而 NdFe$_3$N 中 Nd 的面外轨道磁矩更大。轨道磁矩的变化表明 NdFe$_3$N 具有垂直磁各向异性而 PrFe$_3$N 具有面内磁各向异性，这和 MAE 计算的结果一致。

表 4-2　Fe$_4$N、PrFe$_3$N 和 NdFe$_3$N 的原子轨道磁矩，$m^{\parallel}$ 和 $m^{\perp}$ 分别代表沿着面内和面外磁化方向的轨道磁矩

	$m_{\text{FeI}}^{\parallel}$ (μ_B)	$m_{\text{FeI}}^{\perp}$ (μ_B)	$m_{\text{FeIIA}}^{\parallel}$ (μ_B)	$m_{\text{FeIIA}}^{\perp}$ (μ_B)	$m_M^{\parallel}$ (μ_B)	$m_M^{\perp}$ (μ_B)
Fe$_4$N	0.071	0.071	0.095	0.059	0.059	0.059
PrFe$_3$N	−0.013	0.064	0.100	0.049	−1.606	−0.241
NdFe$_3$N	0.110	0.131	0.081	0.050	0.727	1.518

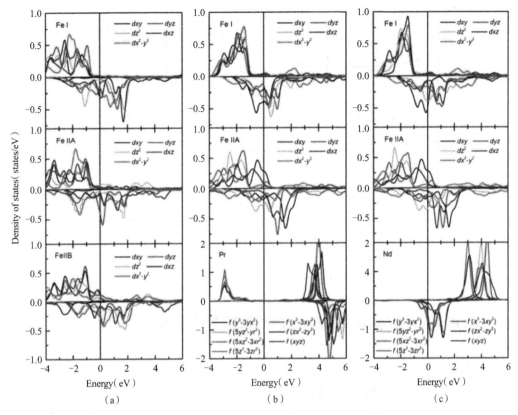

图 4-16　Fe_4N、$PrFe_3N$ 和 $NdFe_3N$ 的轨道分辨的态密度

（a）Fe_4N；（b）$PrFe_3N$；（c）$NdFe_3N$

　　尽管稀土金属掺杂 Fe_4N 实现了磁矩和磁各向异性的增强,但是稀土掺杂体系的稳定性需要去考虑。图 4-17 给出了 Eu_3FeN、$NdFe_3N$ 和 $PrFe_3N$ 这三种掺杂结构的声子谱。从图中可以看到,$NdFe_3N$ 和 $PrFe_3N$ 在每一个高对称点位置都有虚频,Eu_3FeN 的虚频主要出现在 Γ 点附近,表明这三种稀土氮化物是热动态不稳定的。掺杂结构不稳定的原因可能有以下两种:一种是掺杂体系本身可能存在占位无序;另外一种是体系可能存在非共线的磁结构。Younasi 等报道了在 $PrCo_{3-x}Fe_x$ 中非共线磁结构更加稳定。虽然声子谱计算表明这些结构不稳定,但是运用先进的实验制备手段还是有可能合成这些稀土氮化物的。因为相似的情况也在 $NdFe_{12}N$ 中出现过。最初 $NdFe_{12}N$ 也是通过理论预测得出的,性能优越但是不稳定。另外,也可以通过第三种过渡金属元素掺杂例如 Ti 掺杂来稳定 $NdFe_{12}N$ 的结构。因此,在远离平衡条件下或者运用第三种元素掺杂有可能制备出 $PrFe_3N$ 这样的材料。

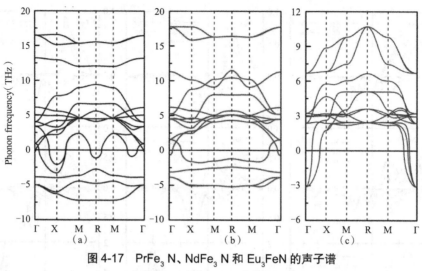

图 4-17　PrFe$_3$N、NdFe$_3$N 和 Eu$_3$FeN 的声子谱
（a）PrFe$_3$N；（b）NdFe$_3$N；（c）Eu$_3$FeN

4.3　CuFe$_3$N 薄膜的结构、磁性和电输运特性

　　元素掺杂、应变和界面工程等方法可以有效地调控铁磁性薄膜的电子结构、磁性和电输运特性。其中，元素掺杂 Fe$_4$N 会导致 Fe$_6$N 八面体扭曲，诱发新颖的磁性和电输运特性。在 Fe$_{4-x}$Mn$_x$N（x=0、1、2、3 和 4）、Fe$_{4-x}$Ni$_x$N（x=1 和 3）和 FeCo$_3$N 薄膜中，由于薄膜的自旋极化率随 x 的变化发生转变，Fe$_4$N、FeMn$_3$N、Mn$_4$N、FeNi$_3$N、Fe$_3$NiN 和 FeCo$_3$N 薄膜的 AMR 是负值，而 Fe$_3$MnN 和 Fe$_2$Mn$_2$N 薄膜的 AMR 是正值。因此，磁性元素 Mn（3 d^{5}4 s^2）、Ni（3 d^{8}4 s^2）和 Co（3 d^{7}4 s^2）掺杂 Fe$_4$N 薄膜可有效地影响磁交换相互作用。此外，非磁性元素 Cu 掺杂反钙钛矿磁性金属间化合物也表现出许多有趣的磁性和电输运特性。在 Cu 掺杂 Ni$_4$N 薄膜中，当温度低于 3.15 K 时，费米能级附近大的态密度会诱发强电子 - 声子耦合，使 Ni$_3$CuN 出现超导特性。在 Cu 掺杂 NiMn$_3$N 薄膜中，Cu 含量的增加削弱了 Ni-Mn 之间反铁磁性耦合强度，增强了 Mn-Mn 之间亚铁磁性耦合强度，导致奈尔温度降低。因此，采用非磁性元素 Cu 掺杂 Fe$_4$N 来诱发新颖的物性，将有助于推动 Fe$_4$N 在自旋电子器件领域中的应用。

　　采用对向靶反应溅射法在 Si（001）和石英玻璃基底上生长了多晶 CuFe$_3$N 薄膜，系统地研究了 CuFe$_3$N 薄膜的结构、磁性和电输运特性，阐明了 CuFe$_3$N 薄膜中的反常霍尔效应的标度关系。

4.3.1　微观结构

　　图 4-18 给出了单晶 Si（001）基底上不同厚度 CuFe$_3$N 薄膜的表面形貌图。均方根表面粗糙度（R_q）的定义式为

$$R_q = \left[\frac{1}{N} \sum_{i=1}^{N} (Z_i - Z_a)^2 \right]^{\frac{1}{2}}$$

（4-2）

其中，Z_i 是第 i 个扫描点的高度，Z_a 是测量面积内 N 个扫描点的算术平均高度。当薄膜的厚度从 10 nm 增大至 80 nm 时，$CuFe_3N$ 薄膜的 R_q 依次为 4.25、4.31、4.97、7.07、8.15 和 15.7 nm。薄膜表面的平均颗粒直径为 37.40、43.44、47.00、49.67、45.75 和 53.11 nm。因此，随着 $CuFe_3N$ 薄膜厚度的增加，薄膜的表面粗糙度和颗粒尺寸均增大。

图 4-19（a）给出了 $CuFe_3N$（80 nm）薄膜的 XRD $\theta\text{-}2\theta$ 扫描图。从图中可以看出，除了单晶 Si 基底的（004）衍射峰之外，还存在 $CuFe_3N$ 薄膜的（111）、（002）和（311）衍射峰，表明 Si（001）基底上 $CuFe_3N$ 薄膜具有多晶结构。$CuFe_3N$ 薄膜的衍射峰与 Fe_4N 的标准衍射峰一致，表明 $CuFe_3N$ 具有反钙钛矿型立方晶格结构。由于 Cu 原子半径（1.57 Å）小于 Fe（1.72 Å），$CuFe_3N$ 薄膜的晶格常数（$a=b=c=3.774$ Å）小于 Fe_4N（$a=b=c=3.795$ Å，且 $CuFe_3N$ 薄膜的（111）晶面的晶面间距（2.183 Å）小于 Fe_4N（2.191 Å）。图 4-19（b）给出了 $CuFe_3N$ 薄膜的 EDS 图。$CuFe_3N$ 薄膜中 Cu 和 Fe 的含量分别为 23.17% 和 76.83%，Cu∶Fe 约为 1∶3。此外，EDS 图中 C 和 O 元素可能是在 TEM 制样过程中引入的。图 4-19（c）~（f）给出了 $CuFe_3N/Si$ 异质结构中 Si、Cu、Fe 和 N 元素的 EDS 面分布图，其中 Cu、Fe 和 N 元素均匀地分布在 $CuFe_3N$ 薄膜中。采用 TEM 表征了 $CuFe_3N/Si$ 异质结构的微观结构。图 4-19（g）给出了 $CuFe_3N/Si$ 异质结构界面处的 TEM 图。从图中可以观察到 Si 基底上方衬度较亮的区域，该区域为 Si 基底表面自然氧化的 SiO_2 层，厚度约为 6.8 nm。采用傅里叶变换来处理图 4-19（g）中黄色方框的区域，得到图 4-19（h）。从 4-19（h）图中观察到由 $CuFe_3N$ 的（001）和（111）晶面形成的衍射环，进一步证明 $CuFe_3N$ 薄膜具有多晶结构。图 4-19（i）是 Si 基底的 SAED 图，观察到由 Si（001）晶面形成一系列规则排列的衍射斑点，证明 Si 基底具有单晶结构。图 4-19（j）给出了 $CuFe_3N$ 薄膜的 TEM 图，从图中可以获得（001）和（111）晶面的晶面间距分别为 3.771 ± 0.007 Å 和 2.182 ± 0.004 Å，这与 XRD 的结果一致。

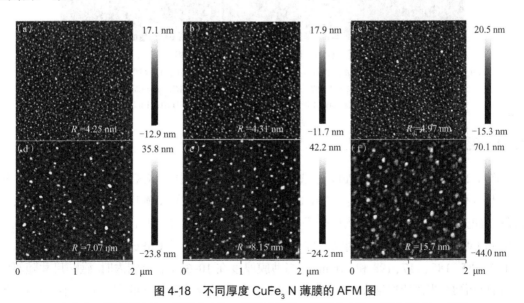

图 4-18　不同厚度 $CuFe_3N$ 薄膜的 AFM 图

（a）10 nm 薄膜；（b）15 nm 薄膜；（c）20 nm 薄膜；（d）30 nm 薄膜；（e）50 nm 薄膜；（f）80 nm 薄膜

　　Wang 等、Figueiredo 等和 Li 等发现 Cu 原子替代 Fe_4N 中顶角位置的部分 Fe 原子后，形成了具有反钙钛矿型结构的三元氮化物 $CuFe_3N$。由于 Cu 和 Fe 的原子半径与核外电子排布 [$Cu(3d^{10}4s^1)$、$Fe(3d^64s^2)$] 均不同，Cu 掺入 Fe_4N 晶胞后，其内部键长、键角和电子结构均发生变化，导致 $CuFe_3N$ 薄膜磁性和电输运特性均不同于 Fe_4N 薄膜。

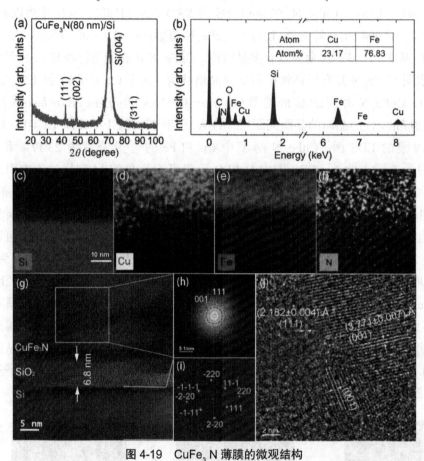

图 4-19　$CuFe_3N$ 薄膜的微观结构

（a）$CuFe_3N$(80 nm)薄膜的 XRD θ-2θ 图；（b）$CuFe_3N$(80 nm)/Si 异质结构的 EDS 图；（c）Si 的元素分布图；（d）Cu 的元素分布图；（e）Fe 的元素分布图；（f）N 的元素分布图；（g）断面的 TEM 图；（h）图（g）中黄色方框区域的傅里叶变换图谱；（i）Si 基底的 SAED 图；（j）高分辨 TEM 图

4.3.2　磁学性质

　　图 4-20 给出了不同厚度 $CuFe_3N$ 薄膜的 MFM 图。图中亮暗区域代表磁畴具有方向相反且大小不同的面外磁化分量。以图 4-20（d）为例，当 $CuFe_3N$ 薄膜的厚度为 30 nm 时，沿蓝色、黄色和粉色的线计算得到磁畴平均尺寸分别为 216、237 和 198 nm。因此，$CuFe_3N$（30 nm）薄膜的磁畴的平均尺寸为 217 nm。对于 10~80 nm 的 $CuFe_3N$ 薄膜，磁畴尺寸依次为 152、185、185、217、198 和 176 nm。当薄膜厚度在 10~30 nm 范围内时，磁畴尺寸随厚度的增加而增加；当薄膜厚度在 30~80 nm 范围内时，磁畴尺寸随厚度的增加而减小；当厚度为 30 nm 时，磁畴尺寸最大。Kaplan 和 Gerhing 等提出磁畴尺寸的变化可能与 Néel 畴壁向

Bloch 畴壁的转变有关。CuFe₃N 薄膜的磁畴尺寸随薄膜厚度的变化关系符合如下关系

$$D \approx te^{\frac{\pi b}{2}+1}e^{\frac{\pi D_0}{2t}}, \quad t<<D_0 \tag{4-3}$$

$$D \propto 1.92(tD_0)^{\frac{1}{2}}, \quad t>>D_0 \tag{4-4}$$

$$D_0 = \frac{\sigma_\omega}{2\pi M_S^2} \tag{4-5}$$

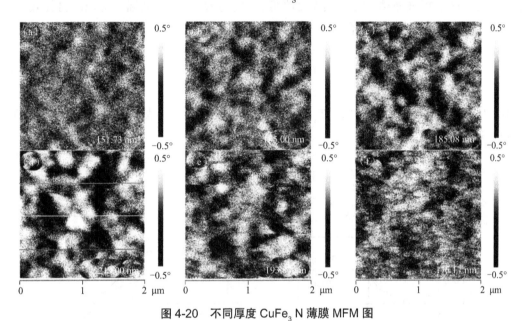

图 4-20　不同厚度 CuFe₃N 薄膜 MFM 图

（a）10 nm 薄膜；（b）15 nm 薄膜；（c）20 nm 薄膜；（d）30 nm 薄膜（蓝、黄和粉色的线用作评估磁畴的平均尺寸）；
（e）50 nm 薄膜；（f）80 nm 薄膜

其中，D、t、σ_ω 和 M_S 分别代表磁畴壁宽度、薄膜厚度、单位面积磁畴壁的能量和饱和磁化强度，b 是常数。根据式（3-2）和（3-3），当 $t<<D_0$ 时，D 随薄膜厚度的增加而减小；当 $t=D_0$ 时，D 达到最小，磁畴尺寸最大。因此，当 CuFe₃N 薄膜的厚度为 30 nm 时，磁畴尺寸最大。

图 4-21（a）给出了室温下不同厚度 CuFe₃N 薄膜的 M-H 曲线。当薄膜厚度从 10 nm 增大至 80 nm 时，薄膜的饱和磁化强度（M_S）由 1 331 emu/cm³ 减小至 401 emu/cm³，表明薄膜厚度可以有效地影响 M_S。当薄膜厚度小于 20 nm 时，随着薄膜厚度的增加，矫顽场（Coercive field，H_C）由 240 Oe 增大到 696 Oe；当薄膜厚度为 20 nm 时，H_C 最大；当薄膜厚度继续增大至 80 nm 时，H_C 减小至 57 Oe，如图 4-21（b）所示。在 300 K 时，当多晶 Fe₄N 薄膜的厚度在 5~163 nm 范围内时，M_S 在 800~1 150 emu/cm³ 范围内震荡变化，H_C 几乎不随厚度发生变化，约为 25 Oe。与相同厚度的多晶 Fe₄N 薄膜进行比较发现，CuFe₃N 薄膜的 M_S 更小，H_C 更大。表明非磁性元素 Cu 替代 Fe₄N 中的 Fe 原子，导致 CuFe₃N 薄膜中的铁磁耦合弱于 Fe₄N 薄膜。Figueiredo 等采用自洽的线性 Muffin-Tin 轨道计算方法研究了 CuFe₃N 的磁矩。结果表明，CuFe₃N 的磁矩为 6.18 μ_B/u.c.，小于 Fe₄N 的 9.40 μ_B/u.c.，与实验结果一致。当 CuFe₃N 薄膜厚度较小时，薄膜表面可能存在 Cu 缺陷，导致具有较大磁化强度的 Fe-N 相形成，因此 M_S 增大，如图 4-21（b）所示。图 4-21（c）给出了不同温度下 CuFe₃N（80 nm）

薄膜的 *M-H* 曲线。M_S 和 H_C 均随温度升高而减小,如图 4-21(d)所示。温度升高时,随机热扰动增强,磁矩有序性减弱,M_S 减小。M_S-T 关系满足如下关系

$$M_S(T) = M_S(0)[1 - BT^{3/2} - CT^{5/2} - DT^{7/2} - \cdots) \qquad (4\text{-}6)$$

其中,$M_S(0)$ 是 0 K 时饱和磁化强度;B、C 和 D 是相关系数。显然,式(4-6)可以对 M_S-T 曲线进行拟合,如图 4-20(d)中的红色虚线所示。此外,由于低温下多晶 CuFe$_3$N 薄膜的晶界和表面处无序磁矩被冻结,因此,当温度降低,增大的 H_C 应该与低温下磁矩的钉扎效应有关。H_C-T 曲线可由式(4-7)拟合

$$H_C(T) = H_C(0)\left[1 - \left(\frac{T}{T_B}\right)^{\frac{1}{2}}\right] \qquad (4\text{-}7)$$

其中,$H_C(0)$ 是 0 K 时矫顽力,T_B 是截止温度。拟合结果表明,$H_C(0)$=350.54 Oe,T_B=408.75 K。

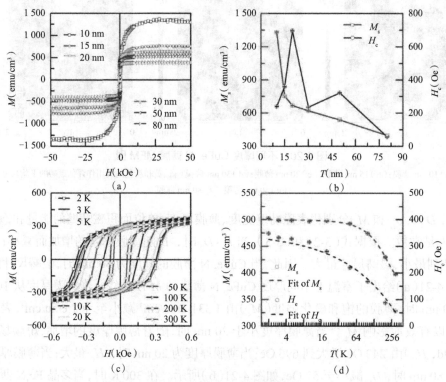

图 4-21 CuFe$_3$N 的磁学性质

(a)300 K 时,不同厚度 CuFe$_3$N 薄膜的 *M-H* 曲线;(b)300 K 时,M_S 和 H_C 随薄膜厚度的变化关系;
(c)不同温度下,CuFe$_3$N(80 nm)薄膜的 *M-H* 曲线;(d)CuFe$_3$N(80 nm)薄膜的 M_S 和 H_C 随温度的变化关系

4.3.3 电输运特性

图 4-22(a)给出了石英玻璃基底上不同厚度 CuFe$_3$N 薄膜的 $\rho_{xx}(T)/\rho_{xx}(305\ \text{K})$-$T$ 曲线。从图中可以看出,随着温度升高,CuFe$_3$N 薄膜的电阻率不断增加,表明 CuFe$_3$N 薄膜具有金属导电特性。在 10 和 15 nm 的 CuFe$_3$N 薄膜中,当 $T=T_0$ 时,薄膜电阻率均出现极小

值,如图 4-22(a)中红色虚线箭头处所示。当 t=15 nm 时, $T_0 \approx 7$ K;当 t=10 nm 时, $T_0 \approx 11$ K。然而,在相同厚度的 Fe₄N 薄膜中,并未观察到电阻率随温度变化的极值点现象。10 和 15 nm 的 CuFe₃N 薄膜中极值点现象表明, $T < T_0$ 时,薄膜中电子在传导时受杂质散射、表面散射和界面散射等多重散射波互相干扰,导致局域电子的运动被冻结,电阻率增大,呈现出绝缘体的性质。此外,薄膜的纵向电阻率(ρ_{xx})主要来自杂质散射和晶格散射的贡献。其中,杂质散射与 0 K 时薄膜的纯度和完整性有关,可通过残余电阻率 ρ_{xx0} 值来衡量杂质散射的强度。晶格散射与温度有关,温度越高,晶格震动越强,晶格散射越强。为了评估 CuFe₃N 薄膜中杂质散射的贡献,可从 ρ_{xx}-T 曲线中提取 0 K 处 ρ_{xx0}。当样品温度降至德拜温度以下时,可忽略晶格散射的贡献。此时,在铁磁性薄膜中, ρ_{xx} 将满足 $\rho_{xx} \propto T^2$ 的变化关系;在反铁磁性薄膜中, ρ_{xx} 将满足 $\rho_{xx} \propto T^5$ 和 $\rho_{xx} \propto T^4$ 的变化关系。采用方程 $\rho_{xx}(T) = \rho_{xx0} + \alpha T^{\beta}$ 拟合了 2~8 K 范围内 CuFe₃N 薄膜的 ρ_{xx}-T 曲线,拟合曲线与 ρ_{xx} 轴线的交点即为 ρ_{xx0},式中 α 和 β 系数随散射模型而改变,如图 4-22(b)中插图所示。拟合结果表明,CuFe₃N(80 nm)薄膜的 $\rho_{xx0}=\rho_{xx}(0$ K$)$=151.58 μΩ·cm,略小于 $\rho_{xx}(2$ K$)$=151.71 μΩ·cm。当 $T \leq 8$ K 时, β=2.02,CuFe₃N 薄膜的 ρ_{xx} 以杂质散射为主导。图 4-22(a)中插图给出了 ρ_{xx0} 随薄膜厚度的变化关系。结果表明,随着薄膜厚度减小, ρ_{xx0} 逐渐增大,杂质散射增强。

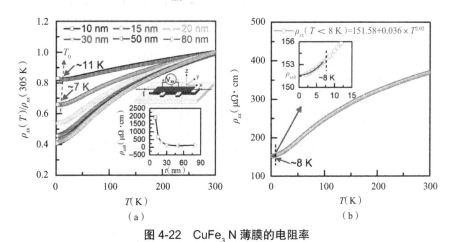

图 4-22　CuFe₃N 薄膜的电阻率

(a)不同厚度 CuFe₃N 薄膜的 $\rho_{xx}(T)/\rho_{xx}(305$ K$)$ 随温度的变化关系(插图为 ρ_{xx0} 随厚度的变化关系以及 ρ_{xx} 测量示意图);
(b)CuFe₃N(80 nm)薄膜的 $\rho_{xx}(T)$ 曲线(插图为采用方程 $\rho_{xx}(T) = \rho_{xx0} + \alpha T^{\beta}$ 拟合了 2~8 K 范围内的 CuFe₃N 薄膜的 ρ_{xx}-T 曲线,
拟合曲线与 ρ_{xx} 轴线的交点即为 ρ_{xx0})

图 4-23(a)给出了不同厚度 CuFe₃N 薄膜的反常霍尔电阻率 ρ_{AH} 随温度的变化关系。从图中可以看出, ρ_{AH} 随温度的升高而增大。在 100~300 K 范围内,CuFe₃N(10 nm)薄膜的 ρ_{AH} 小于较厚薄膜(t>10 nm)。在 t>10 nm 的 CuFe₃N 薄膜中,AHE 由块体散射主导;在 CuFe₃N(10 nm)薄膜中,电子的平均自由程较小,导致 ρ_{AH} 较小,AHE 主要受薄膜表面散射的影响。图 4-23(b)给出了不同温度下 CuFe₃N(80 nm)薄膜的 ρ_{xy}-H 曲线。从图中可以看出,当磁场逐渐增大时,由于反常霍尔效应, ρ_{xy} 迅速增加;当磁场继续增大时,由洛伦兹力引起的正常霍尔效应(Ordinary Hall Effect, OHE)起主导作用, ρ_{xy} 随磁场增大线性增大。因此, $\rho_{xy}=\rho_{OH}+\rho_{AH}=R_O B+R_S 4\pi M$,其中 ρ_{OH} 和 ρ_{AH} 分别是正常霍尔和反常霍尔效应电阻率, R_O 和

R_S 分别是正常和反常霍尔效应的系数。此外，将磁感应强度 B 定义为 $[H+4\pi M(1-D)]$，由于薄膜的退磁因子 $D=1$，因此 $CuFe_3N$ 薄膜中 $B=H$。对图 4-23（b）中高场区域的霍尔数据进行线性拟合，拟合直线在纵坐标轴上的截距为 ρ_{AH}，直线的斜率值为 R_O。图 4-23（c）给出了不同厚度 $CuFe_3N$ 薄膜的 R_O 随温度的变化关系。R_O 为正，且与 Fe_4N 薄膜得到的结果一致。图 4-23（d）给出了不同厚度 $CuFe_3N$ 薄膜的 R_S 随温度的变化关系，其中 $R_S=\rho_{AH}/4\pi M_S$。从图 4-23（c）和（d）可以得出，R_S 比 R_O 大一个数量级。同时，$CuFe_3N$ 薄膜的 R_O（10^{-4} $cm^3 \cdot C^{-1}$）和 R_S（10^{-3} $cm^3 \cdot C^{-1}$）比 Fe 薄膜的 R_O（2.3×10^{-5} $cm^3 \cdot C^{-1}$）和 R_S（$\sim 2.8 \times 10^{-4}$ $cm^3 \cdot C^{-1}$）大一个数量级，表明 $CuFe_3N$ 薄膜具有较强的霍尔效应。

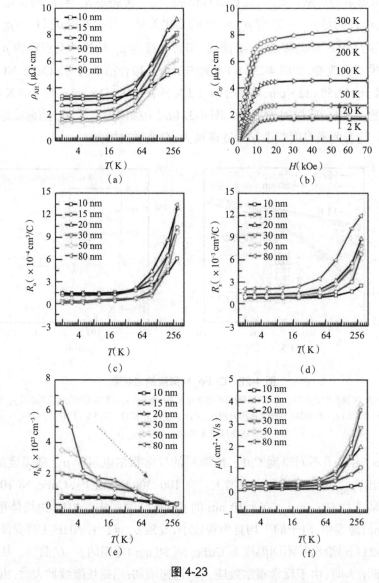

图 4-23

（a）不同厚度 $CuFe_3N$ 薄膜的 ρ_{AH} 随温度的变化关系；（b）不同温度下 $CuFe_3N$（80 nm）薄膜的 ρ_{xy}-H 曲线；
（c）不同厚度 $CuFe_3N$ 薄膜的 R_O 随温度的变化关系；（d）不同厚度 $CuFe_3N$ 薄膜的 R_S 随温度的变化关系；
（e）不同厚度 $CuFe_3N$ 薄膜 n_h 随温度的变化关系；（f）不同厚度 $CuFe_3N$ 薄膜 μ 随温度的变化关系

此外, 不同厚度 $CuFe_3N$ 薄膜的载流子浓度 (n_h) 和迁移率 (μ) 可通过式 $n_h=1/(eR_O)$ 和 $\mu=R_O/\rho_{xx}$ 获得, 如图 4-23 (e) 和 (f) 所示。表 4-3 列出了室温下 10 nm 的 Fe、Fe_4N 和 $CuFe_3N$ 薄膜的 M_S、ρ_{xx}、纵向电导率 (σ_{xx})、ρ_{AH} 和 n_h, 发现 $CuFe_3N$ 薄膜的 $n_h(CuFe_3N)=1.02\times10^{22}$ cm^{-3}, 小于 Fe 薄膜的 $n_h(Fe)=1.70\times10^{23}$ cm^{-3} 和 Cu 薄膜的 $n_h(Cu)=8.5\times10^{22}$ cm^{-3}。图 4-23 (f) 给出了不同厚度 $CuFe_3N$ 薄膜的 μ 随温度的变化关系。在 2~50 K 范围内, 不同厚度 $CuFe_3N$ 薄膜的 μ 几乎不随温度变化; 在 50~300 K 范围内, μ 随温度的增大而增大; 在 300 K 时, μ 为 $0.26~3.63$ $cm^2/(V\cdot s)$, 远小于金属 Cu 的迁移率 (428 $cm^2/(V\cdot s)$)。与 10 nm 的 Fe_4N 薄膜相比, 多晶 $CuFe_3N$ 薄膜具有较大的杂质散射和较小的 M_S。因此, 300 K 时, 10 nm 的 $CuFe_3N$ 薄膜的 $\rho_{xx}(CuFe_3N)=2\,312.71$ $\mu\Omega\cdot cm$ 约为相同厚度 Fe_4N 薄膜 $\rho_{xx}(Fe_4N)=1\,000$ $\mu\Omega\cdot cm$ 的 2.3 倍, $\rho_{AH}(CuFe_3N)=5.28$ $\mu\Omega\cdot cm$ 约为相同厚度的 Fe_4N 薄膜 $\rho_{AH}(Fe_4N)=15$ $\mu\Omega\cdot cm$ 的 0.352 倍, 如表 4-3 所示。

表 4-3　300 K 下, 10 nm 的 Fe、Fe_4N 和 $CuFe_3N$ 薄膜的 M_S、ρ_{xx}、σ_{xx}、ρ_{AH} 和 n_h

10 nm @ 300 K	Fe	Fe_4N	$CuFe_3N$
M_S (emu/cm^3)	1 720	1 440	1 352.19
ρ_{xx} ($\mu\Omega\cdot cm$)	10	10^3	2 312.71
σ_{xx} (S/cm)	10^5	~1 000	432.36
ρ_{AH} ($\mu\Omega\cdot cm$)	0.6	~15	5.28
n_h (cm^{-3})	1.7×10^{23}	—	1.02×10^{22}

铁磁性材料的 AHE 机制包含内禀机制 ($\rho_{AH}=Const.+b\rho_{xx}^2$)、斜散射机制 ($\rho_{AH}=\alpha\rho_{xx}$) 和边跳跃机制 ($\rho_{AH}=\beta\rho_{xx}^2$)。统一理论同时考虑了内禀和外禀机制, 当 $\sigma_{xx}>10^6$ S/cm 时, 斜散射起主要作用; 当 10^4 S/cm$<\sigma_{xx}<10^6$ S/cm 时, 内禀机制起主要作用; 当 $\sigma_{xx}<10^4$ S/cm 时, σ_{xy} 和 σ_{xx} 之间满足 $\sigma_{xy}\propto\sigma_{xx}^{1.6}$。其中, 纵向电导率满足 $\sigma_{xx}=\rho_{xx}/(\rho_{xx}^2+\rho_{xy}^2)$ 的关系, 横向电导率 (σ_{xy}) 满足 $\sigma_{xy}=\rho_{xy}/(\rho_{xx}^2+\rho_{xy}^2)$ 的关系。为了研究 $CuFe_3N$ 薄膜 AHE 的机制, 图 4-24 (a) 给出了对数坐标下 $CuFe_3N$ 薄膜的反常霍尔电导 (σ_{AH}) 与 σ_{xx} 之间的变化关系, 发现 $CuFe_3N$ 薄膜的 σ_{xx} 处于低导电区间, 即满足 $\sigma_{xx}<10^4$ S/cm。通过 $\sigma_{AH}=A\sigma_{xx}^\gamma+B$ 对 σ_{AH}-σ_{xx} 的结果进行拟合, 发现拟合后的标度指数 (γ) 介于 1.83 和 2.08 之间, 表明 $\sigma_{xy}\propto\sigma_{xx}^{1.6}$ 的标度关系不适于解释 $CuFe_3N$ 薄膜中的 AHE。

为了阐明 AHE 机制, 研究了对数坐标下不同厚度 $CuFe_3N$ 薄膜的 ρ_{AH} 随 ρ_{xx} 的变化关系, 如图 4-24 (b) 所示。通过对 ρ_{AH}-ρ_{xx} 数据点进行线性拟合, 发现 γ 介于 2.05 和 4.13 之间, 且随薄膜厚度减小而增大。其中, 10~20 nm 的薄膜标度指数 γ' 2, 且在 10 nm 的薄膜中 $\gamma=4.13$。通常, $\gamma>2$ 的标度指数出现在具有异质结构的铁磁性体系中, 例如, Fe/Cr 多层薄膜中 $\gamma=2.6$, Co-Ag 颗粒膜中 $\gamma=3.7$, Co/Pd 多层薄膜中 $\gamma=5.7$, 这是由于界面散射增强导致标度指数增大。因此, 10 nm 的 $CuFe_3N$ 薄膜中较大标度因子 ($\gamma=4.13$) 可能与 Cu 掺入 Fe_4N 后自旋相关散射增强有关。此外, 在 2~100 K 范围内, $\lg\rho_{AH}$ 和 $\lg\rho_{xx}$ 之间满足线性关系; 在

100~300 K 范围内，$\lg\rho_{AH}$-$\lg\rho_{xx}$ 存在非线性关系。其中，高温下 $\lg\rho_{AH}$-$\lg\rho_{xx}$ 的非线性关系可能与温度相关的磁化强度有关。为了消除磁化强度对 ρ_{AH} 的影响，图 4-24（c）给出了对数坐标下 ρ_{AH}/m 随 ρ_{xx} 的变化关系，其中 m 满足 $m=M_S(T)/M_S(300\text{ K})$。显然，在 2~300 K 范围内，$\lg(\rho_{AH}/m)$-$\lg\rho_{xx}$ 表现出线性关系。因此，在接下来的讨论中，只对 100 K 以下的数据进行分析，忽略磁化强度对 ρ_{AH} 的影响。

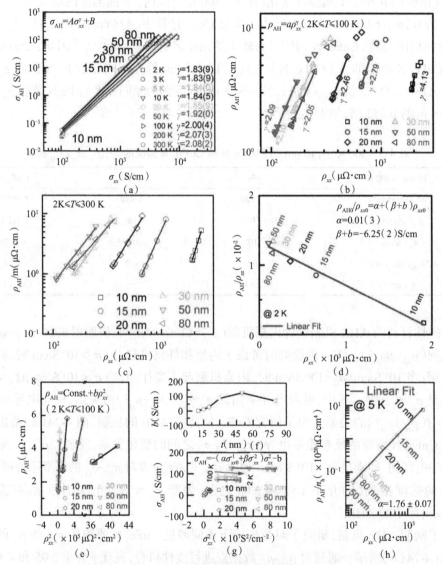

图 4-24　CuFe₃N 薄膜的标度关系

（a）σ_{AH}—σ_{xx} 关系，拟合结果满足 $\sigma_{AH}=\sigma_{xx}^{\gamma}+B$；（b）$\log\rho_{AH}$—$\log\rho_{xx}$ 关系，拟合结果满足 $\rho_{AH}=a\rho_{xx}^{\gamma}$；
（c）$\lg(\rho_{AH}/m)$—$\lg\rho_{xx}$ 关系，拟合结果满足线性关系；（d）ρ_{AH}/ρ_{xx}—ρ_{xx} 关系，拟合结果满足 $\rho_{AH}/\rho_{xx}=\alpha+(\beta+b)\rho_{xx0}$；
（e）ρ_{AH}—ρ_{xx}^2 关系，拟合结果满足 $\rho_{AH}=Const.+b\rho_{xx}^2$；（f）内禀贡献 b 随薄膜厚度的变化；
（g）σ_{AH}—σ_{xx}^2 关系，拟合结果满足 $\sigma_{AH}=-(\alpha\sigma_{xx}^{-1}+\beta\sigma_{xx}^{-2})-b$；（h）$\lg(\rho_{AH}/n_h)$—$\lg\rho_{xx}$ 关系，拟合结果满足线性关系

根据 $\rho_{AH}=\alpha\rho_{xx0}+\beta\rho_{xx0}^2+b\rho_{xx}^2$，对 ρ_{AH}-ρ_{xx} 进行了拟合，其中参数 α、β 和 b 分别对应斜散

射、边跳跃和内禀机制的贡献。图 4-24（d）给出了 2 K 时（ρ_{AH}/ρ_{xx}）随 ρ_{xx} 的变化关系。使用变形方程 $\rho_{AH0}/\rho_{xx0}=\alpha+(\beta+b)\rho_{xx0}$ 对（ρ_{AH}/ρ_{xx}）-ρ_{xx} 关系进行拟合，其中 $\rho_{AH0}=\rho_{AH}$（2 K），得到的拟合直线的截距和斜率分别对应参数 α=0.01（3）和 $\beta+b$=6.25（2）S/cm。表明斜散射贡献较少，CuFe$_3$N 薄膜中的 AHE 主要来自边跳跃和内禀机制的贡献。

为了研究内禀机制对 AHE 的贡献，图 4-24（e）给出了 ρ_{AH} 随 ρ_{xx}^2 的变化关系。使用 $\rho_{AH}=Const.+b\rho_{xx}^2$ 对 ρ_{AH}-ρ_{xx}^2 的数据进行拟合，拟合直线的截距和斜率分别对应内禀贡献 b 和常数 $Const.$。图 4-24（f）给出了 b 随薄膜厚度的变化关系，发现 b 随薄膜厚度呈现不规律的变化趋势，表明 CuFe$_3$N 薄膜的本征反常霍尔电导是与散射相关的。进一步采用电导率形式的公式 $\sigma_{AH}=-(\alpha\sigma_{xx0}^{-1}+\beta\sigma_{xx0}^{-2})-b$ 对 σ_{AH} 随 σ_{xx}^2 的变化关系进行拟合，同样可获得参数 b，如图 4-24（g）所示。2 K 时，50 nm 的 CuFe$_3$N 薄膜的 b 为 130 S/cm，小于 Fe$_4$N 薄膜的 196 S/cm，这可能与多晶 CuFe$_3$N 薄膜中存在较大电子 - 声子散射有关。通过提取内禀贡献分量 b 可知，边跳跃贡献分量 β 将随薄膜厚度的变化而变化。因此，可以进一步确定多晶 CuFe$_3$N 薄膜的 AHE 由内禀机制和边跳跃机制主导。为了进一步研究载流子浓度 n_h 对 ρ_{AH} 的贡献，图 4-24（h）给出了 lg（ρ_{AH}/n_h）随 lgρ_{xx} 的变化关系。Lee 等认为无耗散的 ρ_{AH} 应该满足（ρ_{AH}/n_h）$\propto\rho_{xx}^2$ 的关系。通过线性拟合，α=1.76 ± 0.07，表明多晶 CuFe$_3$N 薄膜的 ρ_{AH} 不是无耗散的，而是与载流子散射有关的。

图 4-25 给出了不同温度下 CuFe$_3$N 薄膜的磁电阻（Magnetoreisitance，MR）随面外磁场（H）的变化关系。MR 定义为

$$MR=\frac{R_{xx}(H)-R_{xx}(0)}{R_{xx}(0)} \tag{4-8}$$

其中，$R_{xx}(H)$ 和 $R_{xx}(0)$ 分别代表加场和零场下薄膜的纵向电阻值。在 10~30 nm 的 CuFe$_3$N 薄膜中，当 0 T<H<1 T 时，MR 随磁场的增大而增大；当 H>10 kOe 时，MR 逐渐减小且符号由正变为负；当 H 达到 70 kOe 时，MR 仍未饱和，如图 4-25（a）~（d）所示。在 50~80 nm 的 CuFe$_3$N 薄膜中，当 T<50 K 时，MR 随磁场的增大而减小；当 T>50 K 时，MR 与 10~30 nm 的 CuFe$_3$N 薄膜 MR 的变化趋势相同，如图 4-25（e）和（f）所示。在低磁场区域，上翘的 MR 主要与洛伦兹力相关，载流子在传导过程中做螺旋运动，散射概率增大，平均自由程减小，因而 MR 随磁场的增大而增大。但是，随磁场的增加，铁磁有序增强抑制了自旋波的无序散射，且局域磁各向异性增强，导致 MR 减小并出现负 MR。当磁场达到 7 kOe 时，局域磁矩出现导致 MR 一直处于非饱和状态。此外，Mott 的 s-d 带散射模型表明，随着磁场的增加，外磁场会诱发自旋向上和自旋向下的能带偏移，导致 MR 出现负值。因此，正 MR 主要来源于洛伦兹力的贡献，负 MR 则主要是由高磁场下无序散射减弱、能带劈裂增强以及局域磁各向异性的出现引起的。

本节将各向异性磁电阻定义为

$$AMR=\frac{R_{xx}(\theta)-R_{xx}(90°)}{R_{xx}(90°)} \tag{4-9}$$

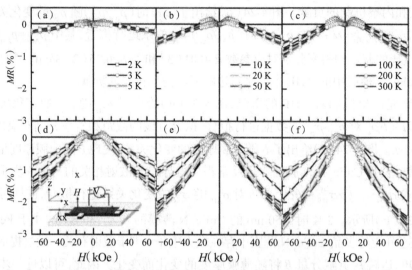

图 4-25 不同温度下不同厚度的 CuFe$_3$N 薄膜的面外 MR

（a）10 nm 薄膜;（b）15 nm 薄膜;（c）20 nm 薄膜;（d）30 nm 薄膜（插图是 MR 测量示意图）;（e）50 nm 薄膜;（f）80 nm 薄膜

其中，θ 是外磁场与纵向电流 I 之间的夹角，$R_{xx}(90^\circ)$ 是 $\theta=90^\circ$ 时的纵向电阻。图 4-26 和 4-27 分别给出了 CuFe$_3$N 薄膜的 AMR 和平面霍尔电阻率（ρ_{xy}）随 θ 的变化关系。从图中可以看出，10 和 80 nm 的 CuFe$_3$N 薄膜的 AMR 为负值，表现为二重对称性，最大 |AMR| 出现在 $\theta=90^\circ$ 处。负 AMR 是由负 P_D 和负 P_σ 共同导致的。此外，当施加 50 kOe 磁场时，随着温度由 2 K 升至 300 K，CuFe$_3$N（10 nm）薄膜的 AMR 由 −0.067% 变化至 −0.003%，CuFe$_3$N（80 nm）薄膜的 AMR 则由 0.336% 减小为 0.067%，这是由于温度升高热扰动增强，磁化强度减弱，导致 |AMR| 减小且二重对称性减弱，如图 4-26（a）和（b）所示。然而，80 nm 的 CuFe$_3$N 薄膜的 |AMR| 最大为 0.336%，小于 58 nm 的 Fe$_4$N 薄膜的 |AMR|=0.89%，这可能是 CuFe$_3$N 薄膜中较小的饱和磁化强度所致。为了解释 AMR 随温度的变化关系，采用式（4-11）对 AMR-θ 曲线进行拟合

$$\text{AMR}=C_0+C_{2\theta}\cdot\cos(2\theta)+C_{4\theta}\cdot\cos(4\theta) \tag{4-10}$$

为了满足 $\Delta\rho_{xx}(90^\circ)/\rho_{xx}=0$，傅里叶系数 $C_0=C_{2\theta}-C_{4\theta}$。$C_{2\theta}$ 和 $C_{4\theta}$ 分别与磁化强度的单轴和立方的分量有关。$\cos(2\theta)$ 和 $\cos(4\theta)$ 分别与由自旋轨道相互作用引起的二重对称性和由四方对称性晶体场引起的四重对称性相关。CuFe$_3$N 薄膜的 AMR-θ 的变化关系表明 xy 面内的 <100> 和 <110> 方向分别对应薄膜易磁化和难磁化轴方向。图 3-9（e）给出了傅里叶系数 $C_{2\theta}$ 和 $C_{4\theta}$ 分别随温度的变化关系。从图中可以看出，$|C_{2\theta}|$ 随温度的升高而减小，与 |AMR|-T 的变化关系一致。图 4-26（c）和（d）给出了 5 K 时不同外磁场下 CuFe$_3$N 薄膜的 AMR-θ 曲线。从图中可以看出，除了 0.1 和 1 kOe，不同磁场下 AMR-θ 曲线均表现为二重对称性，且 |AMR| 大小几乎与外磁场大小无关。其中，1 kOe 不足以使 CuFe$_3$N 薄膜的磁化强度完全饱和。因此，1 kOe 时 80 nm 的 CuFe$_3$N 薄膜的 |AMR| 较小，如图 4-26（d）中红色圆形数据点所示。然而，除了较小 |AMR| 之外，在 1 kOe 时 10 nm 的 CuFe$_3$N 薄膜的 AMR-θ 曲线偏离余弦曲线，如图 4-26（c）中红色圆形数据点所示，这是由于较薄薄膜表面

的磁矩被钉扎,电流和磁场之间的夹角与电流和磁化强度之间的夹角不同所致。图 3-9（f）给出了 5 K 时 $C_{2\theta}$ 和 $C_{4\theta}$ 分别随磁场的变化关系。当磁场由 0.1 kOe 增大至 2 kOe 时,$|C_{2\theta}|$ 逐渐增大;当磁场继续增大至 50 kOe 时,由于磁矩逐渐饱和,$|C_{2\theta}|$ 几乎保持常数不变。

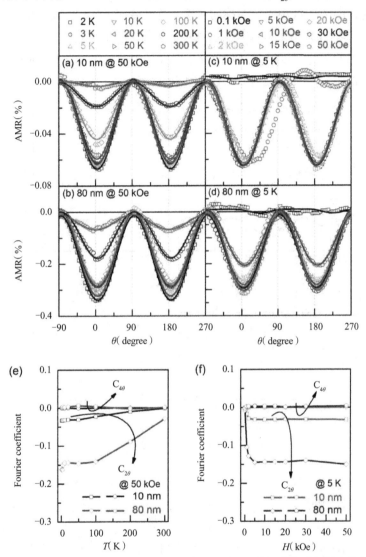

图 4-26　CuFe$_3$N 薄膜的 AMR-θ 关系图与 $C_{2\theta}$ 和 $C_{4\theta}$ 随温度和磁场的变化关系
（a）50 kOe 时不同温度下 10 nm 薄膜;（b）50 kOe 时不同温度下 80 nm 薄膜;（c）5K 时不同磁场下 10 nm 薄膜;（d）5K 时不同磁场下 80 nm 薄膜;（e）$C_{2\theta}$ 和 $C_{4\theta}$ 随温度的变化关系;（f）$C_{2\theta}$ 和 $C_{4\theta}$ 随磁场的变化关系

通常,铁磁体中平面霍尔效应（Planar Hall effect, PHE）和 AMR 具有相似的物理机制。为了进一步验证 AMR 的结果,图 4-27（a）~（d）给出了在不同温度或磁场下 CuFe$_3$N 薄膜的 ρ_{xy} 随角度 θ 的变化关系,发现 ρ_{xy} 最大值出现在 θ=45° 处。ρ_{xy} 随 θ 的变化关系可以通过式（4-12）进行拟合

$$\rho_{xy} = C_1 \sin(2\theta) \qquad (4\text{-}11)$$

其中,傅里叶系数 C_1 与磁化强度的分量成正相关关系。在 50 kOe 下,温度从 2 K 升高至

300 K 时, ρ_{xy}-θ 曲线发生了由二重向单重对称的转变,如图 4-27(e)和(f)所示。同时,随着温度的升高,傅里叶系数 C_1 逐渐减小,如图 4-27(h)所示。表明温度升高,热扰动增强,磁矩有序度减弱, CuFe$_3$N 薄膜的磁化强度沿 y 方向的分量减小。在 5 K 下,磁场由 0.1 kOe 升至 50 kOe 时, ρ_{xy}-θ 曲线由一重对称向二重对称转变,如图 4-27(e)和(g)所示。同时,随着磁场的增加,傅里叶系数 C_1 逐渐增大,如图 4-27(i)所示。表明磁场增大,磁矩有序性增强, CuFe$_3$N 薄膜的磁化强度沿 y 方向的分量增大。因此, ρ_{xy}-θ 曲线的对称性来源于温度相关的电子散射和磁场相关的自旋相关散射之间的竞争。

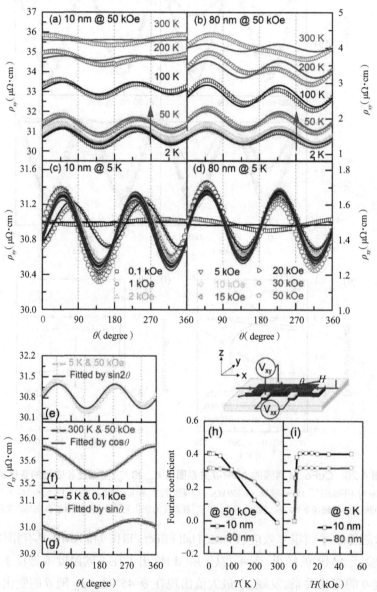

图 4-27　不同条件下 CuFe$_3$N 薄膜的 ρ_{xy} 随角度 θ 的变化关系与傅里叶系数 C_1 随温度和磁场的变化关系
(a)5 kOe 时不同温度,10 nm 薄膜;(b)5 kOe 时不同温度,80 nm 薄膜;(c)5 kOe 时不同磁场下,10 nm 薄膜;
(d)5 kOe 时不同磁场下,80 nm 薄膜;(e)5 K 和 50 kOe;(f)300 K 和 50 kOe;(g)5 K 和 0.1 kOe;
(h)50 kOe 时,10 和 80 nm, C_1 随温度的变化关系;(i)5K 时,10 和 80 nm, C_1 随磁场的变化关系;

本章参考文献

[1] LI Z R, FENG X P, WANG X C, et al. Anisotropic magnetoresistance in facing-target reactively sputtered epitaxial γ′ -Fe₄N films[J]. Materials Research Bulletin, 2015, 65: 175-182.

[2] TAKATA F, KABARA K, ITO K, et al. Negative anisotropic magnetoresistance resulting from minority spin transport in NiₓFe₄₋ₓN (x=1 and 3) epitaxial films[J]. Journal of Applied Physics, 2017, 121(2): 023903/1-7.

[3] ITO K, KABARA K, SANAI T, et al. Sign of the spin-polarization in cobalt-iron nitride films determined by the anisotropic magnetoresistance effect[J]. Journal of Applied Physics, 2014, 116(5): 053912/1-7.

[4] ZHAO X, WANG C Z, YAO Y, et al. Large magnetic anisotropy predicted for rare-earth-free Fe₁₆₋ₓCoₓN₂ alloys[J]. Physical Review B, 2016, 94(22): 224424/1-5.

[5] ZHAO X, KE L, WANG C Z, et al. Metastable cobalt nitride structures with high magnetic anisotropy for rare-earth free magnets[J]. Physical Chemistry Chemical Physics, 2016, 18 (46): 31680-31690.

[6] STEINER S, KHMELEVSKYI S, MARSMANN M, et al. Calculation of the magnetic anisotropy with projected-augmented-wave methodology and the case study of disordered Fe₁₋ₓCoₓ alloys[J]. Physical Review B, 2016, 93(22): 224425/1-6.

[7] TUREK I, KUDRNOVSKÝ J, CARVA K. Magnetic anisotropy energy of disordered tetragonal Fe-Co systems from ab initio alloy theory[J]. Physical Review B, 2012, 86(17): 174430/1-7.

[8] BUSCHBECK J, OPAHLE I, FÄHLER S, et al. Magnetic properties of Fe-Pd magnetic shape memory alloys: Density functional calculations and epitaxial films[J]. Physical Review B, 2008, 77(17): 174421/1-8.

[9] SKOMSKI R, SELLMYER D J. Anisotropy of rare-earth magnets[J]. Journal of Rare Earths, 2009, 27(4): 675-679.

[10] ZHANG K C, LI Y F, LIU Y, et al. Giant magnetic anisotropy of rare-earth adatoms and dimers adsorbed by graphene oxide[J]. Physical Chemistry Chemical Physics, 2017, 19(20): 13245-13251.

[11] LUO C, ZHANG W, WONG P K J, et al. The influence of Nd dopants on spin and orbital moments in Nd-doped permalloy thin films[J]. Applied Physics Letters, 2014, 105(8): 082405/1-4.

[12] MI W B, GUO Z B, FENG X P, et al. Reactively sputtered epitaxial γ′ -Fe₄N films: Surface morphology, microstructure, magnetic and electrical transport properties[J]. Acta Materialia, 2013, 61(17): 6387-6395.

[13] KOKADO S, FUJIMA N, HARIGAYA K, et al. Theoretical analysis of highly spin-polar-

ized transport in the iron nitride Fe$_4$N[J]. Physical Review B, 2006, 73(17):172410/1-4.

[14] KOMASAKI Y, TSUNODA M, ISOGAMI S, et al. 75% inverse magnetoresistance at room tempe rature in Fe$_4$N/MgO/CoFeB magnetic tunnel junctions fabricated on Cu underlayer[J]. Journal of Applied Physics, 2009, 105(7):07C928/1-3.

[15] MATAR S F, HOUARI A, BELKHIR M A. Ab initio studies of magnetic properties of cobalt and tetracobalt nitride Co$_4$N[J]. Physical Review B, 2007, 75(24):245109/1-7.

[16] ITO K, HARADA K, TOKO K, et al. Epitaxial growth and magnetic characterization of ferromagnetic Co$_4$N thin films on SrTiO$_3$(001) substrates by molecular beam epitaxy[J]. Journal of Crystal Growth, 2011, 336(1):40-43.

[17] REBAZA A V G, DESIMONI J, BLANCÁ E L P. Study on the oscillatory behaviour of the lattice parameter in ternary iron-nitrogen compounds[J]. Physica B: Condensed Matter, 2012, 407(16):3240-3243.

[18] MONACHESI P, BJÖRKMAN T, GASCHE T, et al. Electronic structure and magnetic properties of Mn, Co, and Ni substitution of Fe in Fe$_4$N[J]. Physical Review B, 2013, 88(5):054420/1-6.

[19] MUSIC D, SCHNEIDER J M. Elastic properties of MFe$_3$N(M=Ni, Pd, Pt) studied by ab initio calculations[J]. Applied Physics Letters, 2006, 88(3):031914/1-3.

[20] HOUBEN A, MÜLLER P, VON APPEN J, et al. Synthesis, crystal structure, and magnetic properties of the semihard itinerant ferromagnet RhFe$_3$N[J]. Angewandte Chemie International Edition, 2005, 44(44):7212-7215.

[21] WU Z, MENG J. Elastic and electronic properties of CoFe$_3$N, RhFe$_3$N, and IrFe$_3$N from first principles[J]. Applied Physics Letters, 2007, 90(24):241901/1-3.

[22] TAKATA F, ITO K, HIGASHIKOZONO S, et al. Epitaxial growth and magnetic properties of Ni$_x$Fe$_{4-x}$N(x=0, 1, 3, and 4) films on SrTiO$_3$(001) substrates[J]. Journal of Applied Physics, 2016, 120(08):083907/1-7.

[23] VON APPEN J, DRONSKOWSKI R. Predicting new ferromagnetic nitrides from electronic structure theory: IrFe$_3$N and RhFe$_3$N[J]. Angewandte Chemie International Edition, 2005, 44(8):1205-1210.

[24] LARSON P, LAMBRECHT W R L, CHANTIS A, et al. Electronic structure of rare-earth nitrides using the LSDA+U approach: Importance of allowing 4f orbitals to break the cubic crystal symmetry[J]. Physical Review B, 2007, 75(4):045114/1-14.

[25] WU H, SUN H, CHEN C. Superior magnetic and mechanical property of MnFe$_3$N driven by electron correlation and lattice anharmonicity[J]. Physical Review B, 2015, 91(6):064102/1-8.

[26] CHEN L. Electronic structure and magnetism of Fe$_{4-x}$Mn$_x$N compounds[J]. Journal of Applied Physics, 2006, 100(11):113717/1-5.

[27] ZHAO E, XIANG H, MENG J, et al. First-principles investigation on the elastic, magnetic and electronic properties of MFe$_3$N (M=Fe, Ru, Os)[J]. Chemical Physics Letters, 2007, 449(1-3):96-100.

[28] DAALDEROP G H O, KELLY P J, SCHUURMANS M F H. First-principles calculation of the magnetocrystalline anisotropy energy of iron, cobalt, and nickel[J]. Physical Review B, 1990,41(17):11919-11937.

[29] EL KHIRAOUI S, SAJIEDDINE M, VERGNAT M, et al. X-ray diffraction and Mössbauer study of (Fe$_{1-x}$Ni$_x$)$_4$N (0.2≤x≤0.6) films[J]. Journal of Alloys and Compounds, 2007, 440 (1-2):43-45.

[30] REBAZA A V G, NAVARRO A M M, MARTINEZ J, et al. First principles and experimental studies of the structural and magnetic ground state of the ternary compound MnFe$_3$N[J]. Journal of Alloys and Compounds,2016,683: 32-37.

[31] HAJIRI T, FINIZIO S, VAFAEE M, et al. Magnetization reversal of the domain structure in the anti-perovskite nitride Co$_3$FeN investigated by high-resolution X-ray microscopy[J]. Journal of Applied Physics,2016,119(18):183901/1-6.

[32] ANZAI A, TAKATA F, GUSHI T, et al. Epitaxial growth and magnetic properties of Fe$_{4-x}$Mn$_x$N thin films grown on MgO (001) substrates by molecular beam epitaxy[J]. Journal of Crystal Growth,2018,489:20-23.

[33] BURKERT T, ERIKSSON O, JAMES P, et al. Calculation of uniaxial magnetic anisotropy energy of tetragonal and trigonal Fe, Co, and Ni[J]. Physical Review B, 2004, 69(10): 104426/1-7.

[34] MIURA Y, OZAKI S, KUWAHARA Y, et al. The origin of perpendicular magneto-crystalline anisotropy in L1$_0$-FeNi under tetragonal distortion[J]. Journal of Physics: Condensed Matter,2013,25(10):106005/1-9.

[35] KE L, BELASHCHENKO K D, VAN SCHILFGAARDE M, et al. Effects of alloying and strain on the magnetic properties of Fe$_{16}$N$_2$[J]. Physical Review B, 2013, 88(2): 024404/1-9.

[36] KOKADO S, TSUNODA M. Anisotropic magnetoresistance effect of a strong ferromagnet: magnetization direction dependence in a model with crystal field[J]. Physica Status Solidi C,2014,11(5-6):1026-1032.

[37] UHL M, MATAR S F, MOHN P. Ab initio analysis of magnetic properties in noncollinearly ordered Mn$_4$N[J]. Physical Review B,1997,55(5):2995-3002.

[38] LI C, YANG Y, LV L, et al. Fabrication and magnetic characteristic of ferrimagnetic bulk Mn$_4$N[J]. Journal of Alloys and Compounds,2008,457(1-2):57-60.

[39] SCHUH T, MIYAMACHI T, GERSTL S, et al. Magnetic excitations of rare earth atoms and clusters on metallic surfaces[J]. Nano Letters,2012,12(9):4805-4809.

[40] DONATI F, RUSPONI S, STEPANOW S, et al. Magnetic remanence in single atoms[J]. Science,2016,352(6283):318-321.

[41] PADUANI C. Electronic structure and magnetic properties of MnFe$_3$N[J]. Journal of Applied Physics,2004,96(3):1503-1506.

[42] WOLTERSDORF G, KIESSLING M, MEYER G, et al. Damping by slow relaxing rare earth impurities in Ni$_{80}$Fe$_{20}$[J]. Physical Review Letters,2009,102(25):257602/1-4.

[43] CONG W T, TANG Z, ZHAO X G, et al. Enhanced magnetic anisotropies of single transition-metal adatoms on a defective MoS$_2$ monolayer[J]. Scientific Reports,2015,5:9361/1-5.

[44] YOUNSI K, BEZ R, CRIVELLO J C, et al. Structural and magnetic properties of PrCo$_{3-x}$Fe$_x$ by neutron powder diffraction and electronic structure investigations[J]. Journal of Solid State Chemistry,2015,230:19-25.

[45] MIYAKE T, TERAKURA K, HARASHIMA Y, et al. First-principles study of magnetocrystalline anisotropy and magnetization in NdFe$_{12}$, NdFe$_{11}$Ti, and NdFe$_{11}$TiN[J]. Journal of the Physical Society of Japan,2014,83(4):043702/1-4.

[46] HIRAYAMA Y, TAKAHASHI Y K, HIROSAWA S, et al. NdFe$_{12}$N$_x$ hard-magnetic compound with high magnetization and anisotropy field[J]. Scripta Materialia,2015,95:70-72.

[47] HARASHIMA Y, TERAKURA K, KINO H, et al. First-principles study on stability and magnetism of NdFe$_{11}$M and NdFe$_{11}$MN for M=Ti, V, Cr, Mn, Fe, Co, Ni, Cu, Zn[J]. Journal of Applied Physics,2016,120(20):203904/1-6.

[48] HUI Z, TANG X, SHAO D, et al. Epitaxial antiperovskite superconducting CuNNi$_3$ thin films synthesized by chemical solution deposition[J]. Chemical Communications, 2014, 50 (84):12734-12737.

[49] HALLAL A, DIENY B, CHSHIEV M. Impurity-induced enhancement of perpendicular magnetic anisotropy in Fe/MgO tunnel junctions[J]. Physical Review B, 2014, 90(6): 064422/1-6.

[50] UTHAMAN B, RAJI G R, THOMAS S, et al. Influence of Fe addition on the microstructure, magnetic properties and magnetocaloric behavior of Gd$_5$Si$_{1.7}$Ge$_{2.3}$[J]. Intermetallics, 2019,115: 106629/1-11.

[51] LI Z R, MI W B, BAI H L. Electronic structure, vibronic properties and enhanced magnetic anisotropy induced by tetragonal symmetry in ternary iron nitrides: a first-principles study[J]. Computational Materials Science,2018,142:145-152.

[52] TAKATA F, KABARA K, ITO K, et al. Negative anisotropic magnetoresistance resulting from minority spin transport in Ni$_x$Fe$_{4-x}$N (x=1 and 3) epitaxial films[J]. Journal of Applied Physics,2017,121(2):023903/1-5.

[53] YU G Q, WANG Z X, BEYGI M A, et al. Strain-induced modulation of perpendicular magnetic anisotropy in Ta/CoFeB/MgO structures investigated by ferromagnetic resonance[J].

Applied Physics Letters, 2015, 106(7):072402/1-5.

[54] YANG B S, ZHANG J, JIANG L N, et al. Strain induced enhancement of perpendicular magnetic anisotropy in Co/graphene and Co/BN heterostructures[J]. Physical Review B, 2017, 95(17):174424/1-7.

[55] KIKUCHI Y, SEKI T, KOHDA M, et al. Voltage-induced coercivity change in FePt/MgO stacks with different FePt thicknesses[J]. Journal of Physics D: Applied Physics, 2013, 46 (28):285002/1-6.

[56] ITO K, KABARA K, SANAI T, et al. Sign of the spin-polarization in cobalt-iron nitride films determined by the anisotropic magnetoresistance effect[J]. Journal of Applied Physics, 2014, 116(5):053912/1-7.

[57] ANZAI A, GUSHI T, KOMORI T, et al. Transition from minority to majority spin transport in iron-manganese nitride $Fe_{4-x}Mn_xN$ films with increasing x[J]. Journal of Applied Physics, 2018, 124(12):123905/1-8.

[58] MILLIS A J. Lattice effects in magnetoresistive manganese perovskites[J]. Nature, 1998, 392(6672):147-150.

[59] HE B, DONG C, YANG L, et al. $CuNNi_3$: a new nitride superconductor with antiperovskite structure[J]. Superconductor Science and Technology, 2013, 26(12):125015/1-6.

[60] NA Y Y, WANG C, TOMASELLA E, et al. Effect of Cu doping on structural and magnetic properties of antiperovskite $Mn_3Ni(Cu)N$ thin films[J]. Journal of Alloys and Compounds, 2015, 647:35-40.

[61] HUANG J, WANG H, SUN X, et al. Multifunctional $La_{0.67}Sr_{0.33}MnO_3$ (LSMO)thin films integrated on mica substrates toward flexible spintronics and electronics[J]. ACS Applied Materials & Interfaces, 2018, 10:42698-42705.

[62] MI W B, GUO Z B, FENG X P, et al. Reactively sputtered epitaxial γ'-Fe₄N films: surface morphology, microstructure, magnetic and electrical transport properties[J]. Acta Materialia, 2013, 61(17):6387-6395.

[63] WANG W, KAN X C, LIU X S, et al. Effect of Cu on microstructure, magnetic properties of antiperovskite nitrides Cu_xNFe_{4-x}[J]. Journal of Materials Science: Materials in Electronics, 2019, 30:10383-10390.

[64] DE FIGUEIREDO R S, FOCT J, DOS SANTOS A V, et al. Crystallographic and electronic structure of $Cu_xFe_{4-x}N$[J]. Journal of Alloys and Compounds, 2001, 315(1-2):42-50.

[65] TRUNK T, REDJDAL M. Domain wall structure in permalloy films with decreasing thickness at the bloch to néel transition[J]. Journal of Applied Physics, 2001, 89(11): 7606-7608.

[66] KAPLAN B, GEHRING G A. The domain structure in ultrathin magnetic films[J]. Journal of Magnetism and Magnetic Materials, 1993, 128(1-2):111-116.

[67] MI W B, FENG X P, DUAN X F, et al. Microstructure, magnetic and electronic transport properties of polycrystalline γ′-Fe_4N films[J]. Thin Solid Films, 2012, 520(23): 7035-7040.

[69] WANG K, DONG S, XU Z. Thickness and substrate effects on the perpendicular magnetic properties of ultra-thin TbFeCo films[J]. Surface and Coatings Technology, 2019, 359: 296-299.

[70] YU C Q, LI H, LUO Y M, et al. Thickness-dependent magnetic order and phase-transition dynamics in epitaxial Fe-rich FeRh thin films[J]. Physics Letters A, 2019, 383: 2424-2428.

[71] WANG L, FENG C, CAO M D, et al. Synergistic effect of lattice strain and Co doping on enhancing thermal stability in $Fe_{16}N_2$ thin film with high magnetization[J]. Journal of Magnetism and Magnetic Materials, 2020, 495: 165873/1-7.

[72] GANGOPADHYAY S, HADJIPANAYIS G C. Magnetic properties of ultrafine iron particles[J]. Physics Review B, 1992, 45(17): 9778-9787.

[73] WANG L L, ZHENG W T, GONG J, et al. Investigation on the structure and magnetic properties at low temperature for nanocrystalline γ′-Fe_4N thin films[J]. Journal of Alloys and Compounds, 2009, 467(1-2): 1-5.

[74] GARCÍA-OTERO J, GARCÍA-BASTIDA A J, RIVAS J. Influence of temperature on the coercive field of non-interacting fine magnetic particles[J]. Journal of Magnetism and Magnetic Materials, 1998, 189(3): 377-383.

[75] RUBINSTEIN M, RACHFORD F J, FULLER W W, et al. Electrical transport properties of thin epitaxially grown iron films[J]. Physics Review B, 1988, 37(15): 8689-8700.

[76] MENG M, WU S X, REN L Z, et al. Extrinsic anomalous Hall effect in epitaxial Mn_4N films[J]. Applied Physics Letters, 2015, 106(3): 032407/1-4.

[77] SU G, LI Y F, HOU D Z, et al. Anomalous Hall effect in amorphous $Co_{40}Fe_{40}B_{20}$[J]. Physics Review B, 2014, 90(21): 214410/1-4.

[78] MENG K K, MIAO J, XU X G, et al. Thickness dependence of magnetic anisotropy and intrinsic anomalous Hall effect in Co_2MnAl film[J]. Physics Letters A, 2017, 381(13): 1202-1206.

[79] LI D, HU P, MENG M, et al. The relation of magnetic properties and anomalous Hall behaviors in Mn_4N(200) epitaxial films[J]. Materials Research Bulletin, 2018, 101: 162-166.

[80] CHATTOPADHYAY S K, MEIKAP A K, LAL K, et al. Transport properties of iron nitride films prepared by ion beam assisted deposition[J]. Solid State Communications, 1998, 108 (12): 977-982.

[81] ZHANG Y, MI W B, WANG X C, et al. Scaling of anomalous Hall effects in facing-target reactively sputtered Fe_4N films[J]. Physical Chemistry Chemical Physics, 2015, 17(23): 15435-15441.

[82] COTTEY A A. The electrical conductivity of thin metal films with very smooth surfaces[J].

Thin Solid Films, 1968, 1(4): 297-307.

[83] ONODA S, SUGIMOTO N, NAGAOSA N. Quantum transport theory of anomalous electric, thermoelectric, and thermal Hall effects in ferromagnets[J]. Physics Review B, 2008, 77 (16): 165103/1-21.

[84] XU W J, ZHANG B, WANG Q X, et al. Scaling of the anomalous Hall current in Fe_{100-x} (SiO_2)$_x$ films[J]. Physics Review B, 2011, 83(20): 205311/1-6.

[85] JIN Y, VALLOPPILLY S, KHAREL P, et al. Structure, magnetic, and electron-transport properties of epitaxial Mn_2PtSn films[J]. Journal of Applied Physics, 2018, 124(10): 103903/1-6.

[86] KARPLUS R, LUTTINGER J M. Hall effect in ferromagnetics[J]. Physical Review, 1954, 95(5): 1154-1160.

[87] SMIT J. The spontaneous Hall effect in ferromagnetics I[J]. Physica, 1955, 21(6-10): 877-887.

[88] SMIT J. The spontaneous Hall effect in ferromagnetics II[J]. Physica, 1958, 24(1-5): 39-51.

[89] LUTTINGER J M. Theory of the Hall effect in ferromagnetic substances[J]. Physical Review, 1958, 112(3): 739-751.

[90] BERGER L. Side-jump mechanism for the Hall effect of ferromagnets[J]. Physics Review B, 1970, 2(11): 4559-4566.

[91] ONODA S, SUGIMOTO N, NAGAOSA N. Intrinsic versus extrinsic anomalous Hall effect in ferromagnets[J]. Physics Review Letters, 2006, 97(12): 126602/1-5.

[92] SONG S N, SELLERS C, KETTERSON J B. Anomalous Hall effect in (110)Fe/(110)Cr multilayers[J]. Applied Physics Letters, 1991, 59(4): 479-481.

[93] XIONG P, XIAO G, WANG J Q. Extraordinary Hall effect and giant magnetoresistance in the granular Co-Ag system[J]. Physics Review Letters, 1992, 69(22): 3220-3223.

[94] GUO Z B, MI W B, ABOLJADAYEL R O, et al. Effects of surface and interface scattering on anomalous Hall effect in Co/Pd multilayers[J]. Physics Review B, 2012, 86(10): 104433/1-7.

[95] FERT A, JAOUL O. Left-right asymmetry in the scattering of electrons by magnetic impurities, and a Hall effect[J]. Physics Review Letters, 1972, 28(5): 303-306.

[96] FERT A. Skew scattering in alloys with cerium impurities[J]. Journal of Physics F Metal Physics, 1973, 3: 2126-2142.

[97] FERT A, FRIEDERICH A. Skew scattering by rare-earth impurities in silver, gold, and aluminum[J]. Physics Review B, 1976, 13(1): 397-411.

[98] LI H W, WANG G L, HU P, et al. Suppression of anomalous Hall effect by heavy-fermion in epitaxial antiperovskite $Mn_{4-x}Gd_xN$ films[J]. Journal of Applied Physics, 2018, 124(9):

093903/1-6.

[99] LEE W L，WATAUCHI S，MILLER V L，et al. Dissipationless anomalous Hall current in the ferromagnetic spinel $CuCr_2Se_{4-x}Br_x$[J]. Science，2004，303（5664）：1647-1649.

[100] FENG X P, MI W B, BAI H L. Polycrystalline iron nitride films fabricated by reactive facing-target sputtering：structure，magnetic and electrical transport properties[J]. Journal of Applied Physics，2011，110（5）：053911/1-7.

[101] RAQUET B，VIRET M，SONDERGARD E，et al. Electron-magnon scattering and magnetic resistivity in 3d ferromagnets[J]. Physics Review B，2002，66（2）：024433/1-11.

[102] RAQUET B，VIRET M，BROTO J M, et al. Magnetic resistivity and electron-magon scattering in $3d$ ferromagnets[J]. Journal of Applied Physics，2002，91（10）：8129-8131.

[103] MOTT N F. Electrons in transition metals[J]. Advances in Physics，1964，13（51）：325-422.

[104] TSUNODA M，KOMASAKI Y，KOKADO S，et al. Negative anisotropic magnetoresistance in Fe_4N film[J]. Applied Physics Express，2009，2：083001/1-3.

[105] LI Z R，FENG X P，WANG X C，et al. Anisotropic magnetoresistance in facing-target reactively sputtered epitaxial γ'-Fe_4N films[J]. Materials Research Bulletin，2015，65：175-182.

[106] KOKADO S，TSUNODA M. Twofold and fourfold symmetric anisotropic magnetoresistance effect in a model with crystal field[J]. Journal of the Physical Society of Japan，2015，84（9）：094710/1-18.

[107] CHIBA D，SAWICKI M，NISHITANI Y，et al. Magnetization vector manipulation by electric fields[J]. Nature，2008，455（7212）：515-518.

[108] ANNADI A，HUANG Z，GOPINADHAN K，et al. Fourfold oscillation in anisotropic magnetoresistance and planar Hall effect at the $LaAlO_3$/$SrTiO_3$ heterointerfaces：Effect of carrier confinement and electric field on magnetic interactions[J]. Physics Review B，2013，87（20）：201102（R）/1-6.

[109] 李滋润. 反钙钛矿结构 Fe_4N 材料的磁各项异性调控[D]. 天津大学，2019.

[110] 史晓慧. 对向靶反应溅射 Fe_4N 薄膜的磁性和自旋相关输运特性的调控[D]. 天津大学，2021.

第5章　反钙钛矿结构 Fe₄N/ 半导体异质结构

已有报道 Si 与 Mn 掺杂的 ZnGeP₂ 和 ZnSiP₂ 接触会出现自旋极化;自旋能从金刚石表面注入石墨烯中,其带隙能通过与 g-C₃N₄ 的相互作用被打开且其大小能被外加电场调节;与 Ni、Co、Cr、Pd、Ti 和 Fe₃O₄ 的接触使其电子结构遭到破坏;与 Al、Ag、Cu、Au 和 Pt 接触使其呈现出不同程度的 n 型掺杂。

5.1　Fe₄N/Si 和 Fe₄N/ 石墨烯双层的电子结构和磁性

采用 PAW 来描述离子实与价电子的相互作用。采用 GGA 的方法处理电子之间的相互作用。平面波截断能为 500 eV。Γ 中心的 $9 \times 9 \times 9$ 和 $9 \times 9 \times 1$ 的 K 点网格被用来计算 Fe₄N、Si 和 Fe₄N/Si 超胞的电子结构,而对石墨烯和 Fe₄N/ 石墨烯超胞则采用 $20 \times 20 \times 1$。能量收敛标准为 10^{-5} eV,力收敛标准为 0.01 eV/Å。

为了最小化晶格不匹配,将 Fe₄N(001)面与 Si(001)面的 $\sqrt{2}/2 \times \sqrt{2}/2$ 的超胞进行匹配;Fe₄N(111)面与石墨烯的 2×2 的超胞进行复合,这样,Fe₄N 与 Si 和石墨烯的失配度分别为 1.2% 和 8.7%。选择 Fe₄N(111)面与石墨烯进行复合是出于 Fe₄N(111)面为六变形,能与石墨烯的六角结构进行匹配的考虑。在 z 方向 15 Å 的真空层用来避免周期性带来的表面间的相互作用。同时采用 Fe₄N 与 Si/ 石墨烯(001)面的平均晶格常数作为其超胞的面内晶格常数。考虑到 Fe₄N(001)面有 FeᴵFeᴵᴵ、FeᴵᴵᴵN 两种终端和 Fe₄N(111)面有 FeᴵFeᴵᴵ、N 两种终端,组成的结构模型如图 5-1 所示。上平面为 Fe₄N/Si 双层结构示意图,模型 a 和 b 分别表示 FeᴵFeᴵᴵ-Si 和 FeᴵᴵN-Si 界面;下平面为 Fe₄N/Graphene 双层结构示意图,模型 a 和 b 分别表示 FeᴵFeᴵᴵ-C 和 N-C 界面。右边是其相应的差分和平面平均差分电荷密度图,蓝和黄色的等值面 / 填满的区域分别表示电荷消散和聚集,绿色虚线之间为界面区域。

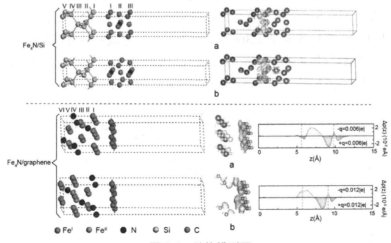

图 5-1　结构模型图

图 5-2 给出 Fe₄N/Si 双层中的 Fe^{I}Fe^{II}-Si 界面体系的态密度与块体 Fe₄N 和 Si 的对比。其中 "BK" 和 "IF" 分别表示块体和界面,"I" 代表层 I,如图 5-1 所示。相同的定义也被使用在其他图中,且其中的数字表示 Fe^{II} 的原子序号。计算得到的块体 Si 为 0.6 eV 的间接带隙,与之前的计算相符,但明显小于其 1.1 eV 的实验值。纯石墨烯的能带结构显示为零带隙半导体。以上结果证明参数的可靠性。

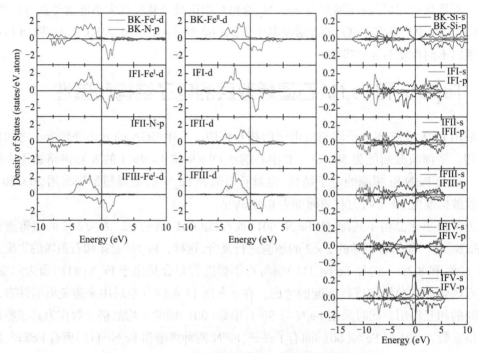

图 5-2　Fe₄N/Si 双层结构中模型 a 的各原子分波态密度

根据结合能,找到最稳定的结构。模型之间结合能和层间距的差别表征了不同的相互作用强度,如表 5-1 所示。Fe₄N 与 Si 发生强的相互作用,且模型 b 比模型 a 有更大的结合能是由于 Fe^{II}N-Si 的界面相互作用更强,其带有一个 1.53 Å 的层间距。相反,Fe₄N 与石墨烯的层间距均大于 3.00 Å 表明其相互作用比较弱。优化后的 Fe₄N/ 石墨烯双层的晶格常数为 5.043 Å。与 Fe₄N(111)平板的 5.366 Å 的 $\sqrt{2}\times\sqrt{2}$ 的超胞的晶格常数相比,双层中的减少了 6.0%;而石墨烯与其 4.920 Å 的 2×2 超胞相比增大了 2.5%,这表明由晶格不匹配引起的晶格应力会对这个体系的电子结构和磁性有不可忽略的影响。

表 5-1　计算得到的 Fe₄N 和 Si/ 石墨烯之间的结合能和层间距

体系	结合能（eV）	层间距（Å）
Fe^{I}Fe^{II}-Si	-2.95	1.81
Fe^{II}N-Si	-3.21	1.53
Fe^{I}Fe^{II}-C	-0.89	4.23
N-C	-0.91	3.43

通常来说，Fe₄N 中 Fe 磁矩的出现主要是与对称性破外有关的：N 坐落在非磁面心立方 Fe 的中心位置，因此 Fe 磁矩的增加是与对称性有关的。对于 Fe 原子来说，其磁矩来源于未填满的 d 壳层中未配对的 d 电子，Fe 与其他原子的杂化会减少未配对的 d 电子的数目，即杂化会减少 Fe₄N 的磁矩。

Fe₄N/Si 双层的磁矩显示在表 5-2 中。对于模型 a 和 b 来说，Fe₄N 的磁矩分别减少了 1.3% 和 14.7%。在一个表面或界面处被破外的对称性使得层 I 和层 III 的 Fe 的磁矩比块体大。但是，Fe 和 Si 原子更强的杂化会使它减少。因此，层 I 的 Fe 的磁矩要比层 III 的小。模型 a 的态密度显示在图 5-2 中。层 III 的 Fe^I 磁矩几乎等同于块体值。层 I 更小的 Fe^I 磁矩是由于与层 I 的 Si 在 −4.80 eV 以上的杂化引起的。与块体相比，层 II 的 Fe^{II} 磁矩减少来源于与层 II 的 N 之间更强的杂化。图 5-3 显示出模型 b 的态密度。层 II 的 Fe^I 与 Si 在 −4.62 至 1.29 eV 范围内的杂化减少了 Fe^I 的磁矩，而 Fe^I 与层 I 和 III 的 N 则未出现杂化。Fe^{II} 与 Si 的杂化使得所有层的 Fe^{II} 的磁矩减少。同时层 I 和 III 的 N 与层 II 的 Fe^{II} 之间强的杂化使得 Fe^{II} 的磁矩比层 I 和 III 的小。层 I 和 III 各包含两个带有不同磁矩值的 Fe^{II}，这是由于带有更小磁矩值的 Fe^{II} 与层 I 的 Si 有一个更强的杂化。当 Si 坐落在 Fe^I 原子底部的时候其引起的磁矩最大（0.04 μ_B）。对于这两个模型来说，引起的 Si 的总磁矩分别只有 −0.06 和 -0.01 μ_B。由于与 Fe₄N 的相互作用，Si 在费米面处的电子态发生了明显的变化，其带隙消失。从图 5-2（c）和 5-3（c）中可以发现两个模型的 P 值分别为 3.8% 和 1.9%。这两个值与 Fe₄N 的自旋极化信号相反，表明载流子极化发生反转。

表 5-2　计算得到的 Fe₄N/Si 和 Fe₄N/ 石墨烯双层结构的原子磁矩　　　单位：μ_B

原子模型	层号	Fe^I	Fe^{II}	N	Si	C
	块体	2.95	2.31	0.02	0	0
Fe^{I}Fe^{II}-Si	I	2.49	2.82	—	-0.04	
	II	—	1.82	0	0.01	
	III	2.94	2.88	—	0	
	IV	—	—	—	-0.01	
	V	—	—	—	-0.02	
Fe^{II}N-Si	I	—	（2）0.18 （4）1.94	-0.02	-0.01	
	II	2.88	1.75		0.02	
	III	—	（3）1.82 （5）2.32	-0.05	0	
	IV	—	—	—	0	
	V	—	—	—	-0.02	

续表

原子模型	层号	Fe^I	Fe^{II}	N	Si	C
	I	2.87	2.42(2/7) 2.30(4)	—		0
	II	—	—	-0.02		
Fe^{I}Fe^{II}-C	III	2.86	2.09(1/8) 2.03(5)	—		
	IV	—	—	0.05		
	V	2.94	2.01(3/9) 2.07(6)	—		
	VI	—	—	0		
	I	—	—	0		0
	II	2.93	2.01(3/8) 2.07(5)	—		
N-C	III	—	—	0.05		
	IV	2.86	2.09(2/7) 2.03(4)	—		
	V	—	—	-0.02		
	VI	2.88	2.42(1/9) 2.31(6)	—		

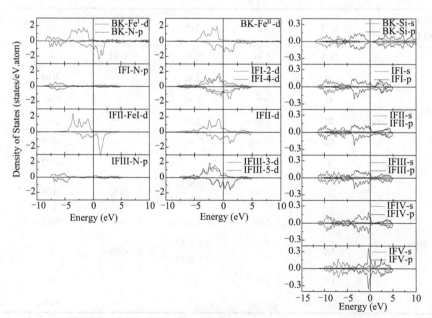

图 5-3　Fe$_4$N/Si 双层结构中模型 b 的各原子分波态密度

表 5-2 也显示了 Fe$_4$N/Graphene 双层中两个模型的磁矩值。与块体相比，Fe$_4$N 的磁矩

均少了 5.2%。我们能看到模型 a 中从层 I 至 VI 的原子磁矩——等同于模型 b 中从层 VI 至 I 的原子磁矩,这表明一方面 Fe₄N 与石墨烯的相互作用较弱;另一方面这弱的相互作用对 Fe₄N 的磁矩几乎没有产生影响,其磁矩的变化只来源于晶格不匹配引起的 6.0% 的压应力的影响。

　　为了直接证实这个观点,我们计算了应力调制的 Fe₄N 平板的磁矩,其做法是对优化后的 Fe₄N/Graphene 双层中没有石墨烯的 Fe₄N 磁矩进行计算。得到的结果与双层中一样,因此我们把模型 a 作为一个例子来研究由压应力引起的 Fe₄N 磁矩的变化,其态密度显示在图 5-4 中。层 I 和 III 的 Feᴵ 磁矩均比块体小,而层 V 的则等同于块体值。其磁矩值的减少是分别由于与层 II 和层 II、VI 的 N 的杂化导致的。除了层 I 的 Feᴵᴵ(2/7)外,Feᴵᴵ 的磁矩减少来源于在费米面处与最近邻的 N 增强的杂化。每层的 Feᴵᴵ 都带有两个不同的磁矩值,有更大磁矩的 Feᴵᴵ 原子与最近邻的 N 有更弱的杂化。由于 Feᴵᴵ(2/7)与层 II 的 N 削弱的杂化,其磁矩比块体值大。

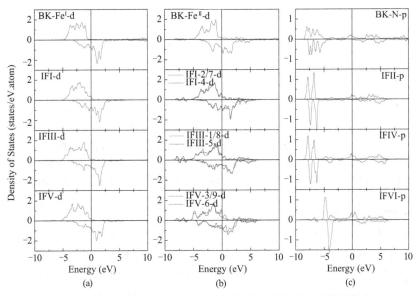

图 5-4　Fe₄N/Graphene 双层结构中模型 a 的各原子分波态密度

　　图 5-5 显示了块体 Si、纯石墨烯、应力的石墨烯和超胞的能带结构,证明了 Si 和石墨烯在分别与 Fe₄N 形成界面的过程中它们的电子结构的变化。块体 Si 的能带结构显示在图 5-5(a)上平面中。对于 Fe₄N/Si 双层来说,Si 与 Fe₄N 的能带发生强的杂化使得 Si 出现金属性。图 5-5(a)下平面的红线和蓝线分别为纯的和受到 2.5% 拉应力的石墨烯的能带结构。我们可以发现两者的能带结构完全相同,这点与 Rakshit 等计算报道相符合。当石墨烯受到一个对称的拉应力时,石墨烯的能带保留了其在 K 点线性分布的特征且费米能级并未发生移动。这样我们可以得出晶格不匹配对石墨烯的电子结构并未产生影响的结论。为了研究 Fe₄N 与石墨烯之间弱的相互作用对石墨烯的电子结构的影响,其相应的能带结构显示在图 5-5(b)~(e)的下平面。导带和价带显示出石墨烯保留了靠近狄拉克点附近线性的能带分

布特点,价带顶和导带底还坐落在 K 点,这也表明 Fe₄N 与石墨烯的相互作用是比较弱的。这弱的相互作用使得石墨烯的费米能级相对于狄拉克点向低能级转移,表明石墨烯呈现出 p 型掺杂。0.16 和 0.44 eV 的费米能级转移出现在模型 a 和 b 中,分别如图 5-5(b)、(c)和图 5-5(d)、(e)所示。

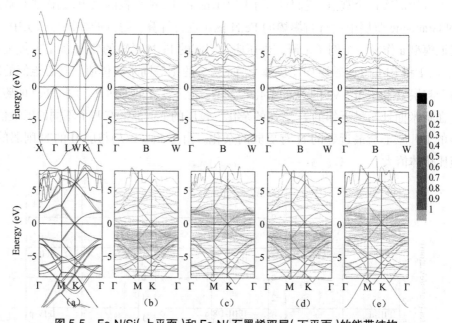

图 5-5   Fe₄N/Si(上平面)和 Fe₄N/石墨烯双层(下平面)的能带结构

(a)块体 Si(上平面)和纯石墨烯(下平面)的未自旋极化的能带结构;(b)模型 a 的自旋向上的能带;
(c)模型 a 的自旋向下的能带;(d)模型 b 的自旋向上的能带图;(e)模型 b 的自旋向下的能带图

Fe₄N 与 Si/石墨烯的相互作用引起了明显的电荷转移和重新分布,可以通过差分电荷密度来得到。为了有一个定量的图像,引起的电荷转移量 q 通过沿着 z 方向对平面平均差分电荷密度 $\Delta\rho(z)$ 进行积分得到,如图 5-1 所示。对于 Fe₄N/Si 双层中的模型 a 来说,没有明显的电荷聚集在 FeᴵFeᴵᴵ-Si 之间,我们获得了一个离子键图像。对于模型 b 来说,层 I 的 Feᴵᴵ 失去电荷,一个明显的电荷聚集围绕在界面的 Si 原子周围,也有一些电荷聚集在界面的 N 原子周围,表明 Feᴵᴵ-Si 成离子键。对于 Fe₄N/石墨烯双层中的两个模型来说,有明显的电荷聚集围绕着界面的 Fe/N 原子,电荷消散出现在石墨烯层。因此在图 4-5(b)~(e)中观察到的石墨烯的 p 型掺杂是由于电子从石墨烯转移到 Fe₄N 上导致的。模型 b 中聚集的电荷比模型 a 中的更多,导致了一个更强的相互作用,更大的 p 型掺杂,更明显的费米能级转移。为了解释这样一个界面电荷转移的来源,我们分别计算了石墨烯和 Fe₄N(111)面的功函数。计算得到的 FeᴵFeᴵᴵ 和 N 平板的功函数分别为 4.63 和 5.38 eV,均比石墨烯的 4.26 eV 大。因此,电子从石墨烯至 Fe₄N 自发的转移被归因于两者的功函数不同;模型 b 比模型 a 更大的电荷转移和费米能级转移被归因于 Fe₄N(111)面的 N 终端与石墨烯之间更大的功函数差。

5.2　单层 SiC/Fe$_4$N 界面的电子结构和磁性

垂直磁各向异性是实现高热稳定、低临界电流、高密度和非易失性存储器的关键因素。手性磁结构在自旋电子学器件中具有重要的应用价值,例如手性磁畴壁、螺旋磁结构和磁斯格明子等。Dzyaloshinskii-Moriya 相互作用(DMI)对手性磁结构的形成起着重要的作用。之前的结果表明,重金属材料有利于获得大的 PMA,可以增强界面的 DMI。然而,由于强的自旋 - 轨道耦合作用,重金属会引入大的磁阻尼系数,电流驱动磁化强度反转时需要较大的临界电流密度,不利于实际应用。因此,利用轻元素单层材料调控铁磁性材料的磁各向异性和 DMI 成为自旋电子学领域的研究热点。虽然石墨烯增强了 Co 薄膜的 PMA,诱导了大的 DMI,但是由于石墨烯缺乏带隙,在半导体器件中的应用受到限制。单层碳化硅(SiC)是典型的半导体材料,更适用于半导体器件。由于单层 SiC 和 Fe$_4$N(111)表面之间的晶格失配度较小,因此在实验上可以制备出外延的 SiC/Fe$_4$N(111)异质结构。

计算均通过 VASP 软件进行,选用平面波赝势法和 GGA-PBE 交换关联泛函。平面波截断能设为 500 eV。能量和力的收敛标准分别为 10^{-5} eV 和 0.01 eV/Å。图 5-6(a)和(b)给出了块状 Fe$_4$N 和单层 SiC 的原子结构。在优化块体 Fe$_4$N 和单层 SiC 原胞时,K 点网格密度分别为 $9 \times 9 \times 9$ 和 $30 \times 30 \times 1$。计算得到的块体 Fe$_4$N 和单层 SiC 原胞的晶格常数分别为 3.792 和 3.094 Å,与之前的报道结果一致。图 5-6(c)给出了块体 Fe$_4$N 的能带结构以及 Fe$_A$ 和 Fe$_B$ 原子的分波态密度。在费米能级处,Fe d 轨道出现了明显的自旋劈裂,其中 Fe$_A$ 原子只存在自旋向下的电子态,与之前的报道结果一致。单层 SiC 原胞的能带结构表现出 2.55 eV 的间接带隙,其中价带顶(VBM)和导带底(CBM)分别位于布里渊区的 K 和 M 点,VBM 和 CBM 分别来自 C 和 Si 原子,与之前的报道结果一致,如图 5-6(d)。基于优化后的块体 Fe$_4$N 和单层 SiC 原胞,选用 3×3 的单层 SiC 和 $\sqrt{3} \times \sqrt{3}$ 的 Fe$_4$N(111)来构建 SiC/Fe$_4$N 界面,晶格失配度为 0.065%。考虑到堆叠方式对界面性质的影响,本节共搭建了六种堆叠模型,分别命名为 C-Fe$_A$、C-Fe$_B$、Si-Fe$_A$、Si-Fe$_B$、Cen-Fe$_A$ 和 Cen-Fe$_B$,如图 3-9 所示。为了避免相邻周期性图像之间的相互作用,在 z 方向上添加厚度为 15 Å 的真空层。在结构优化的过程中,K 点网格密度设为 $5 \times 5 \times 1$,Fe$_4$N 底部的两层原子被固定,其余五层原子与单层 SiC 一起弛豫。采用 DFT-D2 方法对模型中的范德华相互作用进行校正。空间自旋极化率和 MAE 的计算方法与上节相同。为了获得精确的结果,计算 MAE 时,K 点网格密度设为 $9 \times 9 \times 1$。

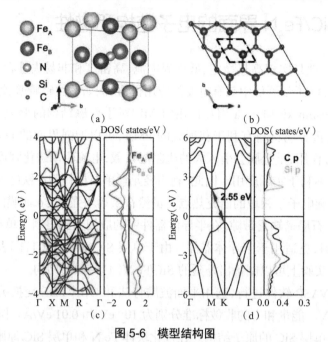

图 5-6　模型结构图

(a)块体 Fe₄N 的原子结构;(b)单层 SiC 的原子结构,虚线代表单层 SiC 原胞;
(c)块体 Fe₄N 的能带结构及 Fe_A 和 Fe_B 原子的分波态密度;(d)单层 SiC 原胞的能带结构及 C 和 S 原子的分波态密度

5.2.1　电子结构

经过结构弛豫后, C-Fe_B 和 Si-Fe_B 模型的原子结构是相同的,如图 5-7(b)和(d)的中部。因此,下文忽略了 Si-Fe_B 模型,仅讨论其余的五种堆叠模型。为了判断 SiC/Fe₄N 界面的稳定性,计算了结合能 E_b,见表 5-3。C-Fe_B 模型具有最小的结合能 −12.275 eV,是最稳定的结构。同时,其他模型的结合能均为负值,并且相差不大,说明低温条件下不同的堆叠模型均可存在。由于 SiC 和 Fe₄N 之间的相互作用,界面出现较大的几何形变。Fe₄N 基底表面和次表面的 Fe 原子发生明显的移动,如图 5-7 所示。Si-Fe_A 模型的界面 Fe_A 和 Fe_B 原子分别向下和向上移动,如图 5-7(c)所示。同时,单层 SiC 也出现了较大的几何形变,其中 C 和 Si 原子不在同一平面上,导致单层 SiC 的能带结构发生较大的变化,表明 SiC 和 Fe₄N 之间存在较强的化学键作用,如图 5-8 所示。

通过计算差分电荷密度,可将界面的成键和电荷转移情况可视化。图 5-9 给出了 SiC/Fe₄N 界面的差分电荷密度图,其中黄色和蓝色区域分别代表电荷的聚集和耗散,等值面为 0.006 e/Å³。电荷主要聚集在 SiC 和 Fe₄N 之间的界面处,表明 C/Si 与 Fe_A/Fe_B 原子之间形成了稳定的共价键。Bader 电荷分析量化了界面电荷转移的数目,C-Fe_A 模型具有最多的电荷转移为 0.808e,Cen-Fe_A 模型具有最少的电荷转移为 0.467e。在所有模型中电荷皆由 Fe₄N 基底转移到单层 SiC,说明单层 SiC 具有较强的电负性。图 5-10 给出了纯净 Fe₄N(111)表面及不同堆叠模型的空间自旋极化率 SSP,选取的平面位于单层 SiC 正上方 4 Å 处,能量范围在费米能级附近的 [−0.4, 0.0] 和 [0.0, 0.4] eV。与纯净 Fe₄N(111)表面相比,SiC/Fe₄N 界面的 SSP 明显增强,增强的幅度与堆叠方式密切相关。在 C-Fe$_B$ 模型中,最高的自旋极化率为 85%,如图 5-10(c)所示。在 C-Fe$_A$ 模型中,最低的自旋极化率为 -80%,如图 5-10(b)所示。这些结果大于 C$_{60}$/Fe₄N(001)界面的计算结果。在 [-0.4, 0.0] 和 [0.0, 0.4] eV 两个能量区间内,C-Fe$_B$、Si-Fe$_A$、Cen-Fe$_A$ 和 Cen-Fe$_B$ 模型的 SSP 均为正值,说明在费米能级处,自旋向上的电子占主导。

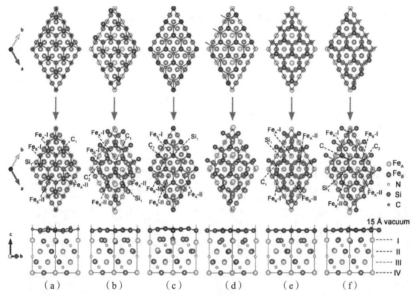

图 5-7　不同堆叠模型的原子结构,顶部为优化前模型的俯视图,中部和底部分别为优化后模型的俯视图和侧视图

(a)C-Fe$_A$;(b)C-Fe$_B$;(c)Si-Fe$_A$;(d)Si-Fe$_B$;(e)Cen-Fe$_A$;(f)Cen-Fe$_B$

表 5-3　SiC/Fe₄N 界面的结合能 E_b(eV)、转移的总电荷(e)及 Fe、C 和 Si 原子的磁矩(μ_B)和电荷(e),表中也列出了纯净 Fe₄N(111)表面的对应值

		Clean	C-Fe$_A$	C-Fe$_B$	Si-Fe$_A$	Cen-Fe$_A$	Cen-Fe$_B$
E_b		—	-11.463	-12.275	-11.760	-11.844	-11.792
总电荷		—	0.808	0.794	0.685	0.467	0.802
Fe$_A$-I	磁矩	2.961	2.597	2.515	2.195	2.520	2.566
	电荷	7.880	7.778	7.802	8.187	7.817	7.796
Fe$_B$-I	磁矩	2.536	2.007	1.803	1.989	1.350	1.591
	电荷	7.775	7.746	7.750	7.638	7.799	7.705
Fe$_A$-II	磁矩	2.850	2.850	2.767	2.882	2.781	2.829
	电荷	7.858	7.853	7.881	7.849	7.878	7.855
Fe$_B$-II	磁矩	1.984	2.027	1.840	1.915	1.966	1.969
	电荷	7.622	7.616	7.619	7.639	7.616	7.609

		Clean	C-Fe$_A$	C-Fe$_B$	Si-Fe$_A$	Cen-Fe$_A$	Cen-Fe$_B$
C$_1$	磁矩	—	−0.003	−0.003	−0.011	−0.011	−0.001
	电荷	—	6.425	6.356	6.424	6.380	6.437
C$_2$	磁矩	—	—	−0.008	—	—	−0.016
	电荷	—	—	6.407	—	—	6.399
Si$_1$	磁矩	—	−0.021	−0.009	−0.012	−0.012	−0.010
	电荷	—	1.732	1.672	1.665	1.656	1.649

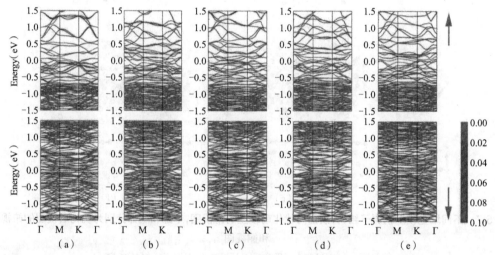

图 5-8　SiC/Fe$_4$N 界面的能带结构（上、下排对应自旋向上和自旋向下，红色和灰色分别表示单层 SiC 和 Fe$_4$N 的贡献）

(a)C-Fe$_A$；(b)C-Fe$_B$；(c)Si-Fe$_A$；(d)Cen-Fe$_A$；(e)Cen-Fe$_B$

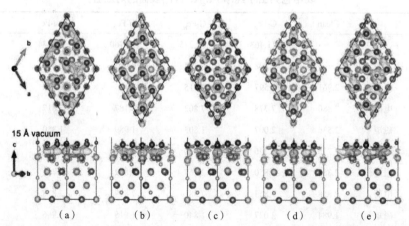

图 5-9　SiC/Fe$_4$N 界面的差分电荷密度图（黄色和蓝色区域分别表示电荷的聚集和耗散，等值面为 0.006 e/Å^3）

(a)C-Fe$_A$；(b)C-Fe$_B$；(c)Si-Fe$_A$；(d)Cen-Fe$_A$；(e)Cen-Fe$_B$

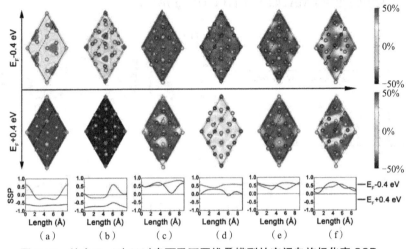

图 5-10　纯净 Fe₄N(111)表面及不同堆叠模型的空间自旋极化率 SSP

(a)纯净 Fe₄N(111)表面；(b)C-Fe$_A$；(c)C-Fe$_B$；(d)Si-Fe$_A$；(e)Cen-Fe$_A$；(f)Cen-Fe$_B$

5.2.2　磁各向异性和 Dzyaloshinskii-Moriya 相互作用

为了讨论单层 SiC 对 Fe₄N(111)表面 MAE 的影响,图 5-11(a)给出了纯净 Fe₄N(111)表面和 SiC/Fe₄N 界面的总 MAE(绿色柱条)。与纯净 Fe₄N(111)表面相比,SiC/Fe₄N(111)界面的 PMA 降低。例如, C-Fe$_A$ 模型的 PMA 降低了 28.5%。为了分析单层 SiC 诱导 MAE 变化的起源,图 5-11(a)也给出了层分辨的 MAE。在纯净 Fe₄N(111)表面中, I 和 IV 原子层具有大的 PMA, II 和 III 原子层具有 IMA。覆盖单层 SiC 后, I 和 II 原子层的 MAE 出现了较大的变化,甚至出现符号的反转,而 III 和 IV 原子层的 MAE 几乎不受影响。之前的文献报道中,石墨烯 /Co 异质结构的 PMA 增强也是主要来自界面处三层 Co 原子,而远离界面的 Co 原子层没有贡献。与纯净 Fe₄N(111)表面相比,所有模型的界面 PMA 均降低。在 Si-Fe$_A$ 模型中,界面 PMA 为最小值 0.109 mJ/m²,如图 5-11(a)所示。II 原子层 MAE 符号依赖于模型的堆叠方式。例如, C-Fe$_A$ 和 Cen-Fe$_B$ 模型表现为 IMA, C-Fe$_B$、Si-Fe$_A$ 和 Cen-Fe$_A$ 模型表现为 PMA。

由于与 N 原子的距离不同, Fe$_A$ 和 Fe$_B$ 原子对 MAE 的贡献明显不同。因此,通过界面 Fe$_A$-I 和 Fe$_B$-I 原子的轨道分辨的 MAE 来进一步分析 MAE 变化的起源,如图 5-11(b)~(g)所示。在纯净 Fe₄N(111)表面中, Fe$_A$-I 和 Fe$_B$-I 原子支持 PMA,主要来源于 d$_{yz}$ 和 d$_{z^2}$ 轨道之间的耦合矩阵元。Fe$_A$-I 和 Fe$_B$-I 原子的 d$_{xy}$ 和 d$_{x^2-y^2}$ 轨道之间的耦合矩阵元对 MAE 的贡献是相反的,如图 5-11(b)所示。覆盖单层 SiC 后, Fe$_A$-I 和 Fe$_B$-I 原子的 d$_{yz}$ 和 d$_{z^2}$ 轨道之间的耦合矩阵元的 PMA 贡献明显减小,甚至转变为 IMA,如图 3-13(c)中的 Fe$_B$-I 原子。在 Si-Fe$_A$ 模型中, Fe$_A$-I 原子的 d$_{xy}$ 和 d$_{x^2-y^2}$ 轨道之间的耦合矩阵元对 IMA 的贡献明显增加,导致界面 PMA 具有最小值,如图 5-11(e)所示。在 C-Fe$_B$ 和 Cen-Fe$_A$ 模型中, Fe$_A$-I 原子的 d$_{xy}$ 和 d$_{x^2-y^2}$ 轨道之间的耦合矩阵元对 IMA 的贡献减小,如图 5-11(d)和(f)所示;甚至在 C-Fe$_A$

和 Cen-Fe$_B$ 模型中转变为 PMA,如图 5-11(c)和(g)所示。

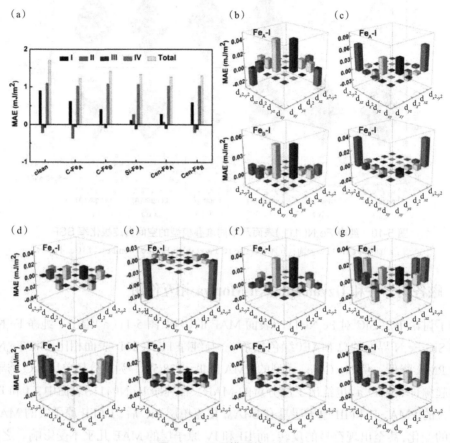

图 5-11　不同模型的 MAE

(a)纯净 Fe$_4$N(111)表面和不同堆叠模型的总 MAE 和层分辨的 MAE;(b)纯净 Fe$_4$N(111)表面;
(c)C-Fe$_A$、(d)C-Fe$_B$;(e)Si-Fe$_A$;(f)Cen-Fe$_A$;(g)Cen-Fe$_B$

　　为了研究层间距对 MAE 的影响,改变 PMA 最大且最稳定 C-Fe$_B$ 模型的层间距(Δd)。Δd 的正(负)值表示单层 SiC 向上(向下)移动的距离。图 5-12(a)给出了不同层间距情况下,体系的总 MAE 和层分辨的 MAE。从图中可以看出,随着层间距的增加,I 原子层的 MAE(黑色柱条)从 Δd=-0.4 Å 时的 -0.060 mJ/m^2 变化为 Δd=+0.4 Å 时的 0.612 mJ/m^2。MAE 符号的反转主要来源于 Fe$_B$ 原子,揭示了界面 Fe$_B$ 原子对层间距的敏感性,如图 5-12(b)所示。在 Fe$_4$N/MgO 异质结构中,界面 Fe$_B$ 原子的 MAE 同样容易受到界面氧化和外加电场的影响。因此,界面 Fe$_B$ 原子在界面性质中起着重要的作用。图 5-12(c)和(d)给出了层间距减小或增加 0.4 Å 时,I 原子层中 Fe$_A$ 和 Fe$_B$ 原子的轨道分辨的 MAE。在 Δd=+0.4 Å 时,Fe$_B$-I 原子的 d$_{xy}$ 和 d$_{x^2-y^2}$、d$_{yz}$ 和 d$_{z^2}$、d$_{xy}$ 和 d$_{xz}$ 轨道之间的耦合矩阵元均为正值,表现为 PMA,如图 5-12(d)中的 Fe$_B$-I。对于 Fe$_A$-I 原子,随着层间距的增加,虽然 d$_{yz}$ 和 d$_{z^2}$(d$_{xy}$ 和 d$_{x^2-y^2}$)轨道之间的耦合矩阵元对 PMA(IMA)的贡献增大(减小),但是 d$_{yz}$ 和 d$_{xz}$ 轨道之间的耦合矩阵元由 PMA 转变为 IMA,抑制了界面 Fe$_A$ 原子的 PMA 增加。对于 II 原子层,随着层间距的增加，MAE 由 PMA 转变为 IMA，如图 5-12(a)所示。当 Δd 由 −0.4 Å 变为 +0.4 Å 时，Fe_A-II 原子的 d_{yz} 和 d_{z^2} 及 Fe_B-II 原子的 d_{xy} 和 $d_{x^2-y^2}$ 轨道之间的耦合矩阵元对 PMA 的贡献减小。同时，Fe_A-II 原子的 d_{xy} 和 $d_{x^2-y^2}$ 及 Fe_B-II 原子的 d_{yz} 和 d_{z^2} 轨道之间的耦合矩阵元对 IMA 的贡献增大，导致 II 原子层的 MAE 符号改变。

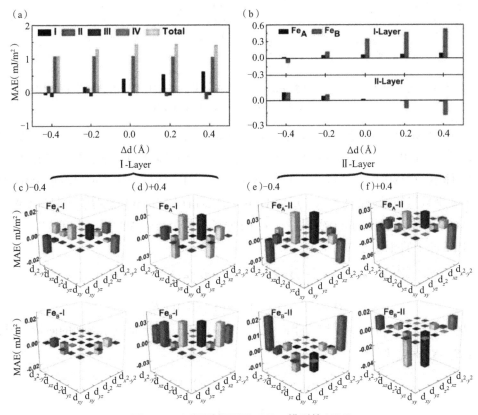

图 5-12　不同层间距下 C-Fe_B 模型的 MAE

(a)C-Fe_B 模型的层间距改变 Δd 所对应的总 MAE 和层分辨的 MAE；
(b)在 Fe_4N 的 I 和 II 原子层中，Fe_A 和 Fe_B 原子对 MAE 的贡献；(c)Δd=−0.4 Å 时，Fe_A-I 和 Fe_B-I；
(d)Δd=0.4 Å 时，Fe_A-I 和 Fe_B-I；(e)Δd=−0.4 Å 时，Fe_A-II 和 Fe_B-II；(f)Δd=0.4 Å 时，Fe_A-II 和 Fe_B-II

费米能级附近态密度的改变对 MAE 的变化起着决定性作用，占据态和未占据态的自旋方向会影响 MAE 的符号。因此，通过轨道分辨的态密度可以更深入地理解轨道分辨的 MAE 变化。在 Δd=+0.4 Å 时，Fe_B-I 原子自旋向上的 d_{z^2} 占据态出现在费米能级附近，提供了 PMA 的 $\langle z^2 | \hat{L}_x | yz \rangle$ 耦合项，如图 5-13(b)所示。此外，Fe_A-II 和 Fe_B-II 原子的 d_{yz} 和 d_{z^2} 轨道之间的耦合矩阵元对 MAE 的贡献是相反的。因为在费米能级附近，Fe_A-II 原子自旋向上的 d_{z^2} 占据态和自旋向下的 d_{yz} 未占据态提供了 PMA 的 $\langle z^2 | \hat{L}_x | yz \rangle$ 耦合项，如图 5-13(c)所示。Fe_B-II 原子自旋向下的 d_{yz} 占据态和自旋向下的 d_{z^2} 未占据态提供了 IMA 的 $\langle yz | \hat{L}_x | z^2 \rangle$ 耦合项，如图 5-13(d)所示。

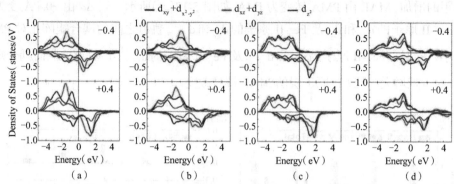

图 5-13　当 Δd=-0.4 和 +0.4 Å 时，Fe_A-I、Fe_B-I、Fe_A-II 和 Fe_B-II 原子的轨道分辨的态密度

（a）Fe_A-I；（b）Fe_B-I；（c）Fe_A-II；（d）Fe_B-II

界面的 DMI 可以通过计算手性磁结构的能量差来得到。此外，DMI 主要由界面原子层决定。为了简化计算，在 C-Fe_B 模型中，仅保留了界面处两层 Fe 原子来计算 DMI。通常情况下，体系的 DMI 包括层内和层间两部分相互作用。理论结果表明，层间 DMI 比层内 DMI 小一个数量级，因此只考虑了层内 DMI。图 5-14（a）和（b）分别是顺时针（CW）和逆时针（ACW）自旋构型的示意图，其中 7 号 Fe 原子有 6 个最近邻的原子。在 CW 自旋构型中，7 号 Fe 原子的能量可以表示为

$$E_{7,CW} = \frac{1}{2}[\boldsymbol{D}_{71} \bullet (\boldsymbol{S}_7 \times \boldsymbol{S}_1) + \boldsymbol{D}_{72} \bullet (\boldsymbol{S}_7 \times \boldsymbol{S}_2) + \boldsymbol{D}_{73} \bullet (\boldsymbol{S}_7 \times \boldsymbol{S}_3) + \boldsymbol{D}_{74} \bullet (\boldsymbol{S}_7 \times \boldsymbol{S}_4) +$$

$$\boldsymbol{D}_{75} \bullet (\boldsymbol{S}_7 \times \boldsymbol{S}_5) + \boldsymbol{D}_{76} \bullet (\boldsymbol{S}_7 \times \boldsymbol{S}_6)] + E_{other} \tag{5-1}$$

其中，$\boldsymbol{D}_{ij}=d_{ij}(\boldsymbol{z}\times\boldsymbol{u}_{ij})$，$\boldsymbol{u}_{ij}$ 是由 i 原子指向 j 原子的单位向量，$\boldsymbol{z}$ 是垂直于界面的向量。因为 $\boldsymbol{S}_7$ 平行于 $\boldsymbol{S}_3$、$\boldsymbol{S}_4$ 和 $\boldsymbol{S}_5$，则

$$E_{7,CW} = \frac{1}{2}(-\boldsymbol{D}_{71}^y - \boldsymbol{D}_{72}^y - \boldsymbol{D}_{76}^y) + E_{other}$$

$$= \frac{1}{2}(\frac{\sqrt{3}}{2}d_{71} + \frac{\sqrt{3}}{2}d_{76}) + E_{other} \tag{5-2}$$

$$= \frac{\sqrt{3}}{2}d_{71} + E_{other}$$

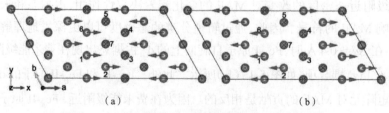

（a）　　　　　　　　　　　　（b）

图 5-14　Fe₄N 基底 Fe 原子层的自旋构型的示意图

（a）顺时针（CW）；（b）逆时针（ACW）

同样，在 ACW 自旋构型中，7 号 Fe 原子的能量为

$$E_{7,ACW} = -\frac{\sqrt{3}}{2}d_{71} + E_{other} \tag{5-3}$$

Fe$_4$N 基底中每层包含 24 个 Fe 原子，所以 DMI 能量差与系数 d^{tot} 之间的关系为

$$\Delta E_{DMI} = (E_{CW} - E_{ACW}) = 24\sqrt{3}d^{tot} \tag{5-4}$$

则

$$d^{tot} = (E_{CW} - E_{ACW}) / 24\sqrt{3} \tag{5-5}$$

在微磁学中，界面原子 i 的 DMI 能量可以写为

$$E_{i,DMI} = \frac{3}{2}rd^{tot}[L_{zx}^x + L_{zy}^y] \tag{5-6}$$

其中，r 为面内最近的原子之间的距离，即 $r = a/\sqrt{2}$，a 为块体 Fe$_4$N 的晶格常数。为了获得微磁学 DMI 系数 D，即单位体积的微磁学能量，只需要除以一个界面原子对应的体积 $\sigma t_F = a^3/4$。则

$$D = \frac{3\sqrt{2}d^{tot}}{N_F a^2} \tag{5-7}$$

其中，N_F 为铁磁性原子层数。

图 5-15（a）和（b）给出了 SiC/Fe$_4$N 界面处 CW 和 ACW 自旋构型的侧视图。在 $\Delta d=0$ Å 时，SiC/Fe$_4$N 界面的 d^{tot} 可以达到 0.47 meV/ 原子，如图 5-15（c）所示。此数值大于石墨烯/Co 界面中的实验值 0.16 meV/ 原子，说明单层 SiC 的覆盖可能会导致 Fe$_4$N 基底出现手性磁结构。同时，微磁学 DMI 系数 D 达到 1.1 mJ/m^2。当层间距增加或减少 0.4 Å 时，d^{tot} 和 D 均呈现减小的趋势。为了阐明层间距对 DMI 的影响机制，图 5-15（d）给出了相应的 SOC 能量差 ΔE_{SOC}。在 $\Delta d=0$ Å 时，I 原子层的 ΔE_{SOC} 大于 II 原子层的 ΔE_{SOC}，两者均为正值。当层间距改变时，I 原子层 ΔE_{SOC} 的变化大于 II 原子层 ΔE_{SOC} 的变化，说明与单层 SiC 直接接触的界面 Fe 原子层在 DMI 中起着决定性作用。例如，在 $\Delta d=+0.4$ Å 时，I 原子层的 ΔE_{SOC} 几乎为零，在 $\Delta d=-0.4$ Å 时，其变为负值。

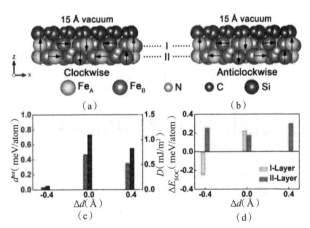

图 5-15　SiC/Fe$_4$N 界面顺时针和逆时针自旋构型的侧视图，DMI 系数 d^{tot} 和 D 及 SOC 能量差 ΔE_{SOC} 随着层间距的变化

（a）顺时针；（b）逆时针；（c）DMI 系数 d^{tot} 和 D；（d）ΔE_{soc}

图 5-16 给出了 I 和 II 原子层中 Fe 原子的轨道分辨的 ΔE_{SOC}。从图中可以看出，Fe 原

子的 ΔE_{SOC} 主要来源于 d$_{xy}$ 和 d$_{yz}$、d$_{z^2}$ 和 d$_{xz}$ 及 d$_{xz}$ 和 d$_{x^2-y^2}$ 轨道之间的耦合矩阵元。与 Δd=0 Å 的情况比较，当 Δd=−0.4 Å 时，I 原子层中 Fe d$_{xy}$ 和 d$_{yz}$、d$_{z^2}$ 和 d$_{xz}$ 轨道之间的耦合矩阵元均减小，导致 I 原子层 ΔE_{SOC} 符号的改变，如图 5-16（a）所示。当 Δd=+0.4 Å 时，I 原子层中 Fe d$_{xz}$ 和 d$_{x^2-y^2}$ 轨道之间的耦合矩阵元变为负值，如图 5-16（c）所示。在 II 原子层中，当 Δd=−0.4 Å 时，d$_{z^2}$ 和 d$_{xz}$ 轨道之间的耦合矩阵元减小，而 d$_{xy}$ 和 d$_{yz}$、d$_{xz}$ 和 d$_{x^2-y^2}$ 轨道之间的耦合矩阵元增大；当 Δd=+0.4 Å 时，d$_{xz}$ 和 d$_{x^2-y^2}$ 轨道之间的耦合矩阵元增大。因此，层间距改变时，II 原子层 ΔE_{SOC} 的值增大。

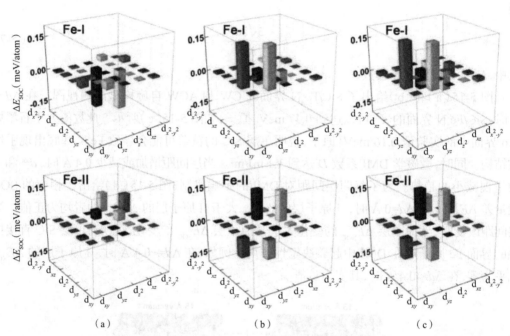

图 5-16　层间距变化为 −0.4、0 和 +0.4 Å 时，I 和 II 原子层中 Fe 原子的轨道分辨的 ΔE_{SOC}
（a）−0.4Å；（b）0Å；（c）+0.4 Å

5.3　Fe$_4$N/MoS$_2$ 超晶格的电子结构和磁性

根据磁近邻效应，从一个高自旋极化率的铁磁电极向 MoS$_2$ 的自旋注入是引起 MoS$_2$ 磁性的一种有效的方式。在其中，界面相互作用起了一个非常重要的作用，比如 MoS$_2$ 与 Au 和 Ti 接触的过程中电子需要隧穿的势垒高度是不同的，MoS$_2$ 与 Ir、Pd 和 Ru 接触会形成 n 型肖特基势垒，在与 Co 接触的过程中可以控制其形成的势垒高度，与 Ti$_2$C 接触则使 MoS$_2$ 导电。但至今为止，还没有人对 Fe$_4$N/MoS$_2$ 异质结进行过研究。

本工作仍然使用的是基于 DFT 的 VASP 软件包计算完成的。离子实与价电子的相互作用采用 PAW 方法来进行描述。采用 GGA 方法处理电子之间的相互作用。平面波截断能为 500 eV。在自洽和非自洽计算中 K 点网格划分为 $9 \times 9 \times 1$。能量收敛标准为 10^{-5} eV，力收敛标准为 0.01 eV/Å。Fe_4N/MoS_2 超晶格是通过将单层 MoS_2 放在 Fe_4N（111）面（7 层）上得到的。Fe_4N（111）面的 1×1 超胞的晶格常数为 5.366 Å，MoS_2 的 $\sqrt{3} \times \sqrt{3}$ 超胞的晶格常数为 5.489 Å，这样两者的失配度仅为 2.3%。我们考虑 Fe_4N（111）面的 $Fe^I Fe^{II}$ 和 N 终端分别与 MoS_2 接触，模型 I 是 $Fe^I Fe^{II}$-S 界面，模型 II 是 N-S 界面，为了考查单层 MoS_2 的电子结构是否依赖于界面结构，每个模型又分别包含六种堆垛结构，如图 5-17 所示。红和绿色的区域分别表示电子的聚集和消散，图 5-17（a）~（f）为 $Fe^I Fe^{II}$-S 界面（0.005 6 e/Å³），图 5-17（g）~（l）为 N-S 界面（0.000 2 e/Å³）。蓝、橘、深蓝、黄和青色的球分别代表 Fe^I、Fe^{II}、N、S 和 Mo 原子。

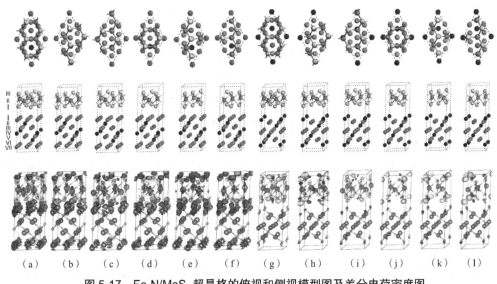

图 5-17　Fe_4N/MoS_2 超晶格的俯视和侧视模型图及差分电荷密度图

5.3.1　$Fe^I Fe^{II}$-S 界面的电子结构和磁性

图 5-18 显示出两个块体材料的态密度。对块体 Fe_4N 的计算结果显示，其晶格常数为 3.795 Å，与实验值符合，Fe^I、Fe^{II} 和 N 的磁矩分别为 2.95、2.35 和 0.03 μ_B，符合前人的理论和实验结果。从图 5-18（a）的态密度图上可以看出，在 -8.50 至 -5.00 eV 范围内，N 与 Fe^{II} 形成共价键，而在相同的能量范围内与 Fe^I 却未发生杂化，这就是 Fe^{II} 的磁矩小于 Fe^I 的原因。单层 MoS_2（1×1）的能带结构显示出其是一个 1.7 eV 的直接带隙半导体，其价带顶和导带底位于布里渊区的 K 点处，这与前人的理论工作和光致发光实验相一致。图 5-18（b）显示出 Mo d 和 S p 态在价带和导带发生强的杂化，表明两者为共价成键，且价带顶和导带底主要是由 Mo d 态组成。

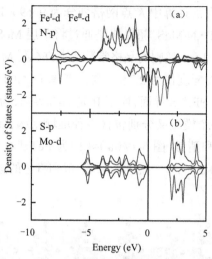

图 5-18　Fe_4N 和 MoS_2 中各原子的分波态密度
（a）Fe_4N；（b）MoS_2

　　根据界面解离能公式,来得到体系最稳定的结构。表 5-4 显示出不同堆垛结构的解离能与优化后的键长。我们发现 MoS_2 与 $Fe^I Fe^{II}$ 终端相互作用较强,形成的化学键带有明显的结构关系。且结构稳定性的顺序为 b<f<d<a<e<c。也就是当 Mo 原子坐落在 Fe^I 原子上方时的结构最稳定（模型 c）。这最大的解离能（2.05 eV）是因为其存在强的 Fe^{II}—S 成键,其键长为 2.28 Å。与之相比, MoS_2 与 N 终端接触的结果表明其相互作用是相当弱的,且不依赖于具体的堆垛结构。优化后的键长和键角表明 MoS_2 和 Fe_4N 发生了强的结构扭曲,S 原子或者靠近或者远离 Fe_4N,降低了 Fe_4N 的对称性,如表 5-5 所示。

表 5-4　带有不同堆垛结构的 Fe_4N/MoS_2 超晶格的解离能 W_{sep}（eV）和优化后的键长 d（Å）

模型	模型	W_{sep}	d_{FeI-S}	$d_{FeII(2)-S}$	$d_{FeII(5)-S}$	$d_{FeII(9)-S}$	d_{N-S}
	（a）	1.74	2.81	2.30	2.30	2.30	—
	（b）	1.65	2.33	2.47	2.89	2.20	—
Fe_4N/MoS_2（I）	（c）	2.05	2.53	2.28	2.28	2.28	—
	（d）	1.68	2.37	2.86	2.36	2.21	—
	（e）	2.04	2.29	2.32	2.38	2.26	—
	（f）	1.65	2.33	2.89	2.19	2.45	—
	（g）	0.01	—	—	—	—	3.75
	（h）	0.01	—	—	—	—	3.59
Fe_4N/MoS_2（II）	（i）	0.02	—	—	—	—	3.91
	（g）	0.02	—	—	—	—	3.76
	（k）	0.02	—	—	—	—	3.76
	（1）	0.02	—	—	—	—	3.64

表 5-5　Fe₄N/MoS₂ 超晶格优化后的晶格常数和键角

模型	$a(Å)$	$b(Å)$	$c(Å)$	$\alpha(°)$	$\beta(°)$	$\gamma(°)$
（a）	5.40	5.40	13.98	90.0	90.0	60.0
（b）	5.41	5.35	14.06	90.0	91.3	60.4
（c）	5.46	5.46	13.68	90.0	90.0	60.0
（d）	5.42	5.42	14.00	90.2	90.2	59.3
（e）	5.40	5.40	13.85	93.7	93.7	59.0
（f）	5.41	5.41	14.06	88.8	88.8	59.3
（g）	5.40	5.40	16.06	90.0	90.0	60.0
（h）	5.42	5.41	16.60	90.0	91.2	60.1
（i）	5.42	5.43	16.51	90.0	89.5	60.0
（j）	5.42	5.42	16.69	90.5	90.5	60.1
（k）	5.42	5.42	16.32	90.4	90.4	60.1
（l）	5.43	5.43	16.41	88.7	88.7	59.8

我们首先研究模型 I 中的界面耦合引起的电子结构的变化。与块体 Fe₄N 相比，模型 a~f 中的 Fe₄N 的磁矩分别减少了 4.4%、4.8%、3.7%、3.1%、3.4% 和 4.9%。根据之前对 Fe₄N 磁性的描述分析，我们得出 Fe₄N 磁性的增加与对称性破坏有关，而它与其他原子的杂化则会削弱其磁矩。模型 I 中 Fe₄N 区域每层的 Fe^I 和 Fe^II 的平均磁矩显示在表 5-6 中。

表 5-6　模型 I 中每层的 Fe^I 和 Fe^II 的平均磁矩及界面处的 Fe^I、Fe^II、N、S 和 Mo 的磁矩　　单位：μ_B

原子	模型	块体	（a）	（b）	（c）	（d）	（e）	（f）
	Layer I	2.95	2.83	2.74	2.82	2.80	2.68	2.76
Fe^I	Layer III	2.95	2.90	2.87	2.83	2.88	2.88	2.87
	Layer V	2.95	2.90	2.87	2.84	2.89	2.87	2.87
	Layer VII	2.95	2.84	2.75	2.82	2.80	2.75	2.75
	Layer I	2.35	2.28	2.29	2.27	2.33	2.35	2.27
Fe^II	Layer III	2.35	2.21	2.20	2.28	2.25	2.24	2.20
	Layer V	2.35	2.21	2.20	2.28	2.25	2.23	2.20
	Layer VII	2.35	2.28	2.29	2.27	2.32	2.35	2.31

（表中左侧有 $\overline{m}$ 标记）

原子 \ 模型		块体	(a)	(b)	(c)	(d)	(e)	(f)
	$Fe^I(1,2)$	2.95	2.83	2.74	2.82	2.80	2.68	2.76
	$Fe^{II}(2)$	2.35	2.27	2.53	2.27	2.58	2.46	2.59
	$Fe^{II}(5)$	2.35	2.24	2.59	2.27	2.43	2.27	1.67
	$Fe^{II}(9)$	2.35	2.31	1.73	2.26	1.99	2.32	2.53
	N(2)	0.03	−0.03	−0.03	−0.02	−0.02	−0.01	−0.03
	S(1)	0	0.02	0.02	0.03	0.02	0.02	0.02
	S(2)	—	0.03	0.01	0.03	0.01	0.03	0.02
m	S(3)	—	0.03	0.01	0.03	0.02	0.02	0.01
	S(4)	—	0.03	0.01	0.03	0.01	0.01	0.01
	S(5)	—	0.02	0.01	0.03	0.02	0.03	0.01
	S(6)	—	0.03	0.02	0.03	0.02	0.02	0.02
	Mo(1)	—	−0.03	−0.09	0.22	−0.04	−0.04	−0.09
	Mo(2)	—	0.03	0.07	−0.03	0.00	−0.04	0.07
	Mo(3)	—	−0.02	−0.09	−0.03	0.01	−0.16	−0.09

　　把模型 a 作为一个例子来阐述不同堆垛结构之间的相似性,态密度如图 5-19 所示。层 I/VII 的 Fe^I 磁矩的减少是分别由于与层 I/III 的 S 以及与层 II、IV/IV、VI 的 N 增强的杂化引起的。层 III/V 的 Fe^I 磁矩减少是分别与层 II、IV/IV、VI 的 N 增强的杂化导致的。由于层 I 和 VII 的 Fe^I 与 S 之间强的杂化,它们的磁矩要比在层 III 和 V 的值更小。除了在模型 e 中的层 I 和 VII 的磁矩等于块体值之外,其他模型中每层的 Fe^{II} 的平均磁矩均比块体中的小。层 I/VII 的 Fe^{II} 磁矩减少分别来源于与层 I/III 的 S 和 II/VI 的 N 之间增强的杂化。层 III/V 的 Fe^{II} 与 II、IV/IV、VI 的 N 增强的杂化减少了其磁矩。除了模型 c 以外,由于与 N 比与 S 更强的杂化导致层 I 和 VII 的 Fe^{II} 磁矩比 III 和 V 的磁矩更大。

　　把模型 b、c、e 和 f 作为例子来研究堆垛的影响。由于超胞周期性排列的缘故,层 I 和 VII 的 Fe_4N 的磁矩是相同的。图 5-20 显示出四个模型的分波态密度图,表 5-6 列出了它们的磁矩。在模型 e/c 中的更小 / 更大的 Fe^I 磁矩是由于其在费米面以下与 S 更强 / 更弱的杂化导致的。在模型 b、e 和 f 中的层 I 均出现 3 个不同的 Fe^{II} 磁矩值,说明它们与 S 的杂化强度是不同的。在界面处对称性不可避免地会遭到破坏,因此,层 I 的 Fe^{II} 磁矩会增加,但 Fe^{II} 与 S 之间更强的杂化会减少它的磁矩。对于模型 b 来说,$Fe^{II}(9)$ 与层 I 的 S 的杂化最强,其次是与 $Fe^{II}(2)$,再次是 $Fe^{II}(5)$。在模型 c 中,层 I 的 3 个 Fe^{II} 原子的态密度几乎是相同的,反映出与 MoS_2 相似的相互作用强度。模型 e 中的 S 与 $Fe^{II}(5)$ 的杂化比与 $Fe^{II}(9)$ 更强,与 $Fe^{II}(2)$ 的杂化最弱。模型 f 中有相同的杂化顺序,而且与其他模型相比,S 与 $Fe^{II}(5)$ 的杂化最弱,与 $Fe^{II}(9)$ 的杂化最强。

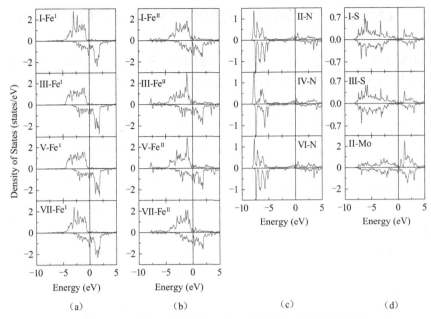

图 5-19 模型 a 中 N、Fe^I、Fe^{II}、S 和 Mo 的分波态密度

（a）N；（b）Fe^I；（c）Fe^{II}；（d）S 和 Mo

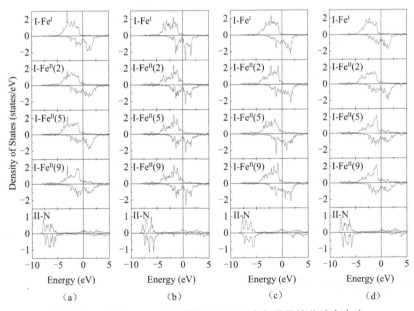

图 5-20 模型 b、c、e 和 f 界面处 Fe$_4$N 中各原子的分波态密度

（a）模型 b；（b）模型 c；（c）模型 e；（d）模型 f

图 5-21 给出了模型 b、c、e 和 f 中 Mo 和 S 原子的分波态密度。层 I 和 III 的 S 的态密度是相似的。Fe^I、Fe^{II}、S 和 Mo 之间强的轨道杂化引起了 MoS$_2$ 的金属性。层 I 的 S 和层 I 的 Fe^I/Fe^{II} 的成键削弱了 Mo—S 成键，引起了 Mo 原子的自旋极化且带有一个小的磁矩，如表 5-6 所示。其中，当 Mo 原子直接坐落在 Fe^I 原子的上方时（模型 c），引起的 Mo 磁矩最

大（ $0.22\ \mu_B$ ）。在模型 a~f 中,引起的 MoS_2 的总磁矩分别为 0.14、−0.02、0.33、0.10、−0.11 和 −0.02 μ_B。

根据自旋极化率公式,从图 5-21 中得到的 P 分别为 −40.4%、−52.0%、−52.2% 和 −44.7%,这与 Fe₄N 的自旋极化符号相同,表明极化未发生反转。

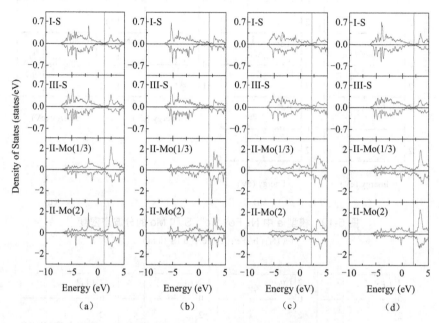

图 5-21　模型 b、c、e 和 f 中 MoS_2 各原子的分波态密度

（a）模型 b;（b）模型 c;（c）模型 e;（d）模型 f

图 5-17 中的差分电荷密度图显示出界面处的 Fe 和 S 原子失去电荷,而聚集在 Fe—S 成键区域内,反映出两者成共价键。也有少量的电荷聚集在 Mo 原子周围。我们在模型 e 中看到更多的电荷聚集在 Fe—S 共价的成键区域内,与其最短的键长（表 5-4）和最小的 Fe^{I} 磁矩（表 5-6）相一致。在模型 a 和 c 中,层 I 的 Fe^{II} 与 S 周围的电荷分布几乎相同,与界面处的 3 个 Fe^{II} 原子具有相同的磁矩相符,而在模型 b、e 和 f 中,电荷聚集在 Fe^{II}—S 成键区域内的数量很好地对应于上文中对于 Fe^{II} 磁矩的分析。我们可以总结出:更强的共价键,更小的 Fe^{II} 磁矩。

5.3.2　N-S 界面的电子结构和磁性

对于模型 II 来说,模型 g-l 中 Fe₄N 的磁矩分别减少了 5.1%、5.4%、7.4%、7.4%、7.4% 和 5.4%。Fe^{I} 和 Fe^{II} 的平均磁矩显示在表 5-7 中。对于不同的堆垛结构模型来说,由于与 Fe₄N 相似的相互作用,MoS_2 的电子性质是相似的。我们把模型 g 作为一个例子来阐述它们的相似性,如图 5-22 所示。杂化出现在层 I 的 N 和层 I 的 S 之间,而由于 Fe 与 S 的距离较远,它们之间没有出现杂化。与模型 I 相比,层 II 和 VI 的 Fe^{I} 磁矩均比块体值大。相反,Fe^{II} 磁矩更小,层 II/VI 减少的 Fe^{II} 磁矩是分别与层 I、III/V、VII 的 N 增强的杂化导致的。这弱的界面成键并未引起 Mo 和 S 的磁矩。

表 5-7　在模型 II 中每层的 Feᴵ 和 Feᴵᴵ 的平均磁矩(μ_B)，界面处 Feᴵ、Feᴵᴵ 和 N 的磁矩(μ_B)，MoS₂ 的带隙 (eV)和 p 型肖特基势垒高度 $\Phi_{B,p}$ (eV)

原子		模型	块体	(g)	(h)	(i)	(j)	(k)	(1)
$\bar{m}$	Feᴵ	Layer II	2.95	2.98	2.99	2.03	2.98	2.98	2.99
		Layer IV	2.95	2.95	2.94	2.26	2.93	2.93	2.94
		Layer VI	2.95	2.98	2.99	2.05	2.98	2.98	2.99
	Feᴵᴵ	Layer II	2.35	2.17	2.12	2.27	2.05	2.05	2.12
		Layer IV	2.35	2.19	2.28	2.28	2.26	2.26	2.28
		Layer VI	2.35	2.17	2.12	2.28	2.02	2.02	2.12
m	Feᴵ	(2)	2.95	2.98	2.99	2.98	2.98	2.98	2.99
	Feᴵᴵ	(3)	2.35	2.15	2.01	2.23	1.96	1.96	2.32
		(5)	2.35	2.24	2.32	1.93	2.29	2.29	2.05
		(8)	2.35	2.13	2.02	1.92	1.90	1.90	2.00
	N	(1,2)	0.03	-0.01	-0.02	-0.03	-0.03	-0.03	-0.02
E_g	—	—	—	1.89	1.87	1.86	1.87	1.86	1.86
$\Phi_{B,p}$	—	—	—	0.54	0.54	0.59	0.59	0.59	0.54

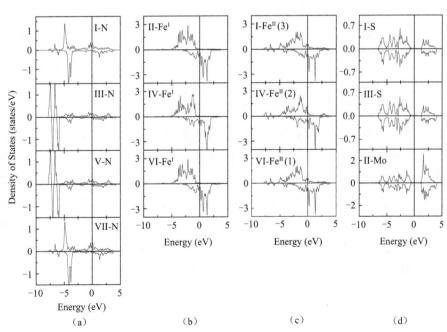

图 5-22　模型 g 中 N、Feᴵ、Feᴵᴵ、S 和 Mo 的分波态密度

(a)N；(b)Feᴵ；(c)Feᴵᴵ；(d)S 和 Mo

模型 k 和 j 的结果相似,因此我们利用模型 h、i、j 和 l 来研究堆垛效果(图 5-23)。模型 II 中界面处的 Fe^{I}、Fe^{II} 和 N 的磁矩也显示在表 5-7 中。层 II 的 Fe^{II} 有 3 个不同的磁矩值,反映出与层 I 和 III 的 N 原子的杂化是不同的。从图 5-23(a)给出的模型 h 的态密度中,我们发现与 Fe^{II}(3)和 Fe^{II}(8)相比,Fe^{II}(5)与层 I 和 III 的 N 有更弱的杂化,因此 Fe^{II}(5)的磁矩最大。在模型 i 中,Fe^{II}(3)与层 III 的 N 有最弱的杂化,而所有的 Fe^{II} 原子与层 I 的 N 的相互作用相似,所以 Fe^{II}(3)的磁矩最大。相似地,模型 j 中的 Fe^{II}(5)磁矩增大是由于与层 III 的 N 减少的杂化导致的,而 3 个 Fe^{II} 原子与层 I 的 N 的相互作用相似。模型 l 中的情况与 i 中相似。

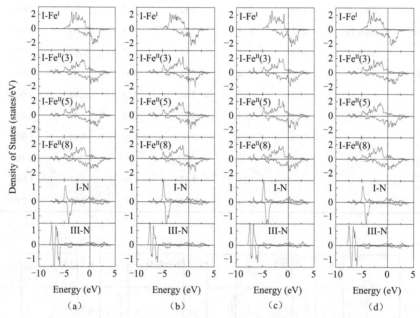

图 5-23　模型 h、i、j 和 l 界面处 Fe₄N 中各原子的分波态密度
(a 模型 h;(b)模型 i;(c)模型 j;(d)模型 l)

图 5-24 显示出纯 MoS_2 和超晶格的能带结构,证明了在界面形成过程中的 MoS_2 电子态的变化。在图 5-24(a)中,单层 MoS_2 的 1×1 单胞的 K 点被重叠到 $\sqrt{3} \times \sqrt{3}$ 超胞的 Γ 点处。在模型 c 中,MoS_2 与 Fe₄N 的能带发生强的杂化,使 MoS_2 呈现出金属导电,如图 5-24(b)和(c)所示。对于模型 g 来说,尽管 MoS_2 与 Fe₄N 在一定程度上发生杂化,MoS_2 相关能带的特征几乎等同于纯 MoS_2,表明它们之间存在弱的相互作用,如图 5-24(d)和(e)所示。而且其费米能级位于价带顶以上 0.56 eV 和导带底以下 1.37 eV 处,显示出 p 型掺杂。在模型 II 中,MoS_2 的半导体性质均被保留下来,带隙值增大,如表 5-8 所示。

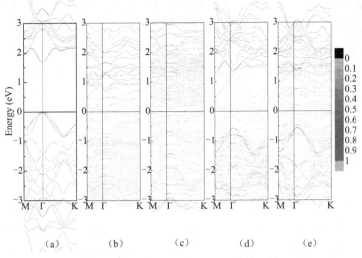

图 5-24   纯 MoS₂ 和超晶格的能带结构

（a）单层 MoS₂（$\sqrt{3}\times\sqrt{3}$ ）的能带结构；（b）模型 c 自旋向上的能带结构；（c）模型 c 自旋向下的能带结构；（d）模型 g 自旋向上的能带结构；（e）模型 g 自旋向下的能带结构（红和灰色的能带分别来自 MoS₂ 和 Fe₄N ）

表 5-8   Fe-X_6 掺杂体系中的 Fe-X、Mo-X 键长 $d($ Å$)$ 和 X-Fe-X 键角 $\theta(°)$

	d_{Fe-X}	d_{Mo-X}	$\theta_{(X-Fe-X)}$
pristine	—	2.41	—
Fe-S_6	2.29	2.42	82.52
Fe-C_6	1.93	2.04	103.03
Fe-N_6	1.98	2.04	94.38
Fe-O_6	2.15	2.03	92.11
Fe-F_6	2.18	2.21	90.55

因为费米能级位于 MoS₂ 的带隙中,因此在界面处会形成肖特基势垒。p 型肖特基势垒高度是 MoS₂ 的价带顶与超晶格的费米能级之间的能量差。对于模型 g-1,得出的 p 型势垒高度分别为 0.54、0.54、0.59、0.59、0.59 和 0.54 eV。根据理想的 p 型肖特基结应满足的公式,从真空中的静电势和费米能级,我们得到 Fe₄N（111）面的 N 终端平板的功函数为 5.38 eV。单层 MoS₂ 的亲和势为 4.27 eV。故 $\Phi_{B,p}$ 为 0.57 eV,与从能带结构图上得到的 0.54 eV 相差很小,反映出弱的费米能级钉扎效应。一般来说,金属引起的带隙态、表面态和偶极子效应对费米能级钉扎效应有很大的贡献。图 5-17 显示出有明显的电荷从 S 原子转移到界面处的 N 原子周围,因此, MoS₂ 与 N 终端接触所呈现出的 p 型掺杂是由于电子从 MoS₂ 转移到 Fe₄N 上导致的。尽管在模型 h 和 j 中电荷局域性更强但也能观察到有电子转移到 N 上。

5.4   Fe-X_6（ X=S、C、N、O 和 F）团簇掺杂 MoS₂

对于稀磁半导体的研究,大量的理论和实验研究已经聚焦在过渡金属掺杂的 III-V 和

II-VI 族三维稀磁半导体。对于将来的自旋器件应用来说,二维稀磁半导体比三维材料的优势在于可以通过调节载流子浓度来控制其电和磁性。因此,对其进行研究是很有必要的。先前已有报道通过 Mn、Fe、Co 和 Zn 掺杂单层 MoS_2 能实现二维稀磁半导体。而且 Mo 原子被其他金属原子替代会调节 MoS_2 的载流子类型,但我们知道在实验上掺杂单个原子是困难的,更多的时候会由于强的热力学的驱动使得掺杂进去的原子形成团簇。S 被非金属元素(F、Cl 和 Br)替代,会引起 n 型掺杂和磁性。$Fe-N_4$ 和 $Fe-C_4$ 团簇掺杂石墨烯导致了载流子调控的长程铁磁性。鉴于上述分析,我们期望可以通过 Fe- 非金属(S、C、N、O 和 F)团簇掺杂来调节单层 MoS_2 的电和磁性。

计算中,使用基于 DFT 理论的 VASP 软件包,采用 PAW 描述离子实与价电子的相互作用。采用 GGA 的方法处理电子之间的相互作用。平面波截断能为 500 eV。在自洽和非自洽计算中 K 点网格划分为 $4×4×1$。能量收敛标准为 10^{-5} eV,力收敛标准为 0.01 eV/Å。10 Å 的真空层厚度的使用确保了相邻的表面间无相互作用的影响。我们的模型是通过将 $4×4×1$ 超胞的单层 MoS_2 中的一个 Mo 原子被一个 Fe 原子替代,然后让其最近邻的 6 个 S 原子分别被 C、N、O 和 F 原子替代得到的,如图 5-25 所示。图(a)是纯的 $4×4×1$ 超胞的单层 MoS_2 以作为对比,图(b)是其中的一个 Mo 原子被 Fe 原子替代,图(c)为 Fe 周围的 S 被 C、N、O 和 F 原子代替。不同颜色的球表示不同的元素。

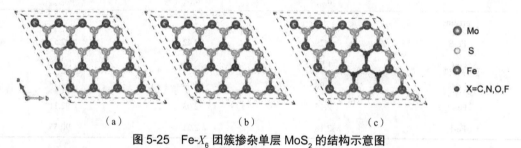

图 5-25　$Fe-X_6$ 团簇掺杂单层 MoS_2 的结构示意图

(a)纯 MoS_2 的 $4×4×1$ 超胞;(b)$Fe-S_6$ 掺杂的单层 MoS_2;(c)$Fe-X_6$(X=C、N、O 和 F)团簇掺杂的单层 MoS_2

这 5 个掺杂体系优化完之后的结构显示,Fe 与 6 个 X 的距离是相同的,且 Fe-X 键长分别变为 2.29、1.93、1.98、2.15 和 2.18 Å,均比 Mo-S 键长(2.41 Å)小,如表 5-8 所示。图 5-26 为 $Fe-X_6$ 团簇掺杂单层 MoS_2 的能带结构,其中(a)~(e)分别代表 $Fe-S_6$、$Fe-C_6$、$Fe-N_6$、$Fe-O_6$ 和 $Fe-F_6$ 团簇掺杂单层 MoS_2 的能带结构。黑色实线和红色虚线分别表示自旋向上和向下能带,费米能级用绿色虚线表示。我们可以观察到费米能级附近的自旋向上的和向下的能带发生劈裂,表明体系出现磁性。对于 $Fe-S_6$ 团簇掺杂的体系来说,自旋向上的导带底穿过了费米能级产生金属性,而自旋向下的能带保留了半导体特征,带隙为 1.18 eV,因此 Fe 掺杂的单层 MoS_2 显示为半金属。为了测试半金属特性是否依赖于掺杂浓度,我们把超胞扩大至 $5×5×1$,发现性质未发生改变。对于 $Fe-C_6$ 掺杂的体系,自旋向上和向下能带均显示半导体特征,带隙分别为 0.40 和 0.32 eV。自旋向上的价带和自旋向下导带之间的带隙只有 0.08 eV。Wang 和 Hu 等把带隙小于 0.10 eV 称为无带隙,因此这个掺杂体系是一个自旋无带隙半导体。$Fe-N_6$ 掺杂的单层 MoS_2 也是一个自旋无带隙半导体,带有自旋向上的和向下的带隙分别为 0.62 和 0.33 eV,自旋向上导带和自旋向下价带之间的带隙为 0.11 eV。在这两个体系中,价带中的电子被激发到导带是不需要能量的,在费米面处激发的电子能获得 100% 的自旋极化率。而且自旋无带隙半导体体系的性质可以灵活地受到应力、电场和杂质等外界条件的影响。把 Fe-C$_6$ 作为一个例子来研究自旋无带隙半导体与浓度的关系,同样将 MoS$_2$ 超胞扩大至 $5 \times 5 \times 1$,即对应于一个更低的掺杂浓度,这时体系的带隙增至 0.16 eV,变为一个半导体。这与 Hu 等之前报道的结果一致,自旋无带隙性对掺杂浓度比较敏感。对于 Fe-O$_6$ 掺杂的单层 MoS$_2$,自旋向上和向下的带隙分别为 0.51 和 1.11 eV,自旋向上导带和自旋向下价带之间的带隙为 0.18 eV,所以 Fe-O$_6$ 掺杂的单层 MoS$_2$ 保留了半导体性质。对于 Fe-F$_6$ 掺杂的单层 MoS$_2$,自旋向上的带隙为 0.99 eV,而自旋向下的能带穿过了费米能级,因此体系变为半金属。

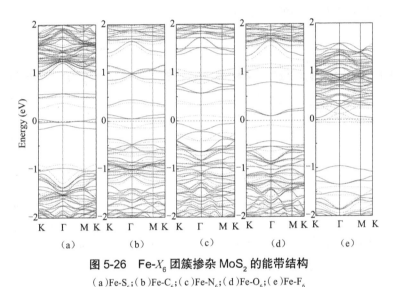

图 5-26　Fe-X_6 团簇掺杂 MoS$_2$ 的能带结构

(a)Fe-S$_6$;(b)Fe-C$_6$;(c)Fe-N$_6$;(d)Fe-O$_6$;(e)Fe-F$_6$

众所周知,GGA 泛函一般会低估半导体的带隙,自旋无带隙半导体又敏感地依赖于费米面处的电子态分布,因此得到的结论有可能会依赖于这种近似。目前,杂化泛函或者 GW 近似得到的结果通常能很好地与实验值符合,但这不是对所有体系都成立的。用 GGA 计算得到的单层 MoS$_2$ 的带隙值(1.7 eV)只比实验值低 0.1 eV,而文献中用 GW 方法得到的带隙有 2.8、3.0、2.7 和 2.5 eV,与其实验值偏离更大。因此采用的 GGA 泛函能可靠地描述这个体系的电和磁性。

图 5-27 显示出 Fe-X_6 团簇掺杂单层 MoS$_2$ 体系的态密度。对于单个 Fe 原子掺杂来说,杂质能级出现在价带顶以上 0.52 eV,导带底以下 0.09 eV 处,表明体系呈现出 n 型掺杂。当 S 原子被其他原子替代的时候,杂质能级增加。对于 Fe-O$_6$ 掺杂来说,杂质态接近导带底,对于 Fe-F$_6$ 掺杂,杂质态更靠近导带底。当 S 被 C 替代的时候,杂质态接近于价带顶,被 N 掺杂时更接近价带顶,这是由于 C 和 N 分别比 S 少两个和一个价电子的缘故。通过分析分波态密度,发现杂质能级主要来源于 Fe d、X p 和最近邻的 Mo d 态。引起的 Fe、S 和 Mo 原子的磁矩显示在表 5-9 中。引起的单层 MoS$_2$ 的总磁矩分别为 1.93、1.45、3.18、2.08 和 2.21

μ_B，主要由 Fe d 轨道提供，X p 和最近邻的 Mo d 轨道的贡献则较少。Fe 原子的价电子构型为 $3d^64s^2$，比 Mo（$4d^55s^1$）多两个电子，因此能反映出整个超胞的磁矩（1.93 μ_B）。Fe 与 S 之间的相互作用削弱了 Mo—S 成键，引起的 Mo 磁矩为 0.11 μ_B，而且随着远离杂质原子的距离的增大，其磁矩逐渐减小。C 的四个未配对的电子与近邻的 Fe 和 Mo 原子形成相对强的成键，正如它们的键长所示。靠近费米面处，Fe-C 杂化减弱导致 Fe 的磁矩减少，Mo 的磁矩减少来源于与 C 增强的杂化。对于 Fe-N_6 掺杂的单层 MoS_2 来说，Fe 的自旋劈裂相似于 Fe-S_6 体系中的。由于 Fe-N 杂化比 Fe-C 杂化更强，Fe 自旋向上的态被占据，自旋向下的占据态减少，因此，Fe 的磁矩比在 Fe-C_6 掺杂体系中的大。Mo-N 杂化比 Mo-C 杂化更弱导致 Mo 的磁矩减少。对于 Fe-O_6 掺杂体系来说，O 的价电子构型为 $2s^22p^4$ 与 S 是相同的。比 Fe-S 杂化弱的 Fe-O 杂化使得占据的 d 态的能级减少，自旋向上的占据态增加，因此 Fe 的自旋劈裂比 Fe-S_6 掺杂体系中的大，磁矩增大。

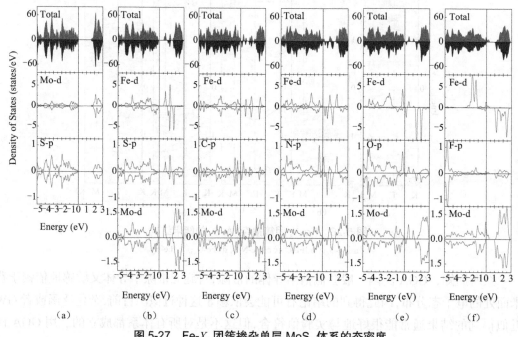

图 5-27　Fe-X_6 团簇掺杂单层 MoS_2 体系的态密度

（a）pristine；（b）Fe-S_6；（c）Fe-C_6；（d）Fe-N_6；（e）Fe-O_6；（f）Fe-F_6

表 5-9　Fe-X_6 团簇掺杂单层 MoS_2 体系的磁矩

单位：μ_B

	总磁矩	Mo	S	Fe	C	N	O	F
Pristine	0	0	0	—	—	—	—	—
Fe-S_6	1.93	0.11	0.01	1.22	—	—	—	—
Fe-C_6	1.45	−0.05	—	0.15	0.07	—	—	—
Fe-N_6	3.18	−0.01	—	1.03	—	0.30	—	—
Fe-O_6	2.08	−0.20	—	3.07	—	—	0.04	—
Fe-F_6	2.21	−0.16	—	3.34	—	—	—	0.01

更强的 Mo-O 杂化使 Mo 的磁矩增大。$F(2s^22p^5)$ 比 S 多一个 p 电子。更弱的 Fe-F 杂化导致了 Fe 的磁矩增大,更大的 Mo 磁矩来源于更弱的 Mo-F 杂化。以上结果与 Fe-X_6 团簇掺杂的浓度并没有关系。

为了阐述详细的电荷转移,计算了掺杂体系和自由原子的价电子密度的差分。图 5-28 为 Fe-X_6 团簇掺杂单层 MoS_2 的差分电荷密度图。图(b)显示出 Fe 比 Mo 失去更少的电子。因为 Fe 比 Mo 多一个 d 和一个 s 电子,Fe 在单层 MoS_2 中作为施主;虽然 S 的电负性大于 C,但 C 比 S 得到更多的电子。由于 Fe/Mo 与 C 形成更强的成键,Fe 比在 Fe-S_6 体系中的 Fe 失去更多的电子。在 N 原子周围也观察到电荷的聚集;与 Fe-S_6 掺杂体系相比,在 Fe-O_6 掺杂体系中的 Fe 和 Mo 转移更多的电子到 O 上,与 O 的电负性比 S 的更强一致;在 Fe-F_6 掺杂体系中远离 F 的差分电荷密度图是相似于 Fe-S_6 掺杂体系的,表明 F 只有一个局域效应。随着 C 至 F 原子半径的逐渐减小,围绕着 X 原子的电荷密度变得更局域,且随着电负性的增强,从 Fe/Mo 转移到 X 上的电荷增多。

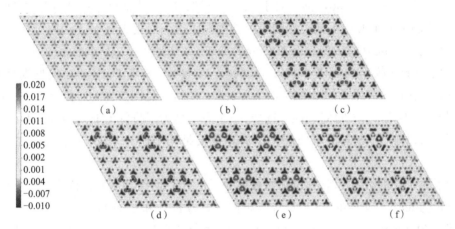

图 5-28　Fe-X_6 团簇掺杂单层 MoS_2 的差分电荷密度图(红色表示电荷聚集,蓝色表示电荷消散)

5.5　Fe_4N 表面吸附有机分子的电子结构

由于近年来有机自旋电子学器件研究热度增加,并且还没有关于有机物 /Fe_4N 界面的第一性原理研究,有机小分子 /Fe_4N 的界面研究激起我们浓厚的研究兴趣。有机小分子 /Fe_4N 的界面研究填补了磁性化合物表面吸附有机小分子的空白,还能揭示其界面处自旋相关的细节。本节从三个方面来研究吸附有机小分子对 Fe_4N 表面磁性结构的影响:① Fe_4N 表面不同位置吸附 C_6H_6 时,表面电子结构的研究;② $Fe_{II}N$ 表面吸附不同有机小分子时,表面电子结构的研究;③不同厚度 Fe_4N 表面吸附 C_6H_6 体系的电子结构研究。

5.5.1　Fe_4N 表面吸附 C_6H_6 的电子结构

由于弱的自旋轨道耦合和超精细相互作用,有机半导体拥有长的自旋相干长度,因此,有机半导体被广泛地应用于自旋电子学器件。有机半导体拥有廉价、化学多样性和良好的延展性等优点。在有机自旋电子学器件的开发与利用中，有机物与磁性金属之间的自旋相关界面是人们研究的重点。自旋相关的界面被称为自旋界面（spinterface）。有机分子/磁性金属界面的计算模拟一般为单质金属表面吸附有机小分子的磁学计算，而化合物吸附有机分子的研究则较少。Fe_4N 为典型高自旋极化的化合物。同时，C_6H_6 是多环有机大分子的基本组成单元。因此，C_6H_6/Fe_4N 界面体系成为研究的首选。有机分子/Fe_4N 界面处自旋性质的研究为理解 Fe_4N 基有机自旋阀提供理论依据。

块体 Fe_4N 为立方钙钛矿结构，晶格常数为 3.795 Å。Fe_4N 有两种类型的 Fe 原子：占据晶胞顶角位置的 Fe 原子为 Fe_I，而占据晶胞面心位置的 Fe 原子为 Fe_{II}。N 原子则占据晶胞体心位置，如图 5-29（a）所示。计算所得的晶格常数为 3.789 Å，与实验值基本一致。由于 Fe_4N 存在的两种不同的 Fe 原子，Fe_4N（001）面有两种不同类型的终端：①在表面处存在 Fe 和 N 原子的 $Fe_{II}N$ 终端；②在表面处只有 Fe 原子的 Fe_IFe_{II} 终端。对于 $Fe_{II}N$ 终端，Fe_4N 表面穿过体心位置平行于（001）面。对于 Fe_IFe_{II} 终端，Fe_4N 表面则是穿过顶点的平面。每种终端下，我们选取了两种不同类型的吸附结构。以第一层是否有 N(Fe) 原子在 C_6H_6 中心正下方作为模型区分的依据。$Fe_{II}N$-C 或者 Fe_IFe_{II}-C 模型为 C_6H_6 中心下方存在 N(Fe) 原子的模型（center 模型），见图 5-29（c）和（e）。$Fe_{II}N$-NC 或者 Fe_IFe_{II}-NC 模型则是 C_6H_6 中心正下方不存在对应原子的吸附体系（non-center 模型），见图 5-29（d）和（f）。Fe_4N 基底具有三层原子，具有 3×3 的周期性。选择 3×3 周期是为了排除 C_6H_6 之间的相互作用。在 [001] 方向，添加了 15 Å 的真空层。添加真空层是为了防止 Fe_4N 上下表面之间的相互影响。

为了便于分析研究内容，对部分特殊的原子进行了命名。Fe 原子直接坐落于 C 原子下方的位置为 top 位，对应的 Fe 和 C 原子则被命名为 Fe_t 和 C_t；Fe 原子处在 C—C 键下方的位置则为 bridge 位，对应的 Fe 和 C 原子则被命名为 Fe_b 和 C_b，如图 3-1 所示。C_6H_6 中心下方的 Fe 或 N 原子则被命名为 Fe_c 和 N_c。对角位置的原子则命名为 Fe_p(N_p)。Fe_4N 基底的第一层、中间层和最底层被命名为 I、II 和 III 层，如图 5-29 所示。C_6H_6 分子则被定义为 M 层。Fe_4N 的 I 层被定义为 Fe_4N 表面；C_6H_6 以上的空间被定义为 C_6H_6 表面；C_6H_6 与 Fe_4N 中间的部分被定义为界面。

本节的计算是通过 VASP 软件包进行的。模拟计算采用 PBE-GGA 赝势。构造平面波波矢时，截断能设置为 500 eV。Γ 点为中心的 3×3×1 的 K 点网格被用于布里渊区内的积分。高斯展宽被设置为 0.02 eV。在计算过程中，我们没有考虑范德华力，这主要是因为在计算中除了 $Fe_{II}N$-NC 体系外，C_6H_6 均与 Fe_4N 表面强烈成键。并且，Fe 表面吸附偶氮苯的计算结果表明范德华力对 C—Fe 键长的影响并不大。在进行离子弛豫的过程中，Fe_4N 的 III 层原子被固定在块体的位置。SP-STM 的模拟图能够直观地给出表面空间自旋极化率的分布。因此，我们进行了 SP-STM 计算模拟。

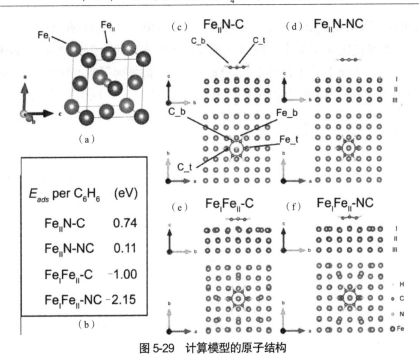

图 5-29　计算模型的原子结构

（a）Fe$_4$N 块体结构图；（b）不同吸附体系的吸附能及（c）Fe$_{II}$N-C；（d）Fe$_{II}$N-NC；（e）Fe$_I$Fe$_{II}$-C；（f）Fe$_I$Fe$_{II}$-NC

表 5-10　部分原子间的距离(Å)。孤立 C$_6$H$_6$ 的 C—C 键长为 1.398 Å。X-up-Y 是指 X 原子和 Y 原子平面间的垂直距离，例如 Y=Fe 时，Y 表示 I 层 Fe 原子平面

模型 间距	吸附体系				纯净表面	
	Fe$_{II}$N-C	Fe$_{II}$N-NC	Fe$_I$Fe$_{II}$-C	Fe$_I$Fe$_{II}$-NC	Fe$_{II}$N	Fe$_I$Fe$_{II}$
IL-IIL	1.674	1.636	1.772	1.834	1.701	1.706
IIL-IIIL	1.836	1.813	1.897	1.872	1.754	1.844
N-up-Fe	0.292	0.344	—	—	0.343	(Fe)0.200
M-IL	2.353	3.634	1.997	1.983	—	—
C_t-C_b	1.442	1.398	1.418	1.442	—	—
C_b-C_b	1.408	1.399	1.437	1.463	—	—
H-up-C	0.266	0	0.098	0.360	—	—
Fe_t-up-Fe	0.319	0	—	0.139	—	—
Fe_b-up-Fe	0.253	0	—	-0.05	—	—
center-up-Fe	(N)0.140	—	(Fe)0.317	—	—	—

　　Fe$_4$N 表面吸附 C$_6$H$_6$ 后，C$_6$H$_6$ 分子的结构发生形变。H 与 C 原子不再处于同一平面内，H 原子相对于 C$_6$H$_6$ 的 C 平面有较大的上移，见图 5-29（c）、（e）和（f）。H 原子的上移与先前报道的磁性金属表面吸附有机小分子的结果类似。Fe$_{II}$N-NC 体系中 H 原子没有明显上移，H 与 C 原子继续保持在同一平面内。在 Fe$_{II}$N-C、Fe$_I$Fe$_{II}$-C 和 Fe$_I$Fe$_{II}$-NC 吸附体系中，

C—C 键长相对于孤立 C_6H_6 的 C—C 键长增大,见表 5-10。而 $Fe_{II}N$-NC 模型中,C—C 键长基本不变。在吸附 C_6H_6 的影响下,Fe_4N 表面发生了结构畸变。在 $Fe_{II}N$-C 和 Fe_IFe_{II}-NC 的吸附结构中,Fe_t 和 Fe_b 原子相对于 I 层 Fe 原子的近似平面都向上移动。$Fe_{II}N$-C 吸附模型中的 Fe_t 和 Fe_b 原子的相对位移较大,见表 5-11。Fe_IFe_{II}-C 模型中的 Fe_c 原子相对于 Fe 原子平面向上的位移与 $Fe_{II}N$-C 模型中的移动的程度相似。$Fe_{II}N$-NC 模型中,Fe_4N 表面的畸变并不明显,并且,C_6H_6 的平面与 Fe_4N 表面间的平均距离远大于其他模型。

表 5-11 部分原子的平均磁矩和电荷(块体中 Fe_{II} 电荷为 7.61 |e|,center 为 C_6H_6 下方的原子)

体系 原子	$Fe_{II}N$-C		$Fe_{II}N$-NC		Fe_IFe_{II}-C		Fe_IFe_{II}-NC	
	磁矩 (μ_B)	电荷 (e)	磁矩 (μ_B)	电荷 (e)	磁矩 (μ_B)	电荷 (e)	磁矩 (μ_B)	电荷 (e)
I-Fe_{II}	2.30	7.47	2.29	7.46	2.50	7.76	2.54	7.73
I-N(Fe_I)	−0.04	6.23	−0.05	6.21	2.90	7.90	2.84	7.90
II-Fe_{II}	1.51	7.68	1.27	7.73	2.05	7.66	2.08	7.66
II-N(Fe_I)	2.84	7.88	2.82	7.89	−0.02	6.25	−0.02	6.24
III-Fe_{II}	2.36	7.47	2.33	7.51	2.73	7.83	2.71	7.84
III-N(Fe_I)	−0.04	6.29	−0.04	6.21	3.01	7.91	3.01	7.89
C_t	−0.03	4.15	0.00	4.06	0.01	4.13	−0.02	4.20
C_b	−0.01	4.13	0.00	4.07	−0.01	4.19	−0.02	4.23
H	0.00	0.92	0.00	0.93	0.00	0.92	0.00	0.90
Center	−0.06	6.23	—	—	1.96	7.48	—	—
Fe_b	2.25	7.40	2.30	7.45	2.05	7.64	2.79	7.75
Fe_t	2.30	7.37	2.30	7.45	2.07	7.64	2.37	7.54

吸附能是判断吸附类型和吸附条件的重要依据。Fe_4N 表面吸附 C_6H_6 的类型分为两类:① $Fe_{II}N$ 终端的吸附体系属于吸热吸附;② Fe_IFe_{II} 终端的吸附体系属于放热吸附。Fe_IFe_{II}-NC 终端具有最小的吸附能(−2.15 eV),说明在低温情况下 Fe_IFe_{II}-NC 吸附结构最容易形成。而在较高温度下,具有最大吸附能(0.74 eV)的 $Fe_{II}N$-C 吸附结构更容易形成。

原子的平均磁矩和电荷参见表 5-11。原子所具有的电荷是基于 Bader 电荷布居分析得到的。II 层的 Fe_{II} 原子的磁矩比块体中的磁矩(2.29 μ_B)小,这是由 N 原子与 Fe 原子的之间的局部杂化作用增强导致的。除了第二层的 Fe_{II} 原子外,在 Fe_IFe_{II} 终端模型中 Fe_{II} 原子获得了较多的电荷,使得 Fe_{II} 磁矩远大于块体中 Fe_{II} 磁矩。但是,在 $Fe_{II}N$ 终端模型下则没有明显的规律。

C_6H_6 分子和 Fe_4N 间的成键作用强弱可以通过差分电荷中的电荷聚集与减少来确定。图 5-30 中黄色为电荷增加的区域,蓝色为电荷减少的区域。在 $Fe_{II}N$-C 模型中,电荷聚集在 C-Fe 的连线上,如图 5-30(a)所示。在 $Fe_{II}N$-NC 模型中,C—Fe 之间几乎没有电荷聚集,说明 C_6H_6 与 Fe_4N 表面间的成键作用弱,如图 5-30(b)所示。C_6H_6 与 Fe_4N 表面间较大的距离

和弱的成键作用是一致的。Fe_IFe_{II}-C 模型的电荷聚集在 C_6H_6 下方的广大区域内，如图 5-30 (c)所示。Fe_IFe_{II}-NC 也出现了强烈的成键作用，电荷聚集同样出现在 C—Fe 连线上。电荷消失则发生在 C_6H_6 下方的面状区域。虽然 Fe_4N 表面与 C_6H_6 强烈成键，但是 C 原子只得到了 0.06~0.23 |e|。这说明 C—Fe 键呈现出明显的共价键特性。

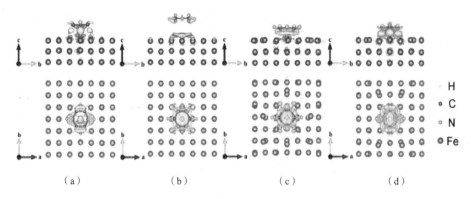

图 5-30　Fe_4N 吸附 C_6H_6 的差分电荷密度图

（a）Fe_{II}N-C；（b）Fe_{II}N-NC；（c）Fe_IFe_{II}-C；（d）Fe_IFe_{II}-NC

C_6H_6 和 Fe_4N 的成键机制可以从自旋分辨的态密度图（DOS）中提取出来。在分析的过程中，我们将 3 d 轨道按照对称性分为两大类：①垂直于 xy 平面的轨道（d_{z^2} 和 d_{xz+yz}）；②处于 xy 平面内的轨道（$d_{xy}+d_{x^2-y^2}$）。Fe_{II}N-C 体系的 top 位置上，Fe_t 垂直于 xy 平面的 d 轨道与 C_t 的 p_z 在 -4.25~3.50 eV 的能量范围内发生轨道重叠，而在 2.80 eV 能量处的重叠只发生在自旋向下的电子态之间，如图 5-31（a）所示。Fe_t 的 d_{z^2} 与 C_t 的 p_z 自旋向上的共轭峰出现在 1.80 eV 的能量处。在 bridge 位置上，C_6H_6 的 π 轨道与 Fe_b 的 d_{z^2} 和 d_{xz+yz} 的杂化发生在 -4.14~3.50 eV 能量范围内，与 d_{xz+yz} 自旋向下部分的杂化发生在 2.54 eV 能量处。top 和 bridge 两个位置都存在以下轨道杂化：N_c 的 p_x+p_y 简并轨道与 Fe 的 $d_{xy}+d_{x^2-y^2}$ 在 2.00~5.00 eV 的能量范围内重叠。在 -0.43 eV 到费米面的范围内，C 的 p_z 与 Fe 的 d_{z^2} 和 $d_{xy}+d_{x^2-y^2}$ 发生强烈的共轭杂化。正是这一杂化对费米面附近的磁性起到了调控作用。这部分的共轭峰是 C_6H_6 表面处负的空间自旋极化率的主要来源。由此得出：C_6H_6 与 Fe_4N 的强烈成键来源于 p-d 轨道重叠。在 Fe_{II}N-NC 体系中，C_6H_6 的 π 轨道与 Fe 的 d 轨道并没有发生杂化。C_6H_6 的 π 轨道展现出了近似孤立的状态。N 原子的 p_x 和 p_y 轨道发生简并。Fe_t 和 Fe_b 在 DOS 图上表现出相似的特征，这也进一步表明在 Fe_{II}N-NC 体系中 C_6H_6 与 Fe_4N 的相互作用很弱。

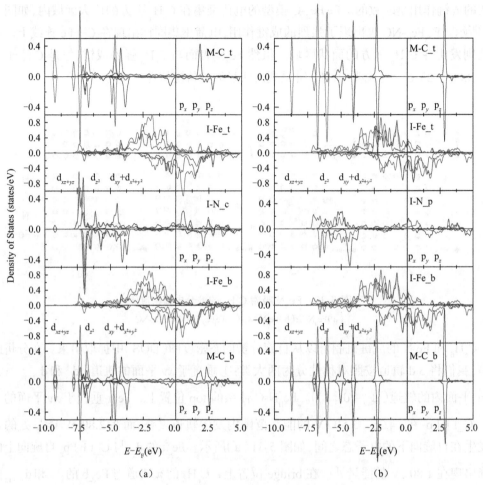

图 5-31　Fe_IIN-C 和 Fe_IIN-NC 吸附体系中部分原子的分波态密度

（a）Fe_IIN-C；（b）Fe_IIN-NC

Fe_IFe_II 终端下，C₆H₆ 的 π 轨道的峰强变弱，同时峰宽也变得更宽。这两种特征表明 C₆H₆ 的 π 轨道的局域化程度减弱。图 5-32 展示了 Fe_IFe_II 终端体系的 DOS 图。在 Fe_IFe_II-C 体系中，Fe_c 的 d_{xz+yz} 与 C 的 p_z 在 -5.10 eV 以下的能量发生杂化，与 C 的 p_x 和 p_y 轨道在 -7.90 eV 处发生杂化，如图 5-32（a）所示。在 -6.70~6.30 eV 的能量区间内，Fe_c 的 d_{z^2} 与 C 的 p_z 发生轨道重叠。在 2.50 eV 能量以上的部分，Fe_c 自旋向上的 d_{z^2} 与 C 的 p_z 也存在一定杂化作用。

在 Fe_IFe_II-NC 吸附体系中，C_t 的 p_z 与 Fe_t 的 d_{z^2} 和 d_{xz+yz} 在 -7.40~6.00 eV 能量范围内发生了相对较弱的轨道重叠，如图 5-32（b）所示。C_t 部分的 p_z 则倾向与 p_x 简并，但是 C_b 并未出现类似的趋势。在 -1.75 eV 处，Fe_b 的 d_{xz+yz} 和 $d_{xy}+d_{x^2-y^2}$ 与 C_b 自旋向下的 p_z 杂化在一起。Fe_IIN-C 和 Fe_IFe_II-C 模型中 Fe 的 d_{z^2} 和 d_{xz+yz} 与 C 的 p_z 间的相互作用较为强烈。然而在 Fe_IFe_II-NC 中，C 的 p_z 与 Fe 的 $d_{xy}+d_{x^2-y^2}$ 间的杂化强度大于与 Fe 的 d_{z^2} 和 d_{xz+yz} 的杂化

程度。$Fe_{II}N-C$ 吸附体系中，-0.40 eV 处的 p_z 与 d_{z^2} 和 d_{xz+yz} 的杂化使得 C_6H_6 表面处的空间自旋极化率呈现出负值。

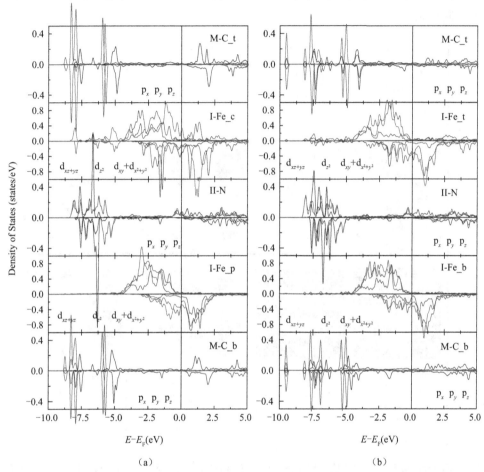

图 5-32　$Fe_IFe_{II}-C$ 和 $Fe_IFe_{II}-NC$ 吸附体系中部分原子的分波态密度
（a）$Fe_IFe_{II}-C$；（b）$Fe_IFe_{II}-NC$

在磁性单质金属表面吸附有机分子后，分子表面附近的空间自旋极化反转。计算的过程中 ε 的取值为 E_F-0.40 eV~E_F 和 E_F~E_F+0.40 eV 两个能量区间。选择这两个能量范围是因为 STM 实验中使用的电压差值为 0.40 V 左右。C_6H_6 分子附近的空间自旋极化率分布被展示于图 5-33。$Fe_{II}N-C$ 体系中，高的空间自旋极化率为 80% 左右，低的空间自旋极化率为 -60% 左右，见图 5-33（a）的线 2 和线 3。$Fe_{II}N-C$ 体系空间自旋极化率反转的强度要远大于 C_6H_6 与反铁磁金属锰界面结构的反转强度。图 5-33（b）六边形的负值空间自旋极化率，来源于 C 原子自旋向下的 p_z 轨道和 Fe 原子 d_{z^2} 和 $d_{xy}+d_{x^2-y^2}$ 轨道在 -0.43 eV 到费米面能量范围的杂化。自旋向下的电子态使得 C_6H_6 在 -0.40 eV 到费米面范围内呈现负的自旋极化率，进而使得 C_6H_6 附近的空间自旋极化率符号发生反转。在费米面以上的 0.40 eV 能量范围内，空间自旋极化率分布则有较大的不同。在相同位置处的空间自旋极化率的符号甚至是相反的。这也就意味人们有可能通过改变费米面的位置来调控空间自旋极化率反转的位置和强度。施加电场是调控费米面的有效手段。在 $Fe_{II}N$-NC 模型中,图 5-33(a)的线 2 表明了空间自旋极化反转是存在的,但是强度很弱。DOS 图的分析也指出 $Fe_{II}N$-NC 模型是较弱的吸附体系。

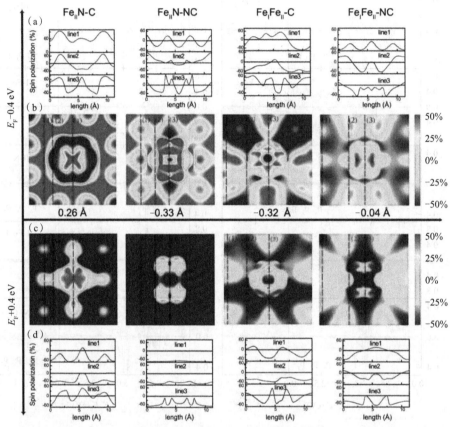

图 5-33　不同吸附体系的空间自旋极化率分布图(图(a)和图(b)对应 E_F-0.40 eV 到 E_F,图(a)的线与图(b)的虚线相对应;图(c)和图(d)对应 E_F 到 E_F+0.40 eV,图(d)的线与图(c)的虚线相对应;图(b)和图(c)所在的平面与 C_6H_6 距离标注在图(b)下方)

　　Fe_IFe_{II} 终端下的两种吸附模型都出现了空间自旋极化反转的现象。但是,C_6H_6 附近强烈的空间自旋极化反转只出现在 Fe_IFe_{II}-C 体系中。由于 Fe₄N 表面强烈的扭曲作用,Fe_{II} 原子不能覆盖 N 原子,如图 5-29(e)和(f)所示。因此,N 原子的正值空间自旋极化向 C_6H_6 表面延伸。Fe_IFe_{II}-NC 体系中,远离 C_6H_6 位置的空间自旋极化反转就来源于此。Fe_IFe_{II}-C 体系中,C_6H_6 的 C 原子在费米面附近呈现正的自旋极化,如图 5-34 所示。Fe_IFe_{II}-NC 则呈现出接近 0% 的态密度自旋极化率,这也就使得 C_6H_6 附近的空间自旋极化率接近 0%。Fe_IFe_{II} 表面的空间自旋极化的反转主要是由 N 和 C 原子的共同作用导致的。图 5-35 展示了 Fe_IN-C 体系的空间自旋极化率沿 z 轴方向的变化。C_6H_6 对 N 原子的正值空间自旋极化率延伸有阻碍作用。综上所述,C_6H_6/Fe₄N 吸附体系的空间自旋极化反转的程度严重依赖于吸附 C_6H_6 分子的位置。

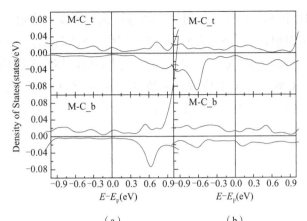

图 5-34　Fe$_I$Fe$_{II}$-C 和 Fe$_I$Fe$_{II}$-N 体系中 C 原子态密度在费米面附近的放大图

（a）Fe$_I$Fe$_{II}$-C；（b）Fe$_I$Fe$_{II}$-N

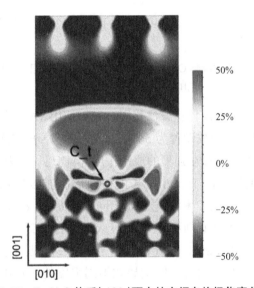

图 5-35　Fe$_{II}$N-C 体系(100)面内的空间自旋极化率分布

5.5.2　Fe$_{II}$N 表面吸附 C$_6$H$_6$、C$_5$H$_5$ 和 SC$_4$H$_4$ 的电子结构

　　C$_6$H$_6$ 是稳定的强 π 键有机小分子。考虑到 π 键活性，我们期望能够发现具有不同活性 π 键的有机小分子对 Fe$_4$N 表面磁性的影响，进而通过更换有机小分子对空间自旋极化率进行更加高效的调控。C$_6$H$_6$、C$_5$H$_5$ 和 SC$_4$H$_4$ 小分子具有不同的 π 键活性。其中，C$_6$H$_6$ 的 π 键活性最低；C$_5$H$_5$ 的 π 键活性远大于 C$_6$H$_6$；SC$_4$H$_4$ 的 π 键活性则居中。

　　强度和范围最大的空间自旋极化反转发生在 Fe$_{II}$N 终端的 center 吸附体系中，即 C$_6$H$_6$ 中心正下方为 N 原子的体系。本小节的研究将基于这种体系进行。本节主要涉及不同对称性和 π 键活性的有机小分子对界面空间自旋极化反转影响的研究。基于 Fe$_{II}$N 终端进行吸附模型的构建，如图 5-36 所示。构建三种有机分子吸附模型时，我们选择对称性较高的吸附位置。C$_6$H$_6$ 吸附模型中，C 原子和 C—C 键下面都存在 Fe 原子，且 N 原子在 C$_6$H$_6$ 分子中心的下方。C_5H_5 和 SC_4H_4 分子吸附模型的构建也基于以上原则。$Fe_{II}N$ 终端表面具有三层原子和 3×3 的周期性。在垂直表面的方向上设置 15 Å 厚的真空层。在进行弛豫优化的过程中,我们固定了最底层的原子。图 5-36 为优化后吸附体系的结构图。Fe 原子位于 C 原子下方和位于 C—C 键正下方的位置分别被定义为 top 和 bridge。结构弛豫后,C_5H_5 吸附体系的对称性严重降低。C_5H_5 和 SC_4H_4 下面的 Fe 原子被命名为:Fe_t1、Fe_t2、Fe_t3 和 Fe_b,如图 5-36(b)和(c)所示。

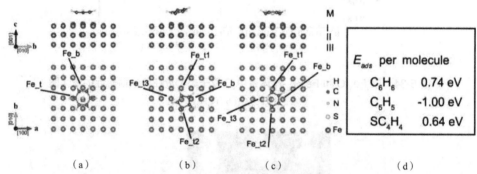

图 5-36 $Fe_{II}N$ 终端吸附 C_6H_6、C_5H_5 和 SC_4H_4 的结构图及不同体系吸附能

(a)C_6H_6;(b)C_5H_5;(c)SC_4H_4;(d)吸附能

本节的计算方法与第一节的计算方法相同。我们使用 VASP 软件包进行第一性原理计算。限制波函数波矢的截断能被设置为 500 eV。当每个原子的受力小于 0.03 eV/Å 时,结构弛豫结束。由于计算模型中存在强烈的成键作用,范德瓦耳斯力并没有被考虑。

C_6H_6 和 SC_4H_4 吸附体系中,有机小分子的平面依然能够与 Fe_4N 表面平行,如图 5-36 (a)和(c)所示。H 原子不再与 C 和 S 原子处于同一平面内;H 原子向远离 Fe_4N 表面的方向移动。相反,C_5H_5 的分子平面则不再与 Fe_4N 表面平行。C_t1 和 C_t3 相对于 Fe_4N 表面的距离大于 C_t2 原子的距离,见图 5-36(c)。由于 C—C 构成五边形结构比 C_5H_5 下面的四个 Fe 原子构成的框架小很多,两者不匹配导致不同强度的相互作用。C 原子与 Fe(N)原子不同程度的相互作用导致 C_5H_5 分子平面与 Fe_4N 表面不平行。部分原子间距的详细信息被列在表 3-3。C_6H_6 与 SC_4H_4 的对称性得到了保持,这一点可以从 C—C 和 C—S 键长得出判断。各模型吸附能如图 5-36(d)所示,其中,C_5H_5 的吸附能为 -1.00 eV,属于放热吸附类型,而 C_6H_6 和 SC_4H_4 则属于吸热吸附类型。因此,C_5H_5 的吸附体系在低温下易于形成,而 SC_4H_4 则在相对较高的温度下易于形成。

表 5-12   部分原子间的距离(Å)(X-up-Fe 是指 X 原子与表面 Fe 原子层间的平均距离)

原子间距	吸附体系 C_5H_5	SC_4H_4		C_6H_6
C_t1-C_b	1.424	1.445	C_t-C_b	1.442
C_t2-C_b	1.456	1.446	C_b-C_b	1.408
S/C_t3-C_t1	1.399	1.791	C_t-Fe_t	2.214

吸附体系 原子间距	C_5H_5	SC_4H_4	C_6H_6	
S/C_t3-C_t2	1.436	1.791	C_b_Fe_b	2.476
C_b-C_b	1.421	1.397	Fe_t-up-Fe	0.319
C_t1-Fe_t1	3.433	2.170	Fe_b-up-Fe	0.253
C_t2-Fe_t2	2.219	2.171	N-up-Fe	0.140
S/C_t3-Fe_t3	3.329	2.419		
C_b-Fe_b	2.593	2.647		
Fe_t1-up-Fe	0	0.336		
Fe_t2-up-Fe	0.350	0.336		
Fe_t3-up-Fe	0	0.173		
Fe_b-up-Fe	0.261	0.167		

表 5-13 原子的平均电荷数据来源于 Bader 电荷布居分析。在 SC_4H_4 吸附体系中，bridge 位置 Fe 原子的磁矩为 2.51 μ_B，比 Fe_4N 块体中 Fe_{II} 磁矩大。而其他吸附体系中 Fe 磁矩则与块体中的 Fe_{II} 磁矩相近。SC_4H_4 吸附体系中，与 S 原子直接成键的 Fe 磁矩减小到了 1.86 μ_B。C 原子和 S 原子最多只得到了 0.30 |e|。由于 C 和 S 原子得的电子较少，排除了 C 或 S 原子与 Fe 原子成离子键的可能。

表 5-13　部分原子的平均电荷和磁性(其中,C_b_u(d)表示与 C_t1(C_t2)成键的 C 原子)

吸附体系 原子	C_5H_5		SC_4H_4		C_6H_6	
	电荷(e)	磁矩(μ_B)	电荷(e)	磁矩(μ_B)	电荷(e)	磁矩(μ_B)
Fe_b	7.38	2.33	7.45	2.51	7.40	2.25
Fe_t1	7.47	2.30	7.35	2.22	7.37	2.30
Fe_t2	7.34	2.23	7.35	2.23	—	—
Fe_t3/Fe_S	7.47	2.31	7.49	1.86	—	—
C_b_u	4.15	0.02	4.01	0.00	—	—
C_b_d	4.19	0.00	4.15	0.00	4.13	-0.01
C_t1	4.09	0.01	4.30	-0.05	4.15	-0.03
C_t2	4.22	-0.01	4.30	-0.05	—	—
C_t3/S	4.12	0.03	5.88	-0.01	—	—

三种有机小分子均与 Fe_4N 表面强烈成键，如图 5-37 所示。在 C_6H_6 和 SC_4H_4 的吸附体系中，所有的 C(S)原子均与表面处的 Fe 原子成键。电荷增加的黄色区域出现在 C—Fe 或 S—Fe 的连线上。由于 C_5H_5 的分子平面与 Fe_4N 表面不平行，离 Fe_4N 表面较远的 C_t1 原子没能与 Fe 原子成键(没有强烈电荷聚集的区域)。C(S)原子与 Fe 原子之间的强烈成键

作用和 C(S)原子较小的电荷得失说明了 C(S)与 Fe 原子的化学键具有共价键特性。

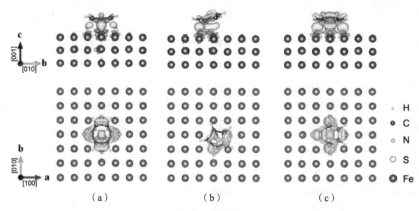

图 5-37　C_6H_6、C_5H_5 和 SC_4H_4 吸附体系的差分电荷密度

(a)C_6H_6;(b)C_5H_5;(c)SC_4H_4

自旋分辨的态密度给出了原子间成键轨道的成分和能量。图 5-38 给出了 C_5H_5 与 Fe₄N 吸附体系的 DOS 图。在 top1 和 top3 的位置,C 原子与 Fe 原子之间的杂化作用比较弱。在 bridge 位置,$-1.10\sim3.00$ eV 能量范围内 C_b 的 p_z 和 Fe 自旋向上的 d_{z^2} 发生强烈重叠;而 C_b 的 p_z 与 Fe_b 的 d_{xz+yz} 的共轭峰则出现在 -6.56 和 -6.23 eV 处。在 top2 位置上,C_t2 的 p_z 和 Fe_t2 的 d_{z^2} 在 $3.50\sim5.00$ eV 的范围内发生强烈的杂化。C_5H_5 的 π 轨道不再表现出强的局域化性质,也就是 C_5H_5 的 p_z 轨道不再保有窄而高的峰,如图 5-38 所示。

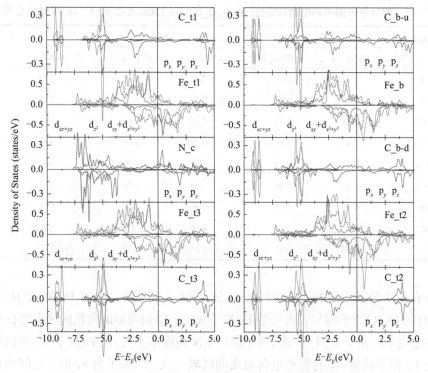

图 5-38　C_5H_5 与 Fe₄N 吸附体系的分波态密度图

　　图 5-39 给出了 SC_4H_4 与 Fe_4N 吸附体系的态密度图。SC_4H_4 的分子平面与 Fe_4N 表面平行,保留一定的对称性。因此, Fe_t1/C_t1 和 Fe_t2/C_t2 都用 Fe_t/C_t 来表示, Fe_t3 则表示为 Fe_S。在 top 和 bridge 位置, C(S)原子的 p_z 轨道与其下方 Fe 自旋向上的 d_{z^2} 电子态在 $-0.88{\sim}0.62$ eV 能量区间上发生强烈的杂化。top 位置的杂化强度要大于 bridge 位置处的强度。

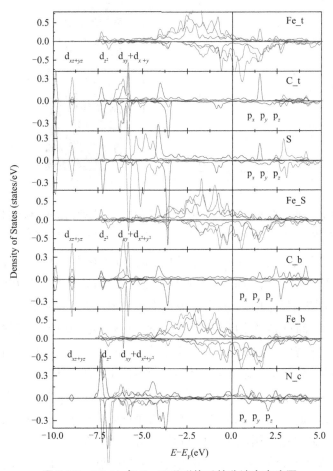

图 5-39　SC_4H_4 与 Fe_4N 吸附体系的分波态密度图

　　在 $-4.20{\sim}-3.50$ eV 能量范围内, Fe 垂直于 xy 平面的 d 轨道与 C 和 S 的 p_z 发生强烈轨道重叠。在 1.50 eV 能量处, C_t 自旋向上的 p_z 与 Fe_t 的 d_{z^2} 间存在强烈的杂化。C_t 的 p_y 轨道占有的电子态比 C_b 的电子态多。通过 Bader 电荷布居分析, C_t 的电荷数也要大于 C_b 的电荷数。这两种分析结果是可以相互证明的。同时 p 轨道的自旋劈裂增强导致了 C_t 原子具有较大的磁矩。有机分子的 p_z 轨道都与 Fe 原子的面外轨道发生了杂化。C_6H_6 和 SC_4H_4 的 p_z 轨道能够一定程度上保持窄而强的轨道峰,然而 C_5H_5 分子的 p_z 轨道孤立峰则不能维持。

　　根据第一小节的内容, C_6H_6 对 Fe_4N 表面的空间自旋极化分布有较强的重塑作用。图

5-40 给出了洁净的 Fe$_{II}$N 终端表面 N 和 Fe 原子的态密度与表面空间自旋极化率。N 原子在费米面处具有较强正自旋极化。N 原子的正自旋极化导致表面处的空间自旋极化率部分呈现正值。在距离表面较近处,正的空间自旋极化率呈现出十字交叉的形状,而在高处则呈现出全负空间自旋极化率。有机小分子吸附到 Fe$_{II}$N 表面后,N 原子的净自旋减少。

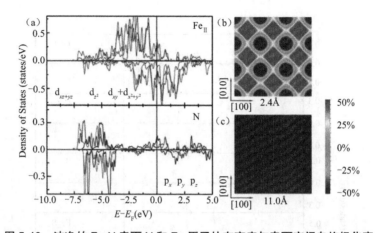

图 5-40　洁净的 Fe$_{II}$N 表面 N 和 Fe 原子的态密度与表面空间自旋极化率
(a)态密度;(b)距离 Fe$_{II}$N 表面 2.4Å 的空间自旋极化分布;(c)距离 Fe$_{II}$N 表面 1.0Å 的空间旋极化分布

　　图 5-41 给出了有机小分子 /Fe₄N 界面的空间自旋极化率。由于 -0.43 eV 到费米面的区间内 p$_z$ 和 d 轨道自旋向下部分间的强烈杂化,C₆H₆ 表面处出现了六边形负的空间自旋极化。在 C₅H₅ 分子的吸附体系中,空间自旋极化率也出现了强烈的反转。空间自旋极化反转的区域并不规则。空间自旋极化反转发生在 top2 和 bridge 的位置。反转的主要原因是两个位置上 C 原子的 p$_z$ 轨道与 Fe 原子 d 轨道的轨道重叠。线 3 处的空间自旋极化反转是 C_b 在费米面处正的态密度自旋极化的体现。在 SC₄H₄ 的吸附体系中,线 3 存在强烈的空间自旋极化反转,但是其他位置则几乎没有发生反转。在 SC₄H₄ 的吸附体系中, Fe$_{II}$N 表面的 N 原子的态密度自旋极化降低;C_b 原子正的净自旋值较小;Fe 原子 d 轨道的负态密度自旋极化则很强。诸多竞争引起了空间自旋极化反转。在 E_F 到 E_F+0.40 eV 的能量区间上,有机分子吸附作用导致的空间自旋极化反转更为明显。SC₄H₄ 中不同类型 C 原子的反转强度也不同,如图 5-41 所示。

　　空间自旋极化率和态密度自旋极化率表征的东西是不一样的。空间自旋极化率是投影在实空间的,而态密度自旋极化率是投影在能量空间的。这也就说明态密度自旋极化与空间自旋极化是可以有区别的,但是自旋向上(向下)的电荷总数无论是在实空间还是能量空间的投影都是相等的。空间中某一位置的自旋极化率是较近的多个原子共同作用的结果。

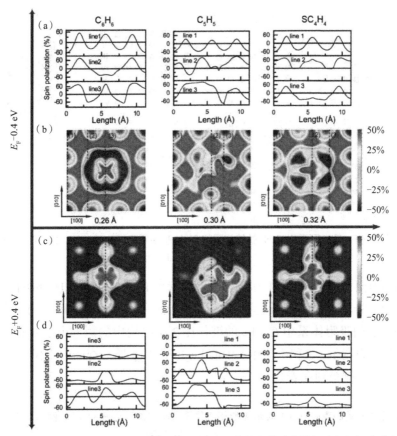

图 5-41 Fe$_{II}$N 表面吸附 C$_6$H$_6$、C$_5$H$_5$ 和 SC$_4$H$_4$ 分子后空间自旋极化率（图（a）和图（b）对应 E_F-0.40 eV 到 E_F 能量区间，图（a）的线对应图（b）的虚线；图（c）和图（d）对应 E_F 到 E_F+0.40 eV 能量区间，图（d）的线对应图（c）的虚线；所选平面到分子的距离标注在图（b）的下方）

5.5.3 不同厚度 Fe$_4$N 表面吸附 C$_6$H$_6$ 的电子结构

纳米材料的物理性质严重依赖于薄膜的厚度。Fe$_4$N 表面的厚度变化对空间自旋极化的影响成为本小节的主要研究内容。考虑到吸附位置对空间自旋极化反转强弱的影响，我们选择 Fe$_{II}$N 终端 center 位置吸附 C$_6$H$_6$ 分子的模型。计算模拟的过程中，Fe$_4$N 表面的厚度被改变。

Fe$_4$N 表面分别被选择为 3、5 和 7 层原子厚度的模型，具有 3×3 的面内周期性。3 层原子为 1 个 Fe$_4$N 单胞；5 层结构为 2 个 Fe$_4$N 单胞；7 层结构为 3 个 Fe$_4$N 单胞。3、5 和 7 层的基底能够较好地保证周期性。鉴于 C$_6$H$_6$ 与 Fe$_4$N 表面间强烈的成键作用，范德华力依然没有被考虑。结构弛豫时，最底端的一层原子被固定在块体中相应的位置。为方便起见，将 C$_6$H$_6$ 正下方的四个 Fe 原子分为两类：Fe 原子在 C 原子正下方的位置被定义为 top 位；Fe 原子在 C—C 键正下方的位置被定义为 bridge 位。top 和 bridge 位置上的 Fe(C)原子分别被命名为 Fe_t(C_t)和 Fe_b(C_b)。第二层中离 C$_6$H$_6$ 较近的 4 个 Fe 原子被定义为 Fe_p。不同原子层用罗马数字进行了标注，如图 5-42 所示。

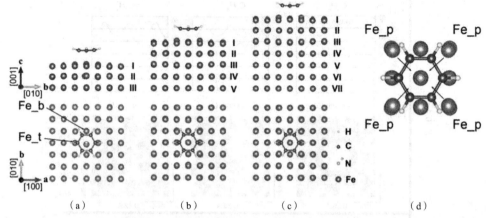

图 5-42 不同厚度 Fe$_{||}$N 表面吸附 C$_6$H$_6$ 的结构图与 Fe$_{||}$N 基底厚度增加时，C$_6$H$_6$ 下方 Fe 原子移动示意图
（a）3-layer；（b）5-layer；（c）7-layer；（d）Fe 原子移动示意图

经过结构弛豫，H 原子相对于 C 原子平面均远离 Fe$_4$N 表面。C$_6$H$_6$ 下方的四个 Fe 原子也不同程度地向上移动。所有体系中 C$_6$H$_6$ 中的 C—C 键长均比孤立 C$_6$H$_6$ 中的 C—C 键长。在 5 和 7 层的吸附体系中 C—Fe 的键长比 3 层结构中的短。由于 C$_6$H$_6$ 与 Fe$_4$N 最底层原子之间的应力竞争，5 和 7 层体系中的 Fe_b 和 Fe_p 原子都向中心移动，如图 5-42（d）所示。部分键长数据被列在表 5-14 中。

表 5-14 部分原子间的距离（X-up-Y 表示 X 原子或原子层与 Y 原子层间的距离，例如 Y=Fe 时，Y 表示 I 层 Fe 原子平面

单位：Å

原子间距名 \ 吸附体系	3 层	5 层	7 层
C_t-C_b	1.442	1.457	1.457
C_b-C_b	1.408	1.433	1.432
C_t-Fe_t	2.213	2.130	2.129
C_b-Fe_b	2.405	2.181	2.187
Fe_t-up-Fe	0.319	0.203	0.261
Fe_b-up-Fe	0.253	0.386	0.438
H-up-C	0.266	0.368	0.370
Fe_p-Fe_p	5.302	5.133	5.148
Fe_b-Fe_b	3.776	3.732	3.734
Fe_t-Fe_t	3.772	3.765	3.769

Fe 和 C 原子的平均电荷和磁矩见表 5-15。原子的电荷数是通过 Bader 电荷分析得到的。随着 Fe$_4$N 原子层数的增加，bridge 位置上 Fe_b 的磁矩发生反转。其余 Fe 原子则维持铁磁有序。在 5 和 7 层的吸附体系中，Fe$_4$N 表面在分子大小的范围内形成反铁磁有序。Fe 原子初始值磁矩均被赋予正值，Fe_b 原子的磁矩自动出现反转。这表明吸附所引起的磁矩

反转是稳定、可靠的结果。5 和 7 层均出现了磁矩的反转,这说明了关于厚度的计算结果是可靠的为了解释磁矩反转的来源,我们对保留结构畸变的洁净 Fe_4N 表面进行了静态计算。结果表明仅存在结构畸变的 Fe_4N 表面不足以造成 Fe 原子磁矩的反转。三种模型的 H 原子均向上移动,这说明 H 原子上移引起的电子转移并不是 Fe_b 原子磁矩反转的主要因素。自旋碰撞理论在我们的线性计算中并不用考虑。这种 Fe 原子磁矩反转的主要原因是:① C_6H_6 下方的 I 层和 II 层的 Fe 原子向中心处移动;② C_6H_6 的 π 键电子云与其下方四个 Fe 原子的相互作用。

表 5-15 直接成键的 Fe 与 C 原子的平均磁矩和电荷

吸附体系 原子	3 层		5 层		7 层	
	电荷(e)	磁矩(μ_B)	电荷(e)	磁矩(μ_B)	电荷(e)	磁矩(μ_B)
C_t	4.15	-0.03	4.11	-0.06	4.11	-0.06
C_b	4.13	-0.01	4.19	0.03	4.14	0.02
Fe_t	7.37	2.30	7.47	1.64	7.43	1.62
Fe_b	7.40	2.25	7.39	-1.81	7.43	-1.78

不同厚度 Fe_4N 吸附体系的差分电荷密度图如图 5-43 所示。不同厚度的 Fe_4N 吸附体系中,Fe_4N 表面均与 C_6H_6 强烈成键。5 和 7 层模型的差分电荷密度图展示出相似的特性。这说明考虑厚度的计算中,5 层和 7 层的模型已经足够了。随着厚度的增加,C_6H_6 与 Fe_4N 表面间的电荷聚集区域增加,两者之间的成键作用增强。C 原子得到了较少的电荷,见表 5-15。C_6H_6 与 Fe_4N 表面的 Fe 原子形成具有共价键性质的化学键。

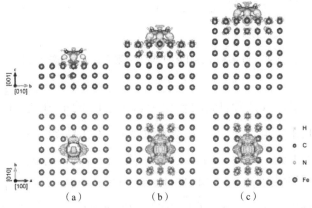

图 5-43 不同厚度 $Fe_{II}N$ 表面吸附 C_6H_6 后的差分电荷密度图
(a)3-layer;(b)5-layer;(c)7-layer

图 5-44 给出了 5 层和 7 层 $Fe_{II}N$ 表面吸附 C_6H_6 后的 DOS 图。与 3 层的吸附体系相比,5 层的吸附体系中的 C_6H_6 与 Fe 之间的杂化发生在更广的范围内,如图 5-44(a)所示。在 top 位置上,C_t 的 p_z 与 Fe_t 的 d_{z^2} 自旋向上的部分在费米面到 3.40 eV 的能量范围内有

较强的杂化作用,与 Fe_t 自旋向下的 d_{z^2} 和 d_{xz+yz} 强烈的轨道重叠则发生在 -2.80 eV 到费米面的能量区间。在 -4.37~3.79 eV 的能量范围内,C_t 两种自旋方向的 p_z 同时与 Fe_t 的 d_{z^2} 和 d_{xz+yz} 发生重叠。在 bridge 位置上,C_b 的 p_z 与 Fe_b 的 d_{xz+yz} 在 1.70 eV 能量处发生较强的杂化作用。在 4.04 eV 能量处,C_b 仅有自旋向上的 p_z 与 Fe_b 的 d_{xz+yz} 发生杂化。C_b 自旋向下的 p_z 与 Fe_t 的 d_{z^2} 的共轭峰出现在 -4.21 eV 处。

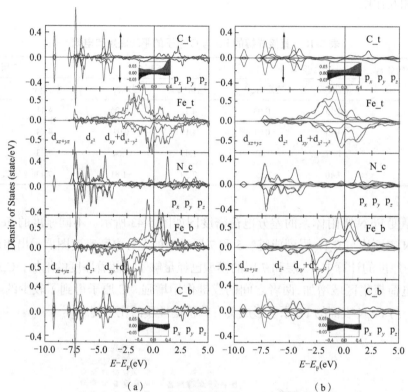

图 5-44　5 层和 7 层 Fe$_{II}$N 表面吸附 C$_6$H$_6$ 后的态密度图

（a）5-layer；（b）7-layer

7 层的吸附体系中,C_t 两种自旋的 p_z 电子态均与 Fe 的 d_{z^2} 在费米面以上的能量处发生强烈的杂化作用,如图 5-44（b）所示。在费米面以下,C_t 自旋向下的 p_z 与 Fe_t 的 d_{z^2} 发生杂化,最强的共轭峰出现在 -0.70 eV 和 -4.15 eV 能量位置。在 bridge 位置上,p-d 杂化也主要出现在 p_z 和 d_{xz+yz} 轨道之间。在 2.34 eV 处,C_b 的 p_z 和 Fe_b 的 d_{xz+yz} 轨道的两部分自旋都发生杂化。在 -6.49 eV 处,C_b 自旋向下的 p_z 和 Fe_b 的 d_{xz+yz} 发生杂化。在 4.15 eV 处,C_b 的 p_z 和 Fe_b 的 d_{z^2} 自旋向下部分发生杂化。

由于 C$_6$H$_6$ 与 Fe$_4$N 表面的共价键作用,5 层和 7 层吸附结构中 C$_6$H$_6$ 的 π 键电子云不再具有强的局域化特点。C$_6$H$_6$ 下方的四个 Fe 原子能够以 π 键电子云为媒介进行电荷转移。在 C$_6$H$_6$ 与 Fe$_4$N 最底层原子间的应力竞争和以 π 键电子云为媒介的间接交换共同作用下,Fe_b 原子的磁矩发生反转。在分子大小的范围内,C$_6$H$_6$ 下方的四个 Fe 原子形成反铁磁有序。

　　随 Fe₄N 厚度变化,吸附体系的空间自旋极化率发生了明显的变化。不同厚度的吸附体系中,空间自旋极化都发生了反转。空间自旋极化反转主要出现在图 5-45(a)的线 2 和线 3。在 C₆H₆ 的上方, 3 层结构中负的空间自旋极化出现在 C₆H₆ 周围的六边形内。5 和 7 层的吸附体系的负的空间自旋极化则出现在中心位置,呈现出"X"形状。在距 C₆H₆ 表面 2.33 Å 的位置处, 3 层结构中负的空间自旋极化减弱,取而代之的是强烈的正空间自旋极化。5 层和 7 层的结构中心处的空间自旋极化率则依然保持负号。5 层和 7 层吸附结构中的 N_c 的净自旋的正值要小于 3 层结构中 N_c 的净自旋极化值,这有助于空间自旋极化在中心处发生反转。图 5-44 放大的图像可以得出:在 −0.40 eV 到费米面的范围内, C_t 原子展示弱的正态密度自旋极化。这与 top 位置上弱的正空间自旋极化相对应。图 5-46 给出了空间自旋极化率沿 z 轴方向的分布图线。当 7 层的 Fe₄N 表面吸附 C₆H₆ 时, Fe₄N 中心位置上原本为正的空间自旋极化反转成为负值,如图 5-46(b)所示。空间自旋极化率的反转始于 C₆H₆ 表面。在部分电荷(partial charge)聚集较多的区域,即橘红色线左边的区域中,空间自旋极化的反转是更为可靠的,因为这部分具有较大的净自旋。

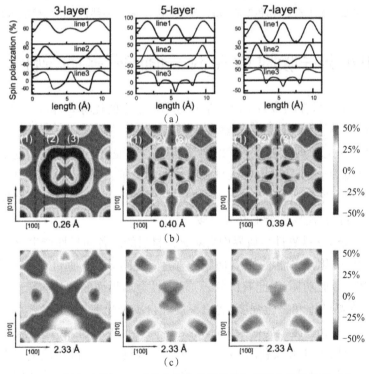

图 5-45　3、5 和 7 层 Fe₄N 表面吸附 C₆H₆ 后的空间自旋极化率(空间自旋极化率对应 E_F−0.40 eV 到 E_F 能量窗口,图(a)线对应图(b)的虚线;平面与分子的距离分别标注在图(b)和图(c)的下方)

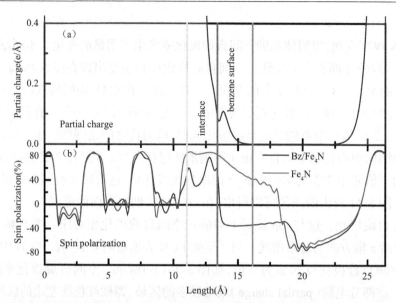

图 5-46　7 层吸附体系的部分电荷和沿 z 轴方向的空间自旋极化率（数据对应 E_F−0.40 eV 到 E_F 的能量窗口。图（ b ）为 $Fe_{II}N$ 中心线的空间自旋极化率，蓝色线对应吸附体系，红色线对应洁净 $Fe_{II}N$ 表面，绿色线对应 $Fe_{II}N$ 表面，粉色对应 C_6H_6 分子的位置，橘红色线以上的电荷很少）

5.6　有机小分子吸附 $CoFe_3N$ 表面的磁各向异性

　　有机自旋电子学旨在结合自旋电子学和分子电子学的优势。有机自旋电子学的多功能性为器件的微型化提供了可能性，能够将存储器件的尺寸降低到几个分子甚至一个分子的大小。有机自旋阀是有机自旋电子学的典型器件，它的磁电阻效应被广泛研究。杂化的有机分子 / 铁磁性金属界面是决定有机自旋阀性能的关键，它能影响有机自旋电子学器件的自旋输运性质。因此，通过选择合适的有机分子 / 铁磁性金属界面来调制界面的电子结构和磁性，是优化有机自旋阀性能的必要手段。

　　杂化的有机分子 / 铁磁性金属界面会对磁性材料的磁各向异性产生影响。C_6F_6 可以稳定 Fe 表面的面外磁化，C_{60} 能增强 Ni 薄膜的垂直磁各向异性。垂直磁各向异性能增强存储器件的热稳定性、降低功耗，因此有机分子 / 铁磁性金属界面的磁各向异性受到人们的广泛关注。Fe_4N 具有高的饱和磁化强度、居里温度和自旋极化率，但是立方对称性使其具有较小的磁各向异性。3 d 过渡金属掺杂 Fe_4N 的磁各向异性表明四方结构的 $CoFe_3N$ 具有较大的垂直磁各向异性，因此可以利用 $CoFe_3N$ 来研究有机分子 / 铁磁性金属界面的电子结构和磁学性质。对于有机分子而言，分子的电负性与有机分子 / 铁磁性金属界面的磁学性质有直接的关系。C_6H_6 是结构简单的有机分子，C_6H_6 及其卤化物具有不同的电负性，因此本节选用 C_6H_6 及其卤化物来研究电负性对界面磁各向异性的影响。另外，分子对称性的降低会导致空间自旋极化率的非均匀分布，对称性的降低有可能会影响磁各向异性。SC_4H_4 是聚噻吩的基本组成单元，聚噻吩常用在有机自旋电子学中，它的对称性低于 C_6H_6。这里选

用 SC_4H_4 来研究分子对称性对磁各向异性的影响。本节将研究有机分子 C_6H_6、C_6F_6 和 SC_4H_4 吸附在 $CoFe_3N$ 表面的磁各向异性,讨论分子的对称性和电负性对有机分子 / 铁磁性金属界面的电子结构和磁各向异性的影响。

5.6.1　C_6H_6 吸附 FeCo 和 FeN 表面终端

本节采用 PAW 赝势和 GGA-PBE 交换关联函数,利用 VASP 软件包进行计算。由于涉及有机分子,所以计算时考虑分子间弱的相互作用力,即范德瓦耳斯力。$CoFe_3N(001)$ 表面选用 $2×2$ 的超胞,$CoFe_3N$ 共有 5 层,最底端一层固定,真空层为 15 Å。能量收敛和力收敛标准分别为 $1×10^{-5}$ eV 和 0.01 eV/Å。MAE 的计算考虑自旋 - 轨道耦合作用,采用 $9×9×1$ 的 K 点网格。总的 MAE 被分解到各个原子的轨道上,采用的 canonical 公式为

$$MAE_{i\lambda} = \left[\int^{E_F^{out}} (E - E_F^{in}) n_{i\lambda}^{out}(E) dE - \int^{E_F^{in}} (E - E_F^{in}) n_{i\lambda}^{in}(E) dE \right] / a^2 \tag{5-8}$$

其中, $n_{i\lambda}^{out}(E)$ 和 $n_{i\lambda}^{in}(E)$ 代表第 i 个原子的 λ 轨道在面外和面内磁化方向上的态密度, a 为面内晶格常数。那么,第 i 个原子的 MAE 可以通过轨道分辨的 MAE 叠加而得到,具体公式为

$$MAE_i = \sum_{\lambda} MAE_{i\lambda} \tag{5-9}$$

每一层内各原子的 MAE 叠加就是这一层的总 MAE。基于层分辨和轨道分辨的 MAE,可以对体系的 MAE 贡献进行详细的分析。

块体 $CoFe_3N$ 具有四方结构,空间群为 P4/mmm,Co 沿着 z 方向占据面心位置,其余的面心位置被 FeII 占据,FeI 占据顶角位置,N 占据体心立方位置,如图 5-47(a)所示。四方结构的 $CoFe_3N$ 具有较大的垂直磁各向异性。图 5-47(b)为有机分子 C_6H_6 的原子结构图。图 5-47(c)给出了 $CoFe_3N$ 的态密度,Co 和 FeII 在费米面以下发生强烈的杂化。考虑到晶格对称性,$CoFe_3N$ 的表面有两种终端,FeN 和 FeCo 终端。对于每一种终端,进一步考虑两种吸附位置。有机分子 C_6H_6 吸附在 $CoFe_3N$ 表面的 center 位和 hollow 位,即 C_6H_6 的正下方正对原子或者没有原子。于是形成了四种吸附模型,分别为 FeN-center、FeN-hollow、Fe-Co-center 和 FeCo-hollow,如图 5-48 所示。分子吸附可以改变直接与分子成键的磁性原子之间的磁交换相互作用,图中用红色标记了受到分子吸附影响较大的 Fe 和 Co 原子,箭头指向这些重新被命名的原子。结构弛豫之后,除了 FeN-hollow 模型,其余模型的 C_6H_6 分子不再平坦,C-H 键沿着 z 方向上翘。H 原子远离表面,C—C 键的键长要比孤立的 C_6H_6 分子的 C—C 键长要长。在 FeN-hollow 模型中,C_6H_6 分子和 $CoFe_3N$ 表面的距离为 3.10 Å,表明二者的相互作用较弱,FeN-hollow 模型属于物理吸附。对于其他三种模型,C_6H_6 分子与 $CoFe_3N$ 表面的距离均小于 2.00 Å。在界面层,N 和 Fe/Co 原子也轻微地上移。剩余的这三种模型中,C_6H_6 分子与 $CoFe_3N$ 表面相互作用较强,属于化学吸附。在 FeCo-hollow 模型中,无论是界面层还是内部层,Fe 和 Co 原子的位置发生明显的移动。FeN-center、FeN-hollow、FeCo-center 和 FeCo-hollow 四种模型的吸附能分别为 -0.607、-0.745、-2.467 和 -3.594 eV。其中,FeCo-hollow 模型的吸附最稳定。

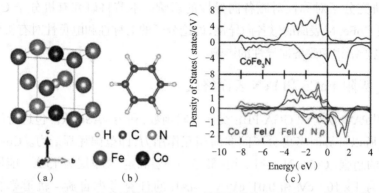

图 5-47　CoFe₃N 的晶体结构、C₆H₆ 的原子结构和 CoFe₃N 的态密度
（a）CoFe₃N；（b）C₆H₆；（c）态密度图

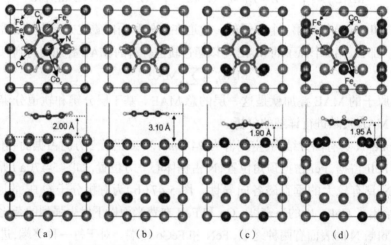

图 5-48　FeN-center、FeN-hollow、FeCo-center 和 FeCo-hollow 吸附模型的俯视图和侧视图
（a）FeN-center；（b）FeN-hollow；（c）FeCo-center；（d）FeCo-hollow

　　有机分子 C₆H₆ 吸附在 CoFe₃N 表面后，有机分子/铁磁性金属界面杂化态的形成会使体系的空间自旋极化率发生改变。图 5-49 给出了 C₆H₆ 分子表面以上 0.33 Å 的空间自旋极化率分布，选取的能量范围为费米面附近的 [-0.4, 0.0] eV 和 [0.0, 0.4] eV。在 FeN-center 和 FeCo-hollow 模型中，C₆H₆ 分子位置处，费米面以下的空间自旋极化率发生反转。在 FeN-hollow 和 FeCo-center 模型中，空间自旋极化率的反转较弱。图 5-49 的最下端给出了空间自旋极化率的线分布，线 1、2 和 3 是根据受 C₆H₆ 分子影响的强弱程度来选取的，分别选取远距离、次近邻和最近邻的线。从线分布图中可以看到，在 FeN-center 和 FeCo-hollow 模型中，三条线的自旋极化率都发生了反转。自旋极化的反转来源于 C 的 p_z 轨道和 Fe 的 d_{z^2} 轨道的杂化。考虑到吸附稳定性和界面相互作用的强弱，在后面的讨论中，将主要分析 FeN-center 和 FeCo-hollow 这两个模型。图 5-50 给出了 FeN-center 和 FeCo-hollow 吸附模型的差分电荷密度。图中黄色代表电荷的聚集，蓝色代表电荷的耗散。在 C₆H₆ 分子与 CoFe₃N 界面处出现明显的电荷转移，二者的化学成键作用明显。在界面处既有电荷累积也有电荷耗散，表明 C₆H₆ 分子的吸附导致 CoFe₃N 表面的电荷重新分布。

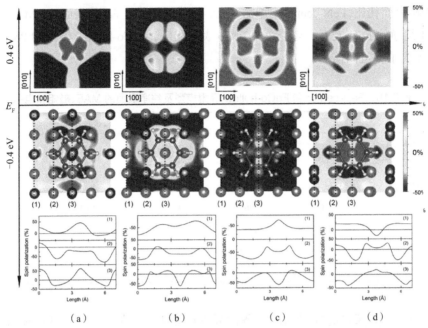

图 5-49　FeN-center、FeN-hollow、FeCo-center 和 FeCo-hollow 吸附模型在分子平面以上 0.33 Å 的空间自旋极化率分布图(所取能量范围分别为 [-0.4，0] eV 和 [0，0.4] eV，图中最下方给出了对应的空间自旋极化率的线分布)

(a)FeN-center；(b)FeN-hollow；(c)FeCo-center；(d)FeCo-hollow

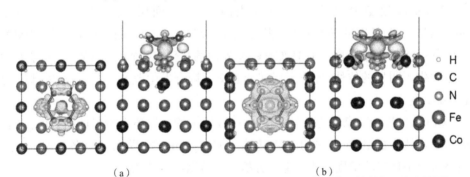

图 5-50　FeN-center 和 FeCo-hollow 吸附模型的差分电荷密度的俯视图和侧视图

(a)FeN-center；(b)FeCo-hollow

　　有机分子 / 铁磁性金属界面杂化态还会影响磁交换作用。表 5-16 给出了 FeN-center 和 FeCo-hollow 模型的 MAE 以及各原子的磁矩和电荷。C$_6$H$_6$ 分子吸附后，Fe 和 Co 原子的磁矩受到影响。与纯净的 FeN 表面相比，FeN-center 模型中 C$_6$H$_6$ 分子下方的 Fe$_t$ 和 Fe$_b$ 原子的磁矩均减小了约 0.2 μ$_B$，与 C$_6$H$_6$/Fe/W(110)界面的结果相似。在 FeCo-hollow 模型中，Fe$_t$ 和 Fe$_b$ 原子的磁矩减小了约 0.3 μ$_B$。分子吸附导致的磁矩减小是由于 C 的 p$_z$ 轨道和 Fe 的 d$_{z^2}$ 轨道的杂化引起了磁性原子之间的磁相互作用改变。相比磁矩的变化而言，Fe 和 Co 原子的电荷变化相对较小，分子吸附之后，Fe 和 Co 原子失去少量的电荷。表 5-16 中还给出了 FeN-center 和 FeCo-hollow 模型以及纯净表面的 MAE，其中正值代表垂直磁各向异性(PMA)，负值代表面内磁各向异性(IMA)。所有的纯净表面和吸附模型都具有 PMA。与纯净的 FeN 表面相比,FeN-center 模型的 PMA 减小。纯净的 FeCo 表面的 PMA 为 4.11 mJ/m²,要大于纯净的 FeN 表面。与纯净的 FeCo 表面相比,FeCo-hollow 模型的 PMA 为 15.86 μ$_B$,PMA 增大了将近四倍。

表 5-16　FeN-center 和 FeCo-hollow 吸附模型及纯净表面的 MAE、磁矩和电荷

	原子	FeN 表面	FeN-center	FeCo 表面	FeCo-hollow
MAE(mJ/m²)		3.53	2.69	4.11	15.86
磁矩(μ$_B$)	Fe$_t$	2.302	2.049	3.040	2.773
	Fe$_b$/Co$_b$	2.424	2.268	1.343	1.019
	COC/Fe$_c$	0.960	0.771	1.935	1.995
电荷(e)	Fe$_t$	7.467	7.393	7.808	7.622
	Fe$_b$/Co$_b$	7.465	7.391	8.972	8.841
	COC/Fe$_c$	8.844	8.771	7.661	7.646

为了揭示 C₆H₆/CoFe₃N 界面的磁各向异性的来源,本节计算了层分辨和轨道分辨的 MAE。如图 5-51 所示,纯净的 FeN 和 FeCo 表面具有 PMA,PMA 在层与层间表现振荡行为。一方面,PMA 的振荡是由于 Fe 和 Co 原子的贡献不同;另一方面,PMA 的振荡来源于垂直表面的受限电子的量子阱态。在很多过渡金属系统中都出现了这种 MAE 的振荡行为。在 FeN-center 模型中,与纯净的 FeN 表面相比,界面层的 PMA 减小。但是在 FeCo-hollow 模型中,与纯净的 FeCo 表面相比,界面 PMA 增加,而且内部每一层的 PMA 也增加。界面层的 PMA 增加是由于 C₆H₆/CoFe₃N 界面的杂化态导致。在 CoFe₃N 内部,Fe 和 Co 原子也发生了明显的位移,导致了层间的磁交换耦合发生改变,从而引起内部层的磁各向异性也发生变化。

　　C₆H₆/CoFe₃N 界面的杂化态影响了 Fe 和 Co 原子的 d 轨道在费米面附近的占据情况。费米面附近 d 轨道的相对占据的改变导致了 C₆H₆/CoFe₃N 界面的磁各向异性的变化。MAE 贡献可以根据二阶微扰公式来定性分析。二阶微扰公式为

$$\text{MAE} \propto \xi^2 \sum_{o,u} \frac{\left|\langle \psi_o | \hat{L}_x | \psi_u \rangle\right|^2 - \left|\langle \psi_o | \hat{L}_z | \psi_u \rangle\right|^2}{E_u - E_o} \tag{5-10}$$

其中,ψ_o 和 ψ_u 是占据态和未占据态,E_o 和 E_u 是对应的占据态和未占据态的能量本征值,ξ 为自旋 - 轨道耦合参数。占据态和未占据态通过轨道角动量算符 $\hat{L}_x$ 和 $\hat{L}_z$ 进行耦合,MAE 依赖于这些耦合矩阵元和能量本征值的差 E_u-E_o。电子在费米面处的占据态和未占据态之间发生跃迁,引起了 MAE 的变化。结合态密度,对轨道分辨的 MAE 的变化进行了分析,如图 5-51 和 5-52 所示。由于杂化态发生在界面,因此本节主要分析 C₆H₆/CoFe₃N 界面的 Fe 和 Co 原子。根据公式(5-10),非零矩阵元 $\langle x^2-y^2|\hat{L}_z|xy\rangle=2$ 和 $\langle yz|\hat{L}_x|z^2\rangle=\sqrt{3}$ 是主要的 MAE 贡献。图 5-52(a)和(b)给出了纯净 FeN 表面和 FeN-center 模型的 Fe$_t$、Fe$_b$、Fe 和 CO$_C$ 四种原子的轨道分辨的 MAE。对于纯净 FeN 表面的 Fe$_t$ 原子,费米面处的态密度主要来源于 e₁

（ $d_{xy} + d_{x^2-y^2}$ ）和 d_{z^2} 态。$\langle x^2 - y^2 | \hat{L}_z | xy \rangle$ 矩阵元对 PMA 有正的贡献。根据图 5-53（a）和（b）的态密度可知，在 C_6H_6 吸附之后，e_1 轨道的能量间隔增加，强度减小，导致界面 PMA 减小。图 5-53 的虚线框内 C_t 和 Fe_t 原子的态密度表明 C_t 的 p_z 轨道和 Fe_t 的 d_{z^2} 轨道之间的杂化。杂化发生在费米面以下，同时也可以看出 C 原子发生了明显的自旋劈裂，在费米面附近具有负的自旋极化率。杂化导致费米面附近原有的自旋向下的未占据的 d_{z^2} 轨道消失，而在费米面以上出现 d_{z^2} 轨道的杂化态。由于 $\langle yz | \hat{L}_x | z^2 \rangle$ 矩阵元有利于 IMA，未占据的 d_{z^2} 轨道的消失导致 IMA 贡献减小，甚至转变为 PMA。因此，对于 Fe_t 原子，正如上面提到的，e_1 态有利于 PMA，d_{z^2} 态有利于 IMA。对于直接与 C_t 作用的 Fe_t 原子而言，d_{xy} 和 $d_{x^2-y^2}$ 轨道的 PMA 减小，d_{z^2} 轨道的 IMA 减小，甚至将 MAE 从面内转变为面外。对于 Fe_b 原子，纯净 FeN 表面的 Fe_b 原子在费米面处有自旋向上的 e_2（$d_{yz} + d_{xz}$）态，而在分子吸附之后，e_2 态消失。因此，在 FeN-center 模型中，d_{yz} 和 d_{xz} 轨道的 MAE 出现较大的变化，从 IMA 转变为 PMA。对于 CO_C 原子，吸附之前在费米面处有自旋向上的 e_1 态，吸附之后 e_1 态移动到费米面以下，导致 d_{xy} 和 $d_{x^2-y^2}$ 轨道的 PMA 减小。总之，费米面附近态密度的改变确实对 MAE 的变化有着决定性作用。

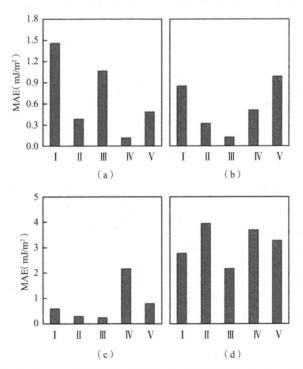

图 5-51　纯净 FeN 表面、FeN-center 吸附模型、纯净 FeCo 表面和 FeCo-hollow 吸附模型的层分辨的 MAE

（a）FeN 表面；（b）FeN-center；（c）FeCo 表面；（d）FeCo-hollow

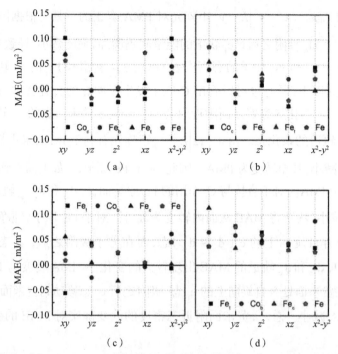

图 5-52　纯净 FeN 表面、FeN-center 吸附模型、纯净 FeCo 表面和 FeCo-hollow 吸附模型的轨道分辨的 MAE

（a）FeN 表面；（b）FeN-center；（c）FeCo 表面；（d）FeCo-hollow

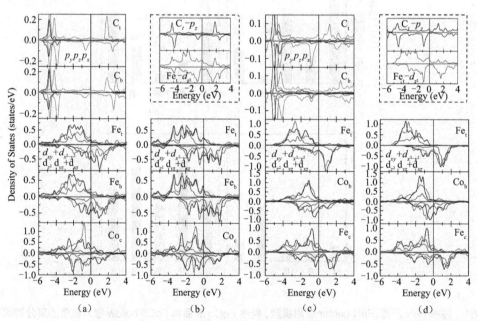

图 5-53　FeN-center 吸附模型、纯净 FeN 表面、FeCo-hollow 吸附模型和 纯净 FeCo 表面的各原子态密度（虚线框内为吸附表面 C_t 和 Fe_t 原子的态密度）

（a）FeN-center；（b）FeN 表面；（c）FeCo-hollow；（d）FeCo 表面

对于 FeCo 终端模型也有类似的现象。在图 5-53（c）和（d）中，同样发现 C_t 的 p_z 轨道和 Fe_t 的 d_{z^2} 轨道之间的杂化，并且杂化态要强于 FeN 终端模型。对于 FeCo-hollow 模型，费米面附近的杂化态主要有两处，一处位于费米面上自旋向上的态，另一处位于费米面以下自旋向下的态。这些杂化态影响了 FeCo-hollow 模型的 MAE。如图 5-51（c）和（d）所示，FeCo 终端的分子吸附导致所有原子的轨道分辨的 MAE 朝着正方向移动，也就是从 IMA 转变为 PMA。几乎所有轨道都有利于 PMA。对于 FeCo-hollow 模型的 Fe_t 原子，e_1 轨道朝着费米面的移动使能量差 $E_u - E_o$ 从 1.33 eV 减小到 1.23 eV，导致电子在 d_{xy} 和 $d_{x^2-y^2}$ 轨道之间的跃迁变得更加容易，因此 $\langle x^2 - y^2 | \hat{L}_z | xy \rangle$ 矩阵元的 PMA 贡献增大。对于纯净 FeCo 表面的 Co_b 原子，在费米面处，占据的 d_{z^2} 态和未占据的 e_2（$d_{yz} + d_{xz}$）态带来了 IMA 贡献，而在 FeCo-hollow 模型中 d_{z^2} 态和未占据的 e_2 态导致 MAE 的转变。因此，在 FeCo-hollow 模型中，这些轨道贡献的叠加最终导致了界面层的 PMA 增加。

5.6.2　C_6F_6 和 SC_4H_4 吸附 FeCo 表面终端

C_6H_6 的卤化物 C_6F_6 和 C_6Cl_6 比 C_6H_6 的电负性要强，活性也相对较高。SC_4H_4 的 π 键活性也强于 C_6H_6，而且在分子平面内对称性降低。由于分子的电负性和对称性可以调节有机分子 / 铁磁性金属界面的杂化态，进而影响磁各向异性，因此本节通过将这三种不同的有机分子 C_6F_6、C_6Cl_6 和 SC_4H_4 吸附在 $CoFe_3N$ 表面，研究这些因素对磁各向异性的影响。计算方法和参数与 C_6H_6 分子吸附在 $CoFe_3N$ 表面的计算完全相同。

在 C_6H_6/$CoFe_3N$ 界面，四种吸附模型中的 FeCo-hollow 位置最稳定，界面相互作用最强，并且具有增强的垂直磁各向异性。因此本节选用 FeCo-hollow 位置来进行 C_6F_6、C_6Cl_6 和 SC_4H_4 分子的吸附。C_6Cl_6 分子吸附在 FeCo-hollow 位置时，与孤立的 C_6Cl_6 分子相比，C—Cl 键长明显增长，甚至有一个 C—Cl 键断开，表明 C_6Cl_6 分子吸附在 FeCo 表面是不稳定的，C_6Cl_6 分子被破坏。与 C_6H_6 和 C_6F_6 分子相比，C—Cl 键的强度要弱于 C—H 和 C—F 键。由于 Cl 原子的强电负性，当 C_6Cl_6 分子吸附在 FeCo-hollow 位置时，Co 和 Cl 之间发生电荷转移，导致 C—Cl 键断开，从而形成 Co—Cl 键。因此本节不再考虑 C_6Cl_6 分子吸附，仅研究 C_6F_6 和 SC_4H_4 分子的吸附。

如图 5-54 所示，C_6F_6 和 SC_4H_4 分子吸附在 FeCo 表面时，与 FeCo 表面相互作用较强，界面距离只有约 1.80 Å，说明这两种分子吸附的界面作用要强于 C_6H_6 分子吸附。结构弛豫之后，C_6F_6 分子偏离 hollow 位置，主要是 F 原子的电负性强，导致 F 原子和金属原子之间发生了电荷转移。F 原子与 C 原子不在同一平面内，F 原子发生明显的上翘。C_6F_6 分子的偏移导致 C_1 和 Fe_{t1} 原子之间发生较强的相互作用，而与 Fe_t 原子的作用较弱。F 原子的电负性引起体系结构的不对称，对于 MAE 也会有很大的影响。SC_4H_4 分子吸附恰好位于 Fe-Co-hollow 位置，界面的 Fe_t 和 S 原子之间发生明显的相互作用。与 C_6H_6-FeCo-hollow 模型相似，SC_4H_4-FeCo-hollow 模型的界面层甚至内部层的 Fe 和 Co 原子的位置也发生了明显的偏移。SC_4H_4-FeCo-hollow 模型的界面距离仅有 1.78 Å，反映了界面更强的相互作用。在图

5-54 中，C_6F_6-FeCo-hollow 和 SC_4H_4-FeCo-hollow 模型的吸附能 E_{ads} 显示这两种吸附模型是能量稳定的。

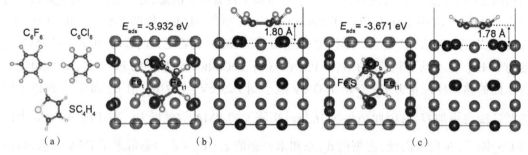

图 5-54　吸附分子的原子结构与界面的俯视图和侧视图
（a）吸附分子的原子结构；（b）C_6F_6/CoFe₃N 界面的俯视图和侧视图；（c）SC_4H_4/CoFe₃N 界面的俯视图和侧视图

分子吸附能够改变磁性原子的磁相互作用，因此本节标记了受分子吸附影响的磁性原子 Fe 和 Co，它们的磁矩列在表 5-17 中。为了方便对比，C_6H_6 分子吸附的结果也列在其中。在 C_6F_6-FeCo-hollow 模型中，Fe_{t1} 原子的磁矩减小了 0.7 μ_B。Fe_{t1} 原子位于 C—C 键下方，使 Fe_{t1} 原子的磁矩明显减小。同时，在 C_2 下方的 Co_b 原子的磁矩也明显减小。在 SC_4H_4-Fe-Co-hollow 模型中，位于 S 原子正下方的 Fe_t 原子和 C_3 下方的 Co_b 原子的磁矩也减小。与纯净的 FeCo 表面相比，C_6H_6-FeCo-hollow 模型的 Fe_t 原子的磁矩减小了 ~0.2 μ_B。SC_4H_4 吸附后磁矩的变化与 C_6H_6 吸附相似。磁矩的减小主要是由于分子的 p_z 轨道和磁性原子的 d_{z^2} 轨道的杂化。表 5-17 中还列出了三种分子吸附模型的吸附能和总 MAE。三种分子吸附模型的吸附能相接近。总的 MAE 值显示，与纯净的 FeCo 表面相比，C_6H_6、C_6F_6 和 SC_4H_4 三种分子吸附都能增强 CoFe₃N 的垂直磁各向异性。SC_4H_4 分子吸附的效果最好，使 CoFe₃N 的 PMA 增强了将近 5 倍。C_6F_6 分子吸附的 PMA 增强效果要略小于 C_6H_6 分子吸附。

表 5-17　不同分子吸附 CoFe₃N 表面后，体系的吸附能、MAE 以及界面磁性原子的磁矩

	原子	FeCo 表面	C_6H_6/CoFe₃N	C_6F_6/CoFe₃N	SC_4H_4/CoFe₃N
E_{ads}（eV）	—	—	-3.594	-3.932	-3.671
MAE（mJ/m²）	—	4.11	15.86	14.44	22.92
磁矩（μ_B）	Fe_t	3.040	2.773	2.963	2.855
	Fe_b/Co_b	1.343	1.019	0.789	0.953
	Fe_{t1}	3.040	2.769	2.216	2.905

图 5-55 为费米面以下 0.4 eV 的空间自旋极化率分布，选取分子平面以上 0.33 Å 的位置。在 C_6F_6-FeCo-hollow 和 SC_4H_4-FeCo-hollow 吸附模型中，直接与 Fe 作用的分子位置的空间自旋极化率发生反转，并且空间自旋极化率表现出不对称性。在 C_6F_6-FeCo-hollow 模型中，Fe_{t1} 原子和 C_1 原子发生杂化，导致空间自旋极化率反转，在 SC_4H_4-FeCo-hollow 模型中，Fe_t 原子和 S 原子发生杂化。对于 C_6F_6 分子，吸附位置的偏离导致空间自旋极化率的分

布不对称。对于 SC$_4$H$_4$ 分子，S 的存在导致分子本身具有不对称性，引起了自旋极化率的空间分布不均匀。

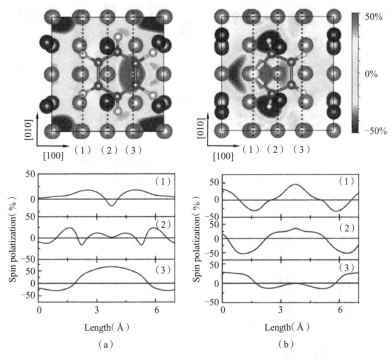

图 5-55　C$_6$F$_6$/CoFe$_3$N 和 SC$_4$H$_4$/CoFe$_3$N 界面的空间自旋极化率分布图及线分布

（a）C$_6$F$_6$-FeCo-hollow；（b）SC$_4$H$_4$-FeCo-hollow

图 5-55 的最下端给出了对应的三条虚线处的自旋极化率分布。C$_6$F$_6$-FeCo-hollow 和 SC$_4$H$_4$-FeCo-hollow 模型的线分布也都出现了不同程度的空间自旋极化率反转。空间自旋极化率的反转来自分子的 p$_z$ 轨道和磁性原子的 d$_{z^2}$ 轨道的杂化。图 5-56 给出了 C$_6$F$_6$-Fe-Co-hollow 和 SC$_4$H$_4$-FeCo-hollow 模型的差分电荷密度图。从图中可以看出，界面处存在明显的电荷转移，远高于 C$_6$H$_6$-FeCo-hollow 模型。强的电荷转移进一步证明了界面的强相互作用。

对于有机分子 / 铁磁性金属界面，界面的杂化态对于磁各向异性的调控起到关键的作用。图 5-57（a）给出了 C$_6$H$_6$、C$_6$F$_6$ 和 SC$_4$H$_4$ 三种分子吸附在 FeCo-hollow 位置的界面 MAE。与 C$_6$H$_6$ 分子相比，C$_6$F$_6$ 分子吸附稍微减小 PMA，而 SC$_4$H$_4$ 分子吸附进一步增强 PMA，这与三种吸附模型的总 MAE 变化趋势完全相同。另外，增加的 PMA 不仅仅出现在界面层，甚至扩展到内部层。事实上，内部层的 Fe/Co 原子发生明显位移，而纯净的 FeCo 表面并没有看到任何的原子位移，如图 5-57（b）所示。因此，几何结构的改变引起层间磁交换作用的改变，是内部层 PMA 变化的主要原因。

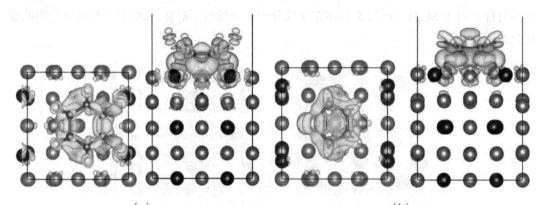

图 5-56　C$_6$F$_6$/CoFe$_3$N 和 SC$_4$H$_4$/CoFe$_3$N 界面的差分电荷密度

（a）C$_6$F$_6$-FeCo-hollow；（b）SC$_4$H$_4$-FeCo-hollow

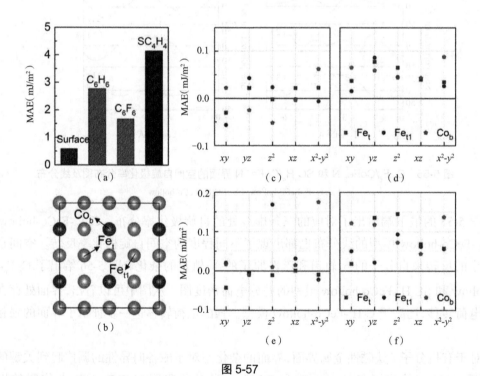

图 5-57

（a）不同吸附模型在有机分子/CoFe$_3$N 界面层的 MAE；（b）纯净 FeCo 表面的俯视图；（c）纯净 FeCo 表面；（d）C$_6$H$_6$ 吸附模型；
（e）C$_6$F$_6$ 吸附模型；（f）SC$_4$H$_4$ 吸附模型

　　PMA 的变化与费米面处 Fe/Co 原子的 d 轨道密切相关。由于分子的 p$_z$ 轨道和 Fe 的 d$_{z^2}$ 轨道的杂化，Fe 原子的局域电子结构变化很大。根据二阶微扰公式，结合占据态和未占据态的自旋，进一步得出结论，相同自旋和相反自旋的占据态/未占据态之间的电子跃迁对 MAE 的贡献具有相反的符号。这意味着占据态和未占据态的自旋方向会影响 MAE 的符号。同时，占据态和未占据态的能量间隔 $\Delta = E_u - E_o$ 也会影响 MAE 的大小。结合图 5-58 的自旋轨道态密度，分析 Fe 原子的轨道分辨的 MAE。在图 5-57（c）~（f）中，对三种分子吸附

体系及纯净 FeCo 表面的轨道分辨的 MAE 进行了对比。在纯净 FeCo 表面，Fe/Co 原子的 MAE 包括 PMA 和 IMA 的贡献，在 C_6H_6 和 SC_4H_4 分子吸附体系中仅有 PMA 贡献。在 C_6F_6 吸附体系中，少数几个轨道表现出大的 PMA。结合图 5-58 的态密度，讨论了不同 d 轨道的 MAE 贡献。图中的箭头表示受到分子吸附影响而发生改变的电子态。Δ_1 表示 d_{xy} 和 $d_{x^2-y^2}$ 态的能量间隔，Δ_2 表示 d_{z^2} 和 d_{yz} 态的能量间隔。在纯净 FeCo 表面的 Fe_t/Fe_{t1} 原子中，费米面附近的态密度主要来源于自旋向下的 e_1 轨道，而自旋向下的 d_{z^2} 轨道远离费米面。在 C_6H_6 吸附体系中，Fe_t/Fe_{t1} 原子的未占据的 d_{z^2} 态消失，占据的 d_{z^2} 态出现。因为 d_{z^2} 和 d_{yz} 态之间具有较大的能量间隔（$\Delta_2=1.71$ eV），所以 $\left\langle z^2 \left| \hat{L}_x \right| yz \right\rangle$ 矩阵元的 IMA 贡献是较小的。在 C_6H_6 吸附体系中，Fe_t 原子的 e_1 轨道向费米面的移动减小了 d_{xy} 和 $d_{x^2-y^2}$ 态之间的能量间隔 Δ_1，使 Δ_1 从 1.33 eV 降到 1.23 eV，从而导致 $\left\langle x^2-y^2 \left| \hat{L}_z \right| xy \right\rangle$ 矩阵元的 PMA 贡献增加。

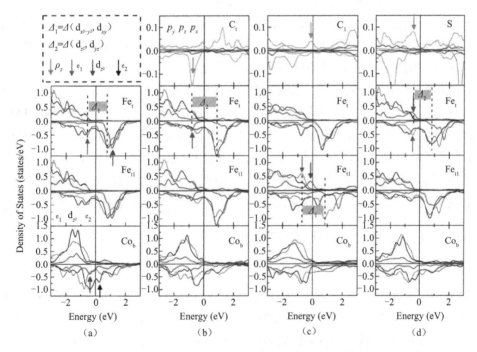

图 5-58　纯净 FeCo 表面及 C_6H_6、C_6F_6 和 SC_4H_4 三种分子吸附模型的轨道分辨态密度
（a）纯净 FeCo 表面；（b）C_6H_6；（c）C_6F_6；（d）SC_4H_4

在 C_6F_6 吸附体系中，最明显的变化是 Fe_{t1} 原子的 d_{z^2} 态，它具有大的 PMA。由于 C_6F_6 吸附体系中 C_1 原子的 p_z 轨道和 Fe_{t1} 原子的 d_{z^2} 轨道的杂化恰好发生在费米面处，因此自旋向上的 d_{z^2} 态在费米面处有明显的占据。在前面的讨论中，由自旋向下的 d_{z^2} 态形成的 $\left\langle z^2 \left| \hat{L}_x \right| yz \right\rangle$ 矩阵元有利于 IMA。但是，由于 d_{z^2} 态的自旋方向发生改变，导致由自旋向上的 d_{z^2} 态形成的 $\left\langle z^2 \left| \hat{L}_x \right| yz \right\rangle$ 矩阵元有利于 PMA，并且 d_{z^2} 和 d_{yz} 态之间的能量间隔 Δ_2 较小，只有 $\Delta_2=0.52$ eV，因此 Fe_{t1} 的 d_{z^2} 轨道有较大的 PMA。在费米面以下，Fe_{t1} 的自旋向上的 e_1 占据

态出现,使 $\langle x^2-y^2|\hat{L}_z|xy\rangle$ 矩阵元有利于 IMA,因此 $d_{x^2-y^2}$ 轨道表现为 IMA。另外一个明显的变化就是 Co$_b$ 原子的 $d_{x^2-y^2}$ 轨道的 MAE 贡献。与 C$_6$H$_6$-FeCo-hollow 模型相比,未占据的 e$_1$ 态消失,导致 $\langle yz|\hat{L}_x|x^2-y^2\rangle$ 矩阵元的 IMA 贡献减小,因此 Co$_b$ 原子的 $d_{x^2-y^2}$ 轨道的 PMA 增加。C$_6$H$_6$ 和 C$_6$F$_6$ 具有不同的电负性,因此两种分子吸附体系的 MAE 不同。在 C$_6$H$_6$ 吸附体系中,界面杂化态发生在远离费米面处。但是, C$_6$F$_6$ 吸附体系的杂化态恰好出现在费米面。C$_6$H$_6$ 和 C$_6$F$_6$ 分子的电负性的不同引起电荷分布的不同及杂化态的能级移动,导致磁性原子的轨道重新分布,最终导致 PMA 的变化。

不同于 C$_6$H$_6$ 和 C$_6$F$_6$,SC$_4$H$_4$ 分子吸附体系的 Fe 原子未与 C 原子发生杂化,而是 S 的 p$_z$ 轨道和 Fe$_t$ 的 d_{z^2} 轨道发生杂化。与 C$_6$F$_6$ 相似,由于自旋向上的 Fe$_t$ 的 d_{z^2} 轨道在 −0.58 eV 的占据态的出现,导致 Fe$_t$ 的 d_{z^2} 轨道的 PMA 增强。由 S 原子引起的 SC$_4$H$_4$ 分子的结构不对称导致 Fe 原子不对称的磁相互作用,因此 Fe$_t$ 和 Fe$_{t1}$ 原子的磁各向异性差异明显。更重要的是, S 的 p$_z$ 轨道并没有改变 Fe 的 e$_1$/e$_2$ 轨道,因此 SC$_4$H$_4$ 分子吸附体系中 Fe$_t$ 和 Fe$_{t1}$ 原子的 e$_1$ 轨道的 PMA 没有发生变化。C 原子的 p$_z$ 轨道影响了 e$_1$/e$_2$ 轨道的占据,所以 C$_6$H$_6$ 和 C$_6$F$_6$ 分子吸附体系中 e$_1$/e$_2$ 轨道的 MAE 发生改变。

为了让这三种分子吸附模型的 MAE 差异来源更加清楚,图 5-59(a)给出了主要的 d 轨道的 MAE 贡献。图 5-59(b)中轨道分辨的 Fe$_t$ 原子(对于 C$_6$F$_6$ 是 Fe$_{t1}$ 原子)的 MAE 用来解释 PMA 增强的原因。红色和蓝色箭头分别代表自旋向上和自旋向下的电子,短横线表示电子态的能级位置。绿色虚线箭头表示占据态和未占据态之间的耦合,其上的数值代表能量间隔。随着 C$_6$H$_6$ 和 SC$_4$H$_4$ 吸附体系中 Δ_1 的减小,$d_{x^2-y^2}$ 轨道的 PMA 贡献增加,如图 5-59(b)所示。但是, C$_6$F$_6$ 吸附体系中自旋向上的 $d_{x^2-y^2}$ 轨道导致 $\langle x^2-y^2|\hat{L}_z|xy\rangle$ 矩阵元有利于 IMA,因此 $d_{x^2-y^2}$ 轨道的 MAE 转变为 IMA。在 C$_6$F$_6$ 和 SC$_4$H$_4$ 吸附体系中,自旋向上的 d_{z^2} 占据态形成 $\langle z^2|\hat{L}_x|yz\rangle$ 矩阵元,表现为 PMA,因此 d_{z^2} 轨道的 PMA 较大。图 5-59(b)的插图为 Fe$_t$ 原子的 d 轨道的总 MAE,可以看出分子吸附增强了 Fe$_t$ 原子的 PMA,并且三种分子吸附体系中 Fe$_t$ 原子的 PMA 变化趋势与界面层的 PMA 变化趋势一致。在 SC$_4$H$_4$ 吸附体系中,由于 S 的 p$_z$ 轨道与 Fe$_t$ 的 d_{z^2} 轨道的杂化,$\langle x^2-y^2|\hat{L}_z|xy\rangle$ 矩阵元的 PMA 贡献增加,$\langle z^2|\hat{L}_x|yz\rangle$ 矩阵元的贡献从 IMA 转变为 PMA。因此,在三种分子吸附模型中, SC$_4$H$_4$ 吸附体系具有最大的 PMA,如图 5-60(a)所示。分子吸附导致界面杂化态的产生,从而引起界面处磁性原子在费米面附近的占据态的重新分布,最终导致 PMA 增加。特别是在 SC$_4$H$_4$/CoFe$_3$N 界面,界面的杂化态诱导的 $\langle x^2-y^2|\hat{L}_z|xy\rangle$ 和 $\langle z^2|\hat{L}_x|yz\rangle$ 矩阵元的贡献是 CoFe$_3$N 的 PMA 增强的关键因素。界面杂化态改变了 d_{z^2} 轨道的自旋态的符号,使 $\langle z^2|\hat{L}_x|yz\rangle$ 矩阵元的 MAE 贡献从 IMA 转变为 PMA,因此,界面杂化态对分子/CoFe$_3$N 界面的磁各向异性变化起决定性作用。

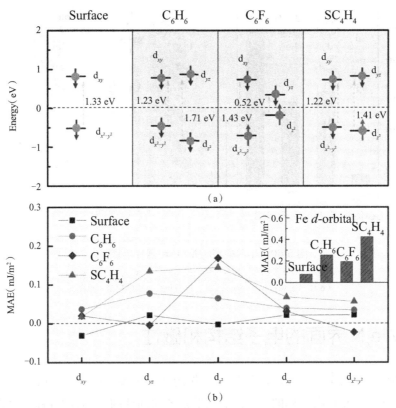

图 5-59　纯净 FeCo 表面及三种分子吸附模型的轨道分辨 MAE 的主要贡献示意图和 Fe$_t$ 原子的轨道分辨的 MAE(插图为 Fe$_t$ 原子的总 MAE)

(a)主要贡献示意图;(b)MAE 图

　　考虑到 SC₄H₄/CoFe₃N 界面在有机自旋电子学的潜在应用,设计了 CoFe₃N/polythiophene/CoFe₃N 有机自旋阀的模型示意图,如图 5-60(b)所示。聚噻吩 polythiophene 由多个 SC₄H₄ 分子组成。SC₄H₄ 分子吸附在 FeCo 和 FeN 表面形成两个不同的界面,也就产生了两个不同的 SC₄H₄/CoFe₃N 界面杂化态。SC₄H₄ 分子吸附在 FeCo 表面增加了 PMA,吸附在 FeN 表面减小了 PMA。因此 CoFe₃N/polythiophene/CoFe₃N 有机自旋阀中顶电极和底电极具有不同的矫顽场,可以通过外加磁场来实现磁化平行和反平行态的转换,从而实现“0”和“1”的信息存储。这种 CoFe₃N/polythiophene/CoFe₃N 有机自旋阀具有垂直磁各向异性,与 CoFeB/MgO/CoFeB 垂直磁隧道结类似,具有较低的写电流和较高的存储稳定性,为设计多功能有机自旋电子学器件提供了理论支撑。

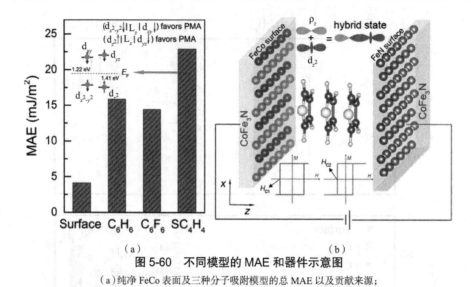

图 5-60　不同模型的 MAE 和器件示意图
（a）纯净 FeCo 表面及三种分子吸附模型的总 MAE 以及贡献来源；
（b）CoFe₃N/polythiophene/CoFe₃N 有机自旋阀的模型示意图

5.7　C₆₀/Fe₄N 界面的电子结构和磁性

由于缺少氢元素，全碳材料的超精细相互作用几乎为零，可忽略不计，这有利于自旋极化载流子的输运。同时，高对称的 C₆₀ 分子几乎是各向同性的，在输运过程中自旋极化的载流子表现出较小的自旋极化翻转和能量损耗，基于 C₆₀ 的自旋电子学器件将具有较长的自旋扩散长度。因此，研究 C₆₀/ 铁磁界面的电子结构和物理性质是十分关键的，将为设计自旋电子学器件提供理论基础。

本节基于密度泛函理论，采取平面波赝势法和 GGA-PBE 交换关联泛函。平面波截断能设为 500 eV。能量和力的收敛标准分别设为 10^{-5} eV 和 0.01 eV/Å。首先优化块体 Fe₄N 的原子结构，K 点网格密度设为 $9 \times 9 \times 9$。Fe₄N 具有反钙钛矿结构，由顶角 Fe$_A$、面心 Fe$_B$ 和体心 N 原子组成，如图 5-61（a）所示。计算得到的晶格常数为 3.792 Å，与之前的实验值 3.791 Å 一致。块体 Fe₄N 的总磁矩为 9.918 μ_B，Fe$_A$ 和 Fe$_B$ 原子的平均磁矩分别为 2.952 和 2.314 μ_B，与之前的理论和实验结果一致。此外，在费米能级处，Fe$_A$ d 轨道只具有自旋向下的电子，自旋向上的电子由 Fe$_B$ d 轨道和 N p 轨道贡献，如图 5-61（b）所示。Fe₄N（001）面具有 Fe$_A$Fe$_B$ 和 Fe$_B$N 两种终端，计算结果表明，Fe$_B$N 终端比 Fe$_A$Fe$_B$ 终端稳定。因此选用 Fe$_B$N 终端构建吸附模型。根据对称性，选取 Fe$_B$N 终端和 C₆₀ 分子的三个高对称点，如图 5-62（a）所示，构建了九种吸附模型，分别命名为 66-N、66-H、66-Fe、6-N、6-H、6-Fe、5-N、5-H 和 5-Fe，如图 5-62（b）～（j）所示。为了避免相邻周期性图像之间的相互作用，在 z 方向上添加厚度为 15 Å 的真空层。在吸附模型优化的过程中，K 点网格密度设为 $3 \times 3 \times 1$，Fe₄N 的底层原子被固定，其他原子与 C₆₀ 分子一起弛豫。采用 DFT-D2 方法来校正模型中的范德华相互作用。通过考虑自旋 - 轨道耦合相互作用，利用公式（2-36）计算总的磁各向异性能（MAE）。原子 i 的磁各向异性能 MAE$_i$ 为 $\mathrm{MAE}_i = (E_{[100]}^i - E_{[001]}^i) / a^2$，其中，$E_{[100]}^i$ 和 $E_{[001]}^i$ 分

别为原子 i 的磁化取向在面内和面外时的能量，a 为面内晶格常数。层分辨的 MAE 是同一层中所有原子的 MAE_i 之和。

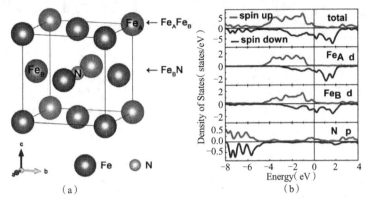

图 5-61　块体 Fe₄N 的原子结构和总态密度及 Fe_A、Fe_B 和 N 原子的分波态密度
（a）原子结构；（b）总态密

5.7.1　电子结构

为了清楚地描述吸附模型的结构，将 Fe₄N 基底的表面层，中间层和底层命名为 I、II 和 III 原子层，如图 5-62 所示。在吸附模型中，C 原子、C—C 键和六边形（五边形）正下方的位置分别被命名为顶位、桥位和中心位。顶位 Fe 和 C 原子被命名为 Fe_t 和 C_t（红色）。桥位 Fe 和 C 原子被命名为 Fe_b 和 C_b（蓝色）。中心位 Fe 和 C 原子被命名为 Fe_c 和 C_c（绿色）。结构优化后，C₆₀ 分子和 Fe₄N 基底均出现几何形变。C₆₀ 分子包含两种类型的 C—C 键：两个六边形共用的 6：6 键及五边形和六边形共用的 5：6 键。孤立 C₆₀ 分子中，6：6 和 5：6 键的键长分别为 1.399 和 1.452 Å。在吸附模型中，Fe₄N 表面附近的 6：6 和 5：6 键的键长增大，如表 5-18 所示。此外，C₆₀ 分子的 C—C 键、六边形和五边形不再与 Fe₄N 表面平行。在 5-H 模型中，C₆₀ 分子发生了明显的旋转，底部的五边形发生倾斜，导致 C 原子与 Fe₄N 表面之间的最短距离为 2.02 Å，如图 5-62（i）所示。除了 66-N、6-Fe 和 5-Fe 模型外，其他模型的 Fe_t 和 Fe_b 原子均出现了明显的上移。

为了判断九种吸附模型的稳定性，计算了吸附能 E_{ads}，详见表 5-19。九种吸附模型的 E_{ads} 均为负值，说明 Fe₄N（001）表面上的 C₆₀ 分子吸附属于放热吸附。6-N 模型具有最低的吸附能 -2.899 eV，表明该模型为最稳定的结构。图 5-63 给出了九种吸附模型的差分电荷密度图，其中黄色和蓝色区域分别代表电荷的聚集和耗散。在 6-Fe 和 5-Fe 模型中，C 和 Fe 原子之间不存在电荷聚集，如图 5-63（f）和（i）所示，这与 C₆₀ 和 Fe₄N 之间较大的界面距离相符，如图 3-2（g）和（j）所示。在其他模型中，电荷主要聚集在 C 和 Fe 原子之间，表现出共价键特性。根据 Bader 电荷分析，6-N 和 6-H 模型转移的总电荷分别为 0.787e 和 0.657e，高于之前 C₆₀/Ni 界面的计算结果，如表 5-19 所示。

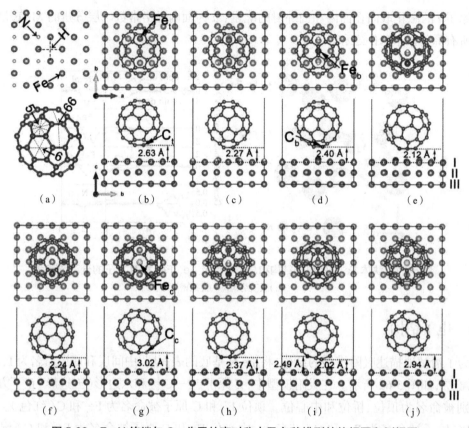

图 5-62　Fe_BN 终端与 C_60 分子的高对称点及多种模型的俯视图和侧视图

（a）Fe_BN 终端与 C_60 分子的高对称点;（b）66-N;（c）66-H;（d）66-Fe;（e）6-N;（f）6-H;（g）6-Fe;（h）5-N;（i）5-H;（j）5-Fe

表 5-18　C_60/Fe_4N 界面中 C—C 键长(Å),孤立 C_60 分子的 6:6 和 5:6 键的键长为 1.399 和 1.452 Å,
X-up-Fe 表示 X 原子与 I 层 Fe 原子平面之间的垂直距离

	66-N	66-H	66-Fe	6-N	6-H	6-Fe	5-N	5-H	5-Fe
6:6 键	1.40	1.51	1.44	1.48	1.46	1.40	1.41	1.42	1.40
5:6 键	1.44	1.48	1.47	1.50	1.49	1.45	1.46	1.48	1.45
Fe_t-up-Fe	-0.05	0.29	—	0.08	0.17	—	-0.04	0.42	—
Fe_b-up-Fe	—	—	0.44	0.29	0.27	—	0.25	0.10	—

表 5-19　C_60/Fe_4N 界面的吸附能 E_{ads}(eV)、转移的总电荷(e)及界面 Fe/C 原子的磁矩(μ_B)和电荷(e),
纯净 Fe_4N(001)表面中 Fe 原子的磁矩和电荷分别为 2.314 μ_B 和 7.485e

	66-N	66-H	66-Fe	6-N	6-H	6-Fe	5-N	5-H	5-Fe
E_{ads}	-1.090	-1.471	-1.684	-2.899	-2.019	-1.231	-1.539	-2.536	-1.268
总电荷	0.253	0.528	0.377	0.787	0.657	0.188	0.487	0.697	0.196

续表

		66-N	66-H	66-Fe	6-N	6-H	6-Fe	5-N	5-H	5-Fe
Fe_t	磁矩	2.318	1.841	—	1.372	1.768	—	2.252	-1.318	—
	电荷	7.479	7.390	—	7.467	7.473	—	7.475	7.408	—
Fe_b	磁矩	—	—	1.721	-1.290	1.845	—	2.118	2.193	—
	电荷	—	—	7.421	7.450	7.439	—	7.433	7.459	—
Fe_c	磁矩	—	—	—	—	—	2.274	—	—	2.296
	电荷	—	—	—	—	—	7.465	—	—	7.461
C_t	磁矩	0.003	-0.045	—	-0.041	-0.036	—	-0.001	0.009	—
	电荷	4.081	4.111	—	4.114	4.114	—	4.055	4.075	—
C_b	磁矩	—	—	-0.018	0.017	-0.011	—	-0.011	0.001	—
	电荷	—	—	4.027	4.185	4.166	—	4.174	3.987	—
C_c	磁矩	—	—	—	—	—	0.002	—	—	0.001
	电荷	—	—	—	—	—	4.032	—	—	4.101

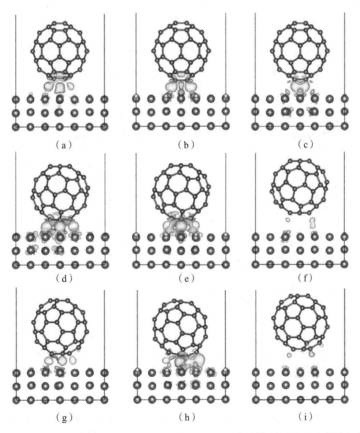

（a）　　　　　　　（b）　　　　　　　（c）

（d）　　　　　　　（e）　　　　　　　（f）

（g）　　　　　　　（h）　　　　　　　（i）

图 5-63　C_{60}/Fe₄N 界面的差分电荷密度图,黄色和蓝色区域代表电荷的聚集和耗散（图(a)、(f)和(i)的
等值面为 0.001 e/Å³,图(b)-(e)、(g)和(h)的等值面为 0.003 e/Å³）
(a)66-N;(b)66-H;(c)66-Fe;(d)6-N;(e)6-H;(f)6-Fe;(g)5-N;(h)5-H;(i)5-Fe

　　图 5-64 给出了纯净 Fe₄N(001)表面和孤立 C₆₀ 分子及九种吸附模型中 Fe 和 C 原子的轨道分辨态密度。根据对称性，3 d 轨道可以分为面内的 $d_{xy} + d_{x^2-y^2}$ 轨道和面外的 $d_{xz} + d_{yz}$、d_{z^2} 轨道。与孤立 C₆₀ 分子相比，吸附模型中与 Fe 的 d 轨道杂化的 C 的 p_z 轨道变宽并向低能量方向移动。纯净 Fe₄N(001)表面的 Fe 原子在费米能级附近的电子态主要为自旋向下。C₆₀ 分子吸附后，该电子态向低能量方向移动，自旋向上的电子态向高能量方向移动。净磁矩正比于费米能级以下自旋向上和自旋向下的电子数之差。因此，Fe 的磁矩随着电子结构的变化而变化。与纯净 Fe₄N(001)表面相比，6-N 和 5-H 模型中 Fe 原子的所有 d 轨道均出现较大的能量位移，并且费米能级处的电子态由自旋向下转变为自旋向上，如图 5-64(e)和(i)。d 轨道的重新分布导致 Fe 的磁矩变为 −1.29 和 −1.32 μ₈，如表 5-19 所示。在 66-H、66-Fe、6-H 和 5-N 模型中，Fe 的 d_{z^2} 轨道发生了明显的变化，其他 d 轨道几乎不变，如图 5-64(c)、(d)、(f)和(h)所示。在 66-N，6-Fe 和 5-Fe 模型中，所有 Fe 的 d 轨道均未受 C₆₀ 分子的影响，说明界面处存在较弱的 p-d 杂化，相应 Fe 的磁矩也未发生明显的变化。这些结果说明 C₆₀ 与 Fe₄N 基底的接触细节对界面磁性产生了重要影响。

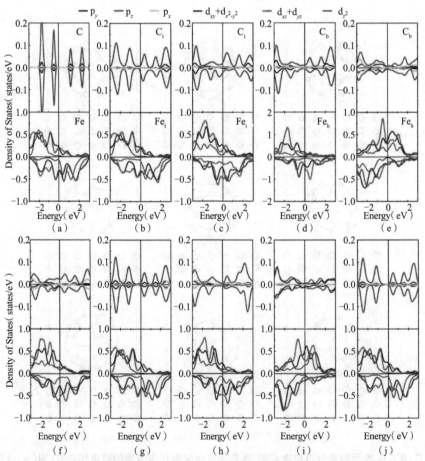

图 5-64　纯净 Fe₄N(001)表面和孤立 C₆₀ 分子及九种吸附模型中 Fe 和 C 原子的轨道分辨态密度
(a)纯净 Fe₄N(001)表面和孤立 C₆₀ 分子；(b)66-N；(c)66-H；(d)66-Fe；(e)6-N；(f)6-H；(g)6-Fe；(h)5-N；(i)5-H；(j)5-Fe

5.7.2 空间自旋极化率和磁各向异性

空间自旋极化率(SSP)是通过模拟自旋极化的扫描隧道显微镜(SP-STM)得到的。图 5-65 给出了纯净 $Fe_4N(001)$ 表面正上方 3 Å 处的 SSP,能量范围为费米能级附近的 [-0.4, 0.0] eV。十字形的正 SSP 位于 N 原子周围,而圆形的负 SSP 位于四个 Fe 原子之间的空心位置,如图 5-65(a)所示。由图 5-65(b)可知,正的 SSP 只出现在 Fe_4N 表面附近并在真空层中被抑制,而全负的 SSP 出现在远离 Fe_4N 表面的位置,与之前的文献报道一致。图 5-66 给出了九种吸附模型中 C_{60} 分子以上 4.5 Å 处的 SSP。与纯净 $Fe_4N(001)$ 表面相比,C_{60} 分子吸附导致空间自旋极化反转,表明 C_{60} 分子减弱了正自旋极化率的衰减,使其穿透分子并延伸到真空层中。图 5-66 中的曲线图为沿着虚线位置的 SSP 的线分布,直观地显示了 SSP 反转的强弱。在 6-N 模型中,沿着线(1)的 SSP 几乎全为正值,最高可达 68%,如图 5-66(d)所示。在 66-H 模型中,沿着线(1)和(2)的 SSP 均为负值,如图 5-66(b)所示。这些结果表明界面的微观结构会影响自旋注入效率,从而改变器件的性能。在实验上,$H_2Pc/Fe/W$(110)界面也观察到了自旋极化反转。Wang 等指出分子对称性的降低会导致空间自旋极化率的非均匀分布。与 C_6H_6 分子相比,C_{60} 分子具有较高的对称性,C_{60} 分子诱导的空间自旋极化反转的强度弱于 C_6H_6 分子。同时,自旋极化反转的空间位置和大小与界面的微观结构密切相关。

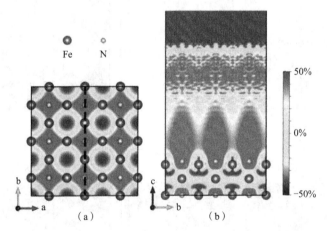

图 5-65 平行和垂直纯净 $Fe_4N(001)$ 表面的空间自旋极化率

(a)平行;(b)垂直

为了研究 C_{60} 分子对 Fe_4N 表面 MAE 的影响,图 5-67(a)给出了纯净 $Fe_4N(001)$ 表面和 C_{60}/Fe_4N 界面的总 MAE。所有模型的 MAE 均为正值,表现为垂直磁各向异性(PMA)。与纯净 $Fe_4N(001)$ 表面相比,C_{60} 分子吸附只影响了 MAE 的大小,未改变 MAE 的符号。66-N、6-Fe 和 5-Fe 模型的 PMA 略微增加,其他模型的 PMA 减小。图 5-67(b)给出了 C_{60} 分子吸附前后,Fe_4N 基底层分辨的 MAE,其中绿色、红色和蓝色柱条分别为 Fe_4N 基底中 I、II 和 III 原子层的 MAE。纯净 $Fe_4N(001)$ 表面和 C_{60}/Fe_4N 界面的 Fe_BN 层(I 和 III 原子层)具有大的 PMA,来源于 Fe_B 原子的贡献。在 Fe_AFe_B 层(II 原子层)中,Fe_A 和 Fe_B 原子具有相反的 MAE，Fe$_A$ 的 PMA 小于 Fe$_B$ 的 IMA。两种原子的贡献叠加导致 Fe$_A$Fe$_B$ 层具有 IMA。例如，在纯净 Fe$_4$N(001)表面的 Fe$_A$Fe$_B$ 层中，Fe$_A$ 和 Fe$_B$ 原子的 MAE 分别为 0.140 和 −1.183 mJ/m^2。此外，界面 MAE 与总 MAE 具有相似的变化趋势，表明有机 / 铁磁界面的杂化态对于 MAE 的调控起着重要的作用。6-N 模型的 Fe$_b$ 原子和 5-H 模型的 Fe$_t$ 原子由 PMA 转变为 IMA，导致界面 MAE 减小。

图 5-66　九种模型的空间自旋极化率(曲线图为下方虚线处的空间自旋极化率的线分布)
(a)66-N；(b)66-H；(c)66-Fe；(d)6-N；(e)6-H；(f)6-Fe；(g)5-N；(h)5-H；(i)5-Fe

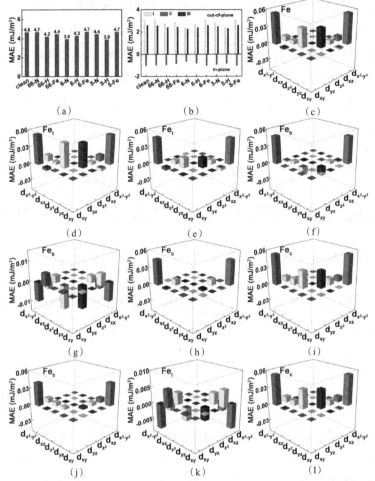

图 5-67　纯净 Fe₄N(001)表面和 C₆₀/Fe₄N 界面的总 MAE 和层分辨的 MAE 及多种模型中 Fe 原子的轨道分辨的 MAE

（a）总 MAE；（b）层分辨的 MAE；（c）纯净 Fe₄N(001)表面；（d）66-N；（e）66-H；（f）66-Fe；
（g）6-N；（h）6-H；（i）6-Fe；（j）5-N；（k）5-H；（l）5-Fe

为了清晰地分析 C₆₀ 分子吸附引起界面 MAE 变化的起源，图 5-67(c)~(l)给出了界面 Fe 原子的轨道分辨的 MAE。根据二阶微扰理论，MAE 由自旋 - 轨道耦合矩阵元决定，矩阵元为 $\text{MAE} \propto \xi^2 \sum_{o,u} \dfrac{|\langle \psi_o | \hat{L}_z | \psi_u \rangle|^2 - |\langle \psi_o | \hat{L}_x | \psi_u \rangle|^2}{E_u - E_o}$，其中 ψ_o 和 ψ_u 分别为占据态和未占据态，E_o 和 E_u 分别为占据态和未占据态的能量本征值，ξ 为自旋 - 轨道耦合系数，$\hat{L}_x$ 和 $\hat{L}_z$ 为占据态和未占据态耦合时的轨道角动量算符。非零矩阵元包括 $\langle xz | \hat{L}_z | yz \rangle = 1$、$\langle x^2 - y^2 | \hat{L}_z | xy \rangle = 2$、$\langle z^2 | \hat{L}_x | yz \rangle = \sqrt{3}$、$\langle xy | \hat{L}_x | xz \rangle = 1$ 和 $\langle x^2 - y^2 | \hat{L}_x | yz \rangle = 1$。之前的结果表明，占据态和未占据态的相对自旋取向的变化会导致 MAE 符号反转。在纯净 Fe₄N (001)表面中，Fe 原子的 PMA 主要来源于 d_{xy} 和 $d_{x^2-y^2}$、d_{yz} 和 d_{z^2} 轨道之间的耦合矩阵元，如图 5-67(c)所示。在 6-Fe 和 5-Fe 模型中，Fe 原子的轨道分辨的 MAE 几乎不变，如图 5-67

（i）和（1）。在 66-N 模型中，d$_{xy}$ 和 d$_{x^2-y^2}$、d$_{yz}$ 和 d$_{z^2}$ 轨道之间的耦合矩阵元的 PMA 贡献增大，如图 5-67（d）。在 66-H 和 5-N 模型中，这两个耦合矩阵元的 PMA 贡献减小，如图 3-7（e）和（j）所示。在 6-N 和 5-H 模型中，d$_{xy}$ 和 d$_{x^2-y^2}$、d$_{yz}$ 和 d$_{z^2}$ 轨道之间的耦合矩阵元的贡献从 PMA 转为 IMA，如图 5-67（g）和（k）所示。在 66-Fe 和 6-H 模型中，d$_{yz}$ 和 d$_{z^2}$ 轨道之间的耦合矩阵元的贡献也转变为 IMA，如图 5-67（f）和（h）所示。这些耦合矩阵元对 MAE 的贡献决定界面 MAE 的大小。化学活性较高的有机分子可以更大程度地调控铁磁性表面的 MAE。C$_6$F$_6$ 分子对 Fe（110）表面 MAE 的影响大于 C$_6$H$_6$ 分子，这是由于 F 原子比 H 原子具有更高的电负性。全碳材料 C$_{60}$ 具有较低的化学活性，对 Fe$_4$N 基底 MAE 的影响较小。

5.8 有机磁性隧道结的自旋相关输运特性及光调控

由于具有体积小、速度快、能耗低等优点，自旋电子学器件受到人们的广泛关注，如随机存储器，自旋发光二极管和自旋霍尔器件。磁性隧道结（MTJ）是自旋电子学器件的重要组成部分。如果用有机分子替代 MTJ 的中间非磁性绝缘层来隔离两个铁磁性电极，就构成了有机磁性隧道结（OMTJ）。OMTJ 因具有结构可调性、成本低、易加工等优势成为自旋电子学领域的研究热点之一。

如何获得高自旋极化的电流和大的磁电阻是有机自旋电子学器件所面临的挑战。OMTJs 的电极主要为传统的铁磁性金属 Fe、Co、Ni，而以半金属材料为电极的研究较少，如 LSMO、Fe$_3$O$_4$、Fe$_4$N 等。除了铁磁性电极本身外，有机/铁磁界面（spinterface）会影响 OMTJs 的自旋相关输运特性。有机分子可以改变界面的自旋相关特性，如空间自旋极化率等。为了提高器件的性能，需要阐明自旋界面对自旋相关输运特性的影响机制。在光吸收过程中，有机半导体中电子保持能量守恒和角动量守恒，因此深入地研究偏振光对自旋相关输运的调制作用具有重要意义。本节利用非平衡格林函数计算了 LSMO（Co）/四噻吩/LSMO 和 Fe$_4$N/（LSMO）/C$_{60}$/Fe$_4$N OMTJs 的自旋相关输运特性及光调控。

5.8.1 La$_{2/3}$Sr$_{1/3}$MnO$_3$（Co）/四噻吩/La$_{2/3}$Sr$_{1/3}$MnO$_3$ 隧道结的输运特性

LSMO 是铁磁性半金属材料，自旋极化率为 100%，居里温度为 361 K，因此成为 OMTJs 中铁磁性电极的理想候选材料。由四噻吩（T$_4$）分子和铁磁性金属 Ni 电极构建的 OMTJs 具有 100% 的自旋极化电流，表明 T$_4$ 分子是 OMTJ 中有机层的潜在候选者。理论研究表明，有机分子/LSMO 界面具有大的空间自旋极化，有机分子/Co 界面存在空间自旋极化反转。本节用 T$_4$ 分子桥接 LSMO 和 Co 电极，构建了 LSMO/T$_4$/LSMO 和 Co/T$_4$/LSMO OMTJ。通过第一性原理计算方法，研究了具有不同空间自旋极化界面的 OMTJs 的自旋相关输运特性及光调控。

本节利用 VASP 软件包对块体 LSMO、Co 和孤立 T$_4$ 分子进行结构优化。选用 GGA-PBE 交换关联泛函。平面波截断能设为 500 eV。能量和力的收敛标准分别设为 10^{-5} eV 和 0.01 eV/Å。在块体 LSMO 和 Co 结构优化的过程中，K 点网格密度分别设为 9×9×3 和

$8 \times 8 \times 8$。由于 LSMO 是强关联电子体系，因此 Mn 3 d 电子的哈伯德库伦相互作用 U 设为 2 eV。计算得到块体 LSMO 的晶格常数为 3.90 Å，Mn 原子的磁矩为 3.52 μ_B，与之前的结果一致。图 5-68(b)给出了块体 LSMO 的能带结构和总态密度。从图中可以看出，LSMO 具有半金属特性。计算得到块体 Co 的晶格常数为 3.52 Å，与实验值 3.55 Å 一致。Co 原子的磁矩为 1.65 μ_B，接近于理论值 1.62 μ_B。块体 Co 的能带结构和总态密度表明在费米能级处 Co 具有负的自旋极化率，如图 5-68(d)所示。

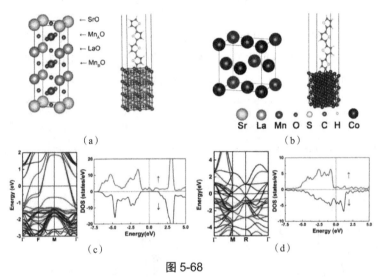

图 5-68

(a)块体 LSMO 和 T₄/LSMO 界面的原子结构；(b)块体 LSMO 的能带结构和总态密度；(c)块体 Co 和 T₄/Co 界面的原子结构；
(d)块体 Co 的能带结构和总态密度

LSMO(001)面具有 Mn$_A$O、Mn$_B$O、LaO 和 SrO 四种终端，如图 5-68(a)所示。将 T₄ 分子分别吸附在 LSMO 的 Mn$_B$O(001)终端和 Co(001)表面，构建了 T₄/LSMO 和 T₄/Co 界面。为了隔离相邻周期性图像之间的相互作用，在 z 方向上添加厚度为 20 Å 的真空层。在界面结构优化的过程中，K 点网格密度设为 $4 \times 4 \times 1$，LSMO 和 Co 的顶部四层原子与 T₄ 分子一起弛豫，其他原子被固定。与块体和外延生长的异质结构相比，分子吸附模型的对称性较低，导致模型中原子之间的作用力较大，因此 0.02 eV/Å 的力收敛标准是足够的。采用 DFT-D2 方法来校正模型中的范德华相互作用。在 T₄/LSMO 界面中，C 原子位于 Mn 原子的上方，C—Mn 键长为 1.98 Å，如图 5-68(a)所示。在 T₄/Co 界面中，C 原子位于相邻的两个 Co 原子之间，并与它们成键，键长分别为 2.00 和 2.02 Å，如图 5-68(c)所示。基于优化后的界面结构，构建一维 LSMO/T₄/LSMO 和 Co/T₄/LSMO OMTJ 纳米器件，如图 5-69(a)和(c)所示。为了避免近邻相互作用，在 x-y 横截面内添加厚度为 20 Å 的真空层。器件模型搭建完成后，利用基于 NEGF-DFT 理论的 Nanodcal 软件包计算自旋相关输运特性。在自洽过程中，采用双自旋极化轨道基组和 GGA_PBE96 交换关联泛函，截断能设为 3 000 eV。电极和中心区的自洽计算分别选用 $1 \times 1 \times 100$ 和 $1 \times 1 \times 1$ 的 K 点网格密度。哈密顿矩阵和密度矩阵的收敛标准设为 2×10^{-5} eV。自旋分辨的电流由 Landauer-Büttiker 公式计算

$$I_\sigma = \frac{e}{h} \int_{\mu_L}^{\mu_R} T_\sigma(E,V) \left[f(E - \mu_R) - f(E - \mu_L) \right] dE \qquad (5\text{-}11)$$

其中，e 是电子电量，h 是普朗克常数，$\sigma=\uparrow$、$\downarrow$，表示自旋向上、向下，$T_\sigma(E,V)$ 是在偏压 $V=V_R-V_L$ 时自旋分量 σ 的透射系数，$f(E-\mu_{L(R)})$ 是左（右）电极的费米分布函数，$\mu_{L(R)}$ 是左（右）电极的化学势。自旋注入效率（SIE）和隧穿磁电阻（TMR）定义为

$$\text{SIE}=\frac{I_\uparrow(V)-I_\downarrow(V)}{I_\uparrow(V)+I_\downarrow(V)} \tag{5-12}$$

$$\text{TMR}=\frac{I_{\text{PC}}(V)-I_{\text{APC}}(V)}{I_{\text{APC}}(V)} \tag{5-13}$$

其中，I_{PC} 和 I_{APC} 分别为左右电极的磁化取向为平行（PC）和反平行（APC）时的总电流。在平衡态下，用费米能级处的透射系数（$T(E_F)$）代替电流来计算 SIE 和 TMR。

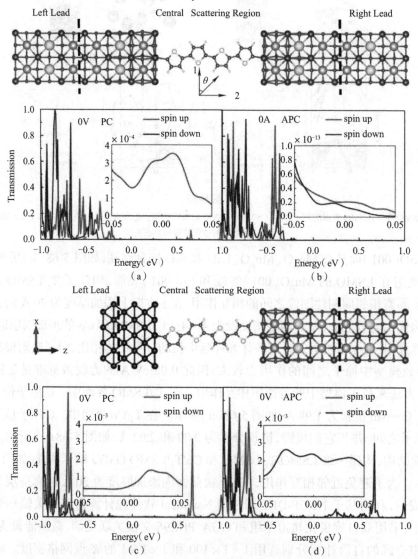

图 5-69　LSMO/T₄/LSMO 和 Co/T₄/LSMO OMTJs 的原子结构及平衡态下自旋分辨的透射谱（光沿着 y 方向照射，e 是线偏振光的极化矢量，θ 是线偏振光的偏振角）

（a）LSMO/T₄/LSMO 原子结构；（b）LSMO/T₄/LSMO 透射谱；（c）Co/T₄/LSMO 原子结构；（d）Co/T₄/LSMO 透射谱

　　图 5-69（b）和（d）给出了平衡态下两个 OMTJ 的自旋分辨的透射谱。在 PC 状态下，LSMO/T₄/LSMO OMTJ 的费米能级处存在自旋向上的透射系数（$T_\uparrow(E_F)$），自旋向下的透射系数（$T_\downarrow(E_F)$）为 0，如图 5-69（b）所示。这就导致了大的自旋注入效率，即 SIE 为 100%。在 APC 状态下，$T_\uparrow(E_F)$ 和 $T_\downarrow(E_F)$ 的值没有完全重合，计算得到的 SIE 为 20%。此外，在费米能级处，PC 状态下的总透射系数（$T_{PC}(E_F)$）比 APC 状态下的总透射系数（$T_{APC}(E_F)$）大 10 个数量级，计算得到的 TMR 为 8.9×10^9，表明高自旋极化的 LSMO 电极优于传统的铁磁性金属电极。在 PC 状态下，Co/T₄/LSMO OMTJ 的 $T_\downarrow(E_F)$ 几乎为零，可以忽略不计，而 $T_\uparrow(E_F)$ 有一定的数值。在 APC 状态下，结果却恰恰相反，只有 $T_\downarrow(E_F)$ 存在，如图 5-69（d）所示。在 PC 和 APC 状态下，计算得到的 SIE 分别为 100% 和 -100%，表明铁磁性电极的相对磁化取向可以作为切换自旋通道的开关，对器件自旋注入的控制具有重要意义。此外，PC 状态的 $T_\uparrow(E_F)$ 和 APC 状态的 $T_\downarrow(E_F)$ 具有相同的数量级，且前者略低于后者，计算得到的 TMR 为 -0.75。根据 Jullière 模型，LSMO/T₄/LSMO OMTJ 中，正 TMR 是由于两个 T₄/LSMO 界面具有符号相同的自旋极化率；Co/T₄/LSMO OMTJ 中，负 TMR 是由于 T₄/Co 和 T₄/LSMO 界面具有符号相反的自旋极化率。

　　为了更深入地理解自旋相关输运过程，图 5-70 和 5-71 给出了平衡态下两个 OMTJ 沿输运方向自旋分辨的投影态密度。从图中可以看出，与铁磁性电极接触后，T₄ 的分子前线轨道发生了移动、扩宽和自旋劈裂。在 LSMO/T₄/LSMO OMTJ 中，费米能级位于禁带中，靠近最高占据分子轨道（HOMO），表明器件由 HOMO 主导电子的输运，与 Ni/T₄/Ni 和 Fe/T₄/Fe 分子结的理论计算结果一致，如图 5-70 所示。在费米能级处，PC 状态的左右电极均具有自旋向上的电子态，没有自旋向下的电子态，如图 5-70（a）和（b）所示。因此自旋向上的电子主导输运过程，自旋注入效率达到 100%。在 APC 状态下，左电极只有自旋向上的电子态，而右电极没有自旋向上的电子态，不能接收由左电极提供的自旋向上的电子。同样，左电极也不能提供自旋向下的电子给右电极，如图 5-70（c）和（d）所示。左右电极不对称的自旋极化电子分布阻碍了电子的输运过程，导致 APC 状态的透射系数远小于 PC 状态的透射系数，因此 LSMO/T₄/LSMO OMTJ 具有较大的 TMR。

　　图 5-71 给出了 Co/T₄/LSMO OMTJ 沿输运方向自旋分辨的投影态密度。从图中可以看出，费米能级位于 HOMO 和最低未占据分子轨道（LUMO）之间，并且 HOMO 和 LUMO 的展宽导致了禁带区域减小。由于 Co 和 LSMO 不匹配的态密度，PC 状态的 LSMO 电极只能从 Co 电极获得较少的自旋向上的电子，如图 5-71（a）和（b）所示。在 APC 状态，LSMO 电极可以从 Co 电极获得较多的自旋向下的电子，如图 5-71（c）和（d）所示。因此在 PC 和 APC 状态下，主导输运的电子来源于不同的自旋通道。此外，Co 电极自旋向上的电子态小于自旋向下的电子态，导致 PC 状态的电导率低于 APC 状态的电导率，因此 Co/T₄/LSMO OMTJ 表现为负的 TMR。

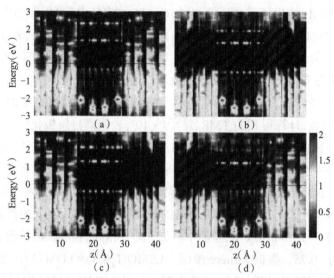

图 5-70　LSMO/T$_4$/LSMO OMTJ 中，左右电极的磁化取向为 PC 和 APC 时，自旋分辨的投影态密度（黑线表示费米能级）

(a)PC-↑;(b)PC-↓;(c)APC-↑;(d)APC-↓

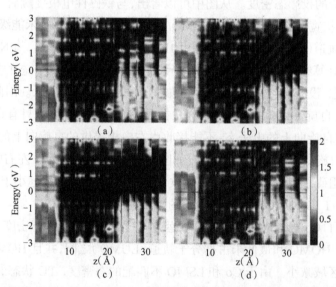

图 5-71　Co/T$_4$/LSMO OMTJ 中，左右电极的磁化取向为 PC 和 APC 时自旋分辨的投影态密度（黑线表示费米能级）

(a)PC-↑;(b)PC-↓;(c)APC-↑;(d)APC-↓

　　为了研究偏压对自旋相关输运特性的影响，在左右电极之间施加了 0~0.3 V 的偏压。图 5-72（a）和（c）给出了两个 OMTJs 的 TMR 随偏压的变化。在 LSMO/T$_4$/LSMO OMTJ 中，TMR 在平衡态时具有最大值，随着偏压的增加而减小，如图 5-72（a）所示。TMR 随偏压的改变可以由电流的变化来解释。随着偏压的增加，I_{PC} 和 I_{APC} 均呈现上升趋势。当偏压从 0.1 V 增加到 0.2 V 时，I_{APC} 的增长速率远大于 I_{PC} 的增长速率，导致 TMR 迅速减小了 6 个数量级。当偏压增大到 0.3 V 时，I_{PC} 和 I_{APC} 趋于平行，表明它们的增长速率是相同的，故 TMR
几乎不变。在 Co/T$_4$/LSMO OMTJ 中，电流随偏压呈指数增长，如图 5-72（c）所示。在 0~0.3
V 的偏压范围内，I_{APC} 总是大于 I_{PC}，导致负的 TMR。在 0.1 V 的偏压下，TMR 出现最大
值 -0.65。在 0.2~0.3 V 的偏压范围内，I_{PC} 的增长速率明显降低，导致 TMR 减小。与 Co/T$_4$/
LSMO OMTJ 相比，LSMO/T$_4$/LSMO OMTJ 的 TMR 对偏压的依赖性更强。图 5-72（b）和
（d）给出了两个 OMTJ 的 SIE 与偏压的关系曲线。在 PC 状态，LSMO/T$_4$/LSMO OMTJ 的
SIE 不受偏压的影响，始终为 100%，表现为完全的自旋过滤效应。在 APC 状态，SIE 从零偏
压下的 19.7% 变为 0.05 V 偏压下的 -27.5%，再到 0.2 V 偏压下的 -100%，表明偏压可以有
效地调控主导运输的自旋通道。对于 Co/T$_4$/LSMO OMTJ，PC 和 APC 状态的 SIE 分别为
100% 和 -100%，并且不受偏压的影响，表明通过改变器件的相对磁化取向可以控制自旋注
入电流的自旋方向。

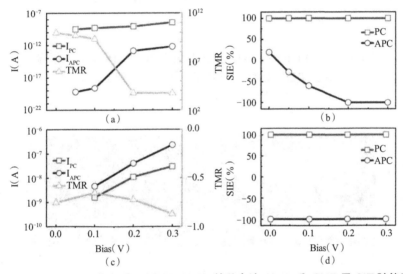

图 5-72　LSMO/T$_4$/LSMO 和 Co/T$_4$/LSMO OMTJ 的总电流 $I_{PC(APC)}$ 和 TMR 及 SIE 随偏压的变化
（a）LSMO/T$_4$/LSMO 的 $I_{PC(APC)}$ 和 TMR；（b）LSMO/T$_4$/LSMO 的 SIE；（c）Co/T$_4$/LSMO 的 $I_{PC(APC)}$；（d）Co/T$_4$/LSMO 的 SIE

根据 Landauer-Büttiker 公式，自旋分辨的电流正比于偏压窗口内自旋分辨的透射系数
在能量上的积分。为了进一步理解 SIE 与偏压之间的关系，图 5-73 和 5-74 给出了在两个
OMTJs 中，与电子能量和偏压相关的自旋分辨透射系数的等高线图。在 PC 状态，LSMO/
T$_4$/LSMO OMTJ 的偏压窗口内只有自旋向上的透射系数，没有自旋向下的透射系数，因此
SIE 不随偏压的变化而变化，如图 5-73（a）和（b）所示。在 APC 状态，偏压窗口内具有大量
的自旋向下的透射系数，尤其是在 0.2~0.3 V 的偏压范围内，导致 SIE 变为 -100%，如图
5-73（d）。在 PC（APC）状态，Co/T$_4$/LSMO OMTJ 的偏压窗口内只存在自旋向上（向下）的
透射系数，没有自旋向下（向上）的透射系数，如图 5-74 所示。因此，无论是处于 PC 还是
APC 状态，器件都只有单一自旋方向的电流，且不受偏压的影响。

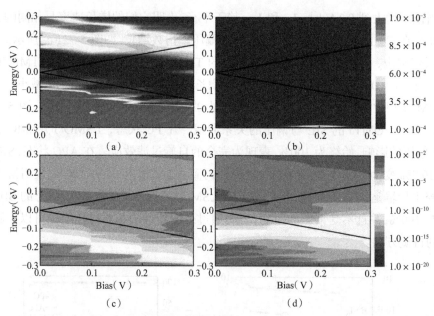

图 5-73   LSMO/T₄/LSMO OMTJ 中,左右电极的磁化取向为 PC 和 APC 时,与电子能量和偏压相关的自
旋分辨透射系数的等高线图(黑线内表示偏压窗口)

(a)PC- ↑ ;(b)PC- ↓ ;(c)APC- ↑ ;(d)APC- ↓

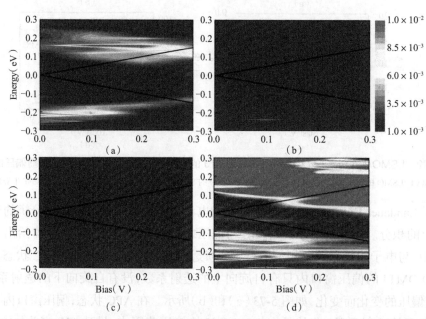

图 5-74   Co/T₄/LSMO OMTJ 中,左右电极的磁化取向为 PC 和 APC 时,与电子能量和偏压相关的自旋分
辨透射系数的等高线图(黑线内表示偏压窗口)

(a)PC- ↑ ;(b)PC- ↓ ;(c)APC- ↑ ;(d)APC- ↓

　　人们已经在 C₆₀ 分子基自旋阀中发现了光对输运特性的影响,证实了自旋光伏响应,提
出了光调控自旋输运的新思路。为了研究 T₄ 分子的光伏响应,在平衡状态下,对 LSMO/T₄/

LSMO OMTJ 中 T_4 分子施加沿 y 方向的线偏振光和圆偏振光,计算光电流。在 NEGF-DFT 中,归一化的光电流定义为

$$R_L^{(ph)} = \frac{J_L^{(ph)}}{eI_\omega} \tag{5-14}$$

其中,$J_L^{(ph)}$ 为流入左电极的光电流,e 为电子电量,I_ω 为光通量。线偏振光的极化矢量 e 在 x-z 平面内,且与 x 轴成 θ 角,如图 5-69(a)所示。选取的光子能量范围是 1.7~2.0 eV,能量间隔为 0.1 eV。当线偏振光照射时,光电流受偏振角 θ 和光子能量的影响,如图 5-75(a)~(d)所示。光电流与偏振角 θ 之间呈现正弦关系,即 $A \times \sin(\theta)$,其中 A 值与光子能量相关。当光子能量为 1.8 eV 时,激发的光电流最大值,这与 T_4 分子本身的带隙相关。T_4 分子的 HOMO 与 LUMO 之间的带隙为 1.73 eV,如图 5-75(b)所示。能量小于 1.7 eV 的光子不能将 HOMO 上的电子激发到 LUMO 上而形成光电流。能量为 1.9 和 2.0 eV 的光子可以将 HOMO 上的电子激发到 LUMO 和 LUMO+1 之间,却没有足够的未占据态来容纳这些电子,也将导致较小的光电流。在 PC 状态,自旋向上的光电流远大于自旋向下的光电流,呈现出完全自旋极化的光电流,如图 5-75(a)和(b)所示。当磁化取向从 PC 转变为 APC 时,光电流降低了 2 个数量级,如图 5-75(c)和(d)所示。此外,自旋向上和自旋向下的光电流具有相反的方向,导致 OMTJ 的两侧存在自旋分辨的化学电势差,呈现自旋电池效应。

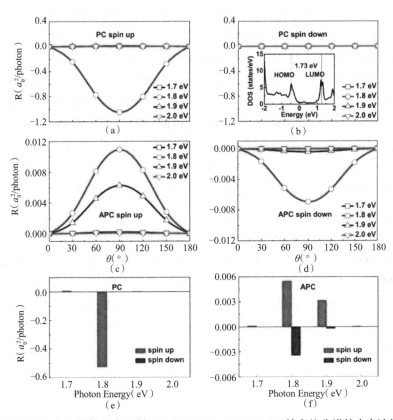

图 5-75　在线偏振光和左旋圆偏振光照射下,LSMO/T_4/LSMO OMTJ 的自旋分辨的光电流(θ 是线偏振光的偏振角,a_0 是波尔半径,插图对应 T_4 分子的总态密度)

　　由于左旋和右旋圆偏振光诱导的光电流相同,图 5-75(e)和(f)只给出了左旋圆偏振光照射下 LSMO/T$_4$/LSMO OMTJ 的自旋分辨的光电流。从图中可以看出,在 PC 状态,光子能量为 1.8 eV 的左旋圆偏振光也可以激发出完全自旋极化的光电流,其数值小于线偏振光激发的光电流。θ=90° 的线偏振光所激发的光电流正好是左旋圆偏振光激发的两倍,这是因为线偏振光可以看作是由左旋和右旋圆偏振光线性组合而成。这些结果为设计多功能的自旋电子学器件提供了理论基础。

5.8.2　Fe$_4$N(La$_{2/3}$Sr$_{1/3}$MnO$_3$)/C$_{60}$/Fe$_4$N 隧道结的输运特性

　　随着科学技术的发展,自旋电子学器件的小型化是实际应用中的必然趋势,利用有机分子设计单分子器件有望成为减小自旋电子学器件尺寸的有效方法。由于弱的自旋 - 轨道耦合和超精细相互作用, C$_{60}$ 通常被用于自旋电子学器件中。基于 C$_{60}$ OMTJ 的研究主要使用传统的铁磁性金属电极,关于具有高自旋极化铁磁性电极的 C$_{60}$ OMTJ 的结果却鲜有报道。本节通过第一性原理计算方法,研究了 Fe$_4$N/C$_{60}$/Fe$_4$N 和 LSMO/C$_{60}$/LSMO OMTJ 的自旋相关输运特性及光调控。

　　本节选用 GGA-PBE 交换关联泛函,利用 VASP 软件包对块体 Fe$_4$N、LSMO 和孤立 C$_{60}$ 分子进行了结构优化。平面波截断能设为 500 eV。能量和力的收敛标准分别为 10^{-5} eV 和 0.01 eV/Å。LSMO 是典型的强关联电子体系,因此 Mn 3 d 电子的哈伯德库伦相互作用 U 设为 2 eV。计算得到块体 Fe$_4$N 的晶格常数为 3.79 Å,与实验结果一致。实验中,在 LaAlO$_3$ 衬底上生长的 LSMO 薄膜的晶格常数为 3.79 Å,因此固定 a=b=3.79 Å, c 方向弛豫,得到块体 LSMO。基于优化的块体结构,选取 Fe$_4$(001)面的 Fe$_B$N 终端和 LSMO(001)面的 Mn$_B$O 终端,构建 C$_{60}$/Fe$_4$N 和 C$_{60}$/LSMO 界面。为了隔离相邻周期性图像之间的相互作用,在 z 方向上添加厚度为 20 Å 的真空层。采用 DFT-D2 方法校正范德华相互作用。通过考虑 C$_{60}$ 分子的不同取向和 Fe$_4$N 吸附位点,构建了九种 C$_{60}$/Fe$_4$N 界面模型,结果发现 C$_{60}$ 分子的六边形位于 N 原子正上方,即 6-N 模型最稳定。基于 6-N 模型构建了 Fe$_4$N/C$_{60}$/Fe$_4$N 和 LSMO/C$_{60}$/LSMO OMTJ,如图 5-76。优化中心散射区域,包括分子和两个电极,确保器件模型的稳定性。在器件中, C$_{60}$/Fe$_4$N 和 C$_{60}$/LSMO 界面距离分别为 1.84 和 2.14 Å。为了避免近邻相互作用,在 x-y 横截面内添加厚度为 30 Å 的真空层。

　　利用 Nanodcal 软件包计算 OMTJs 器件的自旋相关输运特性。采用双自旋极化轨道基组和 LDA_PZ81 交换关联泛函,截断能为 3 000 eV。在电极和中心区的自洽过程中时,K 点网格密度分别设为 1×1×100 和 1×1×1。哈密顿矩阵和密度矩阵的收敛标准为 2×10^{-5} eV。另外, Fe$_4$N 的矫顽力比 LSMO 小,更容易通过磁场来改变磁化方向。因此,在 LSMO/C$_{60}$/Fe$_4$N OMTJs 中,固定 LSMO 电极的磁化取向,改变 Fe$_4$N 电极的磁化取向,形成 PC 和 APC 状态。

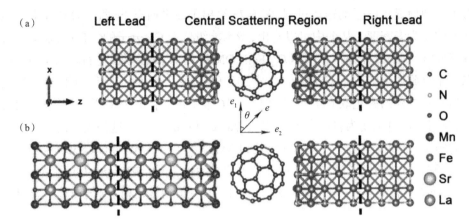

图 5-76　Fe$_4$N/C$_{60}$/Fe$_4$N 和 LSMO/C$_{60}$/LSMO OMTJ 的原子结构（光沿着 y 方向照射，e 是线偏振光的极化矢量，θ 是线偏振光的偏振角）

（a）Fe$_4$N/C$_{60}$/Fe$_4$N；（b）LSMO/C$_{60}$/LSMO

图 5-77 给出了在平衡态下，两个 OMTJ 的自旋分辨的透射谱。在 PC 状态，Fe$_4$N/C$_{60}$/Fe$_4$N OMTJ 的 $T_\downarrow(E_F)$ 高于 $T_\uparrow(E_F)$，SIE 为 −87%，如图 5-77（a）所示。在 APC 状态，$T_\uparrow$（E_F）略大于 $T_\downarrow(E_F)$，如图 5-77（b）所示。计算得到的 SIE 仅为 16%。此外，在费米能级处，$T_{PC}(E_F)$ 大于 $T_{APC}(E_F)$，TMR 为 285%，高于 Fe/（C$_{60}$）$_2$/Fe OMTJ 的 TMR。由图 5-77（c）和（d）可知，LSMO/C$_{60}$/Fe$_4$N OMTJ 中左右电极的磁化取向无论是 PC 还是 APC，$T_\downarrow(E_F)$ 几乎为零，可以忽略不计，$T_\uparrow(E_F)$ 有一定的数值。该 OMTJ 的 SIE 总是 100%，表明左右电极的相对磁化取向对导电自旋通道没有影响。此外，PC 状态的 $T_\uparrow(E_F)$ 小于 APC 状态的 $T_\uparrow$（E_F），TMR 为 −31%。

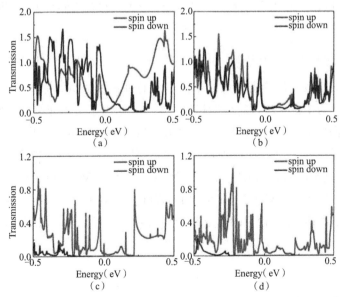

图 5-77　Fe$_4$N/C$_{60}$/Fe$_4$N 和 LSMO/C$_{60}$/Fe$_4$N OMTJ 在平衡态下的自旋分辨的透射谱

（a）Fe$_4$N/C$_{60}$/Fe$_4$N，PC；（b）Fe$_4$N/C$_{60}$/Fe$_4$N，APC；（c）LSMO/C$_{60}$/Fe$_4$N，PC；（d）LSMO/C$_{60}$/Fe$_4$N，APC

为了直观地显示电子的输运过程,图 5-78 给出了在平衡态下,两个 OMTJ 沿输运方向自旋分辨的投影态密度。从图中可以看出,费米能级位于 C_{60} 分子的禁带中,输运过程为电子的隧穿导电。在 PC 状态下,$Fe_4N/C_{60}/Fe_4N$ OMTJ 的费米能级处,左右电极中自旋向上的电子态少于自旋向下的电子态,如图 5-78(a)和(b)所示。因此,自旋向下的电子决定输运过程。当左右电极的磁化取向从 PC 转变为 APC 状态时,左电极的多数电子仍是自旋向下的,右电极的多数电子变为自旋向上,如图 5-78(c)和(d)所示。这种类型的自旋分布阻碍了电子的输运,呈现高阻态。在费米能级处,LSMO/C_{60}/Fe_4N OMTJ 的 LSMO 电极只有自旋向上的电子态,自旋向上通道在输运过程中占主导地位,如图 5-78(e)~(h)所示。与 PC 状态相比,APC 状态的 Fe_4N 电极具有较多的自旋向上电子态,利于电子的输运,出现负的TMR。

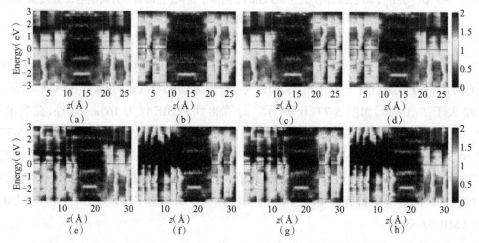

图 5-78　$Fe_4N/C_{60}/Fe_4N$ 和 LSMO/C_{60}/Fe_4N OMTJ 中,左右电极自旋分辨的投影态密度(黑线表示费米能级)

(a)$Fe_4N/C_{60}/Fe_4N$,PC-↑;(b)$Fe_4N/C_{60}/Fe_4N$,PC-↓;(c)$Fe_4N/C_{60}/Fe_4N$,APC-↑;(d)$Fe_4N/C_{60}/Fe_4N$,APC-↓;(e)LSMO/C_{60}/Fe_4N,PC-↑;(f)LSMO/C_{60}/Fe_4N,PC-↓;(g)LSMO/C_{60}/Fe_4N,APC-↑;(h)LSMO/C_{60}/Fe_4N,APC-↓

散射态是无限开放器件哈密顿量的本征态。通过对散射态的深入分析,可以得到输运过程的物理图像。为了进一步理解输运机制,图 5-79 给出了费米能级处自旋分辨的散射态 $|\Psi_s(z)|$ 沿输运方向的分布。在 PC 状态,$Fe_4N/C_{60}/Fe_4N$ OMTJ 的两个界面的多数 $|\Psi_s(z)|$ 均来源于自旋向下通道,如图 5-79(a)所示。在 APC 状态,两个界面的多数 $|\Psi_s(z)|$ 却来源于不同的自旋通道,呈现高阻态,如图 5-79(b)所示。由于 LSMO 和 Fe_4N 电极具有相反的自旋极化率,在 APC 状态,LSMO/C_{60}/Fe_4N OMTJ 的 C_{60}/LSMO 和 C_{60}/Fe_4N 界面的多数 $|\Psi_s(z)|$ 均来源于自旋向上通道,导致较大的电导率,如图 5-79(d)所示。因此,LSMO/C_{60}/Fe_4N MTJ 出现负的 TMR。

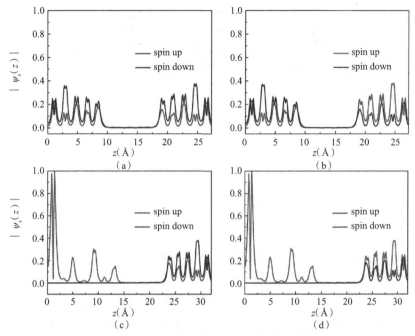

图 5-79 Fe₄N/C₆₀/Fe₄N 和 LSMO/C₆₀/Fe₄N OMTJ 中自旋分辨的散射态 $|\Psi_s(z)|$ 分布

(a)Fe₄N/C₆₀/Fe₄N,PC;(b)Fe₄N/C₆₀/Fe₄N,APC;(c)LSMO/C₆₀/Fe₄N,PC;(d)LSMO/C₆₀/Fe₄N,APC

    偏压可以改变电极的导电通道及每个导电通道的传输概率。为了研究偏压对自旋相关输运特性的影响,在左右电极之间施加了 0~0.3 V 的偏压。图 5-80(a)和(c)给出了两个 OMTJs 的总电流 $I_{PC(APC)}$ 和 TMR 随偏压的变化。在 Fe₄N/C₆₀/Fe₄N OMTJ 中,当偏压由 0 V 增大到 0.2 V 时,TMR 会明显地降低;当偏压继续增大到 0.3 V,TMR 略微增大,在 0.2 V 时出现最小值 72%,如图 5-80(a)所示。在 0.2~0.3 V 的偏压范围内,I_{PC} 的增长速率大于 I_{APC} 的增长速率,TMR 增大。在 LSMO/C₆₀/Fe₄N OMTJ 中,当偏压由 0 V 增大到 0.1 V 时,TMR 减小;当偏压继续增大时,TMR 随之增大,在 0.1 V 时出现最小值 -53%,在 0.3 V 时变为 33%,如图 5-80(c)所示。在 0~0.2 V 偏压范围内,I_{PC} 小于 I_{APC};在 0.3 V 时,I_{PC} 大于 I_{APC},如图 5-80(c)所示。因此,TMR 从负值转变为正值。图 5-80(b)和(d)给出了两个 OMTJ 的 SIE 随偏压的变化。从图中可以看出,Fe₄N/C₆₀/Fe₄N OMTJ 的 SIE 明显依赖于相对磁化取向和偏压,预测磁、电控制自旋注入的实现。因此,偏压可以逆转注入电流的自旋极化率。例如,随着偏压的增大,PC 状态的 SIE 由 -87% 转变为 57%,APC 状态的 SIE 由 16% 转变为 -8%;在 0.2 V 时,PC 与 APC 状态的 SIE 是相同的,约为 9%。在 LSMO/C₆₀/Fe₄N OMTJ 中,PC 和 APC 状态的 SIE 不受偏压的影响,始终保持 100%,表现为完全的自旋过滤效应。

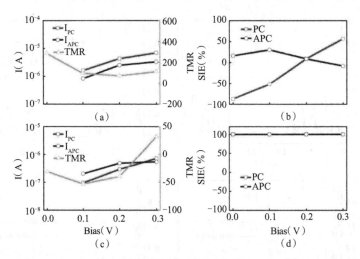

图 5-80　Fe₄N/C₆₀/Fe₄N 和 LSMO/C₆₀/Fe₄N OMTJs 的总电流 $I_{\mathrm{PC(APC)}}$和 TMR 及 SIE 随偏压的变化

（a）Fe₄N/C₆₀/Fe₄N，I；（b）Fe₄N/C₆₀/Fe₄N，SIE；（c）LSMO/C₆₀/Fe₄N，I；（d）LSMO/C₆₀/Fe₄N，SIE

　　自旋分辨的电流与偏压窗口内的透射系数在能量上的积分成正比。图 5-81 给出了两个 OMTJs 的自旋分辨透射系数的等高线图,有助于理解自旋过滤效应的微观机制。在 PC 状态,Fe₄N/C₆₀/Fe₄N OMTJ 的透射系数遍布偏压窗口内,如图 5-81（a）和（b）所示。随着偏压的增加,偏压窗口内自旋向上的透射系数大于自旋向下的透射系数,即自旋向上的透射系数在能量上的积分变大,导致自旋向上的电流增大。因此,当偏压增加时, SIE 从负值转变为正值。在 APC 状态,较多的自旋向下透射系数进入偏压窗口内,导致 SIE 从正值转变为负值,如图 5-81（c）和（d）所示。在 LSMO/C₆₀/Fe₄N OMTJ 中, PC 和 APC 状态的偏压窗口内只存在自旋向上的透射系数,未出现自旋向下的透射系数,如图 5-81（e）~（h）所示。因此,SIE 为 100%,不受偏压的影响。

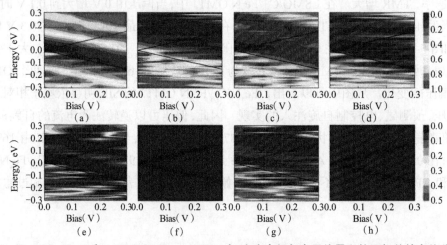

图 5-81　Fe₄N/C₆₀/Fe₄N 和 LSMO/C₆₀/Fe₄N OMTJ 中,左右电极与电子能量和偏压相关的自旋分辨透射系数的等高线图（黑线内表示偏压窗口）

（a）Fe₄N/C₆₀/Fe₄N,PC-↑；（b）Fe₄N/C₆₀/Fe₄N,PC-↓；（c）Fe₄N/C₆₀/Fe₄N,APC-↑；（d）Fe₄N/C₆₀/Fe₄N,APC-↓；（e）LSMO/C₆₀/Fe₄N,PC-↑；（f）LSMO/C₆₀/Fe₄N,PC-↓；（g）LSMO/C₆₀/Fe₄N,APC-↑；（h）LSMO/C₆₀/Fe₄N,APC-↓

　　结合自旋和光电特性,自旋相关的光电器件受到人们的广泛关注。为了研究 C₆₀ 分子的光响应,用线偏振光和圆偏振光沿着 y 方向对两个 OMTJ 中的 C₆₀ 分子进行光照,

　　计算平衡态下的光电流。线偏振光的极化矢量 e 与 x 方向成 θ 角,如图 5-76 所示。光子能量为 1.0、1.5 和 2.0 eV。Fe₄N/C₆₀/Fe₄N OMTJ 具有较小的光电流,并且受偏振角 θ 和光子能量的影响,如图 5-82(a)~(d)所示。当光子能量为 1.5 eV 时,光电流表现出较大的数值。在 PC 状态,自旋向上的光电流与 θ 的关系近似为 cos(2θ),如图 5-82(a)所示。在 APC 状态,自旋向下的光电流正比于 sin(2θ),如图 5-82(d)所示。在磷烯光电探测器的研究中,发现沿着 Z 字形方向和扶手椅方向的光电流与 θ 的关系是不同的。由于左旋和右旋圆偏振光诱导的光电流相同,图 5-82(e)和(f)只给出了左旋圆偏振光照射下的光电流。在 APC 状态,光子能量为 1.5 eV 的左旋圆偏振光可以激发完全自旋极化的光电流,如图 5-82(f)所示。在 PC 状态,自旋向上和自旋向下的光电流具有相反的方向,导致 OMTJ 两侧存在自旋相关的化学电势差,表现为自旋电池效应。

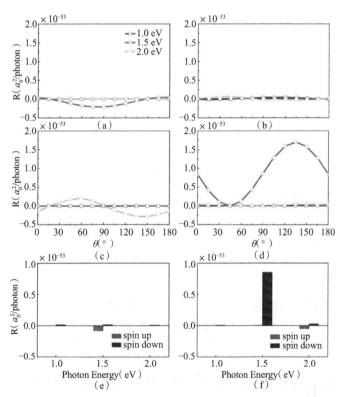

图 5-82　在线偏振光和左旋圆偏振光照射下,Fe₄N/C₆₀/Fe₄N OMTJ 的自旋分辨的光电流(θ 是线偏振光的偏振角,a₀ 是波尔半径)

(a)PC spin up;(b)PC spin down;(c)APC spin up;(d)APC spin down;(e)PC;(f)APC

　　由图 5-83 可知,LSMO/C₆₀/Fe₄N OMTJ 的光电流比 Fe₄N/C₆₀/Fe₄N OMTJ 的光电流大 53 个数量级,可以归因于不同的 C₆₀/LSMO 和 C₆₀/Fe₄N 界面破坏了器件的空间反演对称性。光电效应(PGE)通常发生在没有空间反演对称性的材料中,如单层 WSe₂ 和 MoS₂。此外,

材料本征的空间反演对称性可以通过多种方式来打破,例如对磷烯施加栅极电压,构建界面形成局部肖特基电场,将 S 原子掺杂到黑色磷单分子层中。在 $LSMO/C_{60}/Fe_4N$ OMTJ 中,用光子能量为 2.0 eV 的左旋圆偏振光照射时,自旋向上和自旋向下的电子将向两侧移动,表现出自旋电池效应,如图 5-83(e)和(f)所示。如果自旋向上的电子聚集的一侧被认为是自旋电池的正极,那么另一侧就是自旋电池的负极。显然,$LSMO/C_{60}/Fe_4N$ OMTJ 的相对磁化取向可以切换自旋电池的正极和负极。

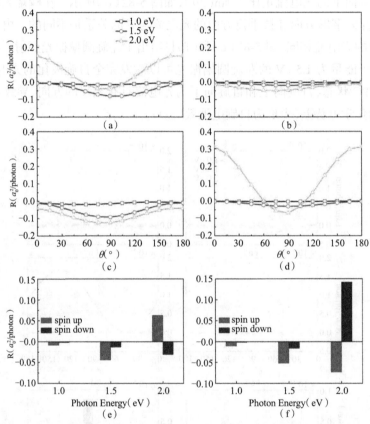

图 5-83　在线偏振光和左旋圆偏振光照射下,$LSMO/C_{60}/Fe_4N$ OMTJ 的自旋分辨的光电流(θ 是线偏振光的偏振角,a_0 是玻尔半径)

(a)PC spin up;(b)PC spin down;(c)APC spin up;(d)APC spin down;(e)PC;(f)APC

5.9　$Fe_4N/Alq_3/Co$ 有机自旋阀的磁电输运特性

有机自旋阀中大的磁电阻的关键是好的铁磁层/有机层界面。界面自旋极化率将极大地影响磁电阻的大小和符号。而理论预测 Fe_4N 具有高自旋极化率,并且以 Fe_4N 为电极的磁性隧道结表现出负的磁电阻。因此,我们打算引入 Fe_4N 作为有机自旋阀的注入电极,来进一步研究磁电阻的机制。就多层膜的制备而言,每层膜的结构以及表面粗糙度对于多层膜的性质有很重要的作用。尤其是有机自旋阀中铁磁层/Alq_3 界面的扩散对磁电阻有很大的影响。因此,有必要研究一下 Fe$_4$N/Alq$_3$ 界面的性质。另外,我们对单层 Alq$_3$ 的基本性质也进行了研究。

5.9.1　Alq$_3$ 薄膜的表面形貌和光学性质

图 5-84 描绘了不同厚度的 Alq$_3$ 薄膜的表面形貌。随着 Alq$_3$ 厚度的增加,表面粗糙度减小。5、10、20、40、80 nm 厚的样品的表面粗糙度分别为 2.480、0.993、0.725、0.655、0.562 nm。随着厚度的增加,粗糙度减小。粗糙度的减小表明一个平坦光滑的表面形成。

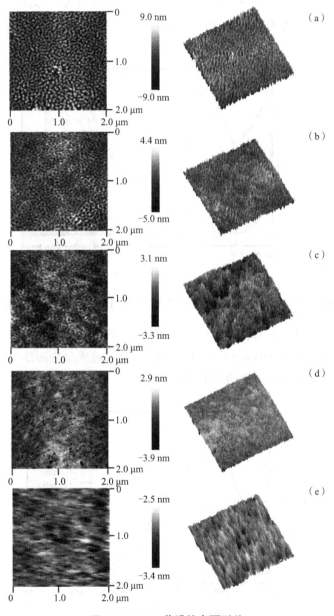

图 5-84　Alq$_3$ 薄膜的表面形貌

（a）5 nm;（b）10 nm;（c）20 nm;（d）40 nm;（e）80 nm

　　图 5-85 为不同厚度的 Alq₃ 薄膜的吸收光谱。我们观察到一个宽的吸收峰出现在 392 nm 处，并且不同厚度样品的吸收峰也基本相同。明显地，随着厚度的增加，吸收强度增强。另外，随着厚度的增加，一个微弱的峰在 335 nm 处出现。这个微弱的峰是由于在 346 nm 处的电子跃迁导致的 Alq₃ 的喹啉环的变形带来一个振动波的传播。Alq₃ 的光学带隙能够通过吸收光谱测得。根据以下公式

$$\alpha h\nu = A(h\nu - E_g)^n \tag{5-15}$$

其中，α 为 Alq₃ 的吸收系数，$h\nu$ 为光子能量，A 为常数。对于直接半导体 Alq₃ 来说，$n=1/2$。计算 $(\alpha E)^2$，然后做出它与能量 E 的变化曲线，得到线性吸收边，反向延长线性吸收边，与横轴能量 E 的交点就是带隙值。得到 Alq₃ 的光学带隙为 2.82 eV，这与之前的结果一致。

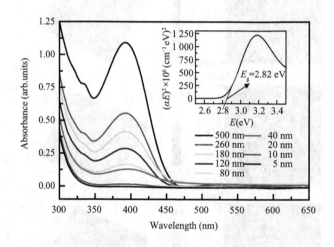

图 5-85　不同厚度的 Alq₃ 薄膜的吸收光谱（插图为（αE）² 与 E 的依赖关系）

　　图 5-85 为不同厚度的 Alq₃ 薄膜的光致发光谱（PL）谱。Alq₃ 的厚度从 5 nm 增加到 500 nm 时，PL 谱的峰位从 507 nm 增加到 517 nm。并且峰强呈现振荡变化。荧光峰的峰位在 500~520 nm 之间，与文献报道的结果相符。

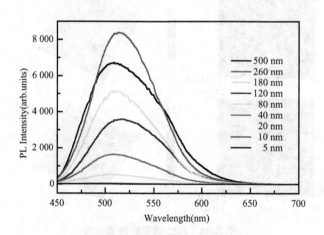

图 5-86　不同厚度的 Alq₃ 薄膜的 PL 谱

图 5-87 为室温下不同厚度的 Alq₃ 薄膜的荧光衰减曲线。除了 5 nm 样品外,其余厚度的样品的衰减曲线几乎重合。荧光衰减曲线可以近似为多个 e 指数函数的叠加,然后可以根据 e 指数函数的系数估算出荧光寿命。5 nm 样品的荧光寿命最短,为 13.33 ns。不同厚度的样品的荧光寿命在 13.33 ns 到 18.18 ns 之间振荡变化。这一值与文献报道的结果相符。

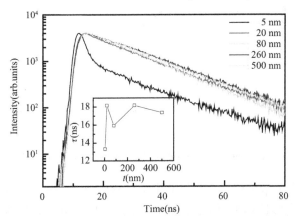

图 5-87　不同厚度的 Alq₃ 薄膜的荧光衰减曲线(插图为 Alq₃ 厚度与荧光寿命的依赖关系)

5.9.2　Fe₄N/Alq₃ 双层膜的界面结构和光学性质

图 5-88(a)给出了 20 nm 的 Alq₃ 薄膜的表面形貌,薄膜表面非常平滑,表面粗糙度仅为 0.725 nm,薄膜表面的起伏不超过 3 nm。图 5-88(b)给出了 Fe₄N(10 nm)/Alq₃(20 nm)双层膜的高分辨透射电镜(TEM)图像。我们可以看到清晰的 Fe₄N/Alq₃ 界面。外延的 Fe₄N 薄膜和非晶的 Alq₃ 薄膜形成非常明显的对比。说明界面扩散并不明显。

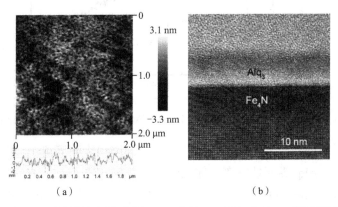

图 5-88　Alq₃(20 nm)薄膜的表面形貌与 Fe₄N(10 nm)/Alq₃(20 nm)双层膜的 TEM 图像
(a)Alq₃ 薄膜;(b)Fe₄N/Alq₃ 双层膜

图 5-89 为 Fe₄N(10 nm)/Alq₃(20 nm)双层膜与 Alq₃(20 nm)薄膜的 PL 谱的对比。与 Alq₃(20 nm)薄膜相比, Fe₄N(10 nm)/Alq₃(20 nm)双层膜的 PL 谱的峰强增强,峰位有轻微

的蓝移。这说明铁磁性材料 Fe$_4$N 的引入增强了 Alq$_3$ 薄膜的光致发光。这一现象说明 Fe$_4$N/Alq$_3$ 界面处的交换耦合导致了 Alq$_3$ 薄膜的电子结构的改变。

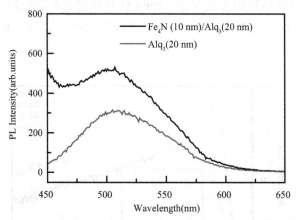

图 5-89 Alq$_3$(20 nm)薄膜和 Fe$_4$N(10 nm)/Alq$_3$(20 nm)双层膜的 PL 谱

图 5-90 为室温下 Fe$_4$N(10 nm)/Alq$_3$(20 nm)双层膜与 Alq$_3$(20 nm)薄膜的荧光衰减曲线。二者的衰减曲线形状相似,但是衰减率不同。Alq$_3$(20 nm)薄膜的荧光寿命为 18.17 ns,而 Fe$_4$N(10 nm)/Alq$_3$(20 nm)双层膜的荧光寿命为 10.45 ns。荧光寿命的缩短是与 Fe$_4$N/Alq$_3$ 界面处新的电子结构的形成相关。

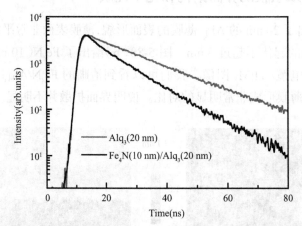

图 5-90 Alq$_3$(20 nm)薄膜和 Fe$_4$N(10 nm)/Alq$_3$(20 nm)双层膜的荧光衰减曲线

Fe$_4$N/Alq$_3$ 界面处光致发光的加强和荧光寿命的缩短表明等离子体共振导致的局域电磁场的增强。Fe$_4$N/Alq$_3$ 界面处等离子体强的耦合共振导致了 Alq$_3$ 光学性质的变化。强的耦合共振来自 Fe$_4$N/Alq$_3$ 界面处的电子转移。从 Fe$_4$N 表面转移的电子被局域到 Alq$_3$ 的第一个分子层中。因此,当能量间隔匹配光子能量的时候,共振就很容易发生。界面的耦合是通过 Alq$_3$ 的 p$_z$ 轨道与 Fe$_4$N 的 3 d 轨道的杂化发生的。界面复杂化合物的形成在 Alq$_3$ 的分子结构和分子内部成键中扮演重要的角色。总之,界面耦合导致的界面电子结构的变化造成了 Alq$_3$ 的光学性质的变化。

5.9.3　Fe₄N/Alq₃/Co 有机自旋阀的形貌和磁电输运特性

图 5-91 给出了 Fe₄N/Alq₃/Co 有机自旋阀的 TEM 图像,从图 5-91(a)中的低分辨形貌中可以证实各层膜的厚度, Fe₄N 为 10 nm, Alq₃ 为 20 nm, Co 为 20 nm, Cu 为 30 nm。图 5-91(b)为 Fe₄N/Alq₃ 界面的形貌,界面非常尖锐。外延的 Fe₄N 和非晶的 Alq₃ 形成鲜明的对比。清晰的 Fe₄N/Alq₃ 界面表明二者的扩散较弱。由于 LaAlO₃(100)基底和 Fe₄N 的晶格相匹配,使得生长在其上的 Fe₄N 表面较为平坦,这种平坦且坚硬的合金表面有利于 Alq₃ 这种柔性有机材料的生长,极大地抑制了界面互扩散,更容易形成尖锐的界面。图 5-91(b)的插图为选区电子衍射图,清晰的排布、有序的点阵表明了 Fe₄N 的外延生长。图 5-91(c)为 Alq₃/Co 的形貌,界面处存在较弱的互扩散。一方面,高质量的 Fe₄N/Alq₃ 界面是形成较好的上层界面的基石;另一方面,对靶溅射的优势能够抑制 Alq₃ 和 Co 的相互扩散。因为在沉积 Co 的过程中, Alq₃ 层将免受 Co 的高能粒子的轰击。大面积的均匀性、较低的基底温度以及相对惰性的化学结合将会减小 Co 层与 Alq₃ 层的相互混合。Wang 等引入间接的沉积方法让 Co 软着陆在有机层上来抑制 Co 渗透进入 Alq₃。这种间接的沉积方法有利于产生尖锐的 Alq₃/Co 界面。这与我们的方法有异曲同工之妙。为了证实在有机自旋阀的制备过程中对靶溅射方法的优势,进一步的对比实验在将来是有必要进行的。这样,磁性死层就相对较薄(磁性死层是指铁磁层和有机层混合的部分)。众所周知,尖锐的界面对于大的巨磁电阻是有利的。Lin 等指出 LSMO/Alq₃/Co 有机自旋阀中磁性死层的形成是来源于 LSMO 层的导电凸起以及 Alq₃ 中自生长的针孔。在 Fe₄N 表面没有所谓的导电凸起存在,仅仅是在沉积 Co 的过程中部分 Co 原子渗透到 Alq₃ 层中,而这二者的化学相互作用将会影响界面的自旋极化率。图 5-91(c)的插图为 Fe₄N/Alq₃/Co 有机自旋阀的选区电子衍射图,我们可以观察到多晶的 Co 和 Cu 的衍射斑点,还有外延 Fe₄N 的点阵。图 5-91(d)为整个 Fe₄N/Alq₃/Co 有机自旋阀的高分辨 TEM 图像。

图 5-92(a)为生长在 Fe₄N 表面的 Alq₃(40 nm)薄膜的原子力显微镜(AFM)图像。我们可以看到 Alq₃ 薄膜完全覆盖了 Fe₄N。Alq₃ 的表面粗糙度为 3.500 nm,相应的表面起伏显示在图 5-92(c)中。Alq₃ 的表面起伏大约在 5 nm 左右,这意味着在 Alq₃ 上沉积 Co 原子时, Co 原子可能会渗透到这 5 nm 深的孔洞中。这样 Co 和 Alq₃ 的混合就会形成磁性死层。图 5-92(b)为生长在 Alq₃ 表面的 Co(20 nm)薄膜的 AFM 图像。Co 薄膜的表面比较平滑,表面粗糙度为 1.920 nm。图 5-92(d)为相应的 Co 薄膜的表面起伏。Co 薄膜的表面起伏小于 5 nm,说明 Co 和 Alq₃ 的相互扩散较弱。同时也说明 Alq₃/Co 界面的形貌取决于 Alq₃ 薄膜。

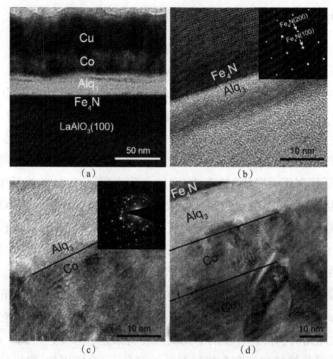

图 5-91　Fe₄N(10 nm)/Alq₃(20 nm)/Co(20 nm)有机自旋阀的 TEM 图像

（a）基体图；（b）Fe₄N/Alq₃界面；（c）Alq₃/Co 界面；（d）高分辨图像

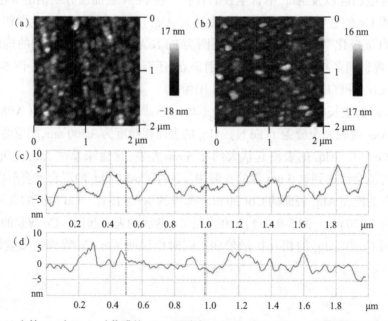

图 5-92　Fe₄N 上的 Alq₃(40 nm)薄膜的 AFM 图像与 Alq₃ 上的 Co(20 nm)薄膜的 AFM 图像及薄膜的表面纵向起伏

（a）Fe₄N 上的 Alq₃ 薄膜的 AFM 图像；（b）Alq₃ 上的 Co 薄膜的 AFM 图像；

（c）Alq₃ 薄膜的表面纵向起伏；（d）Co 薄膜的表面纵向起伏

　　图 5-93 为 Fe₄N/Alq₃/Co 有机自旋阀的结构示意图以及电输运测量的接线图。Fe₄N/Alq₃/Co 有机自旋阀的磁电阻测量是从 3 K 到 300 K，外加磁场平行于样品表面，磁场扫描范围为 ±1 kOe，所加电流恒定为 0.1 mA。测量的样品为 Fe₄N/Alq₃(t)/Co 有机自旋阀，t=5、40、80、120、260 nm。图 5-94 为 80 nm 样品在不同温度下的磁电阻随磁场的变化曲线。可以看到典型的双峰磁电阻曲线，但是磁电阻的值较小。在只有一个单晶铁磁电极的类似于自旋阀的结构中也能观察到相似的双峰信号。这种磁电阻称为隧穿各向异性磁电阻（TAMR），根源于外延铁磁电极的磁晶各向异性。我们需要去辨别这种 TAMR 效应和正常的自旋阀效应。在外延 Fe₄N 薄膜中，磁电阻以及各向异性磁电阻在之前的工作中已经做了详细的描述，外延 Fe₄N 中的磁电阻曲线只有一个峰值。而且，在 5 K 下的各向异性磁电阻值可以达到 -3.6%，远大于我们从有机自旋阀中测量的磁电阻。无论是磁电阻曲线的形状还是大小，都不同于 TAMR。所以 TAMR 被排除，这种双峰磁电阻是来源于有机自旋阀的自旋相关的输运。双峰暗示电阻的变化依赖于两个铁磁电极 Fe₄N 和 Co 的磁矩排布。磁电阻定义为 MR = $(R_{AP} - R_P)/R_{AP}$，R_{AP} 和 R_P 分别为 Fe₄N 和 Co 的磁矩反平行和平行时的电阻。从图 5-94(a)中可以看到平行组态和反平行组态。很明显，R_P 要大于 R_{AP}，磁电阻为负值，这与 LSMO/Alq₃/Co 自旋阀的结果一致。在 LSMO/Alq₃/Co 自旋阀中，Xiong 等认为 Co 的自旋极化率为负值。而 Santos 等观察到在 Alq₃/Co 界面处 Co 的自旋极化率为正值。因此，负的磁电阻是由 LSMO/Alq₃/Co 自旋阀中 Co 和 LSMO 相反的自旋极化率所导致。根据磁电阻公式

$$MR = \frac{2P_{Fe_4N}P_{Co}e^{-(t-t_0)/\lambda_s}}{1+P_{Fe_4N}P_{Co}e^{-(t-t_0)/\lambda_s}} \tag{5-16}$$

其中，P_{Fe_4N} 和 P_{Co} 分别为 Fe₄N 和 Co 的自旋极化率，t_0 为磁性死层的厚度，λ_s 为自旋扩散长度。如果 Co 和 Fe₄N 的自旋极化率真如理论预测的那样都为负值的话，就会得到正的磁电阻。可是，我们在 Fe₄N/Alq₃/Co 中得到的是负的磁电阻。根据 Fe₄N 基隧道结的结果可知 Fe₄N 的自旋极化率为负值，那么 Alq₃/Co 界面的自旋极化率就为正值，和 Santos 等实验测得的结果一致。两个铁磁层 / 有机层界面相反的自旋极化率最终导致了负的磁电阻。

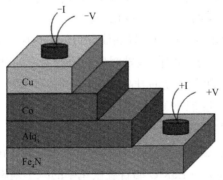

图 5-93　Fe₄N/Alq₃/Co 有机自旋阀的结构示意图

　　关于有机自旋阀的负的磁电阻有一个理论模型，即在 LSMO 和 Co 的费米面之上存在

一条很窄的导电通道。LSMO 中自旋向上的电子注入这一导电通道中,然后通过跳跃导电进入 Alq₃ 层中,当它们到达 Co 电极时,电子被注入 Co 的自旋向下态。在 Fe₄N/Alq₃/Co 有机自旋阀中,对于平行组态,来自 Fe₄N 的自旋向下电子注入 Fe₄N/Alq₃ 界面,然后通过 Alq₃/Co 界面进入 Co 的自旋向上态而产生一个高电阻;对于反平行态,Fe₄N 的自旋向下电子注入 Co 的自旋向下态而形成低电阻。

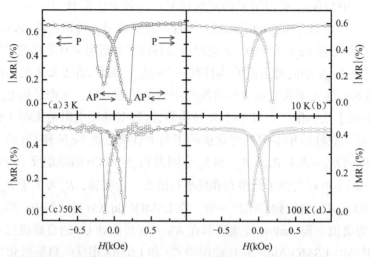

图 5-94　Fe₄N/Alq₃(80 nm)/Co 有机自旋阀在不同温度下的磁电阻曲线

自旋杂化诱导的极化态(Spin-hybridization-induced polarized states, SHIPS)理论也证明了我们的解释。SHIPS 理论指出自旋相关的铁磁层 / 有机层界面的杂化对有效自旋极化率的影响将会引起注入自旋的符号反转。杂化可能会有利于电极的自旋相关的态密度。有效自旋极化率相关的类似 Julliere 公式定义为

$$MR = \frac{2 P_{Fe_4N/Alq_3}{}^* P_{Alq_3/Co}{}^*}{1 - P_{Fe_4N/Alq_3}{}^* P_{Alq_3/Co}{}^*} \qquad (5\text{-}17)$$

其中,$P_{Fe_4N/Alq_3}{}^*$ 和 $P_{Alq_3/Co}{}^*$ 为 Fe₄N/Alq₃ 界面和 Alq₃/Co 界面的有效自旋极化率。SHIPS 理论认为 $P_{Alq_3/Co}{}^* > 0$,因此在 Fe₄N/Alq₃/Co 有机自旋阀中 $P_{Fe_4N/Alq_3}{}^* < 0$。负的磁电阻归因于 Fe₄N/Alq₃ 界面和 Alq₃/Co 界面相反的有效自旋极化率。

在不同温度下,所有的磁电阻展现双峰曲线和负的磁电阻。在 3 K 下,反平行组态呈现明显的不对称,两个反平行组态的电阻差异明显。随着温度的升高,不对称消失,磁电阻也逐渐减小。如图 5-95 所示,随着温度的升高,磁电阻的值逐渐减小。在室温下,磁电阻变为零。有两个因素影响磁电阻随温度的减小。一个为铁磁性电极的自旋极化率的减小,另一个为 Alq₃ 层中自旋扩散长度的减小。

Xiong 等认为由于 Alq₃ 层自旋弛豫时间的增加导致自旋扩散长度 λ_s 的减小,最终导致磁电阻消失。而 Wang 等人认为 LSMO 的自旋极化率的减小是磁电阻消失的关键,Alq₃ 层较弱的自旋轨道耦合使得自旋扩散长度并不明显地依赖于温度。LSMO 较低的居里温度导致自旋极化率减小。可是用高居里温度的 Fe 替代 LSMO,并没有改善室温磁电阻。尽管

Fe₄N 和 Co 的居里温度远高于室温,磁电阻在室温下仍然消失。有机自旋阀中磁电阻的根源是自旋相关的载流子注入。温度升高不可避免的会导致自旋无序和自旋翻转散射的增加。因此磁电阻的减小可以归结为铁磁层 / 有机层界面的自旋波动和界面自旋极化率的减小。

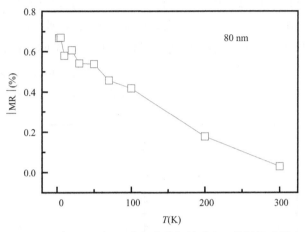

图 5-95　Fe₄N/Alq₃(80 nm)/Co 有机自旋阀的磁电阻值随温度的变化关系

为了证实磁电阻与两个铁磁性层的磁化方向的排布有关,我们测量了 Fe₄N/Alq₃/Co 有机自旋阀的磁滞回线。图 5-96(a)和(b)给出了 80 nm 样品在 70 K 下的磁电阻曲线和磁滞回线。磁滞回线出现两个台阶,这是由于 Fe₄N 和 Co 的矫顽力不同导致的。这意味着 Alq₃ 将两个铁磁层很好地分隔开。我们观察到磁化翻转与磁电阻的高低阻态变化相吻合。因此,我们观察到的磁电阻现象毫无疑问是有机自旋阀的自旋相关效应。当外加磁场在 Fe₄N 和 Co 的矫顽力之间时,两个电极的磁化方向反平行,而当磁场大于它们的矫顽力时,磁化方向平行排列。图 5-96(c)和(d)给出了 120 nm 样品在 70 K 下的磁电阻曲线和磁滞回线。我们可以看到磁场在接近 ± 125 Oe 时,磁化方向反平行排列,低电阻态出现。

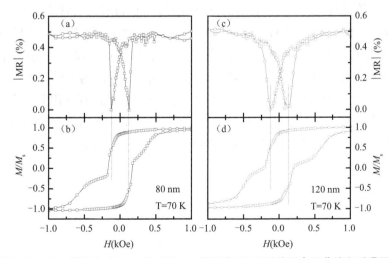

图 5-96　Alq₃ 厚度为 80 nm 和 120 nm 样品在 70 K 下的磁电阻曲线和磁滞回线

图 5-97 给出了 3 K 下不同厚度样品的磁电阻曲线。所有的 Fe$_4$N/Alq$_3$/Co 有机自旋阀都展现了负磁电阻。甚至对于厚度非常薄的 5 nm 样品，仍然表现出高低阻态的变化，说明磁性死层的厚度小于 5 nm，这归因于对靶溅射的优势。更重要的是，除了 260 nm 样品外，其余样品在反平行组态均表现出明显的不对称。这意味着在两个反平行组态的磁矩排布不同。不同的磁矩排布引起自旋相关散射的改变，因此扫场过程中，反平行组态的磁电阻不同。这一不对称表明在铁磁层 /Alq$_3$ 界面处磁矩存在交换耦合作用。我们猜想在 Fe$_4$N/Alq$_3$/Co 有机自旋阀中存在交换偏置，因为不对称发生在低温下的小磁场范围内，在高温下消失，这与交换偏置的特征相同。另外，磁电阻的不对称与 Alq$_3$ 的厚度无关。260 nm 样品的磁电阻不对称消失可能是由于铁磁层 /Alq$_3$ 界面处较弱的交换耦合。

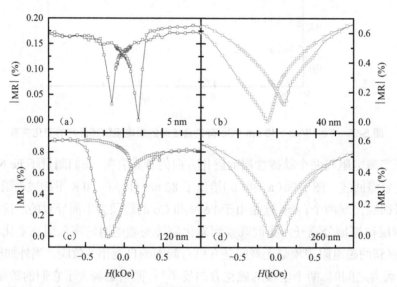

图 5-97 在 3 K 下，不同 Alq$_3$ 厚度的 Fe$_4$N/Alq$_3$/Co 有机自旋阀的磁电阻曲线

图 5-98 为 3 K 下磁电阻随 Alq$_3$ 厚度的变化曲线。低于 120 nm 时，随着厚度的增加，磁电阻增加。尽管磁性死层较薄，但是 Fe$_4$N/Alq$_3$/Co 有机自旋阀的性能还是会受到磁性死层的影响。随着厚度的增加，磁性死层的影响减弱，导致磁电阻增大。高于 120 nm 时，自旋相自旋散射，逐渐损失部分自旋极化载流子。这样，在 260 nm 样品中磁电阻的减小与自旋相关输运的减小有关。对靶溅射的优势虽然使得 Alq$_3$/Co 界面的扩散较弱，磁性死层的厚度被有效地控制，但磁电阻仍然很小。可能大的结面积中针孔的存在阻碍了磁电阻的提高，较少的自旋载流子被注入 Fe$_4$N/Alq$_3$/Co 有机自旋阀中。Alq$_3$ 分子层的质量对改善有机自旋阀的性能也非常重要。低的界面自旋注入效率可能是小的磁电阻的关键。

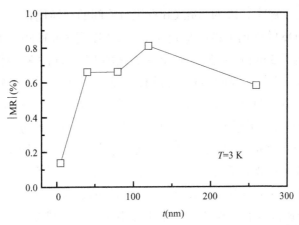

图 5-98 Fe₄N/Alq₃(t)/Co 有机自旋阀的磁电阻值随 Alq₃ 厚度的变化关系

关的载流子输运起到很大的作用。在较厚的 Alq₃ 层中,载流子在输运过程中由于受到

为了与磁电阻做比较,图 5-99 展现了 3 K 下不同 Alq₃ 厚度的样品的磁滞回线。磁滞回线的形状变化对应于磁电阻的变化。我们发现磁滞回线也是不对称的,两个明显的台阶仅仅出现在单支回路上,对应于磁电阻反平行态的不对称。由于在 Alq₃/Co 界面化学相互作用的影响,在 Co 电极会形成复杂的磁结构。在 Alq₃/Co 界面处 Alq₃ 的 π 分子轨道和 Co 的 d 轨道之间进行杂化导致磁硬化效应。发生在 Alq₃/Co 界面的磁硬化效应加强了二者的磁耦合相互作用。部分 Co 磁矩被钉扎,完全的磁化翻转需要更大的磁场。因此明显的台阶仅仅出现在半支回路上,另外半支回路由于磁矩较容易翻转所以没有展现明显的台阶。在 Alq₃/Co 界面处不可逆的磁化翻转包括自由磁矩和钉扎磁矩的翻转。有两个明显台阶的那支回路刚好对应于反平行态磁电阻较大的那支磁电阻回路,这说明 Alq₃/Co 界面处的交换作用使得部分 Co 磁矩被钉扎,自旋散射增强,磁电阻增大。

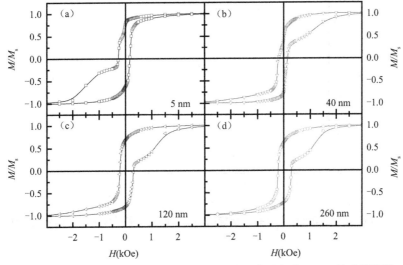

图 5-99 不同 Alq₃ 厚度的 Fe₄N/Alq₃/Co 有机自旋阀在 3 K 下的磁滞回线

　　为了证实的想法,测量了 Fe₄N/Alq₃/Co 有机自旋阀的交换偏置。外加磁场平行于样品表面,样品在 ±50 kOe 的冷场下被冷却到 3 K。从 3 K 到 300 K 测量了不同温度下的磁滞回线。图 5-100 给出了 5 nm 样品在 ±50 kOe 的磁场下冷却到 3 K 测得的磁滞回线。当冷却磁场的方向变化时,磁滞回线的不对称也翻转方向。这证实了钉扎效应的存在。磁滞回线和磁电阻曲线的不对称确实是相关于 Alq₃/Co 界面复杂的磁结构。图 5-101 给出了 5 nm 样品的交换偏置以及矫顽力随温度的变化曲线。3 K 下交换偏置为 -70 Oe,这是由于 Fe₄N 和 Co 之间通过 5 nm 的 Alq₃ 层进行强的交换耦合造成的。随着温度的升高,交换偏置和矫顽力均减小,表明热扰动减弱了交换耦合。因此随着温度的升高,磁电阻的不对称性也消失。图 5-102 给出了 80 nm 样品在 3 K 下面内和面外的磁滞回线。面外磁矩的不饱和表明 Fe₄N/Alq₃/Co 有机自旋阀没有垂直各向异性,所有磁矩沿面内排布。

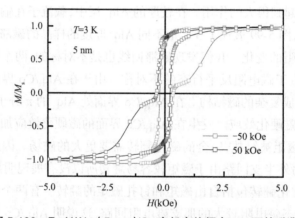

图 5-100　Fe₄N/Alq₃(5 nm)/Co 有机自旋阀在 3 K 下的磁滞回线

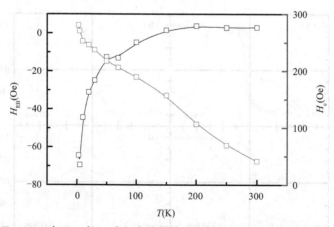

图 5-101　Fe₄N/Alq₃(5 nm)/Co 有机自旋阀的交换偏置场和矫顽力场随温度的变化曲线

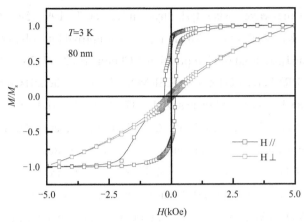

图 5-102 在 3 K 下 Fe₄N/Alq₃(80 nm)/Co 有机自旋阀磁场平行和垂直于膜面的磁滞回线

本章参考文献

[1] Khomyakov P A，Giovannetti G，Rusu P C，et al. First–principles study of the interaction and charge transfer between graphene and metals[J]. Phys. Rev. B，2009，79(19)：195425/1-12.

[2] Mi W B，Yang H，Cheng Y C，et al. Magnetic and electronic properties of Fe₃O₄/graphene heterostructures：First principles perspective[J]. Appl. Phys.，2013，113(8)：083711/1-6.

[3] Ma Y D，Dai Y，Guo M，et al. Graphene–diamond interface：Gap opening and electronic spin injection[J]. Phys. Rev. B，2012，85(23)：235448/1-5.

[4] ŽUTIĆ I，FABIAN J，ERWIN S C.Spin injection and detection in silicon[J]. Phys. Rev. Lett.，2006，97(2)：026602/1-4.

[5] GIOVANNETTI G，KHOMYAKOV P A，BROCKS G，et al. Doping graphene with metal contacts[J]. Phys. Rev. Lett.，2008，101(2)：026803/1-4.

[6] RYU K S，THOMAS L，YANG S H，et al. Chiral spin torque at magnetic domain walls[J]. Nature Nanotechnology，2013，8(7)：527-533.

[7] YANG H，CHEN G，COTTA A A C，et al. Significant Dzyaloshinskii-Moriya interaction at graphene-ferromagnet interfaces due to the Rashba effect[J]. Nature Materials，2018，17(7)：605-609.

[8] MOREAU-LUCHAIRE C，MOUTAfiS C，REYREN N，et al. Additive interfacial chiral interaction in multilayers for stabilization of small individual skyrmions at room temperature[J]. Nature Nanotechnology，2016，11(5)：444-448.

[9] PERDEW J P，BURKE K，ERNZERHOF M. Generalized gradient approximation made simple[J]. Physical Review Letters，1996，77(18)：3865-3868.

[10] KRESSE G，FURTHMÜLLER J. Efficient iterative schemes for ab initio total-energy calcu-

lations using a plane-wave basis set[J]. Physical Review B,1996,54(16):11169-11186.

[11] SANVILLE E, KENNY S D, SMITH R, et al. Improved grid-based algorithm for Bader charge allocation[J]. Journal of Computational Chemistry,2007,28(5):899-908.

[13] STAMPS R L, BREITKREUTZ S, ÅKERMAN J, et al. The 2014 magnetism roadmap[J]. Journal of Physics D: Applied Physics,2014,47(33):333001/1-28.

[14] SOUMYANARAYANAN A, RAJU M, OYARCE A L G, et al. Tunable room-temperature magnetic skyrmions in Ir/Fe/Co/Pt multilayers[J]. Nature Materials,2017,16(9):898-904.

[15] BOULLE O, VOGEL J, YANG H, et al. Room-temperature chiral magnetic skyrmions in ultrathin magnetic nanostructures[J]. Nature Nanotechnology,2016,11(5):449-454.

[16] YANG H,VU A D,HALLAL A,et al. Anatomy and giant enhancement of the perpendicular magnetic anisotropy of cobalt-graphene heterostructures[J]. Nano Letters, 2016, 16(1): 145-151.

[17] WU C W, HUANG J H, YAO D X. Tunable room-temperature ferromagnetism in the SiC monolayer[J]. Journal of Magnetism and Magnetic Materials,2019,469: 306-314.

[18] FENG N, MI W, CHENG Y, et al. Magnetism by interfacial hybridization and p-type doping of MoS_2 in Fe_4N/MoS_2 superlattices: A first-principles study[J]. ACS Applied Materials & Interfaces,2014,6(6):4587-4594.

[19] HAN X, MI W, WANG X. Spin polarization and magnetic properties at the C_{60}/Fe_4N(001) spinterface[J]. Journal of Materials Chemistry C,2019,7(27):8325-8334.

[20] KOKADO S, FUJIMA N, HARIGAYA K, et al. Theoretical analysis of highly spin–polarized transport in the iron nitride Fe_4N[J]. Phys. Rev. B,2006,73(17):172410/1-4.

[21] POPOV I, SEIFERT G, TOMÁNEK D. Designing electrical contacts to MoS_2 monolayers: a computational study[J]. Phys. Rev. Lett.,2012,108(15):156802/1-5.

[22] CHENG Y C, ZHU Z Y, MI W B, et al. Prediction of two–dimensional diluted magnetic semiconductors: doped monolayer MoS_2 systems[J]. Phys. Rev. B, 2013, 87(10): 100401 (R)/1-4.

[23] 曾谨言. 量子力学:卷 1[M].4 版. 北京:科学出版社,2010.

[24] FRAZER B C. Magnetic structure of Fe_4N[J].Phys. Rev.,1958,112:751-754.

[25] TERSOFF J. Schottky barrier heights and the continuum of gap states[J]. Phys. Rev. Lett., 1984,52:465-468.

[26] GEPPERT D V, COWLEY A M, DORE B V. Correlation of metal–semiconductor barrier height and metal work function; effects of surface states[J]. Appl. Phys., 1966, 37: 2458-2467.

[27] VOBORNIK I, MANJU U, FUJII J, et al. Magnetic proximity effect as a pathway to spintronic applications of topological insulators[J]. Nano Lett.,2011,11:4079-4082.

[28] WOLF S A, AWSCHALOM D D, BUHRMAN R A, et al.Spintronics: a spin–based elec-

tronics vision for the future[J]. Science, 2001, 294: 1488-1495.

[29] PEARTON S J, ABERNATHY C R, OVERBERG M E, et al. Wide band gap ferromagnetic semiconductors and oxides[J]. Appl. Phys., 2003, 93(1): 1-13.

[30] HU S J, YAN S S, ZHAO M W, et al. First–principles LDA+U calculations of the Co–doped ZnO magnetic semiconductor[J]. Phys. Rev. B, 2006, 73(24): 245205/1-7.

[31] SATO K, BERGQVIST L, KUDRNOVSKÝ J, et al. First–principles theory of dilute magnetic semiconductors[J].Rev. Mod. Phys., 2010, 82: 1633-1690.

[32] PRIOUR D J, HWANG E H, DAS S S. Quasi–two–dimensional diluted magnetic semiconductor systems[J]. Phys. Rev. Lett., 2005, 95(3): 037201/1-4.

[33] LEE A T, KANG J, WEI S H, et al.Carrier–mediated long–range ferromagnetism in electron–doped Fe–C4 and Fe–N4 incorporated graphene[J]. Phys. Rev. B, 2012, 86(16): 165403/1-5.

[34] WANG X L. Proposal for a new class of materials: spin gapless semiconductors[J]. Phys. Rev. Lett., 2008, 100(15): 156404/1-4.

[35] IKEDA S, MIURA K, YAMAMOTO H, et al. A perpendicular-anisotropy CoFeB-MgO magnetic tunnel junction[J]. Nature Materials, 2010, 9(9): 721-724.

[36] DIENY B, CHSHIEV M. Perpendicular magnetic anisotropy at transition metal/oxide interfaces and applications[J]. Reviews of Modern Physics, 2017, 89(2): 025008/1-54.

[37] BAIRAGI K, BELLEC A, REPAIN V, et al. Tuning the magnetic anisotropy at a molecule-metal interface[J]. Physical Review Letters, 2015, 114(24): 247203/1-5.

[38] ATODIRESEI N, BREDE J, LAZIĆ P, et al. Design of the local spin polarization at the organic-ferromagnetic interface[J]. Physical Review Letters, 2010, 105(6): 066601/1-4.

[39] WANG X, ZHU Z, MANCHON A, et al. Peculiarities of spin polarization inversion at a thiophene/cobalt interface[J]. Applied Physics Letters, 2013, 102(11): 111604/1-4.

[40] CALLSEN M, CACIUC V, KISELEV N, et al. Magnetic hardening induced by nonmagnetic organic molecules[J]. Physical Review Letters, 2013, 111(10): 106805/1-5.

[41] BARRAUD C, SENEOR P, MATTANA R, et al. Unravelling the role of the interface for spin injection into organic semiconductors[J]. Nature Physics, 2010, 6(8): 615-620.

[42] XIONG Z H, WU D, VARDENY Z V, et al. Giant magnetoresistance in organic spin-valves[J]. Nature, 2004, 427(6977): 821-824.

[43] DEDIU V A, HUESO L E, BERGENTI I, et al. Spin routes in organic semiconductors[J]. Nature Materials, 2009, 8(9): 707-716.

[44] BOGANI L, WERNSDORFER W. Molecular spintronics using single-molecule magnets[J]. Nature Materials, 2008, 7: 179-186.

[45] CINCHETTI M, DEDIU V A, HUESO L E. Activating the molecular spinterface[J]. Nature Materials, 2017, 16(5): 507-515.

[46] LI Z R, MI W B, BAI H L. Electronic structure, vibronic properties and enhanced magnetic anisotropy induced by tetragonal symmetry in ternary iron nitrides: A first-principles study[J]. Computional Materials Science, 2018, 142:145-152.

[47] DEDIU V, MURGIA M, MATACOTTA F C, et al. Room temperature spin polarized injection in organic semiconductor[J]. Solid State Communications, 2002, 122(3-4):181-184.

[48] CAFFREY N M, FERRIANI P, MAROCCHI S, et al. Atomic-scale inversion of spin polarization at an organic-antiferromagnetic interface[J]. Phys. Rev. B, 2013, 88(15): 155403/1-10.

[49] MI W B, GUO Z B, FENG X P, et al. Reactively sputtered epitaxial γ'-Fe$_4$N films: surface morphology, microstructure, magnetic and electrical transport properties[J]. Acta Mater., 2013, 61(17):6387-6395.

[50] HENKELMAN G, ARNALDSSON A, JÓNSSON H. A fast and robust algorithm for Bader decomposition of charge density[J]. Comp. Mater. Sci., 2006, 36(3):354-360.

[51] SANVILLE E, KENNY S D, SMITH R, et al. Improved grid-based algorithm for Bader charge allocation[J]. Comput. Chem., 2007, 28(5):899-908.

[52] YU M, TRINKLE D R. Accurate and efficient algorithm for Bader charge integration[J]. Chem. Phys., 2011, 134(6):064111/1-8.

[53] DEDIU V, HUESO L E, BERGENTI I, et al. Spin routes in organic semiconductors[J]. Nat. Mater., 2009, 8(9):707-716.

[54] STEIL S, GROBMANN N, LAUX M, et al. Spin-dependent trapping of electrons at spinterfaces[J]. Nat. Phys., 2013, 9(4):242-247.

[55] DEDIU V A. Organic spintronics: inside the interface[J]. Nat. Phys., 2013, 9(4):210-211.

[56] ROCHA A R, GRACÍA-SUÁREZ V M, BAILEY S W, et al. Towards molecular spintronics[J]. Nat. Mater., 2005, 4(4):335-339.

[57] SANVITO S. Molecular spintronics: the rise of spinterface science[J]. Nat. Phys., 2010, 6 (8):562-564.

[58] JULLIÈRE M. Tunneling between ferromagnetic films[J]. Physics Letters A, 1975, 54(3): 225-226.

[59] ZHANG X, AI X, ZHANG R, et al. Spin conserved electron transport behaviors in fullerenes (C$_{60}$ and C$_{70}$) spin valves[J]. Carbon, 2016, 106:202-207.

[60] SUN X, VÉLEZ S, ATXABAL A, et al. A molecular spin-photovoltaic device[J]. Science, 2017, 357(6352):677-680.

[61] NGUYEN T D, EHRENFREUND E, VARDENY Z V. Spin-polarized light-emitting diode based on an organic bipolar spin valve[J]. Science, 2012, 337(6091):204-209.

[62] ZHANG Q, MI W, WANG X, et al. Spin polarization inversion at benzene-absorbed Fe$_4$N surface[J]. Scientific Reports, 2015, 5:10602/1-10.

[63] ZHANG Q, MI W, WANG X. Antiferromagnetic order at the first Fe₄N atomic layer in ben-
zene adsorbed Fe₄N structures[J]. The Journal of Physical Chemistry C, 2015, 119(41):
23619-23626.

[64] ZHANG Q, MI W. Spin-polarization inversion at small organic molecule/Fe₄N interfaces: A
first-principles study[J]. Journal of Applied Physics,2015,118(11):115301/1-7.

[65] ZHANG Q, YIN L, MI W, et al. Large spatial spin polarization at benzene/La₂/₃Sr₁/₃MnO₃
spinterface: Toward organic spintronic devices[J]. The Journal of Physical Chemistry C,
2016,120(11):6156-6164.

[66] ZHANG X, MIZUKAMI S, KUBOTA T, et al. Interface effects on perpendicular magnetic
anisotropy for molecular-capped cobalt ultrathin films[J]. Applied Physics Letters, 2011, 99
(16):162509/1-3.

[67] LI D, DAPPE Y J, SMOGUNOV A. Perfect spin filtering by symmetry in molecular junc-
tions[J]. Physical Review B,2016,93(20):201403/1-6.

[68] GOBBI M, GOLMAR F, LLOPIS R, et al. Room-temperature spin transport in C₆₀-based
spin valves[J]. Advanced Materials,2011,23(14):1609-1613.

[69] SUN D, VAN SCHOOTEN K J, KAVAND M, et al. Inverse spin Hall effect from pulsed
spin current in organic semiconductors with tunable spin-orbit coupling[J]. Nature Materi-
als,2016,15(8):863-869.

[70] ENDRES B, CIORGA M, SCHMID M, et al. Demonstration of the spin solar cell and spin
photodiode effect[J]. Nature Communications,2013,4: 2068/1-5.

[71] ŽUTIĆ I, FABIAN J, SARMA S D. Spin-polarized transport in inhomogeneous magnetic
semiconductors: Theory of magnetic/nonmagnetic p-n junctions[J]. Physical Review Let-
ters,2002,88(6):066603/1-4.

[72] KOMASAKI Y, TSUNODA M, ISOGAMI S, et al. 75% inverse magnetoresistance at room
temperature in Fe₄N/MgO/CoFeB magnetic tunnel junctions fabricated on Cu underlayer[J].
Appl. Phys.,2009,105(7):07C928/1-3.

[73] SUNAGA K, TSUNODA M, KOMAGAKI K, et al. Inverse tunnel magnetoresistance in
magnetic tunnel junctions with an Fe₄N electrode[J]. Appl. Phys., 2007, 102(1):
013917/1-4.

[74] DALASIŃSKI P, ŁUKASIAK Z, WOJDYŁA M, et al. Study of optical properties of tris
(8-hydroxyquinoline)aluminum(III)[J].Opt. Mater.,2006,28(1–2):98-101.

[75] SUN D, YIN L, SUN C, et al. Giant magnetoresistance in organic spin valves[J].Phys. Rev.
Lett.,2010, 104(23):236602/1-4.

[76] INO D, WATANABE K, TAKAGI N, et al. Electronic structure and femtosecond electron
transfer dynamics at noble metal/tris(8-hydroxyquinoline) aluminum interfaces[J].Phys.
Rev. B,2005,71(11):115427/1-10.

[77] ATODIRESEI N, BREDE J, LAZIĆ P, et al. Design of the local spin polarization at the organic-ferromagnetic interface[J].Phys. Rev. Lett.,2010,105(6):066601/1-4.

[78] 冯楠.Fe$_4$N/ 半导体界面的电子结构和磁性的第一性原理研究 [D]. 天津:天津大学,2015.

[79] 韩雪飞. 有机分子 / 高自旋极化铁磁界面的电子结构和输运特性 [D]. 天津:天津大学,2020.

[80] 张迁. 有机小分子 /Fe$_4$N(La$_{2/3}$Sr$_{1/3}$MnO$_3$)自旋界面的理论研究 [D]. 天津:天津大学,2016.

[81] 李滋润.Fe$_4$N 基双层膜和有机自旋阀的结构、磁性和磁电阻效应 [D]. 天津:天津大学,2015.

[82] 李滋润. 反钙钛矿结构 Fe$_4$N 材料的磁各向异性调控 [D]. 天津:天津大学,2019.

第6章 反钙钛矿结构 Fe₄N/ 反铁磁性异质结构

正是由于 Fe_4N 的高自旋极化率和高居里温度使得它在自旋电子学中有着很重要的应用。那么,在实际应用中,为降低器件的功耗,通常引入反铁磁材料与铁磁层组成交换偏置结构。目前,还没有人报道过关于 $Fe_4N/$ 反铁磁材料的交换偏置。

6.1 Fe₄N/CoN 双层膜

图 6-1 为 MgO(100)基底上 Fe_4N 薄膜的 X 射线 θ-2θ 扫描图。从图中可以看出,除了 MgO(100)基底的(200)和(400)衍射峰外,只有单相 Fe_4N 薄膜的(100)和(200)衍射峰,没有其他氮化铁的杂峰。可见,我们制备出了沿(100)取向生长的单相 Fe_4N 薄膜。

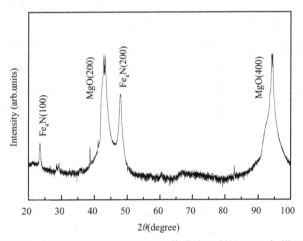

图 6-1 MgO(100)基底上 Fe₄N 薄膜的 X 射线 θ-2θ 扫描图

利用原子力显微镜观察 Fe_4N 薄膜的表面形貌,如图 6-2 所示,薄膜表面非常光滑。一般来说,平均表面粗糙度定义为在取样长度 L 内各点偏离基准线距离的算术平均值。根据这一方法,得到 Fe_4N 薄膜的表面粗糙度 Ra 仅为 1.08 nm。而且薄膜的表面起伏仅仅在 3 nm 左右,这样平整的表面有利于和生长在其上的薄膜形成尖锐的界面。

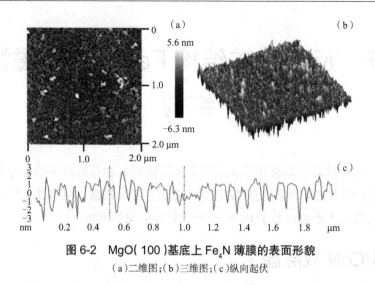

图 6-2   MgO（100）基底上 Fe₄N 薄膜的表面形貌

（a）二维图；（b）三维图；（c）纵向起伏

由于 Co-N 体系存在较复杂的相结构，包括 CoN、Co_2N、Co_3N、Co_4N 和 Co_3N_2 等相，较难制备出单相的 CoN 薄膜。因此必须要很好地控制氮气流量和基底生长温度。Co-N 体系中，CoN 相的氮含量最大，所以制备时溅射气体和反应气体全部为氮气。基底温度对 CoN_x 薄膜的成分影响很大，因此我们分别制备了基底温度为 300 ℃、250 ℃、200 ℃和 150 ℃的 CoN_x 薄膜，随着温度逐渐降低，薄膜的电阻不断增加，说明氮含量在不断增加。

图 6-3 为不同温度下 MgO（100）基底的 CoN_x 薄膜的 X 射线 θ-2θ 扫描图。随着温度的降低，Co_2N 的杂峰逐渐消失。到 200 ℃时，Co_2N（022）峰消失；到 150 ℃时，Co_2N（011）峰也消失。由于 CoN 的晶格常数为 4.297 Å，与基底 MgO（100）的晶格常数 4.212 Å 相接近，因此二者的峰重合。到 150 ℃时，只有与 MgO 基底重合的 CoN（200）、（400）峰，没有其他相的杂峰。由此判断我们制备出了单相 CoN 薄膜。

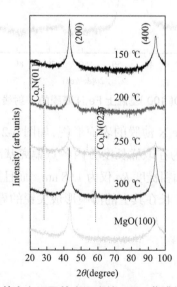

图 6-3   MgO（100）基底上不同基底温度的 CoN_x 薄膜的 X 射线 θ-2θ 扫描图

6.1.1　微观结构和表面形貌

图 6-4 给出了不同铁磁层厚度的 Fe$_4$N(t_{Fe_4N})/CoN(8 nm)双层膜的表面形貌，t_{Fe_4N}=4、6、8、10、12、20 nm。样品的表面粗糙度在 0.164~0.219 nm 范围内，表明长在 Fe$_4$N 之上的 CoN 薄膜表面较平坦。同时，也证实了不同厚度的 Fe$_4$N 薄膜是连续的，相对较平滑的。每个样品的表面起伏呈现在图 6-4 的插图中，双层膜的表面起伏波动不超过 0.6 nm。

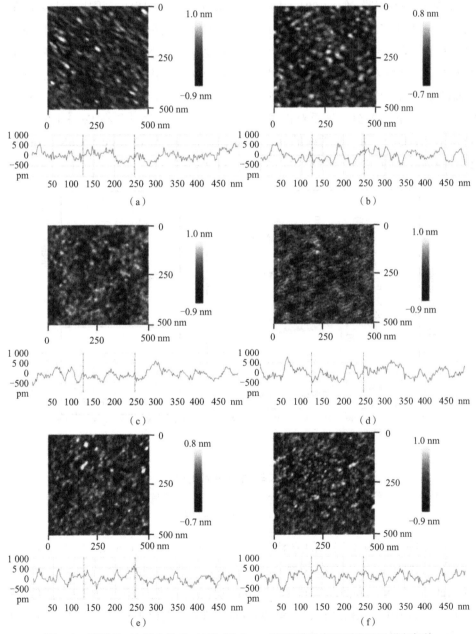

图 6-4　不同 Fe$_4$N 厚度的 Fe$_4$N/CoN(8 nm)双层膜的表面形貌以及纵向起伏

(a)4 nm;(b)6 nm;(c)8 nm;(d)10 nm;(e)12 nm;(f)20 nm

图 6-5（a）给出了 MgO（100）基底、Fe₄N 单层膜以及 Fe₄N/CoN 双层膜的 X 射线 θ-2θ 扫描图。对于单层 Fe₄N 薄膜，只有（100）、（200）峰出现，表明薄膜沿 c 轴取向生长。从 Fe₄N/CoN 双层膜的 XRD 图中看出，在 Fe₄N（200）晶面上生长 CoN（111）面。Fe₄N 的晶格常数为 3.795 Å，而 CoN 的晶格常数为 4.297 Å，晶格失配度高达 13%。因此，相应于 CoN（111）六角面的矩形网格（$\sqrt{6}/2\ a_{CoN}$=5.263 Å，$\sqrt{2}/2\ a_{CoN}$=3.038 Å）来匹配 Fe₄N（200）晶面的矩形网格（$\sqrt{2}\ a_{\gamma'-Fe_4N}$=5.367 Å，$\sqrt{2}/2\ a_{\gamma'-Fe_4N}$=2.683 Å）。这样的晶格匹配类似于 FePt（100）/CoO（111）双层膜，在 Ir（001）基底上生长的 CoO（111）也出现同样的晶格匹配。

为了进一步证实薄膜的外延关系和平面对称性，对样品做了 φ 扫描。选用 Fe₄N（111）面，固定 X 射线在 α=35.30°，2θ=41.22°，这个角度没有 CoN 和 MgO 基底的峰。从图 6-5（b）中可以看到四重对称的衍射峰，反映出 Fe₄N 的立方结构和 C₄ 旋转对称性。对于 CoN（200）面的 φ 扫描，固定 X 射线在 α=35.30°，2θ=42.02°，这个角度可以避开 Fe₄N（111）和 MgO（200）的峰，仍然看到了四重对称峰，如图 6-5（c）所示，因此长在 Fe₄N 上的 CoN（111）面保持矩形状，而非六角。X 射线的 θ-2θ 扫描和 φ 扫描结果表明 Fe₄N/CoN 双层膜呈现外延生长，具体的外延关系为：MgO（100）‖Fe₄N（100）‖CoN（111）。

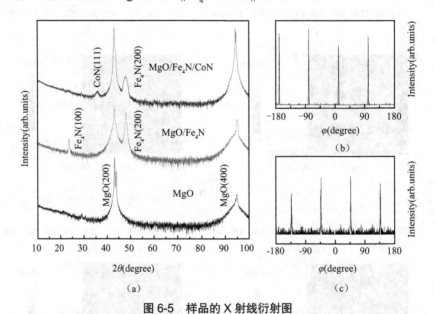

图 6-5　样品的 X 射线衍射图

（a）MgO（100）基底、Fe₄N 单层膜和 Fe₄N/CoN 双层膜的 X 射线 θ-2θ 扫描图；（b）Fe₄N（111）面的 φ 扫描；

（c）CoN（200）面的 φ 扫描

图 6-6 为 Fe₄N/CoN 双层膜的透射电子显微镜图像。从图 6-6（a）中可以得到 Fe₄N 和 CoN 的厚度分别为 8 nm，与台阶仪测得的结果相符。图 6-6（b）反映出两个清晰的界面，包括基底 MgO 和 Fe₄N 的界面以及 Fe₄N 和 CoN 的界面。插图中相应的快速傅里叶变换图像呈现出 Fe₄N 和 CoN 的晶格结构，Fe₄N（200）面的衍射斑点位于 CoN（111）面的衍射斑点的正上方，证实了双层膜的外延生长关系。

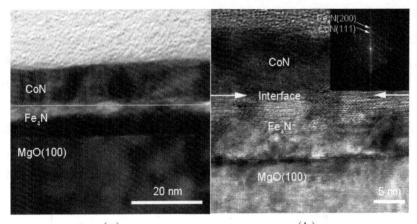

图 6-6　Fe₄N(8 nm)/CoN(8 nm)双层膜的 TEM 图像

（a）低分辨 TEM 图；（b）高分辨 TEM 图（插图为选区电子衍射图）

6.1.2　交换偏置

图 6-7 为 Fe₄N(8 nm)/CoN(8 nm)双层膜在不同温度下的磁滞回线。H_{C1} 和 H_{C2} 分别为磁滞回线左右两端的矫顽力场。H_{C1} 的值随着温度的增加不断减小，而 H_{C2} 的值在低于 50 K 时缓慢增加，高于 50 K 时快速减小。交换偏置场定义为

$$H_{EB} = (H_{C2} + H_{C1})/2, \quad H_{C} = (H_{C2} - H_{C1})/2 \tag{6-1}$$

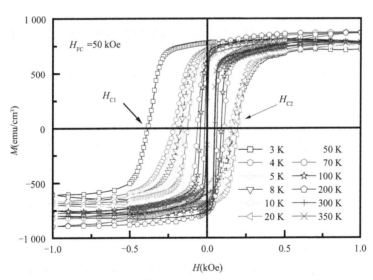

图 6-7　在 50 kOe 的场冷却之后不同温度下 Fe₄N(8 nm)/CoN(8 nm)双层膜的磁滞回线

为了得到交换偏置场 H_{EB} 和矫顽力场 H_{C} 随温度的变化关系，我们从磁滞回线中提取出 H_{EB} 和 H_{C}，如图 6-8 和 6-9 所示。加 50 kOe 的磁场冷却到 3 K 之后，交换偏置场为 -105 Oe，随着温度的增加，交换偏置逐渐减小。可是，到 8 K 时，交换偏置变为正值。随着温度的继续增加，到 20 K 达到正的最大值 33 Oe，甚至到 350 K 仍然保持 25 Oe。交换偏置随温

度的变化较复杂,不同于一般的交换偏置特征。首先,我们需要排除单层 Fe$_4$N 的交换偏置。之前我们组报道过在铁的氮化物中存在交换偏置,但是这一铁的氮化物是混合相,包括许多不同的相,比如 FeN、Fe$_2$N、Fe$_3$N 等,这些相彼此耦合,尤其是在晶界处被钉扎的磁矩的直接耦合,造成了铁的氮化物中交换偏置的发生。在多晶和外延 Fe$_4$N 中均没有发现交换偏置现象。Fe$_4$N/CoN 双层膜中的 Fe$_4$N 为外延薄膜,已经通过 XRD 和 TEM 得到证实,在外延Fe$_4$N 中不存在交换偏置。其次,CoN 应该为反铁磁性的岩盐结构,因为单层 Fe$_4$N 没有交换偏置,如果 CoN 为顺磁性的闪锌矿结构,我们不可能观察到这样明显的交换偏置。因此,在Fe$_4$N/CoN 双层膜中观察到的交换偏置现象应该是来自 Fe$_4$N/CoN 界面的交换耦合。

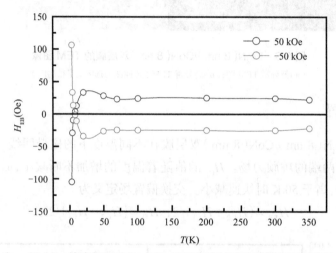

图 6-8　在 ±50 kOe 的冷却场下 Fe$_4$N/CoN 双层膜的交换偏置场随温度的变化关系

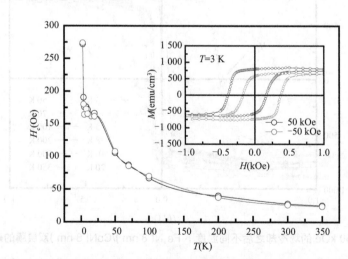

图 6-9　在 ±50 kOe 的冷却场下 Fe$_4$N/CoN 双层膜的矫顽力场随温度的变化关系(插图为 ±50 kOe 的冷却场后的 3 K 下的磁滞回线)

一般来说,正的冷却场导致负的交换偏置,因为它需要更多的能量去克服铁磁/反铁磁界面的交换作用。交换偏置由于热扰动的影响会随着温度的增加逐渐减小到零,交换偏置为零的温度称为冻结温度 T_B。不过,也有一些关于正交换偏置的报道。在 FeF_2/Fe 和 $MnF_2/$ Fe 双层膜中,相对于较小的正冷却磁场,更大的正冷却磁场会使得交换偏置从负值转向正值。但是冷却磁场为 50 kOe,可以去排列反铁磁磁矩沿着冷却磁场的方向,从而在所有的温度范围产生正的交换偏置,不可能出现在低温下为负值,高温下为正值的情况。因此排除了冷却场导致正的交换偏置这一可能性。

通过 −50 kOe 的磁场冷却,再次测量不同温度下的磁滞回线,得到的结果如图 6-8 所示。负场冷却的结果与正场冷却的结果完全对称,交换偏置在 8 K 从正转向负。可是矫顽力并不受冷却磁场的影响,两种情况下得到的矫顽力均随温度的增加快速减小,并且二者的值完全相同,如图 6-9 所示。图 6-9 的插图表明,随着冷却磁场的方向改变,磁滞回线的偏移方向也发生改变,这正好表明在这一系统中存在交换偏置独有的单向各向异性。同时,还发现磁滞回线沿着磁化强度的轴线方向也发生了偏移,正的冷却磁场导致向上偏移,负的冷却磁场导致向下偏移。这一纵向的磁化强度的偏移可能与 Fe₄N/CoN 界面处的铁磁耦合相关联。

由于在低温下分别测了 3、4、5、8、10 K 下的磁滞回线,这样小的温度间隔可能会引起磁锻炼效应,或许会造成交换偏置符号的转变。交换偏置场最初的减小可能会受到磁锻炼效应的影响。为了排除这一可能性,在 3 K 下连续测量了 5 次磁滞回线。图 6-10 给出了 Fe₄N/CoN 双层膜的磁锻炼效应。第一条磁滞回线显示了明显的偏移,而从接下来的四条磁滞回线可以看到交换偏置的缓慢减小,这是磁锻炼效应的典型特征。插图显示了五条磁滞回线的交换偏置场和矫顽力场随磁锻炼次数的变化。在第二次磁锻炼之后,H_{EB} 和 H_C 减小缓慢,第五次之后,仍然表现负的交换偏置,因此可以判定正的交换偏置不是由于磁锻炼效应造成的。

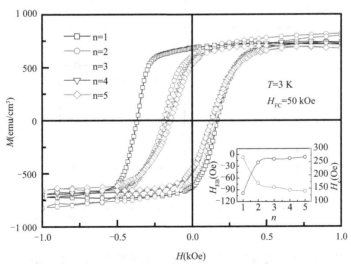

图 6-10　Fe₄N/CoN 双层膜在 3 K 下测得的 5 次磁滞回线(插图为交换偏置场和矫顽力场随磁锻炼次数的变化关系)

采用相同的程序测量了不同 Fe₄N 厚度和不同 CoN 厚度的 Fe₄N/CoN 双层膜的磁滞回

线,结果如图 6-11 所示。所有样品的交换偏置均表现出从负到正的转变,并且一直保持到 350 K 仍然为正。但不同的是交换偏置符号发生转变的温度不同。在图 6-11(a)的插图中, 可以看到,当 CoN 的厚度低于 10 nm 时,转变温度低于 20 K。可是当 CoN 厚度为 10 和 12 nm 时,转变温度高达 200 K,而对于更厚的 20 nm 样品,转变温度再次降低到 50 K。在已有 的报道中,交换偏置从负值变为正值仅仅发生在冻结温度附近,比如 $Cu_{1-x}Mn_x/Co$ 和 CoO/Co 双层膜。在 $Cu_{1-x}Mn_x/Co$ 双层膜中观察到 T_B 附近的正交换偏置是由于在 CuMn 中的自旋玻 璃态和 CuMn/Co 双层膜的界面耦合二者共同作用导致。而 CoO/Co 双层膜的正交换偏置 则是来自于 T_B 附近较低各向异性的反铁磁晶粒的磁无序。这两种情况都可以归结为铁磁 耦合和反铁磁耦合的共存和竞争。正的交换偏置离不开反铁磁界面耦合。

在图 6-11(b)的插图中,我们可以看到,随着 Fe_4N 厚度的减小,交换偏置的转变温度呈 现大致的增加趋势。这是由于在较薄的 Fe_4N 层中,大多数的磁矩被反铁磁层钉扎在界面 处,交换相互作用在低温下趋于铁磁耦合。而在高温下,反铁磁耦合占主导作用。因此,铁 磁层越薄,转变温度越高。

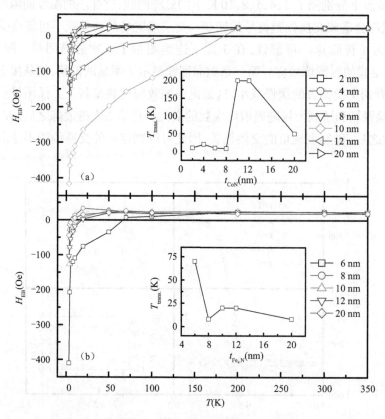

图 6-11　Fe_4N/CoN 双层膜的交换偏置随温度的变化关系(插图为交换偏置场符号转变的温度随 CoN 和 Fe_4N 厚度的变化关系)

(a)不同 CoN 厚度;(b)不同 Fe_4N 厚度

最近,相似的现象在 NiFe/NiO 双层膜中被发现,在 1 kOe 的冷却场下交换偏置为负值,而当改变冷却场的方向时,交换偏置就发生了符号的转变。在 30 K 时,交换偏置改变符号,并且一直保持到 300 K。对于这一现象,该作者认为不能用反铁磁晶粒模型来解释,因为不可能存在如此高比例的低各向异性的反铁磁晶粒。这一行为应该归结为晶粒不稳定的反铁磁排列和界面自旋玻璃态的贡献。上面的实验结果不同于上面的现象,交换偏置符号的转变不依赖于冷却场的大小和方向。

总之,交换偏置从负到正的转变不是来源于磁锻炼效应,也不是来源于反铁磁晶粒,而是由于交换各向异性的改变所导致。它或许可以归因于复杂的界面自旋结构及界面处铁磁耦合和反铁磁耦合相互竞争导致的阻挫效应。

值得注意的是,在高温下所有的正交换偏置接近一个常数 23 Oe。这个常数的来源可以从以下几个方面来讨论。① 这个常数不是测量误差,通过在相同程序下测量单层 Fe₄N 发现并不存在所谓的常数误差;② 这个正交换偏置常数维持在高温区域(200~350 K),甚至高于 CoN 的反铁磁奈尔温度高于奈尔温度, CoN 的磁矩排布无序,反铁磁各向异性消失。因此,这一常数不是来自 CoN 层的钉扎效应。③ 这个值可能相关于本征的界面耦合。由于大的晶格失配,受应力的 CoN 薄膜长在外延 Fe₄N(200)面,产生了一个非六角的 CoN(111)面。在 Fe₄N(200)面上的晶格畸变的 CoN(111)使得界面耦合更强。在界面处, Fe 和 Co 的 3 d 态通过 N 的 2p 态间接形成反铁磁耦合,促进了本征的剩余钉扎磁矩。这一耦合和 CoN 的反铁磁相转变无关,因此高于奈尔温度仍然存在。

另外,还有一个有趣的现象值得去关注。随着 Fe₄N 厚度的减小,磁滞回线逐渐变得不平滑,主要表现在 Fe₄N 厚度为 4 和 6 nm 的双层膜中,尤其是 Fe₄N 厚度为 4 nm 的双层膜。在 Fe₄N(4 nm)/CoN(8 nm)样品中,磁化强度表现了复杂的变化。同时, 1 kOe 的磁场不足以翻转全部的磁矩,因此外加磁场增加为 10 kOe,不同温度的磁滞回线如图 6-12 所示。从 6-12(a)中可以看到,在 3 K 下,当磁场减小到大约 0.6 kOe 时,磁化强度开始增加,然后在接近于零磁场附近,磁化强度又快速减小,在负场方向也有同样的变化。在 ± 0.6 kOe 的磁场范围内,磁化强度发生不正常的翻转,并且在高温下更显著。可是单层 Fe₄N(4 nm)薄膜的磁滞回线并没有这种现象发生。这一不平滑的磁滞回线可能是由于在薄的 Fe₄N(4 nm)薄膜中各种复杂的、无序的磁结构造成的。磁畴模型或许可以解释这一现象。在较厚的铁磁层中,磁化强度的翻转主要被界面的交换耦合所控制。可是,在 Fe₄N(4 nm)/CoN(8 nm)样品中,铁磁磁畴的颗粒尺寸很小,导致畴与畴之间的相互作用产生额外的钉扎效应。这种相互作用与其他复杂的磁耦合相互竞争,导致在磁化翻转过程中形成新的畴结构。此时的交换偏置场和矫顽力场强烈地依赖于磁化翻转过程,二者都极大地增加。不平滑的磁滞回线表明界面处未钉扎磁矩的存在,这些未钉扎的磁矩主宰了小磁场下的磁化翻转过程。在 Fe₄N(4 nm)薄膜中,磁矩排列是无序的,各种磁结构相互竞争导致无序的磁化翻转过程。

为了得到清晰直观的物理图像来明确这些现象的产生机制,界面自旋结构的排列呈现在图 6-13 中。如图 6-13(a)所示,当温度低于交换偏置符号的转变温度时,界面交换作用主要是在界面处 Fe 和 Co 磁矩的铁磁耦合,这样磁滞回线就朝着负场方向偏移。转变温度附近,界面处的铁磁耦合和反铁磁耦合共存,磁矩的倾斜是由于反铁磁晶粒的不稳定性和阻挫效应导致。高于转变温度,反铁磁耦合占主导。界面处 Fe 和 Co 的磁矩本征的反铁磁耦合可能导致了高于奈尔温度的交换偏置的存在。

　　对于不平滑的磁滞回线的解释,界面自旋排列如图 6-13(b)所示。畴与畴的相互作用使部分铁磁磁矩倾斜,磁化翻转不完全被钉扎效应所控制,在低场范围内,磁矩发生倾斜引起磁化强度的增强。而在零场附近磁化强度的快速下降则是快速翻转的界面磁矩所导致。磁矩的倾斜在不平滑的磁滞回线中起主要作用。

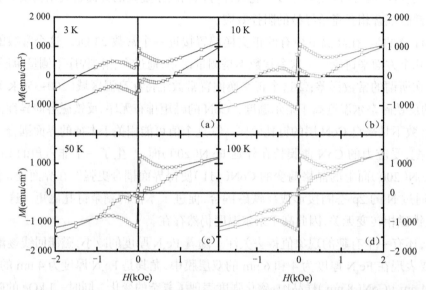

图 6-12　Fe₄N(4 nm)/CoN(8 nm)双层膜在 50 kOe 的场冷之后测得的不同温度下的磁滞回线
(a)3 K;(b)10 K;(c)50 K;(d)100 K

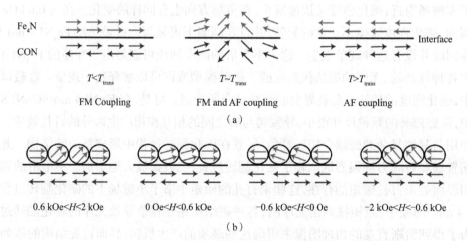

图 6-13　交换偏置和磁化过程的原理图
(a)交换偏置符号随温度发生转变的原理图;(b)Fe₄N(4 nm)/CoN(8 nm)双层膜复杂的磁化行为的原理图

6.1.3　各向异性磁电阻

磁滞回线的测量是调查交换偏置最常用的方法。Miller 等报道了一项新技术,就是运用各向异性磁电阻来测量交换偏置系统的交换各向异性。因为交换偏置的存在将会极大地影响铁磁层的各向异性磁电阻(AMR)。一般来说,人们在铁磁金属和合金中观察到 AMR 效应是由于自旋 - 轨道耦合。电阻率依赖于磁化方向与电流方向的夹角。如果 θ 为磁化方向与电流方向的夹角,电阻率可以定义为

$$\rho(\theta) = \rho_\perp + (\rho_\parallel - \rho_\perp)\cos^2\theta \tag{6-2}$$

$\rho_\parallel$($\rho_\perp$)代表电流方向平行(垂直)于磁化强度方向时的电阻率。在交换偏置的存在下,当旋转外加磁场与电流方向成夹角时,测得的 $\rho(\theta)$ 将不满足一个简单的 $\cos^2\theta$ 关系。因此,AMR 效应就能够用来调查交换偏置系统中的磁矩行为和交换各向异性。

Fe_4N/CoN 双层膜的 AMR 采用 PPMS 来测量。外加磁场平行于薄膜表面,样品在 50 kOe 的磁场下冷却到 3 K。在 3 K 下,加不同的磁场从 0.5 到 50 kOe 测 AMR。在其他温度下,加 50 kOe 的磁场测 AMR 曲线。磁场从 0° 顺时针旋转到 360°,再从 360° 逆时针旋转到 0°。图 6-14 为冷却场 H_{FC}、外加磁场 H_{ex}、磁化强度 M 以及电流方向 I 的示意图。

图 6-15(a)~(e)为不同 Fe_4N 厚度的 Fe_4N/CoN(8 nm)双层膜在 3 K 下的磁滞回线。我们可以观察到磁滞回线的偏移明显,说明存在交换偏置。随着厚度的减小,交换偏置增加。对于 Fe_4N(6 nm)/CoN(8 nm)样品,交换偏置有最大值为 410 Oe,并且伴有矫顽力的极大增加。磁滞回线的形状也与其他样品不同,1 kOe 的磁场不足以达到 Fe_4N 的饱和磁化强度。这说明在 Fe_4N(6 nm)/CoN(8 nm)样品中产生了最强的界面交换耦合。通过 AMR 测量,我们得到了进一步的证据。图 6-15(f)~(j)为不同 Fe_4N 厚度的 Fe_4N/CoN(8 nm)双层膜在 3 K 下的 AMR 曲线。场冷却过程和交换偏置的测量相同,外加磁场为 0.5 kOe。我们首先注意到在交换偏置最明显的 Fe_4N(6 nm)/CoN(8 nm)样品中,AMR 曲线仅仅有一个最小值出现在 250°,打破了 $\cos^2\theta$ 依赖关系和二重对称性。这表明磁矩被钉扎在交换偏置方向,因为 0.5 kOe 的磁场不足以打破铁磁 / 反铁磁耦合。在 Fe_4N(8 nm)/CoN(8 nm)样品中,AMR 曲线可以很好地符合 $\cos^2\theta$ 函数关系。但是,由于磁化强度滞后于外加的小磁场,使得明显的磁滞出现。相位的滞后证实 CoN 对 Fe_4N 的钉扎作用。随着 Fe_4N 厚度的增加,相位延迟一直存在。我们还观察到所有的 AMR 值都是负的,这与单层 Fe_4N 的 AMR 结果一致。随着 Fe_4N 厚度的增加,AMR 值减小。负的 AMR 说明在 Fe_4N 薄膜中少数自旋电子导电是主要的。因为在费米面处自旋向下的电子态密度要大于自旋向上电子。这是 Fe_4N 薄膜中负自旋极化率,负 AMR 的根源。同时也是 Fe_4N 基隧道结中负隧道磁电阻的来源。

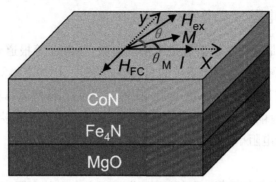

图 6-14　冷却场 H_{FC}、外加磁场 H_{ex}、磁化强度 M 以及电流方向 I 的示意图

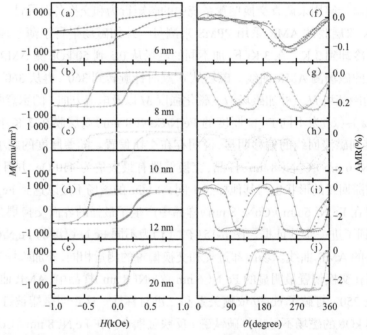

图 6-15　在 3 K 下不同 Fe₄N 厚度的 Fe₄N/CoN(8 nm)双层膜的磁滞回线(左)和 AMR 曲线(右)
（a）和（f）6 nm;（b）和（g）8 nm;（c）和（h）10 nm;（d）和（i）12 nm;（e）和（j）20 nm

　　还有一个显著的现象就是随着 Fe₄N 厚度的增加，AMR 曲线逐渐从余弦曲线转变成类似矩形状曲线,尤其是在 Fe₄N(20 nm)/CoN(8 nm)样品中。在界面处, Fe₄N 的磁矩旋转由界面的磁相互作用所主宰。为证实界面效应,首先需要排除单层 Fe₄N 和 CoN 薄膜的 AMR影响。如图 6-16(a)所示,单层 Fe₄N 薄膜的 AMR 表现出二重对称性,是很好的余弦曲线。另外,我们还研究了不同厚度、取向、基底等对 Fe₄N 薄膜的 AMR 效应的影响,并没有发现这种矩形状的 AMR 曲线。而 CoN 的 AMR 曲线为一条直线,如图 6-16(b)所示,因此我们可以得出矩形状的 AMR 应当是来源于界面效应。随着 Fe₄N 厚度的增加,钉扎效应减弱,因此在界面处 Fe₄N 磁矩的有序排布减弱。这一减弱的有序性使得界面自旋散射增加。界面自旋散射引入了额外的各向异性。根据傅里叶变换可知,矩形波可以分解为多个余弦波。

因此, 多个余弦函数的叠加导致了矩形状 AMR 的出现。

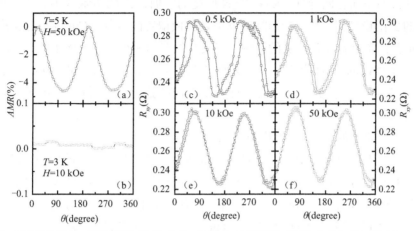

图 6-16　在 3 K 下单层 Fe₄N 薄膜的 AMR 曲线, 单层 CoN 薄膜的 AMR 曲线和 Fe₄N(20 nm)/CoN(8 nm)双层膜的平面霍尔效应

（a）Fe₄N 薄膜的 AMR 曲线；（b）CoN 薄膜的 AMR 曲线；（c）0.5 kOe；（d）1 kOe；（e）10 kOe；（f）50 kOe

为了证实这一猜想, 尝试采用傅里叶变换公式来拟合 AMR 曲线。最终, 运用下面这一公式能够很好地拟合 AMR 曲线,

$$\text{AMR} = C_0 + C_1 \cos\theta + C_2 \cos 2\theta + C_4 \cos 4\theta + \\ C_6 \cos 6\theta + C_8 \cos 8\theta + C_{10} \cos 10\theta, \tag{6-3}$$

其中, C_0 为常数, C_1、C_2、C_4、C_6、C_8 以及 C_{10} 分别为 $\cos\theta$、$\cos 2\theta$、$\cos 4\theta$、$\cos 6\theta$、$\cos 8\theta$ 和 $\cos 10\theta$ 项的傅里叶系数。图 6-15 的实线为拟合曲线。拟合的傅里叶系数总结在表 6-1 中。

表 6-1　通过拟合公式(6-4)得到的傅里叶系数

t(nm)	C_1	C_2	C_4	C_6	C_8	C_{10}
6	−0.047 35	−0.020 74	0.005 45	−0.001 00	−0.000 83	−0.000 25
8	0.018 08	−0.126 96	0.008 16	0.017 86	−0.002 91	−0.003 70
10	−0.341 90	−0.836 47	0.169 16	0.126 07	0.030 94	−0.009 99
12	−0.239 06	−1.706 00	0.035 26	0.341 98	−0.031 18	0.110 33
20	0.134 60	−1.646 51	0.080 65	0.416 55	−0.049 0	−0.180 30

一般来说, 铁磁体中 AMR 曲线是二重对称的, 仅仅依赖于 $\cos 2\theta$。可是, $\cos 4\theta$ 出现在单层 Fe₄N 的 AMR 中, 这是由于 Fe₄N 薄膜的四方畸变诱导了晶体场劈裂。在低温下, 单层 Fe₄N 的 AMR 不仅仅包含 $\cos 2\theta$, 还包含 $\cos 4\theta$。$\cos 2\theta$ 和 $\cos 4\theta$ 的傅里叶系数 C_2 和 C_4 强烈地依赖于测量温度。随着温度的增加, C_4 快速消失。低温下 C_4 的出现是由于晶格结构的变化导致晶体场的劈裂。低温下的晶格收缩引起四方晶格畸变。

其他系数的物理含义可以通过比较来解释。首先, 在 Fe₄N 厚度为 6 nm 的样品中, C_1 不能被忽略, 否则曲线不能被拟合。从表 6-1 中可以看出, 6 nm 样品所有的傅里叶系数中,

C_1 的贡献最大,甚至超过 C_2。6 nm 样品的交换偏置也是最大的,因此 C_1 可能是来自交换偏置导致的大的单向各向异性。随着 Fe_4N 厚度的增加,C_1 的贡献减小。这一变化趋势和交换偏置的变化趋势相一致,这说明 $\cos\theta$ 项是交换偏置的贡献。Cui 等报道交换偏置对磁化强度的重新排布有着非常重要的影响。当交换偏置的大小和外加磁场相比拟时,AMR 展现 $360°$ 为一个周期的 $\cos\theta$ 依赖关系。交换偏置场与外加磁场的矢量和决定了磁化强度的方向,因此对称性也被打破。这一观点证实了上面的猜想,交换偏置的单向各向异性诱导 $\cos\theta$ 依赖关系。

随着铁磁层厚度的增加,矩形状的 AMR 更加明显。根据傅里叶变换,仅仅用 C_1、C_2、C_4 这三项的叠加是无法得到矩形状的 AMR,高阶项将会起到非常重要的作用。已经有很多报道显示交换耦合除了会导致单向各向异性之外,还会诱导高阶各向异性,包括二重各向异性、四重各向异性,甚至三重和六重各向异性。从表 6-1 中可以看到,随着 Fe_4N 厚度的增加,高阶项的比例在增大。厚度为 12 和 20 nm 时,C_6 超过 C_1,排在第二位。同时,C_8 和 C_{10} 的贡献也逐渐增加。相比较而言,C_6 的增加是最明显的,其次是 C_{10},C_8 最弱。由此分析,随着厚度的增大,C_1 的贡献减弱,而高阶项的贡献增强。C_1 的减弱暗示交换偏置的减弱。这两个相反的变化说明高阶项的产生是来自减弱的交换偏置。减弱的钉扎效应使得界面处磁矩排布轻微地无序,导致界面自旋散射增强。高阶项的产生应当是界面自旋散射的结果。

为了明确不寻常的 AMR 的根源,我们还测量了平面霍尔效应(PHE)。平面霍尔效应也是测量交换偏置系统中的交换各向异性的有效方法。测量过程与测量 AMR 相同,结果如图 6-16(c)~(f)所示。在 0.5 kOe 的磁场下,相位滞后出现,表明交换偏置的存在。说明交换偏置也能通过 PHE 测量反映出来。随着磁场的增加,相位滞后消失。但是在 PHE 测量中并没有观察到矩形状,这一点不同于 AMR。AMR 和 PHE 的传统解释是随着外加磁场和电流方向的夹角变化,散射概率会发生变化。Hu 和 Li 等人分别在 Fe_3O_4 和 $La_{2/3}Ca_{1/3}MnO_3$ 薄膜中观察到 AMR 和 PHE 不同的对称性。他们发现随着温度的变化,AMR 出现从二重到四重的对称性转变,而 PHE 仅仅显示 $\sin2\theta$ 依赖。根据最原始的电阻张量公式,对 AMR 和 PHE 随温度变化的差异进行了解释。考虑到立方对称性导致矩阵元的消失以及 Onsager 公式,面内纵向电阻率 ρ_{xx}(AMR)和横向电阻率 ρ_{xy}(PHE)的表达式为

$$\rho_{xx} = C'_0 + C'_1 \cos^2\theta + C'_2 \cos^4\theta + \cdots \tag{6-4}$$

$$\rho_{xy} = C'_4 \sin\theta\cos\theta \tag{6-5}$$

很明显,AMR 包括二重对称和四重对称项,甚至高阶对称项,而 PHE 仅仅包含二重对称项。因此在 AMR 中观察到对称性的变化,而 PHE 中没有。我们运用这一解释来分析我们的实验结果。通过比较,我们发现 AMR 和 PHE 中都观察到了磁滞现象。同时,交换偏置打破了 Fe_4N 的对称性,诱导 AMR 中的高阶项产生,因此矩形状 AMR 出现。而 PHE 仅仅依赖于二重对称性,所以没有矩形状出现。

现在我们尝试着给出高阶项的物理含义。通常情况下,高阶项相比于 C_2 非常小,可以忽略。可是,在 Fe_4N/CoN 双层膜中,二重对称性打破,AMR 变为矩形状,因此我们不得不重新考虑它。有三个因素对于矩形状的 AMR 出现是关键的:①交换偏置诱导的单向各向

异性产生 $\cos\theta$ 项；②在 Fe$_4$N 中本征的二重和四重对称性是 AMR 的主体部分；③界面自旋散射引入额外的各向异性，这是高阶项产生的关键。随着 Fe$_4$N 厚度的增加，交换偏置减小，$\cos\theta$ 项的贡献减小，Fe$_4$N 本征的 AMR 贡献仍是主体，而界面自旋散射的贡献增加。三个因素随着厚度的变化此消彼长，最终导致了矩形状 AMR 的产生。

为了进一步理解矩形状 AMR，我们测量了不同外加磁场下的 AMR 曲线。如图 6-17 所示，当外加磁场增加时，相位滞后逐渐减小。大的外加磁场导致磁化强度与外加磁场同步旋转。因此，磁场高于 5 kOe 时，相位滞后消失。可是，AMR 曲线仍然保持矩形状，独立于外加磁场。矩形状 AMR 的存在表明 Fe$_4$N 的磁化强度的旋转被反铁磁的 CoN 所影响。Fe$_4$N/CoN 双层膜的界面耦合是矩形状 AMR 产生的关键因素。尽管外加磁场足够大能够饱和 Fe$_4$N 的磁化强度，但是 3 K 下的交换耦合仍然存在。磁耦合相互作用导致界面自旋散射的产生。矩形状的 AMR 应该是界面磁耦合和自旋轨道耦合的叠加。

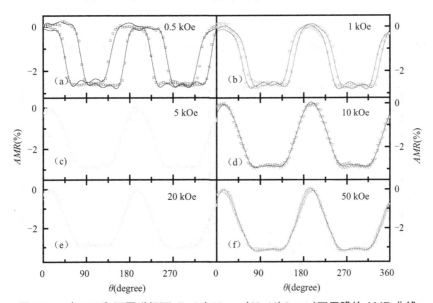

图 6-17　在 3 K 和不同磁场下，Fe$_4$N(20 nm)/CoN(8 nm)双层膜的 AMR 曲线

图 6-18 给出了不同温度下 Fe$_4$N(20 nm)/CoN(8 nm)双层膜的 AMR 曲线。在 50 kOe 的磁场下，没有相位滞后出现。仅仅在低温下出现矩形状 AMR。在 20 K 下，矩形状 AMR 完全转变为余弦曲线。矩形状 AMR 的消失表明由于增强的热扰动导致交换相互作用的减小，这暗示矩形状 AMR 确实依赖于界面交换耦合。图 6-19 给出了 Fe$_4$N(20 nm)/CoN(8 nm)双层膜的 AMR 比值随磁场和温度的变化曲线。图 6-19(a)中，随着磁场的增加，AMR 的绝对值增加。Fe$_4$N 的磁矩沿着外加磁场的一致排列使得界面钉扎磁矩的旋转角度增大。因此，散射效应更显著，导致 AMR 绝对值增加。图 6-19(b)中，随着温度的增加，AMR 的绝对值快速减小，这是由于温度的升高引入了声子散射，导致 AMR 绝对值减小。

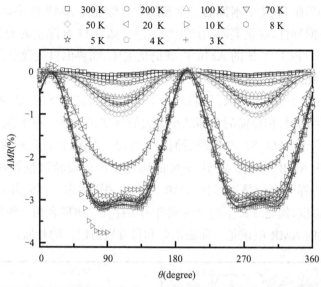

图 6-18　在 50 kOe 和不同温度下，Fe₄N(20 nm)/CoN(8 nm)双层膜的 AMR 曲线

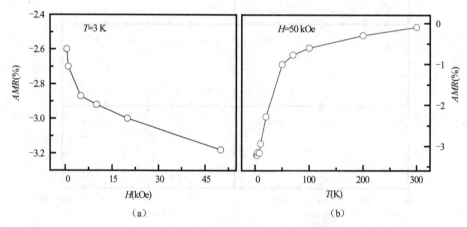

图 6-19　Fe₄N(20 nm)/CoN(8 nm)双层膜的 AMR 比值随磁场和温度的变化曲线

(a)在 3K 下 Fe₄N(20 nm)/CoN(8 nm)双层膜的 AMR 比值随磁场的变化；
(b)在 50 kOe 下 Fe₄N(20 nm)/CoN(8 nm)双层膜的 AMR 比值随温度的变化

6.2　柔性 NiMn/Fe₄N 双层薄膜

　　在柔性衬底上制备功能性磁性薄膜对于柔性自旋电子器件也是至关重要的，例如交换偏置异质结、巨磁阻多层薄膜等。交换偏置是决定柔性自旋电子器件性能的关键因素之一，已被运用于磁随机存储器和磁阻读头中。因此，研究应变对具有交换偏置效应的双层薄膜的磁性的调控，可拓宽交换偏置体系在柔性自旋电子器件中的应用价值。

6.2.1　微观结构

图 6-20（a）~（c）分别给出了 NiMn（15 nm）/Fe$_4$N（17 nm）/ 云母、Fe$_4$N（17 nm）/ 云母和云母基底的 XRD θ-2θ 图。云母表面只有（00 L）峰出现，面外晶格常数 c=10.135 ± 0.007 Å，如图 6-20（c）所示。在 Fe$_4$N（17 nm）/ 云母中，除了云母的衍射峰之外，只有 Fe$_4$N（002）衍射峰出现，表明在云母基底上 Fe$_4$N 薄膜呈取向生长方式。计算得 Fe$_4$N 薄膜的晶格常数为 3.799 ± 0.006 Å，与 Fe$_4$N 块体的晶格常数 3.795 Å 接近。图 6-20（e）给出了 Fe$_4$N（111）的 XRD 极图，可以观察到 Fe$_4$N 薄膜立方晶格强度的周期性变化，表明 Fe$_4$N 和云母基底间的外延关系为 [001]$_{Fe_4N}$//[001]$_{mica}$。在 NiMn（15 nm）/Fe$_4$N（17 nm）/ 云母中，除云母和 Fe$_4$N 的衍射峰之外，在 2θ=50° 附近可以观察到（002）$_T$ 和（200）$_T$ 的衍射峰，表明 NiMn 呈四方晶格结构，如图 6-20（a）和（d）所示。计算得 NiMn 的晶格常数为 a=3.614 ± 0.002 Å 和 c=3.726 ± 0.004 Å 且 c/a=1.031。Wong 等报道了具有 CuAu-I（L1$_0$）有序的四方结构的 NiMn 呈反铁磁性。

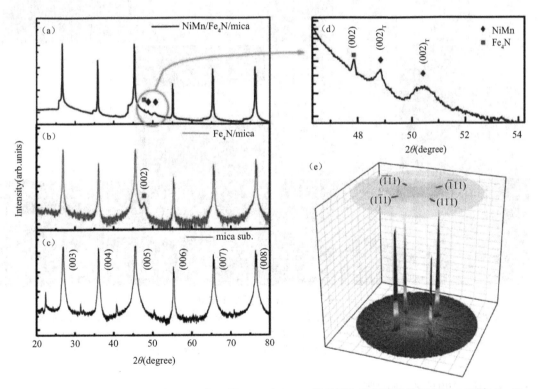

图 6-20　NiMn（15 nm）/Fe$_4$N（17 nm）/ 云母、Fe$_4$N（17 nm）/ 云母和云母基底的 XRD θ-2θ 图与 Fe$_4$N（126 nm）/ 云母的 XRD 极图

（a）NiMn（15 nm）/Fe$_4$N（17 nm）/ 云母；（b）Fe$_4$N（17 nm）/ 云母；（c）云母；（d）图（a）的局部放大图；
（e）Fe$_4$N（126 nm）/ 云母的 XRD 极图

为了进一步证明外延关系，图 6-21 给出了 Ta（20 nm）/NiMn（15 nm）/Fe$_4$N（28 nm）/ 云母异质结构的 TEM 图。Ta、NiMn 和 Fe$_4$N 层的厚度可通过 TEM 图来确定，如图 6-21（a）所示。图 6-21（b）给出了 Fe$_4$N/ 云母界面的 TEM 图，可以看到清晰的界面。图 6-21（c）给出了 Fe₄N 层的 TEM 图,立方格子表明 Fe₄N 呈良好的反钙钛矿型结构。Fe₄N/ 云母界面的 SAED 图进一步表明在云母上 Fe₄N 薄膜呈外延生长方式,这与 XRD 的结果一致。图 6-21 (e)给出了 Ta/NiMn 界面的 TEM 图,该界面不像 Fe₄N/ 云母界面锐利。NiMn 层的 Ni(绿色球)和 Mn(紫色球)原子有序排列,(100)晶面的晶面间距为 3.600 ± 0.003 Å,且(001)晶面的晶面间距为 3.730 ± 0.006 Å,表明 NiMn 具有四方晶格结构,如图 6-21(f)所示。图 6-21(g)给出了 NiMn/Fe₄N/ 云母的断面 STEM-HAADF 图,发现 NiMn/Fe₄N 界面有内部扩散出现,这在图 6-21(h)和(i)~(m)中均可观察到。NiMn/Fe₄N 界面的内部扩散可能与较高的制备温度有关。

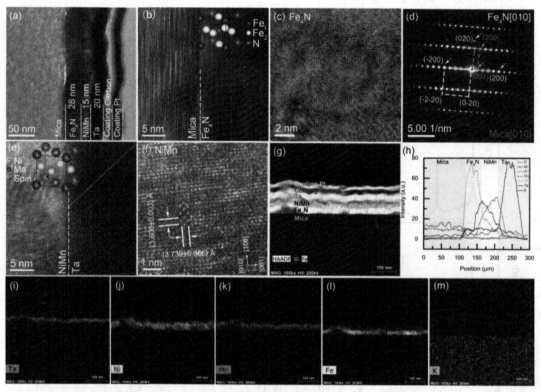

图 6-21　样品的 TEM 结果

(a)Ta(20 nm)/NiMn(15 nm)/Fe₄N(28 nm)/ 云母异质结构的断面的 TEM 图;(b)Fe₄N/ 云母界面和(c)Fe₄N 层的 TEM 图;(d)Fe₄N/ 云母的 SAED 图;(e)Ta/NiMn 界面和(f)NiMn 层的 TEM 图;异质结构的断面的(g)HAADF-STEM 图和(h)EDS 线图;(i)Ta、(j)Ni、(k)Mn、(l)Fe 和(m)K 元素的 EDS 面图

6.2.2　应变调控交换偏置

图 6-22 和 6-23 分别给出了不同张应变和压应变下 NiMn/Fe₄N 双层薄膜的 M-H 图,其中场冷却过程为 50 kOe 时温度从 300 K 降至 2 K。交换偏置场 H_{EB} 为 $H_{EB} = -(H_{C1}+H_{C2})/2$,其中 H_{C1} 和 H_{C2} 分别代表左矫顽力和右矫顽力。弯曲应变沿 Fe₄N[010] 方向,垂直于冷却场诱发的反铁磁的钉扎方向。图 6-24(a)给出了场冷条件下 NiMn(15 nm)/Fe₄N(8 nm)双层薄膜的 M-H 曲线,发现 M-H 曲线的偏移方向与冷却场方向相反。图 6-24(b)给出了不同磁

化阶段磁矩的排列示意图,表明 NiMn/Fe$_4$N 界面为铁磁耦合方式。

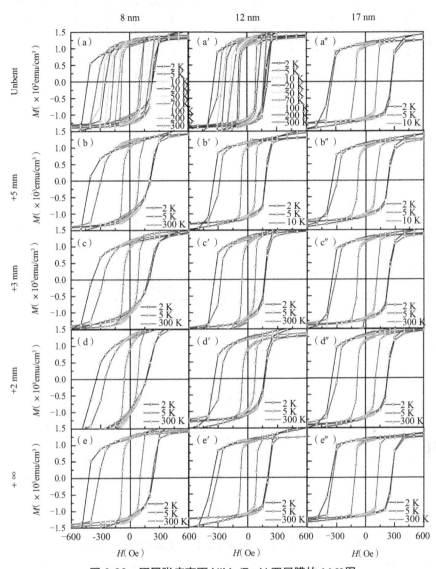

图 6-22 不同张应变下 NiMn/Fe₄N 双层膜的 M-H 图

(a)未弯曲,8 nm;(b)ROC=5 mm 张应变,8 nm;(c)ROC=3 mm 张应变,8 nm;(d)ROC=2 mm 张应变,8 nm;
(e)张应变释放,8 nm;(a′)未弯曲,12 nm;(b′)ROC=5 mm 张应变,12 nm;(c′)ROC=3 mm 张应变,12 nm;
(d′)ROC=2 mm 张应变,12 nm;(e′)张应变释放,12 nm;(a″)未变曲,17 nm;(b″)ROC=5 mm 张应变,17 nm;
(c″)ROC=3 mm 张应变,17 nm;(d″)ROC=2 mm 张应变,17 nm;(e″)张应变释放,17 nm

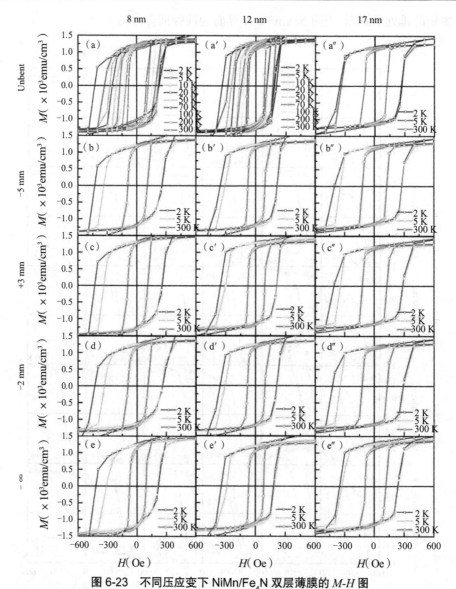

图 6-23　不同压应变下 NiMn/Fe₄N 双层薄膜的 *M-H* 图

（a）未弯曲,8 nm;（b）ROC=5 mm 压应变,8 nm;（c）ROC=3 mm 压应变,8 nm;（d）ROC=2 mm 压应变,8 nm;
（e）压应变释放,8 nm;（a′）未弯曲,12 nm;（b′）ROC=5 mm 压应变,12 nm;（c′）ROC=3 mm 压应变,12 nm;
（d′）ROC=2 mm 压应变,12 nm;（e′）压应变释放,12 nm;（a″）未变曲,17 nm;（b″）ROC=5 mm 压应变,17 nm;
（c″）ROC=3 mm 压应变,17 nm;（d″）ROC=2 mm 压应变,17 nm;（e″）压应变释放,17 nm

　　图 6-25（a′）~（c′）和（a″）~（c″）分别给出了 H_{EB} 和 H_C 随 ROC 的变化关系,其中 H_{EB} 和 H_C 来自 *M-H* 曲线,如图 6-25（a）~（c）。在初始态,当 Fe₄N 厚度从 17 nm 减小为 8 nm 时,H_{EB} 从 46 Oe 增大到 98 Oe,如图 6-25（a′）~（c′）所示。当 Fe₄N 厚度为 8 nm 时,H_C 取得了最大值 328 Oe,大于具有相同厚度的 Fe₄N 单层薄膜的 H_C。一般来讲,交换偏置是由 FM/AFM 界面的交换耦合引起的,且该交换耦合可通过钉扎效应来影响铁磁层的磁化翻转。铁磁层的 H_C 随钉扎效应的增强而增大。当铁磁层的厚度较小时,钉扎的界面磁矩对铁磁层的磁化翻转起主要贡献,因此 H_{EB} 和 H_C 较大,这与其他体系是一致的。

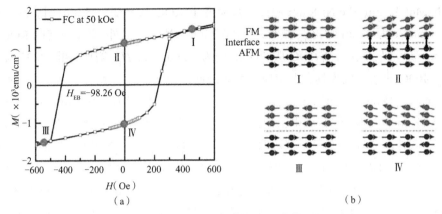

图 6-24　NiMn/Fe₄N 双层膜的 *M-H* 曲线及机理图

（a）50 kOe 的冷却场下，NiMn（15 nm）/Fe₄N（8 nm）双层薄膜的 *M-H* 曲线；（b）图（a）中绿点标记的不同磁化阶段的磁矩排列示意图（从 I 到 IV 标记的磁化阶段代表正方向的饱和磁化强度、正方向的剩磁状态、反方向的饱和磁化强度和反方向的剩磁状态）

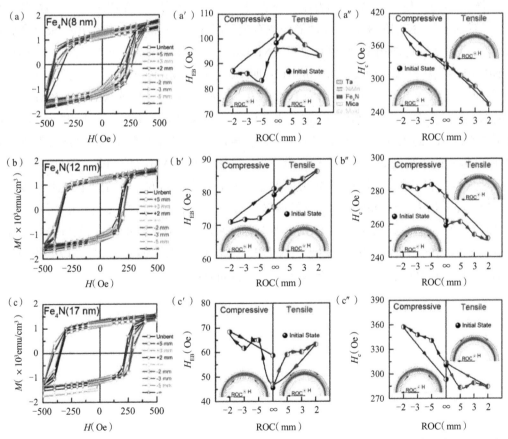

图 6-25　2 K 时，NiMn（15 nm）/Fe₄N（8 nm）双层薄膜的（a）*M-H* 曲线、（a′）H_{EB} 和（a″）H_C；NiMn（15 nm）/Fe₄N（12 nm）双层薄膜的（b）*M-H* 曲线、（b′）H_{EB} 和（b″）H_C；NiMn（15 nm）/Fe₄N（17 nm）双层薄膜的（c）*M-H* 曲线、（c′）H_{EB} 和（c″）H_C

在 NiMn(12 nm)/Fe$_4$N(8 nm)中，当张应变下 ROC 从 ∞ 变为 5 mm 时，H_{EB} 增大；当 ROC 从 5 mm 变为 2 mm 时，H_{EB} 减小，如图 6-25(a')所示。另外，当压应变的 ROC 从 + ∞ 变为 -5 mm 时，H_{EB} 减小；当 ROC 从 −5 mm 变为 −2 mm 时，H_{EB} 增加，如图 6-25(a')所示。因此，H_{EB}-ROC 曲线呈现为具有多交换偏置态的回线行为。在 NiMn(12 nm)/Fe$_4$N(12 nm)中，H_{EB} 随张应变的增大而增大，但在不同压应变下几乎保持为常数，如图 6-25(b')所示。在 NiMn(12 nm)/Fe$_4$N(17 nm)中，H_{EB} 随张应变的增大而增大，且随压应变的增大以震荡形式增大，如图 6-25(c')所示。在弯曲应变下 H_{EB} 的变化与 Fe$_4$N/NiMn 界面的交换耦合有关。弯曲应变还可以调控 Fe$_4$N 层的界面磁矩，进而影响交换偏置效应。此外，在 NiMn(12 nm)/Fe$_4$N(8 nm)中，H_C 随张应变的增大而减小，随压应变的增大而增大，最终随弯曲应变的释放逐步恢复至初始态，如图 6-25(a'')所示。在 NiMn(12 nm)/Fe$_4$N(12 nm)中，当张应变的 ROC 从 ∞ 变为 5 mm 时，H_C 增大；当 ROC 从 5 mm 变为 2 mm 时，H_C 减小，如图 6-25(b'')所示。另外，在不同压应变下，H_C 几乎保持为常数。在 NiMn(12 nm)/Fe$_4$N(17 nm)中，当张应变的 ROC 从 ∞ 变为 5 mm 时，H_C 减小；在其他张应变情形下，H_C 几乎保持为常数，如图 6-25(c'')所示。另外，随着压应变的增大，H_C 逐渐增大。在弯曲应变下 H_C 的变化与界面效应和 Fe$_4$N 层的磁各向异性的变化有关。图 6-26(a)~(c)分别给出了模具和施加张应变、压应变的弯曲构型示意图。当 Ta/NiMn/Fe$_4$N 沿向外弯曲方向置于云母上方时，沿 Fe$_4$N[010] 方向将产生张应变，如图 6-26(b)所示；当 Ta/NiMn/Fe$_4$N 沿向内弯曲方向置于云母下方时，沿 Fe$_4$N[010] 方向将产生压应变，如图 6-26(c)所示。根据 XRD 和 TEM 结果得到的 NiMn 晶格常数，图 6-26(d)给出了未弯曲状态下 NiMn 晶胞的示意图。图 6-26(g)给出了图 6-26(d)的正视图，其中 $a=b=3.60$ Å 且 $c=3.73$ Å。张应变将削弱 NiMn 晶胞的非对称性，其晶胞的正视图如图 6-26(h)所示。压应变将增强 NiMn 晶胞的非对称性，其晶胞正视图如图 6-26(i)所示。由于 NiMn 具有晶格常数 c 较大的四方晶格结构，因此张应变可以通过降低 c/a 值来削弱 NiMn 层的反铁磁各向异性，如图 6-26(b)、(e)和(h)所示。相反地，压应变可通过增强 NiMn 晶格结构的非对称性来增强 NiMn 层的反铁磁各向异性，如图 6-26(c)、(f)和(i)所示。因此，在弯曲应变下 NiMn/Fe$_4$N 双层薄膜的 H_{EB} 和 H_C 的变化均与 NiMn 层的反铁磁各向异性和 Fe$_4$N 层的铁磁各向异性有关。

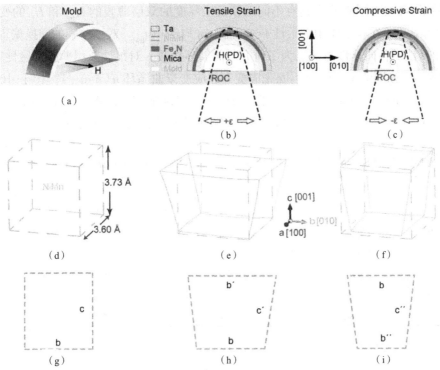

图 6-26　模具和施加张应变、压应变的变曲结构示意图，NiMn 的晶胞示意图及其正视图
（a）模具；（b）对 Ta/NiMn/Fe₄N/ 云母施加张应变的示意图；（c）对 Ta/NiMn/Fe₄N/ 云母施加压应变的示意图；
（d）未弯曲；（e）张应变；（f）压应变；（g）图（d）的正视图；（h）图（e）的正视图；（i）图（f）的正视图

为了研究弯曲应变对 H_{EB} 和 H_C 的影响，计算并分析了不同弯曲曲率下 NiMn（15 nm）/Fe₄N（t）（t=8、12 和 17 nm）双层薄膜 H_{EB} 和 H_C 的变化率 $|\Delta H_{EB}/H_{EB}|=|[H_{EB}（\text{ROC}）-H_{EB}（\infty）]/H_{EB}（\infty）|$ 和 $|\Delta H_C/H_C|=|[H_C（\text{ROC}）-H_C（\infty）]/H_C（\infty）|$，其中不同 ROCs 下 H_{EB} 和 H_C 由图 6-22（a′）（a″）、（b′）（b″）和（c′）（c″）获得。表 6-2 列出了计算得到的 $|\Delta H_{EB}/H_{EB}|$ 和 $|\Delta H_C/H_C|$。在 ROC=−2 mm 的压应变下，当 t=8 nm 时，$|\Delta H_{EB}/H_{EB}|$ 为 11%，$|\Delta H_C/H_C|$ 为 19%；当 t=12 nm 时，$|\Delta H_{EB}/H_{EB}|$ 为 10%，$|\Delta H_C/H_C|$ 为 9%；当 t=17 nm 时，$|\Delta H_{EB}/H_{EB}|$ 为 51%，$|\Delta H_C/H_C|$ 为 15%。在 ROC=2 mm 的张应变下，当 t=8 nm 时，$|\Delta H_{EB}/H_{EB}|$ 为 4%，$|\Delta H_C/H_C|$ 为 22%；当 t=12 nm 时，$|\Delta H_{EB}/H_{EB}|$ 为 9%，$|\Delta H_C/H_C|$ 为 3%；当 t=17 nm 时，$|\Delta H_{EB}/H_{EB}|$ 为 38%，$|\Delta H_C/H_C|$ 为 8%。显然，当 ROC 相同时，由于 Fe₄N 厚度不同，NiMn（15 nm）/Fe₄N（t）的 H_{EB} 和 H_C 的变化率不同。对于每个固定的 ROC，由于 NiMn 厚度相同均为 12 nm，弯曲应变对 NiMn 反铁磁层的影响是相同的，因此不同 H_{EB} 和 H_C 的变化率应该与弯曲应变调控 Fe₄N 层的磁各向异性有关。弯曲应变对具有不同厚度 Fe₄N 层磁各向异性的影响已在前文中报道。Fe₄N 层磁各向异性的变化会引起 NiMn/Fe₄N 界面交换耦合的变化，从而决定 $|\Delta H_{EB}/H_{EB}|$ 的大小。与此同时，界面交换耦合和 Fe₄N 层的磁各向异性共同决定 $|\Delta H_C/H_C|$。值得注意的是，$|\Delta H_{EB}/H_{EB}|$ 和 $|\Delta H_C/H_C|$ 的最大值分别为 51%（t=17 nm 且 ROC=−2 mm）和 22%（t=8 nm 且 ROC=2 mm），这有利于柔性自旋电子器件的实际应用。此外，Zhang 等发现在应变作用下柔性 FeGa（10 nm）/IrMn（t_{IrMn}）双层薄膜的 H_{EB} 和 H_C 的变化与反铁磁层厚度之间均呈现正相关

的变化关系,且在不同应变下具有不同反铁磁层厚度的双层薄膜的 H_{EB} 和 H_C 的变化趋势相似。结果表明, 在应变作用下柔性 FeGa(10 nm)/IrMn(t_{IrMn})双层薄膜的交换偏置的变化与铁磁和反铁磁各向异性有关。为了研究弯曲循环次数 n 对柔性双层薄膜的磁性影响,图6-27(a)和(c)分别给出了经过不同张应变和压应变弯曲循环 n(n=0、1、10 和 100)次后NiMn(15 nm)/Fe₄N(8 nm)双层薄膜的 M-H 曲线,发现随着 n 逐渐增大 H_{EB} 或 H_C 几乎保持不变,表明在多次弯曲后柔性 NiMn/Fe₄N 双层薄膜仍能保持原有磁性能。

表 6-2　不同 ROcs 应变下 NiMn(15 nm)/Fe₄N(t)双层薄膜的 $|\Delta H_{EB}/H_{EB}|$ 和 $|\Delta H_C/H_C|$

	ROC	−2 mm	−3 mm	−5 mm	5 mm	3 mm	2 mm
	8 nm	11%	12%	15%	5%	1%	4%
$|\Delta H_{EB}/H_{EB}|$	12 nm	10%	9%	8%	5%	6%	9%
	17 nm	51%	35%	42%	29%	32%	38%
	8 nm	19%	6%	5%	6%	12%	22%
$|\Delta H_C/H_C|$	12 nm	9%	9%	9%	1%	2%	3%
	17 nm	15%	12%	10%	9%	7%	8%

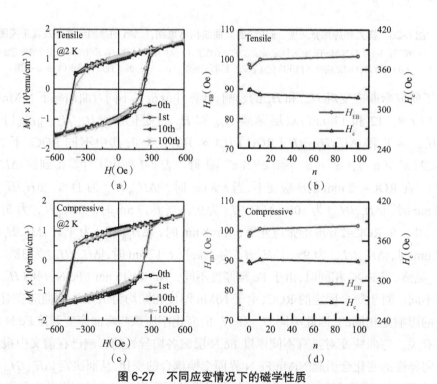

图 6-27　不同应变情况下的磁学性质

（a）张应变循环测试和（c）压应变循环测试下 NiMn(15 nm)/Fe₄N(8 nm)双层薄膜的 M-H 曲线;
（b）张应变和（d）压应变下,经过不同的弯曲循环次数 n（n=0, 1, 10, 100）后,H_{EB} 和 H_C 随 n 的变化关系

6.2.3　应变调控各向异性磁电阻和平面霍尔电阻

图 6-28 给出了冷却场(H_{FC})、外部磁场(H)、磁化强度(M)、弯曲应变和外加电流(I)方向的示意图。将磁场从 0° 顺时针旋转到 360°,再逆时针旋转至初始位置,测量 R_{xx} 和 R_{xy} 随 θ 的变化关系。与磁性测量时场冷却的过程类似,电输运特性的测量时场冷却过程为在 50 kOe 下温度从 300 K 降至 2 K。为了确保实验数据的准确性和有效性,张应变和压应变的测试要在同一样品上进行,且张应变测试之后立即进行压应变的测试。

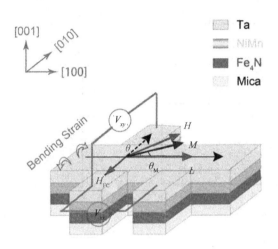

图 6-28　冷却场(H_{FC})、外部磁场(H)、磁化强度(M)、弯曲应变方向和外加电流(I)之间的方向的示意图

图 6-28(a)~(f)给出了 2 K 和 0.5 kOe 时,未弯曲态、ROC=3 mm 的张应变态和释放张应变状态下 NiMn(15 nm)/Fe$_4$N(8 nm)双层薄膜的 AMR 和平面霍尔电阻 R_{xy} 随角度 θ 的变化关系。由于交换偏置效应 Fe$_4$N 层的磁化强度被 NiMn 反铁磁层钉扎,AMR 和 R_{xy} 均出现了偏 AMR-θ 曲线中 -90°~270° 和 270°~-90° 曲线之间的相位差和 R_{xy}-θ 曲线中的 0~360° 和 360~0° 曲线之间的相位差均记作 $\Delta\theta$。未弯曲、ROC=3 mm 的张应变和张应变释放的状态下 AMR-θ 曲线的 $\Delta\theta$ 均保持为 35°,如图 6-29(a)~(c)所示。此外, θ 由 360° 转至 0° 的过程中,未弯曲、ROC=3 mm 的张应变和张应变释放的状态下 R_{xy} 的峰位分别位于 40°、50° 和 25°,且 $\Delta\theta$ 均为 15°。不同弯曲状态下 AMR-θ 曲线行为相似,表明 AMR 对弯曲应变并不敏感。R_{xy}-θ 曲线峰位的变化表明 R_{xy} 对弯曲应变的敏感度高于 AMR。弯曲应变调控柔性 NiMn/Fe$_4$N 双层薄膜的 AMR 和 R_{xy} 不同于柔性 Fe$_4$N 单层薄膜,表明 0.5 kOe 时界面钉扎效应对电输运特性有影响。为了进一步阐明磁场大小对 NiMn/Fe$_4$N 双层薄膜的电输运特性的影响,图 6-29(g)~(l)给出了磁场分别为 0.1、0.5 和 50 kOe 时不同弯曲应变下 NiMn/Fe$_4$N 双层薄膜的 AMR-θ 和 R_{xy}-θ 曲线,发现小磁场下 $\Delta\theta$ 仍然存在,但 50 kOe 的大磁场下 $\Delta\theta$ 会消失。大磁场足以破坏界面交换耦合,使界面磁矩与外磁场方向一致,导致在大磁场下 $\Delta\theta$ 消失。在 0.1 kOe 时,AMR 的 cos(2θ)关系和 R_{xy} 的 sin(2θ)关系均被破坏,均出现相位偏移现象。在 0.1 kOe 时,未弯曲、ROC=3 mm 的张应变和张应变释放的状态下 AMR-θ 曲线的 $\Delta\theta$ 分别为 30°、45° 和 75°,如图 6-29(g)~(i)所示。未

弯曲、ROC=3 mm 的张应变和张应变释放的状态下 R_{xy}-θ 曲线的 $\Delta\theta$ 分别为 10°、25° 和 165°，如图 6-29（j）~（l）所示。结果表明，0.1 kOe 时，在弯曲应变下 NiMn/Fe₄N 双层薄膜的 $\Delta\theta$ 发生较大变化。

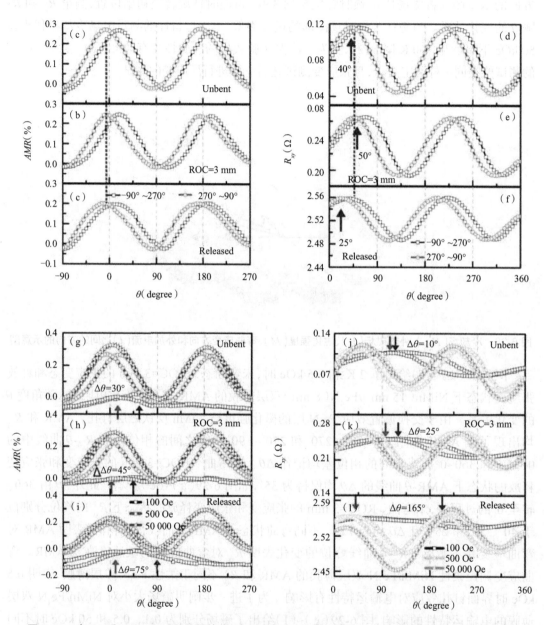

图 6-29　在 2 K 和 0.5 kOe 下，不同应变下 NiMn（15 nm）/Fe₄N（8 nm）双层膜的 AMR 和平面 R_{xy}

（a）（d）未变曲态；（b）（e）ROC=3 mm 的张应变；（c）（f）施放张应变；
（g）（j）未变曲态；
（h）（k）ROC=3 mm 的张应变；（j）-（l）施放张应变

本章参考文献

[1]　KOKADO S，FUJIMA N，HARIGAYA K，et al. Theoretical analysis of highly spin-polarized transport in the iron nitride Fe$_4$N[J]. Phys. Rev. B，2006，73(17)：172410/1-4.

[2]　MI W B，GUO Z B，FENG X P，et al. Reactively sputtered epitaxial γ' –Fe$_4$N films：surface morphology，microstructure，magnetic and electrical transport properties[J].Acta Mater.，2013，61(17)：6387-6395.

[3]　KOMASAKI Y，TSUNODA M，ISOGAMI S，et al. 75% inverse magnetoresistance at room temperature in Fe$_4$N/MgO/CoFeB magnetic tunnel junctions fabricated on Cu underlayer[J]. Appl. Phys.，2009，105(7)：07C928/1-3.

[4]　NOGUES J，SORT J，LANGLAIS V，et al. Exchange bias in nanostructures[J]. Phys. Rep.，2005，422：65-117.

[5]　NOGUÉS J，LEDERMAN D，MORAN T J，et al. Positive exchange bias in FeF$_2$-Fe bilayers[J]. Phys. Rev. Lett.，1996，76(24)：4624-4627.

[6]　LEIGHTON C，FITZSIMMONS M R，YASHAR P，et al. Two-stage magnetization reversal in exchange biased bilayers[J].Phys. Rev. Lett.，2001，86(19)，4394-4397.

[7]　ALI M，ADIE P，MARROWS C H，et al. Exchange bias using a spin glass[J]. Nature Mater.，2007，6：70-75.

[8]　GREDIG T，KRIVOROTOV I N，EAMES P，et al. Unidirectional coercivity enhancement in exchange-biased Co/CoO[J]. Appl. Phys. Lett.，2002，81(7)：1270-1272.

[9]　MISHRA S K，RADU F，DÜRR H A，et al. Training-induced positive exchange bias in NiFe/IrMn bilayers[J]. Phys. Rev. Lett.，2009，102(17)：177208/1-4.

[10]　MCCORD J，MANGIN S. Separation of low- and high-temperature contributions to the exchange bias in Ni$_{81}$Fe$_{19}$-NiO thin films[J]. Phys. Rev. B，2013，88(1)：014416/1-7.

[11]　MCGUIRE T R，POTTER R I. Anistropic magnetoresistence in ferromagnetic 3d Alloys[J]. IEEE Trans. Magn.，1975，11(4)：1018-1038.

[12]　TSUNODA M，KOMASAKI Y，KOKADO S，et al. Negative anisotropic magnetoresistance in Fe$_4$N film[J]. Appl. Phys. Express，2009，2(8)：083001/1-3.

[13]　MILLER B H，DAHLBERG E D. Use of the anisotropic magnetoresistance to measure exchange anisotropy in Co/CoO bilayers[J]. Appl. Phys. Lett.，1996，69(25)：3932-3934.

[14]　GREDIG T，KRIVOROTOV I N，DAHLBERG E D. Magnetization reversal in exchange biased Co/CoO probed with anisotropic magnetoresistance[J]. Appl. Phys.，2002，91(10)：7760-7762.

[15]　GRIMSDITH M，HOFFMANN A，VAVASSORI P，et al. Exchange-induced anisotropies at ferromagnetic-antiferromagnetic interfaces above and below the Néel temperature[J]. Phys. Rev. Lett.，2003，90(25)：257201/1-4.

[16] PECHAN M J, BENNETT D, TENG N, et al. Induced anisotropy and positive exchange bias: a temperature, angular, and cooling field study by ferromagnetic resonance[J]. Phys. Rev. B,2002,65(6):064410/1-5.

[17] MEWES T, HILLEBRANDS B, STAMPS R L. Induced fourfold anisotropy and bias in compensated NiFe/FeMn double layers[J]. Phys. Rev. B,2003,68(18):184418/1-7.

[18] CHEN G, LI J, LIU F Z, et al. Four-fold magnetic anisotropy induced by the antiferromagnetic order in FeMn/Co/Cu(001) system[J]. Appl. Phys.,2010,108(7):073905/1-5.

[19] KRIVOROTOV I N, LEIGHTON C, NOGUÉS J, et al. Relation between exchange anisotropy and magnetization reversal asymmetry in Fe/MnF$_2$ bilayers[J]. Phys. Rev. B, 2002, 65 (10):100402(R)/1-4.

[20] SUZUKI K, KANEKO T, YOSHIDA H, et al. Crystal structure and magnetic properties of the compound CoN[J]. Alloys Compd.,1995,224:232-236.

[21] MITTENDORFER F, WEINERT M, PODLOUCKY R, et al. Strain and structure driven complex magnetic ordering of a CoO overlayer on Ir(100)[J]. Phys. Rev. Lett., 2012, 109 (1):015501/1-5.

[22] MI W B, FENG X P, BAI H L. Magnetic properties and Hall effect of reactive sputtered iron nitride nanocrystalline films[J]. Magn. Magn. Mater.,2011,323(14):1909-1913.

[23] MI W B, FENG X P, DUAN X F, et al. Microstructure, magnetic and electronic transport properties of polycrystalline γ′–Fe$_4$N films[J]. Thin Solid Films,2012,520(23):7035-7040.

[24] RADU F, ETZKORN M, SIEBRECHT R, et al. Interfacial domain formation during magnetization reversal in exchange-biased CoO/Co bilayers[J]. Phys. Rev. B, 2003, 67(13): 134409/1-11.

[25] FITZSIMMONS M R, KIRBY B J, ROY S, et al. Pinned magnetization in the antiferromagnet and ferromagnet of an exchange bias system[J]. Phys. Rev. B, 2007, 75(21): 214412/1-11.

[26] LI Z R, FENG X P, WANG X C, et al. Anisotropic magnetoresistance in facing-target reactively sputtered epitaxial γ′–Fe$_4$N films[J]. Mater. Res. Bull.,2015,65: 175-182.

[27] KIM J V, STAMPS R L, MCGRATH B V, et al. Angular dependence and interfacial roughness in exchange-biased ferromagnetic/antiferromagnetic bilayers[J]. Phys. Rev. B,2000,61 (13):8888-8894.

[28] BARZOLA-QUIQUIA J, LESSIG A, BALLESTAR A, et al. Revealing the origin of the vertical hysteresis loop shifts in an exchange biased Co/YMnO$_3$ bilayer[J]. Phys. Condens.: Matter,2012,24(36):366006/1-12.

[29] HA T D, YEN M, LAI Y H, et al. Mechanically tunable exchange coupling of Co/CoO bilayers on flexible muscovite substrates[J]. Nanoscale,2020,12:3284-3291.

[30] LI H H, ZHAN Q F, LIU Y W, et al. Stretchable spin valve with stable magnetic field sensi-

tivity by ribbon-patterned periodic wrinkles[J]. ACS Nano,2016,10:4403-4409.

[31] MI W B, GUO Z B, FENG X P, et al. Reactively sputtered epitaxial γ'-Fe$_4$N films: surface morphology, microstructure, magnetic and electrical transport properties[J]. Acta Materialia,2013,61(17):6387-6395.

[32] BALTZ V, SORT J, LANDIS S, et al. Tailoring size effects on the exchange bias in ferromagnetic-antiferromagnetic <100 nm nanostructures[J]. Physcal Review Letters, 2005, 94 (11):117201/1-4.

[33] WONG B Y, MITSUMATA C, PRAKASH S, et al. Structural origin of magnetic biased field in NiMn/NiFe exchange coupled films[J]. Journal of Applied Physics, 1996, 79(10): 7896-7904.

[34] LI Z R, MI W B, WANG X C, et al. Inversion of exchange bias and complex magnetization reversal in full-nitride epitaxial γ' -Fe$_4$N/CoN bilayers[J]. Journal of Magnetism and Magnetic Materials,2015,379:124-130.

[35] ZHENG W C, ZHENG D X, WANG Y C, et al. Flexible Fe$_3$O$_4$/BiFeO$_3$ multiferroic heterostructures with uniaxial strain control of exchange bias[J]. Journal of Magnetism and Magnetic Materials,2019,481:227-233.

[36] ZHANG S, LI Z. Size dependence of exchange bias in ferromagnetic/ antiferromagnetic bilayers[J]. Physical Review B,2001,65(5):054406/1-4.

[37] LI Z R, MI W B, WANG X C, et al. Interfacial exchange coupling induced anomalous anisotropic magnetoresistance in epitaxial γ' -Fe$_4$N/CoN bilayers[J]. ACS Applied Materials & Interfaces,2015,7(6):3840-3845.

[38] 李滋润.Fe$_4$N 基双层膜和有机自旋阀的结构、磁性和磁电阻效应 [D]. 天津大学,2015.

[39] 史晓慧. 对向靶反应溅射 Fe$_4$N 薄膜的磁性和自旋相关输运特性的调控 [D]. 天津大学, 2021.

第 7 章 反钙钛矿结构 Fe₄N 基多铁性异质结构

7.1 四方相 BiFeO₃/Fe₄N 异质结构的磁性和输运特性

7.1.1 垂直磁各向异性

随着实验技术的不断进步,脉冲激光沉积和分子束外延等方法可以用来制备高质量外延异质结构。外延 BiFeO₃ 和 Fe₄N 薄膜已经在实验上被成功制备,因此在实验上制备 BiFeO₃/Fe₄N 异质结构具有可行性。本节构建 BiFeO₃/Fe₄N 异质结构,研究了终端、界面原子相对位置和铁电极化方向对磁各向异性的影响。

本节采用密度泛函理论计算模型的电子结构,选用投影缀加波 PAW 赝势和自旋分辨的广义梯度近似 GGA。能量和力的收敛标准分别为 10^{-5} eV 和 0.02 eV/Å。平面波截断能为 500 eV。块体 T-BiFeO₃($2 \times 2 \times 2$)、块体 Fe₄N($1 \times 1 \times 1$)和 T-BiFeO₃/Fe₄N($\sqrt{2} \times \sqrt{2}$)异质结构的 K 点分别为 $5 \times 5 \times 5$,$9 \times 9 \times 9$ 和 $5 \times 5 \times 1$。BiFeO₃ 中 Fe 3 d 轨道电子的哈伯德库仑排斥系数 U 和交换系数 J 分别为 4.5 eV 和 0.0 eV。在垂直于 BiFeO₃/Fe₄N 界面的方向,添加 15 Å 厚的真空层,如图 7-1 所示。本节将 BiFeO₃/Fe₄N 异质结构的 xy 面晶格常数固定为 T-BiFeO₃ 的值(3.770 Å),来模拟 Fe₄N 薄膜生长在 BiFeO₃ 上的情况。在结构优化过程中,固定 T-BiFeO₃ 底面三层的原子,完全弛豫其他原子,计算了 BiFeO₃/Fe₄N 异质结构的结合能 W_{coh}、差分电荷密度和 SSP。

磁各向异性能(magnetic anisotropy energy,MAE)是在考虑 SOC 的前提下,磁化方向为 [100] 和 [001] 时体系的能量差。根据正则方程,计算单位面积上每个原子 i 在每个轨道 λ 的 $MAE_{i\lambda}$,其定义为

$$MAE_{i\lambda} = [\int_{E_F^{out}} (E - E_F^{in}) n_{i\lambda}^{out}(E)dE - \int_{E_F^{in}} (E - E_F^{in}) n_{i\lambda}^{in}(E)dE] / a^2 \qquad (7\text{-}1)$$

其中,$n_{i\lambda}^{out}(E)$ 和 $n_{i\lambda}^{in}(E)$ 分别表示在面外和面内磁化的情况下原子 i 的轨道 λ 的态密度,a 是异质结构的 xy 面内晶格常数。原子 i 的 MAE 可以表示为

$$MAE_i = \sum_{\lambda} MAE_{i\lambda} \qquad (7\text{-}2)$$

是原子 i 所有轨道的 $MAE_{i\lambda}$ 的总和,而所有原子的 MAE_i 的总和为体系的总 MAE。基于原子的 MAE_i 和轨道的 $MAE_{i\lambda}$,分析了 BiFeO₃/Fe₄N 异质结构中不同原子层及各轨道对 MAE 的贡献。

在 BiFeO₃ 薄膜的生长过程中,Bi 离子会挥发,BiO 终端不稳定。因此,选用 BiFeO₃ 的

FeO₂ 终端与 Fe₄N 构建异质结构。首先建立了 Fe$_A$Fe$_B$/Fe-O₂ 模型,其中,界面 I 层 Fe₄N 中顶角和面心位置的 Fe$_A$ 和 Fe$_B$ 原子,分别对应块体 BiFeO₃ 中均占据顶角和面心附近的 Bi 和 O 原子,如图 7-1(a)和(b)所示。然后,在 Fe$_A$Fe$_B$/Fe-O₂ 模型的基础上,改变 Fe₄N 的终端,构建(Fe$_B$)₂N/Fe-O₂ 模型,如图 7-1(c)和(d)所示。通过调整 T-BiFeO₃ 中 Fe 原子正上方的原子类型,将其由 Fe$_A$Fe$_B$/Fe-O₂ 模型的 Fe$_B$ 调整为 Fe$_A$,构建 Fe$_B$Fe$_A$/Fe-O₂ 模型,如图 7-1(e)和(f)所示。特别地,Fe$_A$Fe$_B$/Fe-O₂ 模型中 BiFeO₃ 的铁电极化方向指向界面。为研究铁电极化对 MAE 的影响,构建了铁电极化方向背离界面的 Fe$_A$Fe$_B$/O₂-Fe 模型,如图 7-1(g)和(h)所示。因此,本节建立了四种 BiFeO₃/Fe₄N 异质结构,来研究界面耦合和铁电极化方向对 MAE 的影响。

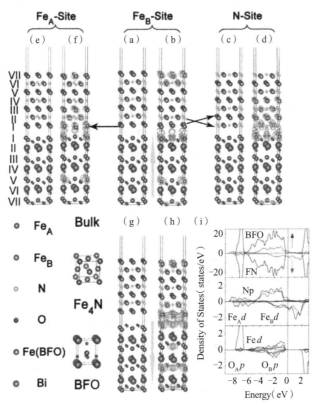

图 7-1　BiFeO₃/Fe₄N 异质结构的晶体结构和差分电荷密度图(黄色表示电荷聚集,蓝色表示电荷消散)

(a)、(b)Fe$_A$Fe$_B$/Fe-O₂;(c)、(d)(Fe$_B$)₂N/Fe-O₂;(e)、(f)Fe$_B$Fe$_A$/Fe-O₂;(g)、(h)Fe$_A$Fe$_B$/O₂-Fe;
(i)各原子的态密度(费米能级为 0 eV)

本节通过计算块体 BiFeO₃ 和 Fe₄N 的性质来确定计算参数的合理性。块体 BiFeO₃ 由 BiO(001)和 FeO₂(001)原子层交替堆垛而成,其中 O$_A$ 和 O$_B$ 原子分别位于这两个原子层内。由于 BiFeO₃ 具有自发铁电极化,在 z 方向 O$_A$ 和 O$_B$ 原子均与同层的 Bi 和 Fe 原子之间出现铁电极化位移。在块体 BiFeO₃ 中,Bi-O$_A$ 和 Fe-O$_B$ 铁电极化位移分别为 0.792 和 0.673 Å,这些值与之前的计算结果一致。计算得到的 T-BiFeO₃ 的 c/a 为 1.233,这与实验结果吻合。图 7-1(i)给出了 BiFeO₃ 的总态密度和各原子的态密度,与之前的计算结果一致。同时,BiFeO₃ 的带隙为 1.93 eV,与之前的结果(1.90 eV)一致。计算得到的 Fe 原子的磁矩为

±4.18 μ$_B$,这与实验值(4.34 μ$_B$)和理论值(4.18 μ$_B$)一致,详见表 7-1。块体 Fe$_4$N 的晶格常数 a 和 b 固定为 BiFeO$_3$ 的晶格常数(3.770 Å),晶格常数 c 完全弛豫。此时,Fe$_4$N 的费米能级主要由自旋向下的电子占据,并且在 [-8.5 eV, -5.0 eV] 的能量范围内 N p 和 Fe$_B$ d 轨道出现明显的杂化,导致 Fe$_B$ 的磁矩(2.31 μ$_B$)小于 Fe$_A$ 的(2.95 μ$_B$),这些结果与全弛豫的 Fe$_4$N 基本一致,如图 7-1(i)所示。块体 BiFeO$_3$ 和 Fe$_4$N 的计算结果表明,本节采用的计算参数是合理的。下面将重点分析 BiFeO$_3$/Fe$_4$N 多铁性异质结构的磁各向异性。

表 7-1　在加 SOC 与不加 SOC 情况下,BiFeO$_3$/Fe$_4$N 异质结构中界面原子的磁矩($μ_B$)。四种模型的 $z1$、$z2$ 和 $z3$(Å)距离(见图 7-2)和结合能 W_{coh}(eV)

	模型	块体	Fe$_A$Fe$_B$/Fe-O$_2$	(Fe$_B$)$_2$N/Fe-O$_2$	Fe$_B$Fe$_A$/Fe-O$_2$	Fe$_A$Fe$_B$/O$_2$-Fe
不加 SOC 的磁矩	BFO-I-Fe	±4.177	3.827/-3.799	4.098/-3.460	3.950/-3.939	3.652/-3.650
	BFO-II-O$_A$	±0.218	-0.188/0.192	-0.178/0.211	-0.174/0.182	0.077/-0.035
	FN-I-Fe$_A$	2.950	2.912/2.911	—	-0.155/1.078	3.294/3.307
	FN-I-Fe$_B$	2.329	2.493/2.610	0.431/0.398	2.950/2.909	-2.582/-2.778
	FN-I-N	—	—	-0.016/-0.006		
	FN-II-Fe$_A$			-2.882/-2.889		
	FN-II-Fe$_B$	2.281	2.008/1.940	0.785/1.096	-1.950/-2.031	2.250/2.209
	FN-II-N	0.022	-0.015/0.019		0.028/0.029	0.000/-0.003
加 SOC 的磁矩	BFO-I-Fe	—	3.832/-3.803	4.092/-4.051	3.933/-3.885	3.710/-3.650
	BFO-II-O$_A$		-0.175/0.180	-0.186/0.187	-0.185/0.196	0.096/-0.063
	FN-I-Fe$_A$		2.912/2.912	—	-1.103/-0.388	3.415/3.415
	FN-I-Fe$_B$		2.496/2.610	0.072/0.072	2.853/2.853	-2.654/2.817
	FN-I-N			0.029/-0.032		
	FN-II-Fe$_A$			-0.338/-0.338		
	FN-II-Fe$_B$		1.979/1.979	1.727/-1.452	1.835/1.834	-2.087/-2.087
	FN-II-N		-0.012/0.021		-0.001/-0.001	0.020/0.031
	$z1$		3.802	3.919	3.831	4.205
	$z2$		3.827	3.770	3.800	3.725
	$z3$		3.817	3.828	3.810	3.510
	W_{coh}		3.929	-1.721	0.802	7.381

从表 7-1 中各模型的结合能可以看出,与其他两个模型相比,Fe$_A$Fe$_B$/Fe-O$_2$ 和 Fe$_A$Fe$_B$/O$_2$-Fe 模型明显更加稳定。在四种模型中,在 z 方向 Fe$_4$N 的 I 层和 VII 层中的原子之间出现不同程度的相对位移,其中 I 层的相对位移比 VII 层的相对位移更大,如图 7-2(e)所示。同时,从差分电荷密度图上可以看出,所有的异质结构中电荷明显聚集在 BiFeO$_3$ 中 I 层的 Fe 原子和正上方的 Fe$_A$、Fe$_B$ 或 N 原子之间,如图 7-1 所示。界面处明显的结构畸变和电荷聚集说明 BiFeO$_3$/Fe$_4$N 多铁性异质结构中具有较强的界面相互作用,这将影响 Fe$_4$N 的 MAE。

图 7-3 给出了 $BiFeO_3/Fe_4N$ 异质结构中 Fe_4N 的各原子层的 MAE。在 Fe_AFe_B/Fe-O_2 模型中，Fe_4N 的各原子层均表现出 PMA，最高可达 -5 erg/cm^2，这比 Fe/MgO 体系的 PMA（3 erg/cm^2）更大。然而，在 $(Fe_B)_2N/Fe$-O_2 模型中，只在 Fe_4N 的 I 和 II 层中出现 PMA。这与其特殊的界面相互作用相关。从图 7-2（b）、（e）和表 7-1 可以看出，$(Fe_B)_2N/Fe$-O_2 模型中 Fe_4N 的 I 原子层出现明显的原子间的相对位移，此时 $z1$ 明显大于 $z2$、$z3$ 和晶格常数 a（3.770 Å）。这种明显的四方结构畸变为 Fe_4N 的 I 和 II 层中的 PMA 提供了基础。此外，与 $(Fe_B)_2N$ 终端相比，Fe_AFe_B 终端更有利于在 Fe_4N 中出现大范围的 PMA，如图 7-3（a）和（b）所示。因此，下面将着重研究 Fe_AFe_B 终端的 Fe_BFe_A/Fe-O_2 模型的 MAE。在本节中，FN-I-Fe_A 表示 Fe_4N 中 I 层的 Fe_A 原子，而 BFO-I-Fe 表示 $BiFeO_3$ 中 I 层的 Fe 原子，依此类推。

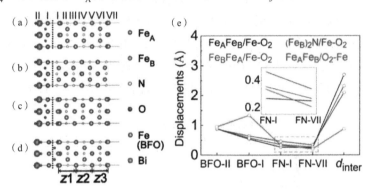

图 7-2 Fe_AFe_B/Fe-O_2、$(Fe_B)_2N/Fe$-O_2、Fe_BFe_A/Fe-O_2 和 Fe_AFe_B/O_2-Fe 终端的 T-$BiFeO_3/Fe_4N$ 异质结构弛豫后的几何结构（$z1$、$z2$ 和 $z3$ 为 z 方向原子层间的距离）和 $BiFeO_3/Fe_4N$ 异质结构的界面距离 d_{inter} 以及界面处各原子层中原子沿 z 方向的相对位移

（a）Fe_AFe_B/Fe-O_2；（b）$(Fe_B)_2N/Fe$-O_2；（c）Fe_BFe_A/Fe-O_2；（d）Fe_AFe_B/O_2-Fe；（e）相对位移

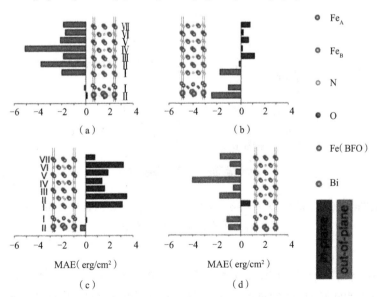

图 7-3 Fe_AFe_B/Fe-O_2、$(Fe_B)_2N/Fe$-O_2、Fe_BFe_A/Fe-O_2 和 Fe_AFe_B/O_2-Fe 终端的 $BiFeO_3/Fe_4N$ 异质结构中各原子层的 MAE，正值表示 IMA，负值表示 PMA

（a）Fe_AFe_B/Fe-O_2；（b）$(Fe_B)_2N/Fe$-O_2；（c）Fe_BFe_A/Fe-O_2；（d）Fe_AFe_B/O_2-Fe

与 $Fe_AFe_B/Fe-O_2$ 模型相反，$Fe_BFe_A/Fe-O_2$ 模型中 Fe₄N 表现为 IMA，如图 7-3（c）所示。如图 7-4（a）所示，$Fe_AFe_B/Fe-O_2$ 模型中费米能级处的态密度主要来源于 I 层的 Fe_B 原子，在 -0.23 eV 处 BFO-I-Fe d_{z^2} 轨道与 FN-I-Fe_B d_{xy} 轨道发生杂化。但 $Fe_BFe_A/Fe-O_2$ 模型中并没有表现出类似的杂化。$Fe_BFe_A/Fe-O_2$ 模型中费米能级附近的态密度主要来源于 I 层的 Fe_A 原子。在 [-2.05 eV, -0.75 eV] 能量区间内，$Fe_BFe_A/Fe-O_2$ 模型中 BFO-I-Fe 与 FN-I-Fe_A 的 d_{z^2}（$d_{x^2-y^2}$）轨道之间发生杂化，如图 7-4（a）所示。由于 $Fe_BFe_A/Fe-O_2$ 和 $Fe_AFe_B/Fe-O_2$ 模型的界面处的不同轨道杂化，两个模型的界面原子表现出截然不同的轨道 MAE，如图 7-4（b）所示。从图 7-1（b）和（f）可以看出，电荷明显聚集在 $Fe_AFe_B/Fe-O_2$ 的界面 Fe_B 原子和 $Fe_BFe_A/Fe-O_2$ 模型的界面 Fe_A 原子上。因此，$Fe_BFe_A/Fe-O_2$ 模型中 BFO-I-Fe 和 FN-I-Fe_A 的界面作用较强；$Fe_AFe_B/Fe-O_2$ 模型中 BFO-I-Fe 和 FN-I-Fe_B 的界面作用较强的。此外，从表 7-1 可以看出，$Fe_AFe_B/Fe-O_2$ 和 $Fe_BFe_A/Fe-O_2$ 模型的 $z3$ 距离非常相近，两个模型的表面原子层不仅具有一致的原子占位，其结构畸变也非常相似。这些结果表明，$Fe_AFe_B/Fe-O_2$ 和 $Fe_BFe_A/Fe-O_2$ 模型不同的 MAE 主要是由二者不同的界面耦合作用导致，而非表面效应。

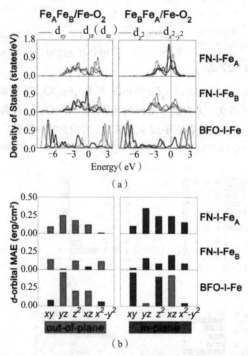

图 7-4　$Fe_AFe_B/Fe-O_2$（左半部分）和 $Fe_BFe_A/Fe-O_2$（右半部分）终端的 BiFeO₃/Fe₄N 异质结构中界面 Fe 原子的态密度和轨道 MAE

（a）态密度；（b）轨道 MAE

为研究 BiFeO₃ 的铁电极化对异质结构中 MAE 的影响，接下来对 $Fe_AFe_B/Fe-O_2$ 和 Fe_AFe_B/O_2-Fe 模型的 MAE 进行对比分析。图 7-3（a）和（d）给出了 $Fe_AFe_B/Fe-O_2$ 和 Fe_AFe_B/O_2-Fe 模型中各原子层的 MAE。$Fe_AFe_B/Fe-O_2$ 模型中 FN-I 层表现出 PMA，但 Fe_AFe_B/O_2-Fe 模型中 FN-I 层表现出 IMA。因此，T-BiFeO₃ 的铁电极化翻转使 FN-I 层的 MAE 由 PMA 转

变为 IMA。根据各原子的磁矩和 MAE(如图 7-5),绘制了两个模型中 Fe₄N 的原子磁矩排列。在 Fe$_A$Fe$_B$/Fe-O₂ 模型中,Fe₄N 仍具有铁磁序,并且整个 Fe₄N 区域表现出 PMA,如图 7-5(a)所示。在 Fe$_A$Fe$_B$/O₂-Fe 模型中,Fe₄N 的铁磁序被破坏,Fe$_A$ 原子表现出反铁磁排列的趋势,如图 7-5(b)所示。因此,BiFeO₃ 的铁电极化可以调控 Fe₄N 的原子磁矩排列,这可能使 BiFeO₃/Fe₄N 异质结构表现出铁电调控的高低阻态。另外,在四种 BiFeO₃/Fe₄N 异质结构中,Fe$_A$Fe$_B$/O₂-Fe 模型的界面距离是最近的,这是由界面处 BFO-I-O 与 FN-I-Fe$_A$(FN-I-Fe$_B$)原子之间的相互作用所导致。BFO-I-O 原子中活跃的电荷相互作用可能与 Fe 原子易氧化成多种氧化态的特性有关。

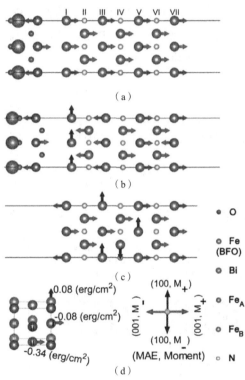

图 7-5　Fe$_A$Fe$_B$/Fe-O₂ 和 Fe$_A$Fe$_B$/O₂-Fe 终端的 BiFeO₃/Fe₄N 异质结构、Fe₄N 单层和块体 Fe₄N 的原子磁矩排列(水平的红色箭头表示原子具有 PMA,水平向左和向右分别表示原子的磁矩为正值和负值。垂直的蓝色箭头表示原子具有 IMA,垂直向上和向下则分别表示原子的磁矩为正值和负值。Fe₄N 单层对应 Fe$_A$Fe$_B$/Fe-O₂ 模型中的 Fe₄N 部分,(d)中的正值表示 IMA,负值表示 PMA)

(a)Fe$_A$Fe$_B$/Fe-O₂;(b)Fe$_A$Fe$_B$/O₂-Fe;(c)Fe₄N 单层;(d)块体 Fe₄N

　　为研究在接触 BiFeO₃ 前后 Fe₄N 的磁性变化,本节进一步计算了块体 Fe₄N 和 Fe₄N 单层的原子磁矩排列,如图 7-5(c)和(d)所示。与之前的结果相似,三种不等效的 Fe$_A$、Fe$_B$(i)和 Fe$_B$(ii)原子出现在晶格常数 a 和 b 固定的块体 Fe₄N 中,其磁矩分别为 2.95、2.33 和 2.28 μ$_B$,如图 4-5(d)所示。以块体 Fe₄N 的(001)面为标准,Fe$_A$ 表现出 IMA,Fe$_B$(i)表现出较弱的 PMA,但 Fe$_B$(ii)表现出较强的 PMA。结合图 7-5(a)可知,与块体中 Fe$_A$ 和 Fe$_B$(i)原子的 MAE 相比，Fe$_A$Fe$_B$/Fe-O$_2$ 模型中 FN-I-Fe$_A$ 和 FN-I-Fe$_B$ 原子的 PMA 更强。对于 Fe$_4$N 单层，IMA 和 PMA 均存在，并且 I 层的铁磁序已破坏。这些结果说明 BiFeO$_3$ 可以影响 Fe$_4$N 的 MAE。

通过计算原子自旋极化率（atomic spin polarization，ASP）和 SSP，研究具有 PMA 的 Fe$_A$Fe$_B$/Fe-O$_2$ 模型的自旋极化率。从态密度中可以获得 ASP，定义式为 ASP $= (N_\uparrow(E_F) - N_\downarrow(E_F))/(N_\uparrow(E_F) + N_\downarrow(E_F))$。从图 7-6（a）可以看出，FN-I-Fe$_A$ 和 FN-I-Fe$_B$ 的自旋极化率分别为 100% 和 85%，并且 Fe$_4$N 的其他 Fe 原子也具有较高的自旋极化率。在计算 SSP 时，考虑了费米能级以上和以下两种情况，如图 7-6（b）和（c）所示。在图 7-6（c）中，SSP 结果表明 I 层的 Fe$_4$N 和 BFO-I-Fe 原子均具有高自旋极化率，这与 ASP 的结果是吻合的。同时，如图 7-6（c）所示，Fe$_A$Fe$_B$/Fe-O$_2$ 模型的整个 Fe$_4$N 具有高自旋极化率。这些结果说明，稳定的 Fe$_A$Fe$_B$/Fe-O$_2$ 模型不仅具有 PMA，也表现出高自旋极化率，这为设计多功能自旋电子学器件提供了理论基础。

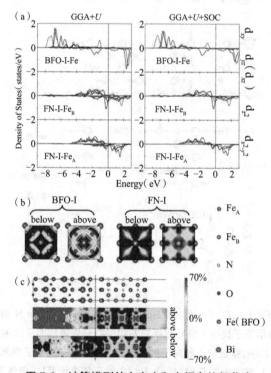

图 7-6　计算模型的态密度和空间自旋极化率

（a）Fe$_A$Fe$_B$/Fe-O$_2$ 终端的 BiFeO$_3$/Fe$_4$N 异质结构中界面 Fe 原子的态密度（纵坐标的正（负）值表示自旋向上（下），费米能级为 0 eV）；（b）、（c）Fe$_A$Fe$_B$/Fe-O$_2$ 终端的 BiFeO$_3$/Fe$_4$N 异质结构基于 GGA+U 计算在（001）和（100）面的 SSP 分布（below 和 above 标志分别对应 [−0.4 eV，0 eV] 和 [0 eV，0.4 eV] 能量区间，费米能级为 0 eV。图（c）中的晶体结构图为弛豫后的 Fe$_A$Fe$_B$/Fe-O$_2$ 终端的 BiFeO$_3$/Fe$_4$N 异质结构）

7.1.2　轨道振荡对垂直磁各向异性的保护作用

在铁电 / 铁磁性复合结构中，由于逆压电效应，在外加偏压的作用下铁电性材料会发生晶格变化,产生的应力可以调控铁磁性材料的磁性、轨道和 PMA 等多种性质。因此,本节对 T-BiFeO₃/Fe₄N 异质结构施加面内双轴应变,研究应力对异质结构中 Fe₄N 的 PMA 的影响,揭示 $d_1=d_{xy}+d_{x^2-y^2}$ 和 $d_2=d_{xz}+d_{yz}+d_{z^2}$ 轨道振荡对 Fe₄N 中 PMA 的保护作用。

对 Fe$_A$Fe$_B$/Fe-O₂ 终端的 T-BiFeO₃/Fe₄N 异质结构施加 xy 面内双轴应度,来研究应变对 MAE 的影响,如图 7-7 所示。面内应变可定义为 $(a-a_0)/a_0$,其中 a 和 a_0 分别为 BiFeO₃/Fe₄N 异质结构受应变与不受应变作用的面内晶格常数。a_0 选取 BiFeO₃ 晶格常数的实验值,为 3.770 Å。

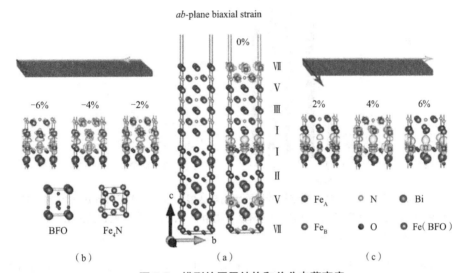

图 7-7　模型的原子结构和差分电荷密度

(a) BiFeO₃/Fe₄N 异质结构的晶体结构和差分电荷密度;(b) 压应变;
(c) 拉应变作用下 BiFeO₃/Fe₄N 异质结构的差分电荷密度(等值面为 0.006 e/Å³,黄色和蓝色分别表示电荷聚集和电荷消散)

计算了不同应力下 BiFeO₃/Fe₄N 异质结构的差分电荷密度。从图 7-7(a)和(c)可以看出,在不受应力或受拉应力的 BiFeO₃/Fe₄N 异质结构中,BFO-I-Fe 和 FN-I-Fe$_B$ 原子之间存在明显的电荷累积。受到压应力的作用时,该电荷累积减少,如图 7-7(b)所示。图 7-8(a)给出了不同应力作用下 BiFeO₃/Fe₄N 异质结构在 z 方向的界面距离。从图 7-8(a)可以看出,BiFeO₃/Fe₄N 异质结构的界面距离随着压应力或者拉应力的增大而增大,这种变化与应力对 BiFeO₃/Fe₄N 异质结构的面内晶格常数的影响相关。在图 7-8(a)中,压应力下 T-BiFeO₃/Fe₄N 异质结构的界面距离小于无应力作用的界面距离,而拉应力下的界面距离大于无应变作用的异质结构的界面距离。结合图 7-7 可知,具有较大界面距离的 BiFeO₃/Fe₄N 异质结构表现出更强的界面电荷累积。这些结果表明应变对 BiFeO₃/Fe₄N 异质结构的界面相互作用具有明显的影响,从而调控 Fe₄N 的 PMA。

图 7-8(b)~(d)给出了不同应力下 BiFeO₃/Fe₄N 异质结构中 Fe₄N 各原子层的 MAE。MAE 的分布具有三种特征:第一种是在 0% 和 6% 的应变作用下,各层 Fe₄N 均表现 PMA,如图 7-8(b)所示;第二种是在 -2% 和 2% 的应变下,各层 Fe₄N 均表现 IMA,如图 7-8(c);第三种是在 -6%、-4% 和 4% 的应变下,Fe₄N 中同时出现 PMA 和 IMA,如图 7-8(d)所示。

由结合能计算可知(如图 7-9(a)),在 -6%、4%、-2%、0% 和 2% 的应变下,BiFeO₃/Fe₄N 异质结具有正的结合能,说明结构更稳定。考虑到过渡金属原子 Fe 和 Co 中 3 d 轨道对 MAE 的贡献,接下来将重点计算在 -2%、0% 和 2% 应变条件下异质结构中 Fe₄N 的轨道 MAE,分析轨道 MAE 对 Fe₄N 中 PMA 和 IMA 的影响。

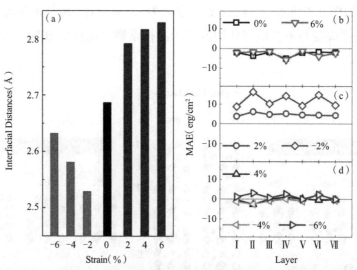

图 7-8　在不同应变下,BiFeO₃/Fe₄N 异质结构的界面距离与各层 Fe₄N 的 MAE(图(b)~(d)中 MAE 负值表示 PMA,MAE 正值表示 IMA,横坐标为异质结构中 Fe₄N 的原子层数,详见图 7-7(a))
(a)界面距离;(b)0% 和 6% 应变作用;(c)-2% 和 2% 应变作用;(d)-6%、-4% 和 4% 应变作用

在 Fe/MgO 异质结构中,$d_1 = d_{xy} + d_{x^2-y^2}$ 和 $d_2 = d_{xz} + d_{yz} + d_{z^2}$ 轨道分别有利于 PMA 和 IMA。然而,从图 7-9 可以看出,BiFeO₃/Fe₄N 异质结构中 Fe₄N 的所有 d 轨道均对 PMA 或 IMA 有贡献。在不受应变作用的 T-BiFeO₃/Fe₄N 异质结构中(如图 7-9(c)),$(Fe_B)_2 N$(FN-II、FN-IV 和 FN-VI)原子层的 d_1 轨道的 MAE 比 d_2 轨道的 MAE 强;在 $Fe_A Fe_B$(FN-I、FN-III、FN-V 和 FN-VII)原子层中,d_2 轨道的 MAE 比 d_1 轨道的 MAE 强。因此,Fe₄N 中各原子层的 d_1 和 d_2 轨道的 MAE 之间的竞争决定各层的 MAE,并且 d_1 和 d_2 轨道的 MAE 的相对强度在相邻的 $(Fe_B)_2 N$ 和 $Fe_A Fe_B$ 原子层间出现振荡,本节将这种行为称为 d_1-d_2 轨道 MAE 振荡。特别地,该 d_1-d_2 轨道 MAE 振荡以 $(Fe_B)_2 N$ 和 $Fe_A Fe_B$ 两个原子层为振荡周期,这两个原子层可构成完整的 Fe₄N 单胞。这种轨道 MAE 振荡可能有利于维持 Fe₄N 整体 MAE 的稳定性。然而,在 -2% 和 2% 应变作用下的 BiFeO₃/Fe₄N 异质结构中,所有的 Fe₄N 原子层的 d_2 轨道的 MAE 均强于 d_1 轨道,本节将这种现象称为 d_1-d_2 轨道 MAE 稳定,如图 7-9(b)和(d)所示。由上面的结构可知,轨道 MAE 振荡出现在无应变作用下的 Fe₄N 中,全部 Fe₄N 原子层表现 PMA;而轨道 MAE 稳定出现在 -2% 和 2% 应变作用下的 Fe₄N 中,全部 Fe₄N 原子层表现 IMA。因此,在 BiFeO₃/Fe₄N 异质结构中,并不是 d_1 或 d_2 轨道有利于 PMA 或 IMA,而是 d_1-d_2 轨道 MAE 振荡有利于 PMA,而 d_1-d_2 轨道 MAE 稳定有利于 IMA。这种特殊的 d_1-d_2 轨道 MAE 振荡和稳定为分析其他过渡金属原子的 MAE 提供了理论基础。

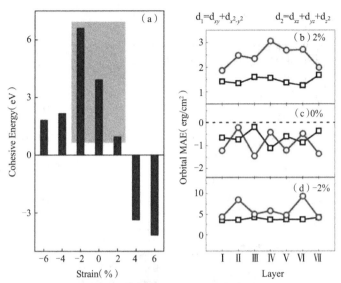

图 7-9　不同应变作用下,BiFeO₃/Fe₄N 异质结构的结合能与各层 Fe₄N 的轨道 MAE 分布(MAE 负值表示 PMA,正值表示 IMA。原子层数详见图 7-7(a))

(a)结合能;(b)2%;(c)0%;(d)-2%

图 7-10(a)给出了 -2% 和 0% 应力作用下 T-BiFeO₃/Fe₄N 异质结构中界面 Fe 原子的 d_1 和 d_2 轨道态密度。在 -2% 和 0% 的应变下, FN-I-Fe_A 原子自旋向上的 d_1 和 d_2 轨道态密度分布是不同的,这与界面处的电荷转移是相关的。从图 7-7(a)和(b)可以看出,在无应变作用的 T-BiFeO₃/Fe₄N 异质结构中, FN-I-Fe_A 原子没有明显的电荷得失,但在 -2% 应变作用下 FN-I-Fe_A 原子表现出明显的电荷消散。因此,在 -2% 和 0% 的应变作用下,异质结构中 FN-I-Fe_A 原子对态密度的贡献是不同的。在 -2% 和 0% 的应变作用下, FN-I-Fe_B 都出现电荷累积,如图 7-7(a)和(b)所示。此外,在 -2% 和 0% 应变作用下, FN-I-Fe_B 的态密度虽然大小不同,但变化趋势却很相似,这与差分电荷结果是一致的,如图 7-10(a)的灰色区域。这些差分电荷密度和态密度结果反映了应变作用下 BiFeO₃/Fe₄N 异质结构的不同界面相互作用。

从 ASP 和 SSP 两个角度分析双轴应变对异质结构中 Fe₄N 自旋极化率的影响。从图 7-10(a)可以看出,在 -2% 和 0% 的应变下, FN-I-Fe_A、FN-I-Fe_B 和 BFO-I-Fe 界面原子的 ASP 均为 -100%。同时,图 7-10(c)也显示异质结构中 Fe₄N 的 SSP 均具有较高的负值,这与 ASP 的结果是一致的。另外,图 7-10(c)中 Fe₄N 的正 SSP 来源于 N 原子。图 7-10(d)给出了 FN-I 层的 SSP 分布。从图中可以看到, FN-I-Fe_A 和 FN-I-Fe_B 具有负的自旋极化率,这与图 7-10(a)中的 ASP 相吻合。因此,在不受应力或受到 -2% 应变下, BiFeO₃/Fe₄N 异质结构中 Fe₄N 均具有高自旋极化率。表 7-2 给出了在不同应变下异质结构中界面 Fe 原子的磁矩。从表中可以看出, -2% 应变下 Fe 原子的磁矩与不受应变时的磁矩接近。结合图 7-8(b)和(c)中 Fe₄N 的 MAE 分布可知,在 BiFeO₃/Fe₄N 异质结构中, -2% 的应变可使 Fe₄N 的 PMA 转变为 IMA,并且该转变不会破坏 Fe₄N 的高自旋极化率和磁矩。这种受应变调控的高自旋极化的磁各向异性转变为自旋电子学器件的设计提供了理论依据。

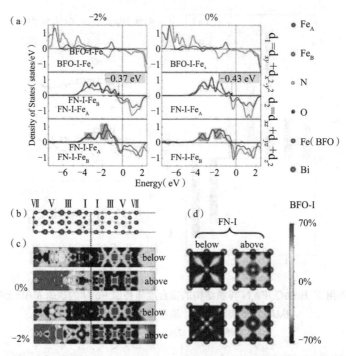

图 7-10 （a）在 −2% 和 0% 应变作用下 BiFeO₃/Fe₄N 异质结构的态密度图（纵坐标的正（负）值表示自旋向上（下），费米能级为 0 eV，BFO-I-Fe₊ 表示 BFO-I-Fe 具有正磁矩）；（b）不受应变作用下 BiFeO₃/Fe₄N 异质结构弛豫后的晶体结构；（c）、（d）Fe_AFe_B/Fe-O₂ 模型 BiFeO₃/Fe₄N 异质结构在（001）和（100）面的 SSP 分布（−2% 和 0% 不同应变情况下的 SSP 分别给出，below 和 above 标志分别对应 [−0.4 eV，0 eV] 和 [0 eV，0.4 eV] 能量区间，费米能级为 0 eV）

表 7-2　不同应变下，BiFeO₃/Fe₄N 异质结构的界面 Fe 原子的磁矩　　　　单位:μ_B

	应变	0%	2%	4%	6%	−2%	−4%	−6%
不加 SOC 的磁矩	BFO-I-Fe	3.827/ −3.799	3.827/ −3.835	3.941/ −3.688	3.851/ −3.828	3.845/ −3.812	2.934/ −3.955	3.915/ −4.027
	FN-I-Fe_A	2.912/ 2.911	2.963/ 2.960	2.866/ 2.853	2.975/ 2.970	2.993/ 2.974	−0.369/ 0.000	2.962/ 2.939
	FN-I-Fe_B	2.493/ 2.610	2.585/ 2.588	−2.524/ −2.893	2.653/ 2.445	2.523/ 2.541	2.567/ −2.481	2.575/ 2.410
	FN-II-Fe_B	2.008/ 1.940	2.158/ 2.093	2.310/ 2.257	2.353/ 2.322	1.888/ 1.823	1.792/ 1.754	1.503/ 1.387
加 SOC 的磁矩	BFO-I-Fe	3.832/ −3.803	3.854/ −3.804	3.861/ −3.840	3.822/ −3.810	3.837/ −3.806	4.009/ −3.947	4.020/ −3.940
	FN-I-Fe_A	2.912/ 2.912	3.040/ 3.040	2.989/ 2.989	2.983/ 2.983	2.980/ 2.980	−3.049/ −3.049	0.380/ 0.380
	FN-I-Fe_B	2.496/ 2.610	2.680/ −0.542	−0.038/ 2.710	2.695/ 2.354	2.532/ 2.524	−2.365/ −2.508	−2.437/ −2.448
	FN-II-Fe_B	1.979/ 1.979	2.097/ 2.097	2.267/ 2.267	2.264/ 2.264	1.848/ 1.848	1.632/ 1.632	−0.239/ −0.239

7.1.3　电场对垂直磁各向异性的调控

由于电场可以调控铁磁性材料的磁各向异性,对 $BiFeO_3$/Fe₄N 异质结构施加电场,发现外加电场可调控异质结构中 Fe₄N 各层的 PMA,这是由于 Fe₄N/$BiFeO_3$ 异质结构中自旋屏蔽效应被破坏引起的。

在垂直于界面方向对 $Fe_A Fe_B$/Fe-O_2 终端的 T-$BiFeO_3$/Fe₄N 异质结构施加电场,从而调控 MAE,如图 7-11 所示。通过在真空层中引进电偶极矩的方法来模拟外加电场。E_a-E_b 表示在 E_a 和 E_b 电场下 $BiFeO_3$/Fe₄N 异质结构的电荷密度差值,即差分电荷密度,其中 a(b)表示电场,单位是 mV/Å。自旋分辨的差分电荷密度是特定自旋方向的电荷密度的差值。

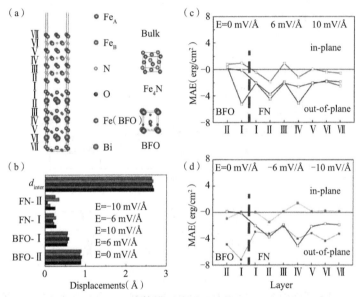

图 7-11　计算模型的原子结构图和 MAE

(a)$BiFeO_3$/Fe₄N 异质结构、块体 $BiFeO_3$ 和 Fe₄N 的晶体结构;(b)不同电场下 $BiFeO_3$ 中 [001] 方向上 Fe(Bi)与同层的 O 原子的相对位移、Fe₄N 中 Fe_B 与同层的 Fe_A(N)原子的相对位移,d_{inter} 为异质结构的界面距离;(c)、(d)Fe₄N 各层的 MAE

图 7-11(c)和(d)给出了不同电场下 $BiFeO_3$/Fe₄N 异质结构中 Fe₄N 的 MAE。从图中可以看出,在电场的作用下多数 Fe₄N 原子层的 PMA 减小,并且,较小的 6(-6)mV/Å 电场也可以影响 PMA。值得注意的是, Fe₄N 中各层的 PMA 均可由电场调控,这与 Fe/MgO 体系中电场只能控制界面 Fe 原子层的 PMA 是不同的。为阐明 $BiFeO_3$/Fe₄N 异质结构中电场对各层 PMA 的调控机制,下面将从 $BiFeO_3$/Fe₄N 异质结构的晶体结构、电势和电荷等方面分析电场的作用。

从图 7-11(b)可以看出,在 $BiFeO_3$/Fe₄N 异质结构中,电场引起的界面距离和界面附近原子层中各原子的相对位移的变化不超过 0.28 Å。因此, $BiFeO_3$/Fe₄N 异质结构中,外加电场没有引起明显的结构畸变。图 7-12 给出了不同电场下 $BiFeO_3$/Fe₄N 异质结构的静电势。在 0 mV/Å 电场下,异质结构中 $BiFeO_3$ 的电势高于 Fe₄N 的电势。对异质结构施加正向和反向电场后,$BiFeO_3$ 的电势降低,Fe₄N 的电势升高,如图 7-12 所示。对于 $BiFeO_3$/Fe₄N 异质结构,外加电场下,即使 $BiFeO_3$ 的电势降低,仍然比 Fe₄N 的电势高,如图 7-12(c)所示。如

图 7-12（a）和（b）所示，6（-6）和 10（-10）mV/Å 的电场对 BiFeO₃/Fe₄N 异质结构的电势影响非常接近。因此，实验中只需要施加小的电场就可以影响异质结构的电势。结合图 7-11（c）和（d）可知，施加小电场也可以有效控制 Fe₄N 的 PMA，这将有利于降低器件的能耗。

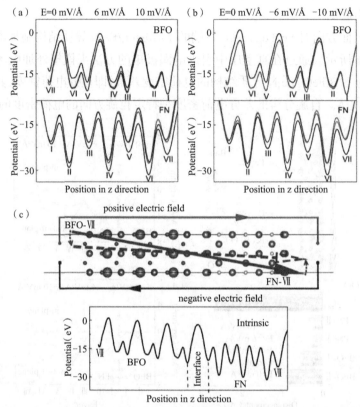

图 7-12　BiFeO₃/Fe₄N 异质结构在正向和负向电场下的静电势的平面分布图和电场调控 T-BiFeO₃/Fe₄N 异质结构的静电势变化的示意图，以及无电场作用时 T-BiFeO₃/Fe₄N 异质结构的本征静电势的平面分布图
（a）正向；（b）负向；（c）静电势变化和平面分布

　　对于 Fe 薄膜，电场之所以只能调控金属 Fe 的表面 MAE，对内部 MAE 没有影响，主要是由于 Fe 薄膜表面处形成了自旋屏蔽，该效应屏蔽了电场对内部 Fe 的作用。因此，接下来将分析 T-BiFeO₃/Fe₄N 异质结构中电场施加前后电荷密度的变化，并且分辨电荷密度的自旋取向，如图 7-13 所示。从图 7-13（a）的第一行电荷密度可以看出，在 6 mV/Å 电场下，Fe₄N 中出现明显的自旋向上的电荷密度变化。图 7-13（a）的第二行电荷密度指出，10 mV/Å 电场下 FN-I 和 FN-II 层发生的电荷密度变化主要表现出自旋向上特性，FN-III 到 FN-VII 层中自旋向上的电荷减少而自旋向下的电荷密度增加。在 6 和 10 mV/Å 电场下，BiFeO₃/Fe₄N 异质结构的平面电势是相似的，如图 7-12（a）所示。但是，如图 7-11（c）所示，6 mV/Å 电场对 MAE 的影响比 10 mV/Å 的电场的影响更明显，这应该与在 6 和 10 mV/Å 电场下 BiFeO₃/Fe₄N 异质结构中不同自旋取向的电荷密度变化有关，如图 7-13（a）所示。从图 7-13（a）的第二行和第三行电荷密度可以看出，在 0~10 和 6~10 mV/Å 的电场时，FN-III 到 FN-VII 层出现自旋向下的电荷聚集，说明该变化只出现在 10 mV/Å 电场下，在 6 mV/Å 电场下

未出现。因此，FN-III 到 FN-VII 层中自旋向下的电荷聚集需要较大的电场来激发。然而，从图 7-13（a）的第三行电荷密度可以看出，在电场由 6 mV/Å 变为 10 mV/Å 时，FN-I 和 FN-II 层中自旋向上电荷密度并未出现明显的变化。因此，异质结构中电场激发 Fe₄N 自旋向上的电荷密度变化并不依赖于电场大小。此外，从图 7-13（c）中可以看出，在 -6 mV/Å 电场下，整个 Fe₄N 出现明显的自旋向下电荷聚集。这些电荷密度变化结果表明，对于具有高自旋极化率的 Fe₄N，电场引起的电荷密度变化具有自旋极化的特征，并且电场的大小和方向均会影响自旋相关的电荷密度变化。因此，在 BiFeO₃/Fe₄N 异质结构中不存在自旋屏蔽效应，使得电场可以调控 Fe₄N 内部原子层的 MAE，而不仅发生在表面或界面处。

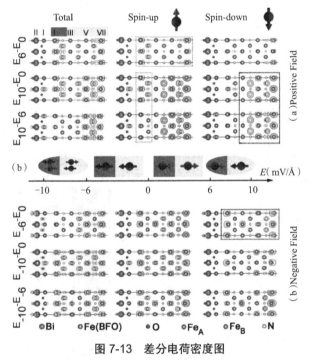

图 7-13　差分电荷密度图

（a）、（c）在不同电场下，BiFeO₃/Fe₄N 异质结构的（自旋）差分电荷密度图，黄色和蓝色分别表示电荷聚集和电荷消散，三列分别为总的差分电荷密度图、自旋向上和自旋向下的差分电荷密度图，其等值面分别为 0.02、0.13 和 0.13 e/Å³；（b）不同电场下，BiFeO₃/Fe₄N 异质结构中自旋分辨的电荷密度重构示意图

表 7-3 给出了不同电场下 BiFeO₃/Fe₄N 异质结构中界面原子的磁矩。在 0 和 6 mV/Å 电场下，FN-I-Fe$_B$ 的磁矩是正值，而在 10、-6 和 -10 mV/Å 电场下磁矩为负值。图 4-14（a）和（b）给出了不同电场下 BiFeO₃/Fe₄N 异质结构中界面原子的态密度。从图中可以看出，不同电场下 FN-I-Fe$_B$ 具有不同的态密度，这是其在不同电场下具有不同磁矩的原因。BFO-I-Fe$_+$ 指 I 层的 BiFeO₃ 中具有正的磁矩的 Fe 原子。如图 7-14（a）和（b）所示，在 10、-6 或 -10 mV/Å 的电场下，费米能级附近的电子占据态比 0 和 6 mV/Å 电场下的电子占据态多。同时，在 10、-6 或 -10 mV/Å 的电场下，在费米能级附近 FN-I-Fe$_B$ 的态密度为自旋向上，因此自旋极化率为正值。在 0 和 6 mV/Å 的电场下，FN-I-Fe$_B$ 的自旋极化率却是负值。因此，电场可以导致 FN-I-Fe$_B$ 的自旋极化率发生反转。为直观显示 FN-I-Fe$_B$ 自旋极化率的变化情况，计算了 0、6 和 -6 mV/Å 电场下 FN-I 层的 SSP，如图 7-14（c）所示。与 0 和 6 mV/Å 电场

相比，−6 mV/Å 电场下 FN-I-Fe$_B$ 的 SSP 发生反转。

表 7-3　在不同电场下，BiFeO$_3$/Fe$_4$N 异质结构中界面原子的磁矩　　　　单位：μ$_B$

	电场	0 mV/Å	6 mV/Å	10 mV/Å	−6 mV/Å	−10 mV/Å
不加 SOC 的磁矩	BFO-I-Fe	3.827/−3.799	3.832/−3.821	3.831/−3.808	3.879/−3.848	3.808/−3.801
	FN-I-Fe$_A$	2.912/2.911	2.955/2.949	2.962/2.955	2.754/2.774	2.950/2.929
	FN-I-Fe$_B$	2.493/2.610	2.584/2.596	2.573/2.532	−2.609/−2.752	−2.476/2.548
	FN-II-Fe$_B$	2.008/1.940	2.053/1.983	1.965/1.905	2.060/2.015	2.094/2.031
	FN-II-N	−0.015/0.019	−0.015/0.017	−0.026/−0.002	0.001/0.001	−0.002/0.001
加 SOC 的磁矩	BFO-I-Fe	3.832/−3.803	3.827/−3.817	3.769/−3.811	3.823/−3.806	3.900/−3.855
	FN-I-Fe$_A$	2.912/2.912	2.948/2.948	2.935/2.935	2.898/2.898	2.813/2.813
	FN-I-Fe$_B$	2.496/2.610	2.584/2.585	−2.528/2.514	−2.404/2.531	−2.650/−2.750
	FN-II-Fe$_B$	1.979/1.979	2.011/2.011	2.079/2.079	2.058/2.058	2.062/2.061
	FN-II-N	−0.012/0.021	−0.015/0.016	−0.003/−0.003	−0.002/0.004	−0.006/0.002

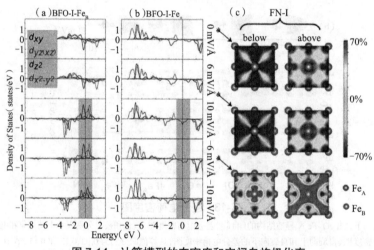

图 7-14　计算模型的态密度和空间自旋极化率

（a）、（b）在不同电场下，BiFeO$_3$/Fe$_4$N 异质结构中 FN-I-Fe$_B$ 和 BFO-I-Fe$_+$ 原子的态密度；（c）在 0、6 和 −6 mV/Å 电场下，BiFeO$_3$/Fe$_4$N 异质结构中 FN-I 层的 SSP

7.1.4　Fe$_4$N/BiFeO$_3$/Fe$_4$N 隧道结的输运特性

研究 Fe$_4$N/BiFeO$_3$/Fe$_4$N 隧道结的输运特性，发现了负的 TMR，揭示了负 TMR 的来源和布里渊区热点的位置、界面共振效应的关系。同时，发现加外偏压可以改变 TMR 的符号，揭示了偏压对 TMR 符号的影响机理。

采用 NEGF-DFT 方法计算隧道结的输运特性。选用线性原子轨道基组和双 -ζ 极化基组描述各原子的电子。采用自旋分辨的广义梯度近似 GGA 来描述体系的交换作用。Fe$_4$N/BiFeO$_3$/Fe$_4$N（001）隧道结由 T-BiFeO$_3$ 势垒层和两个半无限的 Fe$_4$N 电极构成。垂直于隧道结界面的方向设为 z 轴，在 x 和 y 方向周期性重复，如图 7-15（a）所示。从图 7-15（b）可以看出，Fe₄N/T-BiFeO₃/Fe₄N 隧道结中两侧电极的电势分布表现出明显的周期性，说明该隧道结中电极是足够厚的。隧道结的 $\mathbf{k}_\parallel$ 点密度为 6×10，截断能为 3 000 eV。哈密顿矩阵的自洽收敛精度为 5×10^{-5} eV。这些参数保证计算得到的 Fe₄N 能带结构与密度泛函理论的结果一致。自旋分辨的电导公式为

$$G_\sigma = \frac{e^2}{h} \sum_{\mathbf{k}_\parallel} T_\sigma(\mathbf{k}_\parallel, E_F) \qquad (7\text{-}3)$$

其中，$\sigma = \uparrow, \downarrow$ 表示自旋方向，$\mathbf{k}_\parallel = (k_x, k_y)$ 为横向布洛赫波矢，$T_\sigma(\mathbf{k}_\parallel, E_F)$ 是透射系数，E_F 是费米能级，e 为电子的电量，h 是普朗克常数。对应密度泛函理论的自旋向上和向下，NEGF-DFT 理论的载流子分为自旋多子和少子。计算透射率和电导时，$\mathbf{k}_\parallel$ 点选用 60×100。TMR 的定义为

$$\text{TMR} = \frac{G_{\text{PC}} - G_{\text{APC}}}{G_{\text{APC}}} \qquad (7\text{-}4)$$

其中，G_{PC} 和 G_{APC} 分别为隧道结在两侧电极的磁化方向平行和反平行时的电导值。

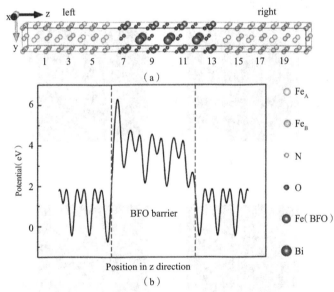

图 7-15　Fe₄N/BiFeO₃/Fe₄N 隧道结及其电势分布（图（b）中的垂直虚线表示 T-BiFeO₃/Fe₄N 界面位置）

（a）隧道结；（b）电势分布

CoFeB/MgO/Fe₄N 磁性隧道结具有负的 TMR，这是因为两侧的 Fe₄N/MgO 和 CoFeB/MgO 界面具有相反的自旋极化率，这与 Julliere 公式 TMR=$2P_1P_2/(1+P_1P_2)$ 的计算结果相吻合。然而，在含对称电极的 Fe₄N/BiFeO₃/Fe₄N 隧道结中，其电极的磁化强度方向平行时（平行态）的电导（1.482×10^{-4} e^2/h）小于强度方向反平行时（反平行态）的电导（1.557×10^{-4} e^2/h），TMR 为 -5%，这与 Julliere 公式计算的结果相矛盾。平行态 Fe₄N/T-BiFeO₃/Fe₄N 隧道结中自旋多子和少子的电导分别为 4.486×10^{-5} 和 1.034×10^{-4} e^2/h，而反平行态 Fe₄N/T-BiFeO₃/Fe₄N 隧道结中自旋多子到少子的电导为 1.280×10^{-4} e^2/h，自旋少子到多子的电导为 2.766×10^{-5} e^2/h。

为分析 Fe₄N/BiFeO₃/Fe₄N 隧道结中负 TMR 的来源,图 7-16 给出了隧道结在二维布里渊区中自旋分辨的透射率分布。从图中可以看到,在平行和反平行态隧道结中,特定的 $k_{\parallel}=(k_x, k_y)$ 点处有明显高于其他位置的透射率,这种具有高透射率的点被称为热点。如图 4-16(c)和(d)所示,在反平行态 Fe₄N/BiFeO₃/Fe₄N 隧道结中,布里渊区中热点位置可分为三类,分别是中心附近(1型)、边界附近(2型)和既不是中心附近也不是边界附近的位置(3型)。从图 4-16(c)可以看出,自旋多子到少子的透射率热点位置有两类:一类是 2型热点,位于 $k_{\parallel}=(-0.9\pi/a, -\pi/b)$ 和 $k_{\parallel}=(0.9\pi/a, -\pi/b)$,该热点处的透射率为 0.54%;另一类是 3型热点,位于 $k_{\parallel}=(-0.42\pi/a, 0.766\,6\pi/b)$ 和 $k_{\parallel}=(0.42\pi/a, -0.766\,6\pi/b)$,对应的透射率为 0.53%。自旋少子到多子的透射率热点为 1型,具体位置为 $k_{\parallel}=(-0.16\pi/a, 0)$ 和 $k_{\parallel}=(-0.16\pi/a, 0)$,透射率为 0.81%。然而,在平行态 Fe₄N/BiFeO₃/Fe₄N 隧道结中,自旋多子的透射率最高为 0.09%,在 $k_{\parallel}=(0.06\pi/a, 0)$ 和 $k_{\parallel}=(-0.06\pi/a, 0)$ 热点处自旋少子的透射率为 0.83%,该热点属于 1型,如图 7-16(a)和(b)所示。这些结果表明,平行和反平行态 Fe₄N/BiFeO₃/Fe₄N 隧道结的热点只分布在布里渊区的某些特定的位置,这与 BaTiO₃ 铁电性隧道结中大范围的高透射率分布特征是不同的。

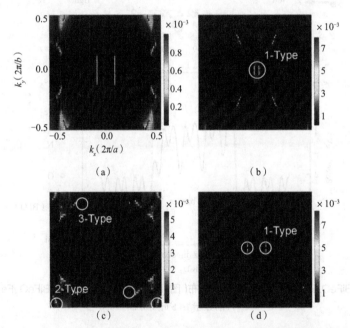

图 7-16　二维布里渊区中,Fe₄N/BiFeO₃/Fe₄N 隧道结的透射率

(a)平行态下自旋多子到少子;(b)平行态下自旋少子到多子;(c)反平行态下自旋多子到少子;(d)反平行态下自旋少子到多子

为进一步确定 Fe₄N/BiFeO₃/Fe₄N 隧道结中热点在 z 方向的位置,计算了各原子在热点位置的态密度,如图 7-17(a)所示。从图中可以看到,平行态 Fe₄N/T-BiFeO₃/Fe₄N 隧道结中左右界面(也就是第 6 层和第 14 层)的态密度明显高于其他层,这种特殊的态密度分布说明平行态隧道结具有界面共振隧穿态。在反平行态 Fe₄N/T-BiFeO₃/Fe₄N 隧道结中,三种热点对应不同的界面共振隧穿情况,其中,1型和 2型热点(图 7-17(b)和(c))表现出明显的界面共振,而 3型热点(图 7-17(d))的界面共振隧穿特征明显弱于 1型和 2型。在 CoFe/MgO/CoFe 磁性隧道结中,具有界面共振隧穿态的热点分布在二维布里渊区边界。然而，在反平行态 Fe₄N/BiFeO₃/Fe₄N 隧道结中，具有界面共振隧穿态的热点不仅分布在二维布里渊区边界附近，也出现在中心。特别地，平行态 Fe₄N/BiFeO₃/Fe₄N 隧道结仅表现出 1 型热点，反平行态 Fe₄N/T-BiFeO₃/Fe₄N 隧道结不仅表现出 1 型热点，还有 2 型和 3 型热点。反平行态 Fe₄N/BiFeO₃/Fe₄N 隧道结中丰富的热点和界面共振隧穿态使反平行态隧道结的电导高于平行态隧道结的电导，从而出现负的 TMR。此外，Fe₄N/BiFeO₃/Fe₄N 隧道结的电导(约 $10^{-4}\ e^2/h$)明显高于 Co/BaTiO₃/CoO/Co 和 LaNiO₃/BaTiO₃/La-NiO₃ 隧道结(约 $10^{-8}\ e^2/h$)，这与隧道结中界面共振隧穿态相关。

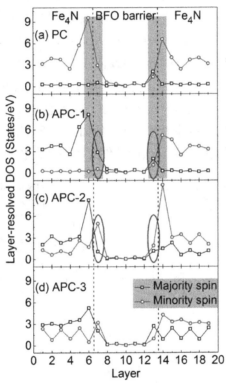

图 7-17　平行态 Fe₄N/BiFeO₃/Fe₄N 隧道结在 k∥=(0.06π/a, 0)热点处不同原子层的态密度与反平行态隧
道结在 k∥=(0.16π/a, 0)、k∥=(0.9π/a, -π/b)和 k∥=(-0.42π/a, 0.766 6π/b)热点处不同原子层的态密度
(各热点在布里渊区的位置见图 7-16。图(a)~(d)中黑色和红色分别表示自旋多子和自旋少子，第 1 层
到第 19 层与图 7-15(a)对应，垂直虚线表示界面区域)
(a)PC；(b)APC-1；(c)APC-2；(d)APC-3

在平行和反平行态 Fe₄N/BiFeO₃/Fe₄N 隧道结中，反铁磁性 BiFeO₃ 势垒层表现出不同的输运特性。从图 7-17(a)可以看出，在平行态 Fe₄N/T-BiFeO₃/Fe₄N 隧道结中，第 7 层 T-BiFeO₃ 的自旋少子的态密度明显高于自旋多子的态密度，这与第 13 层的情况相反。如图 4-17(b)所示，在反平行态 Fe₄N/BiFeO₃/Fe₄N 隧道结的 1 型热点处，第 7 层和第 13 层 BiFeO₃ 的自旋多子的态密度均高于自旋少子的态密度。在反平行态 Fe₄N/BiFeO₃/Fe₄N 隧道结的 2 型热点处(如图 7-17(c))，第 7 层和第 13 层 T-BiFeO₃ 的自旋多子态密度均低于自旋少子的态密度。因此，反平行态 Fe₄N/BiFeO₃/Fe₄N 隧道结中 BiFeO₃ 磁性势垒层具有自旋相关的界面共振隧穿态。这些结果说明势垒层的界面磁性可以影响隧道结的输运特性。因

此,对于其他含磁性势垒层的隧道结或多铁性隧道结,磁性势垒层对输运特性的影响,不仅要考虑势垒高度和宽度,也要考虑势垒层的磁性。

图 7-18 给出了 $Fe_4N/BiFeO_3/Fe_4N$ 隧道结的总电导、自旋分辨电导和 TMR 随偏压的变化关系。平行态隧道结的电导 G_{PC} 是自旋分辨电导 $G_{PC}^{\uparrow\uparrow}$ 和 $G_{PC}^{\downarrow\downarrow}$ 的和;反平行态隧道结的电导 G_{APC} 是自旋分辨电导 $G_{APC}^{\uparrow\downarrow}$ 和 $G_{APC}^{\downarrow\uparrow}$ 的和,可以得到 $Fe_4N/BiFeO_3/Fe_4N$ 隧道结的 TMR 为

$$\text{TMR} = \frac{G_{PC} - G_{APC}}{G_{APC}} = \frac{(G_{PC}^{\uparrow\uparrow} + G_{PC}^{\downarrow\downarrow}) - (G_{APC}^{\uparrow\downarrow} + G_{APC}^{\downarrow\uparrow})}{G_{APC}^{\uparrow\downarrow} + G_{APC}^{\downarrow\uparrow}} \quad (7\text{-}5)$$

可以看到, TMR 的符号由 $G_{PC}^{\uparrow\uparrow} + G_{PC}^{\downarrow\downarrow}$ 和 $G_{APC}^{\uparrow\downarrow} + G_{APC}^{\downarrow\uparrow}$ 的相对大小决定。但是,在 0 或 200 mV 偏压下,隧道结中 $G_{APC}^{\uparrow\downarrow} + G_{APC}^{\downarrow\uparrow}$ 比 $G_{PC}^{\uparrow\uparrow} + G_{PC}^{\downarrow\downarrow}$ 大,从而出现负的 TMR;在 100 或 150 mV 偏压下,隧道结中 $G_{APC}^{\uparrow\downarrow} + G_{APC}^{\downarrow\uparrow}$ 比 $G_{PC}^{\uparrow\uparrow} + G_{PC}^{\downarrow\downarrow}$ 小,导致正的 TMR,如图 7-18 所示。因此,在偏压由 0 mV 变化到 100 mV 时,隧道结的 TMR 会由负值转变为正值;在偏压由 150 mV 变化到 200 mV 时,TMR 会由正值转变为负值。$Fe_4N/BiFeO_3/Fe_4N$ 隧道结中电场可控的正负 TMR 可以对应两种互补的逻辑态,这在器件中可以通过施加的偏压来调控。因此, $Fe_4N/BiFeO_3/Fe_4N$ 隧道结可以作为磁性逻辑电路中可切换的部件应用到自旋电子学器件中。

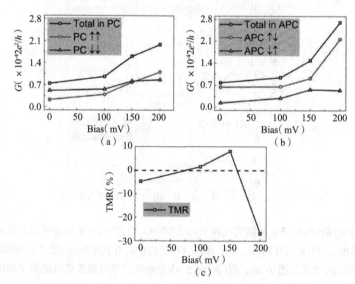

图 7-18 $Fe_4N/BiFeO_3/Fe_4N$ 隧道结中总电导和自旋分辨电导随偏压的变化关系(↑↑(↓↓)表示平行态下自旋多子(少子)到多子(少子)的电导,↑↓(↓↑)表示反平行态下自旋多子(少子)到少子(多子)的电导)和隧道结中 TMR 随偏压的变化关系

(a)平行态;(b)反平行态;(c)TMP 随偏压变化关系

7.2　$La_{2/3}Sr_{1/3}MnO_3/BiFeO_3/Fe_4N$ 隧道结的输运特性

研究具有不对称电极的 $LSMO/BiFeO_3/Fe_4N$ 多铁性隧道结的输运特性,获得了高自旋极化的四种阻态,出现了大的 TMR(-2 504%)和 TER(12 520%)。进一步对 $LSMO/BiFeO_3/Fe_4N$ 隧道结施加光照,获得 ~100% 自旋极化的光电流。特别地,线偏振光照射下的

LSMO/BiFeO₃/Fe₄N 多铁隧道结表现出多铁光伏效应，预测了多铁隧道结中自旋、铁电和光之间的耦合，为设计多场调控的新型自旋电子学器件提供了理论基础。

通过 NEGF-DFT 进行计算，选用线性原子轨道基组和双 -ζ 极化基组描述各原子的电子态。采用自旋分辨的广义梯度近似 GGA 描述交换作用。为保证 LSMO 的半金属特性，在 NEGF-DFT 计算中对 LSMO 的 Mn d 轨道施加哈伯德库仑排斥系数 U=5 eV。LSMO/BiFeO₃/Fe₄N（001）多铁性隧道结由 BiFeO₃ 势垒层和半无限长的 LSMO、Fe₄N 电极构成，如图 7-19 所示。LSMO 和 Fe₄N 分别选用了稳定的 LaO 和 Fe_AFe_B 终端。垂直于 LSMO/T-BiFeO₃/Fe₄N 隧道结中界面的方向为 z 方向，在 x 和 y 方向周期性重复。本节将模拟 LSMO/T-BiFeO₃/Fe₄N（001）隧道结生长在 LaAlO₃ 基底上的情况，因此将隧道结的 xy 面内晶格常数固定为 LaAlO₃ 的实验值 a=3.789 Å。通过密度泛函理论的优化计算获得隧道结中各原子的位置和界面距离。根据公式（7-3），计算了自旋分辨的电导。图 7-19（a）~（d）给出了 LSMO/BiFeO₃/Fe₄N 多铁性隧道结的四种阻态示意图。根据公式（7-4），计算隧道结的 TMR，式中的 G_{PC} 和 G_{APC} 是某一铁电极化方向下隧道结两端电极的磁化方向平行和反平行下的总电导值。隧道结的 TER 定义为

$$\mathrm{TER} = \frac{G_{\mathrm{right}} - G_{\mathrm{left}}}{G_{\mathrm{left}}} \tag{7-6}$$

其中，G_{right} 和 G_{left} 分别是（反）平行态隧道结中铁电极化方向指向右电极和左电极的总电导值。

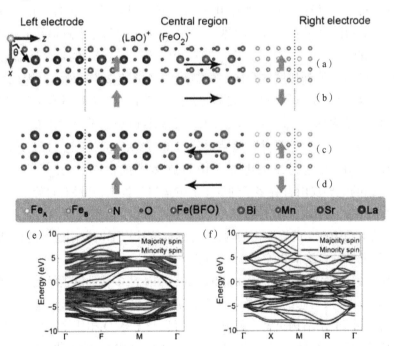

图 7-19　LSMO/BiFeO₃/Fe₄N 多铁性隧道结的四种阻态示意图（灰色箭头表示 LSMO 和 Fe₄N 电极的磁化方向，黑色箭头表示 BiFeO₃ 的铁电极化方向，θ 为线偏振光的偏振方向与 x 轴的夹角）与块体 LSMO 和 Fe₄N 的能带结构

（a）（FE_night，PC）；（b）（FE_night，APC）；（c）（FE_left，PC）；（d）（FE_left，APC）；（e）LSMO 能带结构；（f）Fe₄N 能带结构

在 NEGF-DFT 中,归一化的光电流,即光响应函数(photoresponse function, R),可以定义为

$$R_L^{(ph)} = \frac{J_L^{(ph)}}{eI_w} \tag{7-7}$$

其中, $J_L^{(ph)}$ 是流入左电极的光电流, e 是电子电量, I_w 是光子通量。本节中,光子沿着 LSMO/ BiFeO₃/Fe₄N 隧道结的 y 方向入射,并且正的 R 值表示光电流的方向是从 LSMO 到 Fe₄N。

图 7-19(e)和(f)给出了块体 LSMO 和 Fe₄N 的能带结构。半金属性 LSMO 的费米能级由自旋多子占据,具有 100% 的自旋极化率。Fe₄N 的费米能级主要由自旋少子占据,具有高的负自旋极化率。图 7-19(a)~(d)给出了多铁性隧道结中铁电极化和磁化状态调控的四种阻态。在铁电极化方向向右的情况下,多铁性隧道结出现 −2 504% 的 TMR,这个数值远大于铁电极化向左时 65% 的 TMR,说明势垒层 BiFeO₃ 的铁电极化对多铁性隧道结的 TMR 有非常明显的影响,这种行为在无铁电势垒层的普通磁性隧道结中是不存在的。同时,平行态多铁性隧道结的 TER 是 69%,反平行多铁性隧道结的 TER 为 12 520%。可见,多铁性隧道结的 TER 可以通过调整两端电极的磁化状态来改变,这种特性在只有普通金属电极的铁电性隧道结是不存在的。这些结果说明在 LSMO/BiFeO₃/Fe₄N 多铁性隧道结中,通过调节势垒层的铁电极化方向和两端电极的磁化状态可实现大的 TMR 和 TER。

图 7-20(a)~(d)给出了不同阻态下 LSMO/BiFeO₃/Fe₄N 多铁性隧道结的透射率在二维布里渊区中的分布。可以看出,尽管四种阻态下隧道结的热点的位置各不相同,对应图中红色的点。图 7-20(e)汇总了四种阻态的热点,可以看出不同阻态下隧道结的热点围成的面积按照(FE_right, APC)、(FE_right, PC)、(FE_left, PC)和(FE_leftt, APC)的顺序逐渐增大。然而,各阻态下隧道结的电导值却按照这个顺序逐渐减小,如图 7-20(f)所示。因此, LSMO/BiFeO₃/Fe₄N 多铁性隧道结中电导的变化趋势与热点围成的区域面积具有负相关性。平行态多铁性隧道结的电导为 $G_{PC} = G_{PC}^{\uparrow\uparrow} + G_{PC}^{\downarrow\downarrow}$,反平行态多铁性隧道结的电导为 $G_{APC} = G_{APC}^{\uparrow\downarrow} + G_{APC}^{\downarrow\uparrow}$。然而,在 LSMO/BiFeO₃/Fe₄N 多铁性隧道结中, $G_{PC}^{\downarrow\downarrow}$ 和 $G_{APC}^{\downarrow\uparrow}$ 为 0。(FE_right, PC)或(FE_left, PC)态下 LSMO/BiFeO₃/Fe₄N 隧道结的电导仅由自旋多子提供;而(FE_right, APC)或(FE_left, APC)态下隧道结的电导仅由自旋多子到少子的输运过程提供,并没有自旋少子到多子的参与,说明 LSMO/BiFeO₃/Fe₄N 多铁性隧道结表现出约 100% 自旋极化的输运特性。为进一步确认该隧道结中约 100% 自旋极化的输运特性,本节计算了四种阻态下隧道结的散射态,其分布说明了隧道结的自旋极化输运特征,如图 7-21 所示。

此外,从图 7-21 的底部可以看出, LSMO/BiFeO₃/Fe₄N 多铁性隧道结的磁化状态由平行态转变为非平行态时,散射态的变化集中体现在 BiFeO₃/Fe₄N 界面附近,这说明多铁性隧道结的输运性质由界面电子结构决定。需要注意的是,与 LSMO 相比,软磁材料 Fe₄N 具有更小的矫顽场,因而更容易被外磁场翻转。所以,计算中将 LSMO 的磁化方向固定为正值,而将 Fe₄N 的磁化方向分别设为正值和负值来体现多铁隧道结的平行态和反平行态。

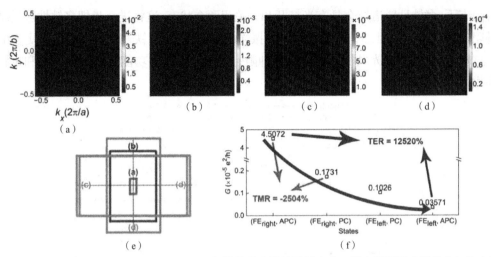

图 7-20　不同阻态下 LSMO/*T*-BiFeO₃/Fe₄N 多铁性隧道结的透射率在二维布里渊区中的分布与热点位置
缩略图和电导值

（a）铁电极化向右时反平行态 LSMO/BiFeO₃/Fe₄N 隧道结中自旋多子到少子的透射率；

（b）铁电极化向右时平行态隧道结中自旋多子到多子的透射率；

（c）铁电极化向左时平行态 LSMO/*T*-BiFeO₃/Fe₄N 隧道结中自旋多子到多子的透射率；

（d）铁电极化向左时反平行态隧道结中自旋多子到少子的透射率；（e）热点位置缩略图；（f）电导值

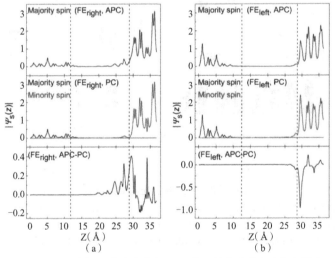

图 7-21　LSMO/BiFeO₃/Fe₄N 多铁性隧道结中自旋分辨的散射态分布（垂直虚线表示 LSMO/BiFeO₃ 和
BiFeO₃/Fe₄N 界面位置）

（a）铁电极化向右；（b）铁电极化向左

　　因此，多铁性隧道结的磁化状态由平行态转变为反平行态时，散射态的变化出现在 Bi-
FeO₃/Fe₄N 界面附近，而 LSMO/BiFeO₃ 界面附近则无明显变化。

　　在 LSMO/BiFeO₃/Fe₄N 多铁性隧道结中出现大的 TMR 和 TER 的基础上，进一步通过
光照来影响隧道结的电阻状态。从图 7-22（a）可以看出，在线偏振光的照射下，四种阻态的
LSMO/BiFeO₃/Fe₄N 隧道结中出现光电流，并且光电流随 θ 的变化而变化。从图 7-22（a）可
以看出，多铁性隧道结中光电流的大小受光子能量的影响。特别地，在铁磁性和铁电性调控

的各阻态下,多铁性隧道结会具有光打开和光关闭两个状态,这将进一步把多铁性隧道结的四种阻态扩大到八种阻态。如果改变线偏振光的偏振方向,多铁性隧道结将具有更多的阻态。这种自旋、铁电和光共同调控下的多种阻态为设计新型多功能的信息存储器和逻辑器件提供了理论基础。

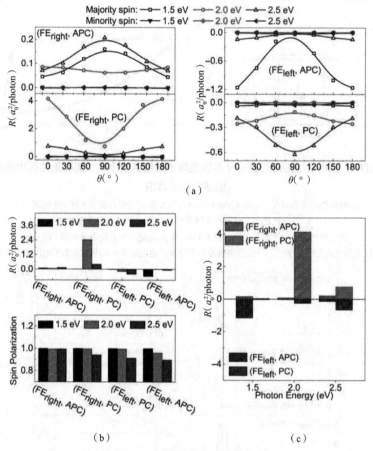

图 7-22　隧道结的光电输运特性

(a)线偏振光照射下 LSMO/BiFeO₃/Fe₄N 多铁性隧道结的自旋分辨的光电流,θ 为线偏振光的偏振方向与 x 轴的夹角,a_0 为波尔半径,黑色、红色和蓝色分别对应 1.5、2.0 和 2.5 eV 的光子能量;(b)左旋光照射下 LSMO/BiFeO₃/Fe₄N 隧道结的光电流及其自旋极化率;(c)线偏振光照射下 LSMO/BiFeO₃/Fe₄N 隧道结中产生的光电流的最大值

如图 7-22(a)所示,四种阻态下多铁性隧道结中激发的光电流具有 100% 的自旋极化率,例如 1.5 eV 光子能量照射下的(FE_{right},APC)态和 2.5 eV 光子照射下的(FE_{left},PC)态。光电流的自旋极化率定义为 $(R_{majority\text{-}spin} - R_{minority\text{-}spin})/(R_{majority\text{-}spin} + R_{minority\text{-}spin})$,$R_{majority\text{-}spin}$ 和 $R_{minority\text{-}spin}$ 分别为自旋多子和自旋少子光电流。进一步使用具有相同光子能量的左旋圆偏振光和右旋圆偏振光照射 LSMO/BiFeO₃/Fe₄N 隧道结,发现光电流也具有高自旋极化率,最高可达约 100%,如图 7-22(b)所示。这些结果表明,线偏振光和圆偏振光均可在 LSMO/BiFeO₃/Fe₄N 隧道结中产生高自旋极化的光电流。

LSMO/BiFeO₃/Fe₄N 多铁性隧道结中光电流不仅可由光进行调控,也可以由隧道结的铁电极化方向和磁化状态来调控。从图 7-22(a)可以看出,在铁电极化向左和向右的情况下,多铁性隧道结分别具有正和负的光电流,这说明多铁性隧道结中光电流的方向是由势垒层的铁电极化方向决定的。这种铁电极化调控的光电流说明了 LSMO/BiFeO₃/Fe₄N 多铁性隧道结中存在光伏效应。在 2.0 eV(2.5 eV)光子能量的线偏振光照射下(图 7-22(c)),平行态隧道结中激发的光电流最大值大于反平行态隧道结中的值,这一现象在铁电极化向左或向右的情况均存在。在 1.5 eV 光子能量的线偏振光照射下,平行态多铁性隧道结中光电流最大值小于反平行态下的值。可见,在特定的光子能量下,多铁性隧道结中激发的光电流大小受两端电极中磁化状态的调控。从图 7-22(c)可以看出,在 1.5 eV(2.0 eV)的光子能量下,铁电极化向右的多铁性隧道结中激发的光电流大于铁电极化向左时激发的光电流。因此,在多铁性隧道结中,铁电极化方向不仅可以调控光电流的方向,还可以影响光电流的大小。

综上所述,在特定光子能量的线偏振光下, LSMO/BiFeO₃/Fe₄N 多铁性隧道结中光电流的大小由铁电极化和磁化状态共同调控,而光电流的方向仅由势垒层的铁电极化方向控制。类比铁电光伏效应,将 LSMO/BiFeO₃/Fe₄N 多铁隧道结中这种铁电和铁磁共同调控的光伏效应称为多铁光伏效应。对于同时具有铁电极化特性和光照射的器件,其总哈密顿量 H 将在原始哈密顿量 H_0 的基础上加入铁电和光微扰项,如下

$$H = H_0 + H_1 = -\frac{1}{2}\nabla^2 + \int d\mathbf{r'}\frac{\rho(\mathbf{r'})}{|\mathbf{r}-\mathbf{r'}|} + V_{ion-e}(\mathbf{r}) + V_{dp}(\mathbf{r}) + V_{ext}(\mathbf{r}) + V_{xc}(\mathbf{r}) + \frac{e}{m_0}\mathbf{A}\cdot\hat{\mathbf{p}} \quad (7-8)$$

其中,各项分别对应动能、外势能、电子 - 离子势、铁电极化引起的退极化场、电子与电子的库仑排斥作用、交换关联势和光子 - 电子相互作用。将未考虑自旋时获得的矩阵元扩展为具有自旋向上、自旋向下以及两种自旋间相互作用的 2×2 矩阵,总哈密顿量 H 可以表示为

$$H \rightarrow \begin{bmatrix} H_{\uparrow\uparrow} & H_{\uparrow\downarrow} \\ H_{\downarrow\uparrow} & H_{\downarrow\downarrow} \end{bmatrix} \quad (7-9)$$

在 NEGF-DFT 中,半无限长电极对中心区哈密顿量的贡献用自能 $\Sigma^{r,a}$ 描述。在不受光照射的情况下,格林函数的表达式为

$$G_0^{r,a} = [ES - H_0 - \Sigma^{r,a}]^{-1} \quad (7-10)$$

其中,E 是电子能量,S 是交叠矩阵(overlap matrix),$G_0^{r,a}(E)$ 是未受光子影响的推迟或超前格林函数。根据公式,光子 - 电子耦合作用下的较小和较大格林函数为

$$G^{<(ph)}(E) = G_0^r(E)\Sigma^{<(ph)}G_0^a(E), \ G^{>(ph)}(E) = G_0^r(E)\Sigma^{>(ph)}G_0^a(E) \quad (7-11)$$

其中,自能 $\Sigma^{<,>(ph)}$ 是通过波恩近似(Born approximation)得到的。根据公式(7-10)和(7-11),流入左电极的光电流可表示为

$$J_L^{(ph)} = \frac{ie}{h}Tr\int\Gamma_L[G^{<(ph)}(E) + f_L(E)(G^{>(ph)} - G^{<(ph)})]dE$$

$$= \frac{ie}{h}Tr\int\Gamma_L[(1-f_L(E))G_0^r(E)\Sigma^{<(ph)}G_0^a(E) + f_L(E)G_0^r(E)\Sigma^{>(ph)}G_0^a(E)]dE$$

$$= \frac{ie}{h}Tr\int\Gamma_L[(1-f_L(E))[ES-H_0-\Sigma^r]^{-1}\Sigma^{<(ph)}[ES-H_0-\Sigma^a]^{-1} + f_L(E)[ES-H_0-\Sigma^r]^{-1}$$

$$\Sigma^{>(ph)}[ES-H_0-\Sigma^a]^{-1}]dE$$

$$(7-12)$$

其中，f_L是左电极的费米分布函数。从公式（7-8）、（7-9）和（7-12）可以看出，光电流依赖于自旋和铁电特性。因此，LSMO/T-BiFeO₃/Fe₄N多铁性隧道结中激发的光电流能够随着铁电极化和磁化状态发生变化，从而表现多铁光伏效应。

对于受线偏振光照射的LSMO/BiFeO₃/Fe₄N多铁隧道结，其两侧电极中相对平行或反平行的磁矩取向和势垒层中正或负的铁电极化方向是可以通过电场和磁场控制的，因此可作为信息载体应用到存储器中。如图7-23所示，LSMO/BiFeO₃/Fe₄N隧道结可被设计为交叉式微阵列结构，其中每一个单元均可在光照条件下产生短路光电流。一方面，隧道结的自旋、铁电和光等物理性质可全部用于写入信息。这三种信息因子每个都具有两个基本状态，可形成八种组合结果，对应八进制存储。与传统的二进制存储相比，八进制存储方式将明显提高存储器的存储密度。另一方面，自旋、铁电和光信息因子不仅可用于写入信息，也可用于读取信息。从图7-22可以看出，LSMO/BiFeO₃/Fe₄N隧道结在四种阻态下的光电流是不同的。因此，多特性隧道结的四种阻态可用作写入信息，而四种阻态下不同的光电流可用来读取阻态，这种"多铁写光读"的信息模式可对应四进制储存。LSMO/BiFeO₃/Fe₄N隧道结中自旋、铁电和光之间的耦合为设计多功能自旋电子学器件提供了理论基础。

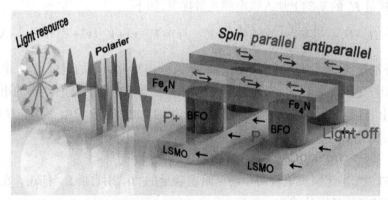

图7-23　LSMO/T-BiFeO₃/Fe₄N多铁性隧道结基多阻态器件示意图（黑色箭头表示LSMO的自旋取向，红色或蓝色则表示Fe₄N的磁矩取向。紫色和橙色表示T-BiFeO₃的铁电极化方向指向Fe₄N（对应P₊）和背离Fe₄N（对应P₋）。青色和绿色表示隧道结是否受到线偏振光照射）

7.3　Fe₄N/PMN-PT异质结构的磁各向异性

Fe₄N/PMN-PT异质结构的计算采用基于密度泛函理论的VASP软件包来进行。Fe₄N/PMN-PT异质结构包括五层Fe₄N和五层PMN-PT，真空层为15 Å，Fe₄N和PMN-PT都采用2×2的超胞。PMN-PT最底端层的原子被固定。Fe₄N/PMN-PT异质结构的面内晶格常数被固定以消除应力效应的影响。Fe₄N/PMN-PT异质结构以PMN-PT的（110）面作为基底，上面放置Fe₄N（110），晶格失配度约为5.13%。块体PMN-PT的计算采用2×2×2的超胞，K点网格为7×7×7。Fe₄N/PMN-PT异质结构的K点网格为7×5×1。平面波截断能为500 eV，能量和力的收敛标准为10⁻⁵ eV和0.01 eV/Å。MAE计算考虑自旋-轨道耦合，利用二阶微扰公式可以得到层分辨的MAE和轨道耦合矩阵元对MAE的贡献。正值代表

PMA，负值代表 IMA。

　　首先分析块体 PMN-PT 的性质，如图 7-24 所示。$Pb(Mg_{1/3}Nb_{2/3})O_3$ 和 $PbTiO_3$ 含量的变化导致块体 $(1-x)$PMN-xPT 具有丰富的相结构。当 $x<0.30$ 时，PMN-PT 具有菱形相结构，并且当 $x<0.30$ 时，在铁磁体 /$(1-x)$PMN-xPT 异质结构中观察到了非易失性的电场控制的磁化翻转。Tan 等首次给出块体 0.75PMN-0.25PT 的晶格结构，并且计算得到它的铁电极化强度为 62.4 $\mu C/cm^2$。块体 0.75PMN-0.25PT 具有赝立方结构，如图 7-24（a）所示。它的晶格参数为 a=8.025 Å、b=7.935 Å、c=7.994 Å、α=89.889°、β=89.977°、γ=89.864°。因此，在本节中选用 0.75PMN-0.25PT 来进行研究。图 5-12（b）给出了块体 0.75PMN-0.25PT 的能带结构和态密度。图中显示块体 PMN-PT 为直接带隙半导体，带隙为 1.88 eV。块体 PMN-PT 的自旋向上和自旋向下的能带完全重合，表明 PMN-PT 不具有磁性。完全对称的自旋态密度也证实了 PMN-PT 没有磁性。块体 PMN-PT 的价带主要由 O 2p 轨道提供，导带则由杂化的 Ti 3 d、Nb 4 d 和 Pb 6p 共同提供。

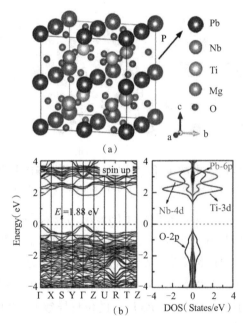

图 7-24　块体 PMN-PT 的晶体结构、能带结构和态密度
（a）晶体结构；（b）能带结构和态密度

　　图 7-25 给出了四种不同界面的 Fe_4N/PMN-PT 异质结构优化后的结构图。在铁电体 PMN-PT 中，考虑两种可能的界面终端，MgNb 和 TiNb 终端。正的铁电极化方向从 PMN-PT 指向 Fe_4N。在 MgNb 终端模型中，研究铁电极化方向对 Fe_4N/PMN-PT 异质结构的磁各向异性的影响，两种铁电极化方向的终端命名为 $MgNb(P_+)$ 和 $MgNb(P_-)$。在 TiNb 终端模型中，研究界面氧化对磁各向异性的调控，终端命名为 TiNb 和 TiNb-Oxi。对于界面氧化的 TiNb-Oxi 终端，在界面处添加一个额外的 O 原子来模拟界面氧化。在 TiNb 和 TiNb-Oxi 终端中，铁电极化方向都为正。在四种 Fe_4N/PMN-PT 模型中，界面结构发生明显地改变，主要

是界面 Pb 原子的位移。与 Mg、Ti 和 Nb 原子相比,界面 Pb 原子朝着 Fe₄N 层移动,说明 Fe₄N/PMN-PT 异质结构具有较强的界面耦合作用。在图 7-25(c)中,铁电极化方向的反转导致界面 Pb 原子发生了更大的位移。同时 PMN-PT 中的界面 O 原子也朝着 Fe₄N 层移动。与 TiNb 终端相比,过氧化的 TiNb-Oxi 终端影响了 O 原子周围的 Fe 和 Pb 原子的分布,如图 7-25(d)所示。这些界面结构的变化将引起 PMN-PT 的磁矩和磁各向异性的改变。

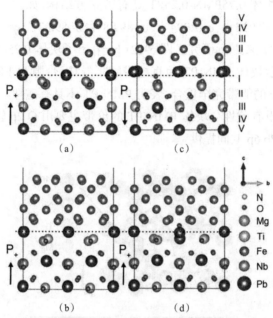

图 7-25　四种不同界面的 Fe₄N/PMN-PT 异质结构优化后的结构图
(a)Fe₄N/MgNb(P₊);(b)Fe₄N/TiNb;(c)Fe₄N/MgNb(P₋);(d)Fe₄N/TiNb-Oxi

　　四种 Fe₄N/PMN-PT 异质结构中界面原子的磁矩列在表 7-4 中。在 MgNb(P₊)终端中,界面 Pb 原子的磁矩为 $-0.118\,\mu_B$,与 Fe 原子形成反铁磁排列。在界面的 Nb 和 Ti 原子也出现了负的磁矩。块体 PMN-PT 本身没有磁性,因此诱导出的磁矩应当归因于 Fe₄N 和 PMN-PT 的界面耦合。在四种 Fe₄N/PMN-PT 异质结构中 MgNb(P₋)终端的界面 Pb 原子具有最大的磁矩,并且 Pb 原子的位移也最大。Pb 原子的位移导致 Fe 和 Pb 原子之间的键长变短,Fe 和 Pb 原子的轨道杂化导致 Pb 原子产生较大的交换劈裂,因此 Pb 原子的磁矩增加。当铁电极化从正方向反转到负方向时,界面 Fe 原子的磁矩变化微弱,可见铁电极化方向的改变对 Fe 原子的磁矩影响很小。但是,对于纯的 TiNb 终端和氧化的 TiNb-Oxi 终端,界面氧化导致 Fe 原子的磁矩增大了约 $0.4\,\mu_B$。Fe 原子的磁矩改变来源于界面 Fe 和 O 原子之间的杂化。在 TiNb-Oxi 终端中,界面 Pb 原子的磁矩是最小的,表明界面氧化导致磁电耦合作用减小。由此可见,界面结构可以改变多铁性异质结构的磁电耦合,进而影响磁各向异性。

表 7-4　Fe₄N/PMN-PT 异质结构中界面原子的磁矩

磁矩(μ_B)	Fe₄N/MgNb(P₊)	Fe₄N/MgNb(P₋)	Fe₄N/TiNb	Fe₄N/TiNb-Oxi
Pb	−0.118	−0.168	−0.104	−0.068

续表

磁矩（μ_B）	Fe₄N/MgNb(P_+)	Fe₄N/MgNb(P_-)	Fe₄N/TiNb	Fe₄N/TiNb-Oxi
Nb	−0.404	0.02	−0.306	−0.436
Mg	−0.010	−0.004	—	—
Ti	—	—	−0.787	−0.662
O	−0.012	0.029	0.000	0.005
Fe	2.431	2.515	1.910	2.329

图 7-26 给出了 Fe₄N/PMN-PT 异质结构的 MAE。Fe₄N/MgNb(P_+) 异质结构具有 PMA 而 Fe₄N/TiNb 异质结构表现为 IMA，说明 Fe₄N/PMN-PT 异质结构的 MAE 的符号依赖于界面终端。在 Fe₄N/MgNb(P_-) 异质结构中，铁电极化方向的反转导致 PMA 增强了三倍以上。这一现象表明铁电极化反转确实会导致磁各向异性发生变化，同时也证明了界面较强的磁电耦合作用。当 TiNb 终端被氧化时，Fe₄N/TiNb-Oxi 异质结构的 MAE 减小，甚至从 IMA 转变为 PMA。这一结果与 Fe/MgO 界面的氧化情况相类似。将 Fe₄N/PMN-PT 异质结构中 Fe₄N 和 PMN-PT 的 MAE 贡献分开，得到图 7-26（b）和（c）。从图中可以看出，四种模型中 Fe₄N 都表现为 PMA，铁电极化方向的反转对 Fe₄N 的 PMA 影响较小，而 PMN-PT 的 MAE 发生明显的变化。当铁电极化的方向反转时，PMN-PT 的磁化方向从面内转向面外。与纯的 TiNb 终端相比，界面氧化使 Fe₄N 和 PMN-PT 的磁各向异性明显减小。这些现象表明界面耦合作用诱导了 PMN-PT 的磁各向异性，并且 PMN-PT 的磁各向异性可以通过铁电极化和界面氧化进行调控。

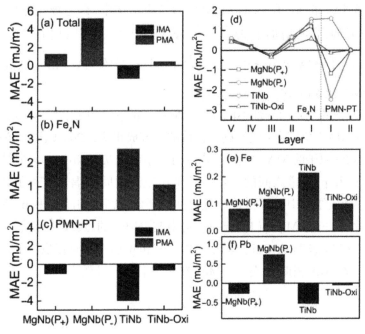

图 7-26　Fe₄N/PMN-PT 异质结构的 MAE

（a）总 MAE；（b）Fe₄N 的 MAE；（c）PMN-PT 的 MAE；（d）Fe₄N/PMN-PT 异质结构的层分辨的 MAE；
（e）界面 Fe₄N 层的 Fe 原子的 MAE；（f）界面 PMN-PT 层的 Pb 原子的 MAE

　　为了使 Fe₄N 和 PMN-PT 的磁各向异性的来源更加清晰,图 7-26(d)给出了 Fe₄N/PMN-PT 异质结构的层分辨的 MAE。由于强的界面磁电耦合, Fe₄N/PMN-PT 异质结构的 MAE 主要来源于界面 Fe₄N 和 PMN-PT 层。在四种 Fe₄N/PMN-PT 异质结中,界面 PMN-PT 层的 MAE 差异明显。铁电极化方向的反转导致界面 PMN-PT 层的磁各向异性发生符号的改变,界面氧化导致 PMN-PT 层的磁各向异性明显减小。在图 7-26(e)和(f)中,界面 Fe 和 Pb 原子的 MAE 变化趋势与 Fe₄N 和 PMN-PT 的总 MAE 趋势相同。在图 7-26(f)中,界面 PMN-PT 层的磁各向异性主要由界面 Pb 原子贡献, Pb 原子的磁各向异性主要来自 Pb 的 p 轨道, Pb 原子的 d 轨道贡献为零。尽管 PMN-PT 中 Nb 和 Ti 原子也具有磁性,但是它们的 d 轨道贡献很小。对于 d 轨道是满带的金属或者非金属,p 轨道也同样可以提供大的磁各向异性。

　　铁磁体 /PMN-PT 异质结构在外电场下会发生形变,形变会引起铁磁体的应力各向异性,因此,应力效应也是多铁性异质结构的磁各向异性的重要影响因素。究竟是界面电荷效应还是应力效应引起铁磁体 /PMN-PT 异质结构的磁化翻转一直是人们研究的热点问题。但是,在 Fe₄N/PMN-PT 异质结构中, Fe₄N 的厚度只有较薄的五层原子,并且 Fe₄N/PMN-PT 异质结构的面内晶格常数被固定以消除应力效应的影响。因此界面磁电耦合效应是 Fe₄N/PMN-PT 异质结构的磁各向异性调控的关键因素。

　　根据 MAE 的二阶微扰公式,可以分析 Fe₄N/PMN-PT 异质结构的轨道分辨的 MAE 和态密度。图 7-27 给出了界面 Fe₄N 层中 Fe 原子的 d 轨道分辨的 MAE。在 Fe₄N/MgNb(P₊) 异质结构中,$\left\langle x^2 - y^2 \left| \hat{L}_z \right| xy \right\rangle$ 和 $\left\langle xy \left| \hat{L}_x \right| xz \right\rangle$ 矩阵元的贡献最多,并且有利于 PMA。$\left\langle xz \left| \hat{L}_z \right| yz \right\rangle$ 矩阵元有利于 IMA。但是,在 Fe₄N/MgNb(P₋) 异质结构中,铁电极化方向的反转诱导了 $\left\langle z^2 \left| \hat{L}_x \right| yz \right\rangle$ 矩阵元的出现,增加了 PMA。在 Fe₄N/TiNb-Oxi 异质结构中,$\left\langle x^2 - y^2 \left| \hat{L}_z \right| xy \right\rangle$ 和 $\left\langle xy \left| \hat{L}_x \right| xz \right\rangle$ 矩阵元的 PMA 贡献减小,伴随着 $\left\langle xz \left| \hat{L}_z \right| yz \right\rangle$ 矩阵元的 IMA 贡献的增加,最终导致 Fe 原子的 PMA 快速减小。

　　与界面 Fe 原子的磁各向异性不同,界面 Pb 原子的 p 轨道分辨的 MAE 变化很大,如图 7-28 所示。由于 MAE 与自旋 - 轨道耦合常数的平方成正比, Pb 原子较大的自旋 - 轨道耦合常数导致界面 Pb 原子的 MAE 远大于 Fe 原子。在 Fe₄N/MgNb(P₊) 异质结构中, IMA 贡献主要来自于 p_x 和 p_y 轨道之间的杂化, p_y 和 p_z 轨道之间的耦合有利于 PMA。但是,在 Fe₄N/MgNb(P₋) 异质结构中, p_y 和 p_z 轨道之间的耦合急剧增加而 p_x 和 p_y 轨道之间的杂化快速减小。因此,在 Fe₄N/MgNb(P₋) 异质结构中 PMN-PT 的磁各向异性的转变是这两种贡献竞争的结果。在 Fe₄N/TiNb-Oxi 异质结构中, p_y 和 p_z 轨道杂化提供的 PMA 几乎和 p_x 和 p_y 轨道杂化提供的 IMA 相抵消,导致 PMN-PT 的磁各向异性较小。

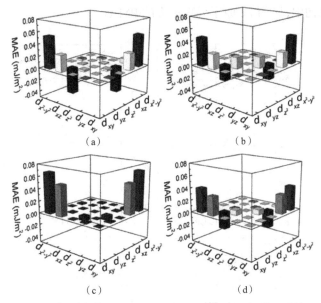

图 7-27　四种异质结构中界面 Fe₄N 层的 Fe 原子的轨道分辨的 MAE
（a）Fe₄N/MgNb（P_+）；（b）Fe₄N/MgNb（P_-）；（c）Fe₄N/TiNb；（d）Fe₄N/TiNb-Oxi

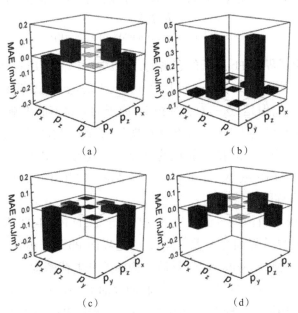

图 7-28　四种异质结构中界面 PMN-PT 层的 Pb 原子的轨道分辨的 MAE
（a）Fe₄N/MgNb（P_+）；（b）Fe₄N/MgNb（P_-）；（c）Fe₄N/TiNb；（d）Fe₄N/TiNb-Oxi

　　界面 Fe 原子的磁各向异性可以通过图 7-29（a）的态密度来分析。在 Fe₄N/MgNb（P_-）异质结构中，铁电极化的反转导致费米面附近 Fe 原子的自旋向下的 d_{z^2} 占据态和 d_{yz} 未占据态出现，从而引起了 $\langle z^2 | \hat{L}_x | yz \rangle$ 矩阵元的 PMA 贡献。在 Fe₄N/TiNb 异质结构中，由于自旋向下的 $d_{x^2-y^2}$ 占据态朝着费米面的移动导致 $\langle x^2 - y^2 | \hat{L}_z | xy \rangle$ 矩阵元的 PMA 贡献更强。因此，在

Fe₄N/TiNb 异质结构中,界面 Fe 原子展现最大的 PMA。

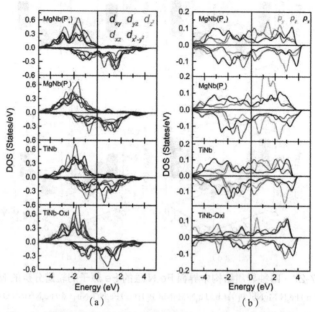

图 7-29　四种 Fe₄N/PMN-PT 异质结构中界面 Fe₄N 层的 Fe 原子的态密度和界面 PMN-PT 层的 Pb 原子的态密度

(a)Fe₄N 层的 Fe 原子;(b)PMN-PT 层 Pb 原子

图 7-29(b)给出了界面 Pb 原子的态密度,从图中可以清晰地看到界面磁电耦合对 Pb 原子的态密度有很大影响。由于自旋向上和自旋向下的电子态密度的对称性,块体 PMN-PT 不具有磁各向异性。但是,这一对称性被 Pb 原子的 p 轨道的重新分布打破了。特别是在 Fe₄N/MgNb(P₋)异质结构中, p_y 和 p_z 轨道的明显的自旋劈裂导致 Pb 原子大的 PMA。在 Fe₄N/TiNb-Oxi 异质结构中, p_z 和 p_x 轨道的自旋劈裂减弱,导致 p 轨道之间的杂化快速减小,从而使 Pb 原子的 MAE 减小。由此可以得出结论,PMN-PT 中出现的磁各向异性主要是由于 Pb p 轨道的自旋劈裂导致的。

在 PMN-PT 中 Pb p 轨道的自旋劈裂可以归因于 Fe₄N/PMN-PT 界面的磁电耦合作用。铁电极化方向的反转导致界面电荷重新分布,引起界面 Pb 原子的磁矩和磁各向异性的改变。图 7-30 给出了四种 Fe₄N/PMN-PT 异质结构的差分电荷密度。从图中可以看出,电荷积累主要发生在界面处。铁电极化方向的反转使界面 Fe 和 Pb 原子的电子云的重叠增加,从而导致磁电耦合作用增强, Fe₄N/MgNb(P₋)异质结构的 PMA 增加。界面氧化导致 O 原子周围的 Fe 和 Pb 原子的电荷重新分布,从而引起 Fe₄N 和 PMN-PT 的磁各向异性减弱。因此, Fe₄N/PMN-PT 异质结构中 PMA 的调制可以归因于界面磁电耦合作用引起的 Pb p 轨道的自旋劈裂。

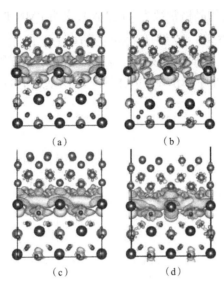

图 7-30　四种异质结构的差分电荷密度

（a）Fe₄N/MgNb（P_+）；（b）Fe₄N/MgNb（P_-）；（c）Fe₄N/TiNb；（d）Fe₄N/TiNb-Oxi

7.4　外延 Fe₄N/PMN–PT 多铁性异质结构的磁电耦合

多铁性材料中铁电性和磁性的相互作用是实现磁电耦合的有效途径。由于室温下单相多铁性材料的磁电耦合效应较小，人们将目光投向了人工铁磁 / 铁电多铁性异质结构。铁电性材料 PMN-PT 由于其较大的压电效应引起了人们的关注，铁磁合金 Fe₄N 具有较高的自旋极化率和金属导电性等优点，在自旋电子学器件中有广泛的应用前景。因此，本章选取 Fe₄N 作为铁磁层，PMN-PT 作为铁电层来构建多铁性异质结构，研究磁电耦合效应。

利用对向靶磁控溅射法在 [001] 和 [011] 取向的 0.2 mm 厚 PMN-PT 基底上制备了厚度为 t=5、8.5、12、17、25.5 和 34 nm 的外延 Fe₄N 薄膜。在不同温度下，利用 SQUID-VSM 和电子自旋共振（ESR）等手段对样品的磁电耦合效应进行了系统的研究，分析了磁电耦合的微观机制。

7.4.1　形貌和微观结构

为了表征 PMN-PT 基底上 Fe₄N 薄膜的晶体结构，利用 XRD θ-2θ 扫描模式对 [001] 和 [011] 取向基底上的 Fe₄N 薄膜进行了测量。为了描述方便，下文中分别用 $\gamma'_{(001)}$ 和 $\gamma'_{(011)}$ 来表示以上两种不同取向的样品。图 7-31（a）给出了 $\gamma'_{(001)}$ 样品的 XRD θ-2θ 图像。除了基底的衍射峰之外，仅在 2θ=23.44° 和 47.97° 处出现了 Fe₄N（001）和（002）晶面的衍射峰，说明 Fe₄N 薄膜沿 [001] 方向取向生长。利用布拉格衍射公式可以得到面外晶格常数 c=3.792 Å，这与 Fe₄N 块体值 3.795 Å 一致，说明 Fe₄N 薄膜是完全弛豫生长的。图 7-31（b）给出了 Fe₄N/PMN-PT（011）样品的 XRD θ-2θ 图像。对于 Fe₄N 薄膜，只存在 2θ=33.40° 和 70.18° 处的 Fe₄N（011）和（022）晶面的衍射峰，面外 [011] 方向的晶格常数 c=2.676 Å，也与块体值一致(Fe_4N 块体的 [011] 方向的晶格常数为 2.683 Å),表明 PMN-PT(011)基底上 γ′-Fe_4N 薄膜是沿 [011] 方向完全弛豫生长的。图 7-31(c)和(d)给出了 γ′$_{(001)}$ 和 γ′$_{(011)}$ 样品的 XRD φ 扫描图像,探测的是 Fe_4N(111)晶面的衍射峰。γ′$_{(001)}$ 和 γ′$_{(011)}$ 分别具有四重和二重对称的 Fe_4N(111)晶面的衍射峰,证明 PMN-PT(001)和(011)基底上 Fe_4N 薄膜是外延生长的。

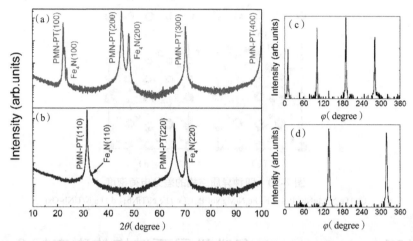

图 7-31　γ′$_{(001)}$ 和 γ′$_{(011)}$ 样品的 XRD θ-2θ 扫描图像与 γ′$_{(001)}$ 和 γ′$_{(011)}$ 样品的 XRD φ 扫描图像
(a)γ′$_{(001)}$ 的 θ-2θ 扫描图像;(b)γ′$_{(011)}$ 的 θ-2θ 扫描图像;(c)γ′$_{(001)}$γ′ 的 φ 扫描图像;和(d)γ′$_{(011)}$ 的 φ 扫描图像

图 7-32(a)给出了 γ′$_{(011)}$ 样品中 Fe_4N(111)晶面的 XRD 极图扫描。极图上出了两处强的衍射峰,证明面外 [011] 取向的 Fe_4N 薄膜的二重对称性,即 PMN-PT(011)基底上 Fe_4N 薄膜是外延生长的。图 7-32(b)给出了 γ′$_{(011)}$ 样品在(002)面附近扫描得到的 RSM 图像。从图中可以看出,基底和薄膜的峰位分别在(002)和(002.13)处,这证实了 Fe_4N 薄膜的完全弛豫型生长模式,与 PMN-PT(011)基底具有相同的晶格取向。通过 RSM 图像还可以计算得到 γ′-Fe_4N 薄膜在 [001] 方向的晶格常数为 3.780 Å,接近块体值 3.795 Å。XRD 结果表明,在 PMN-PT(001)和(011)基底上生长的 Fe_4N 薄膜都是与基底取向相同的完全弛豫型外延生长模式。

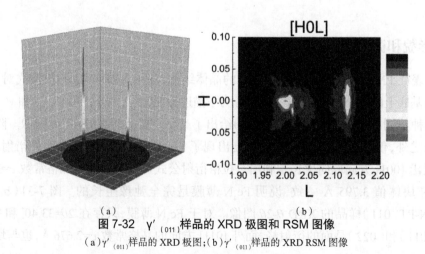

(a)　　　　　　　　　　　(b)
图 7-32　γ′$_{(011)}$ 样品的 XRD 极图和 RSM 图像
(a)γ′$_{(011)}$ 样品的 XRD 极图;(b)γ′$_{(011)}$ 样品的 XRD RSM 图像

图 7-33 给出了 $\gamma'_{(001)}$ 和 $\gamma'_{(011)}$ 样品的 HRTEM 图像。从图 7-33（a）和（d）可以看出，薄膜和基底的界面十分清晰，Fe₄N 薄膜的厚度为 34 nm，与台阶仪的测量结果一致。图 7-33（b）和（e）为高分辨图像，左上角的插图是图中红色方框区域内的 FFT 图像。薄膜和基底晶格条纹的取向和 FFT 图像中清晰的衍射点说明 Fe₄N 薄膜为外延生长。图 7-33（c）和（f）为逆 FFT 图像，图中有序的原子排列说明 γ'-Fe₄N 薄膜具有较高的生长质量。从图 7-33（c）和（f）中可以看出，两个样品的面内晶格常数和面外晶格常数基本一致，进一步说明了 Fe₄N 薄膜的弛豫型外延生长模式。对样品 HRTEM 图像所做的 FFT 和逆 FFT 变换都是利用 Gatan's Digital Micrograph™ 软件进行的，不会改变原有图像的信息。

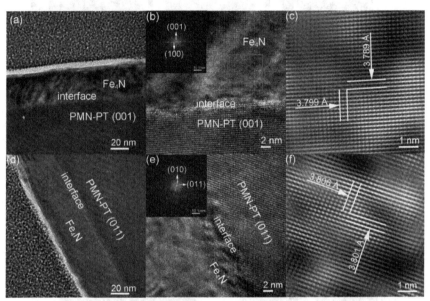

图 7-33　$\gamma'_{(001)}$ 和 $\gamma'_{(011)}$ 样品的低分辨 TEM 图像，$\gamma'_{(001)}$ 和 $\gamma'_{(011)}$ 样品的 HRTEM 图像（插图是红色框内区域的 FFT 图像）和红色框内区域的逆 FFT 图像

（a）$\gamma'_{(001)}$ 的 TEM 图像；（b）$\gamma'_{(011)}$ 的 TEM 图像；（c）图（b）红框内逆 FFT 图像；
（d）$\gamma'_{(001)}$ 的 HRTEM 图像；（e）$\gamma'_{(011)}$ 的 HRTEM 图像；（f）图（e）红框内逆 FFT 图像

图 7-34 给出了不同厚度 $\gamma'_{(001)}$ 和 $\gamma'_{(011)}$ 样品的 AFM 图像。图中标记了所有样品的平均表面粗糙度 Ra。随着薄膜厚度的增加，平均表面粗糙度总体上逐渐增大。$\gamma'_{(001)}$ 样品的粗糙度小于 $\gamma'_{(011)}$ 样品。此外，5 和 8.5 nm 样品的 Ra（1.14~1.45 nm）甚至比其他厚度（0.867~1.23 nm）大，这是由平均表面粗糙度较大的铁电基底 PMN-PT 引起的。如图 7-35 所示，PMN-PT（001）和（011）基底的平均表面粗糙度分别为 0.893 和 0.853 nm。由于 PMN-PT 基底的平均表面粗糙度较大，PMN-PT 基底上外延 Fe₄N 薄膜的粗糙度大于 MgO 等基底上的薄膜。

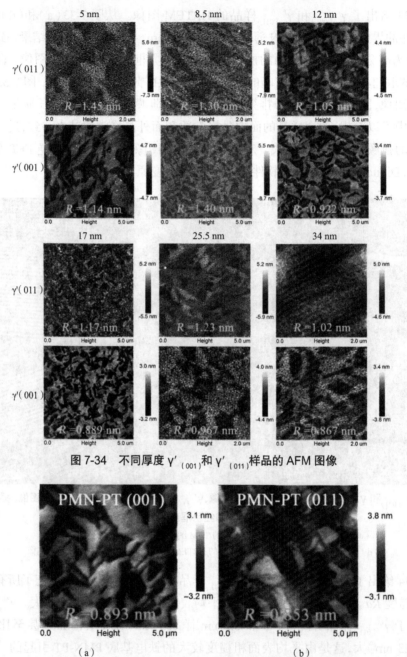

图 7-34　不同厚度 γ′$_{(001)}$和 γ′$_{(011)}$样品的 AFM 图像

图 7-35　PMN-PT(001)和 PMN-PT(011)基底的 AFM 图像

（ a ）PMN-PT(001)；(b)PMN-PT(011)

为了表征 PMN-PT 基底的铁电特性,利用 PFM 测量了 PMN-PT(011)基底的面内和面外方向的电畴,如图 7-36 所示。图 7-36(a)、(c)、(e)和(g)是未被极化过基底的 PFM 图像,图 7-36(b)、(d)、(f)和(h)是 $3 \times 3 \ \mu m^2$ 区域内施加了一个 +10 或 -10 V 的偏压后的 PFM 图像。在施加偏压后, PMN-PT 基底的面外极化状态均指向同一方向,说明基底具有良好的铁电性。此外,面内极化状态也受到了偏置电压的影响。图 7-37(a)和(b)给出了两

种 PMN-PT 基底的电滞回线（ P-E 曲线）。两种基底的电滞回线完全闭合,并且呈现标准的
回线形状,表现出良好的铁电性。PMN-PT（001）基底的剩余极化和矫顽场为 ~29 $\mu C/cm^2$
和 ~3.14 kV/cm,PMN-PT（011）基底为 ~25 $\mu C/cm^2$ 和 ~2.90 kV/cm。PMN-PT 的矫顽场比大
多数铁电性材料的矫顽场都小,如 $BiFeO_3$ 和 $Pb(Zr_{0.2}Ti_{0.8})O_3$,有利于实际应用。图 7-37（c）
和（d）是 PFM 的相位回线和振幅蝴蝶曲线,可以用来表征两种基底的铁电极化转变。图
7-37 中,PFM 的相位回线的 180° 转变与铁电测量仪得到的电滞回线一致。

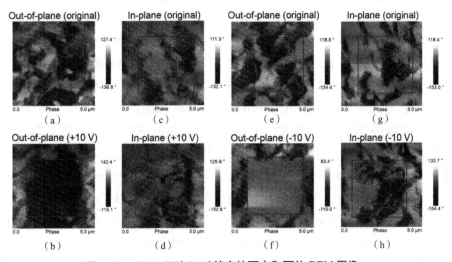

图 7-36　PMN-PT（011）基底的面内和面外 PFM 图像

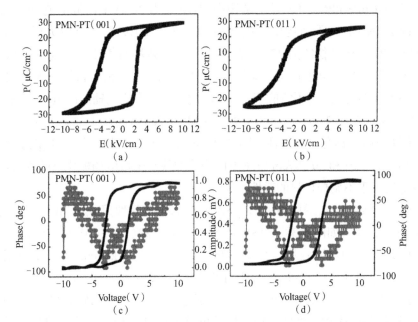

图 7-37　PMN-PT（001）和 PMN-PT（011）基底的 P-E 曲线,PMN-PT（001）和 PMN-PT（011）基底的
PFM 相位和振幅随电压变化的曲线

（a）PMN-PT（001）,P-E 曲线;（b）PMN-PT（011）P-E 曲线;
（c）PMN-PT（001）,相位和振幅随电压变化曲线;（d）PMN-PT（011）相位和振幅随电压变化曲线

7.4.2　电场对静态磁性的调控

为了研究电场对 Fe$_4$N/PMN-PT（011）异质结构静态磁性的调控，在室温下利用 SQUID-VSM 在不同电场下测量了 17 nm 厚 $\gamma'_{(011)}$ 样品的磁滞回线。图 7-38 给出了对样品施加电场的示意图，在样品的上下表面均匀地涂上一层银胶，作为上下电极，利用 Keithley 2 400 源表进行原位加电压。采用专用的样品杆，在样品的面内 [100] 和 [01-1] 方向分别测量不同电场下的磁滞回线，电场为 +10、+0、−10 和 −0 kV/cm。+0 和 −0 kV/cm 分别是去掉 +10 和 −10 kV/cm 电场后的状态。图 7-39（a）和（b）给出了以上四个电场下沿面内 [100] 和 [01-1] 方向的磁滞回线。从 0 电场下的磁化过程可以判断，Fe$_4$N 薄膜的面内 [100] 方向比 [01-1] 方向更易于磁化，验证了面内 [100] 是易磁化轴而 [01-1] 是难磁化轴的结论。在 0 电场下，两个方向磁化过程的差别说明 [011] 方向外延的 Fe$_4$N 薄膜具有较强的各向异性。从图中还可以看出，与其他三个电场相比，+10 kV/cm 电场下的磁化过程发生了明显的变化。对于沿 [100] 方向的磁滞回线，当施加 +10 kV/cm 的电场时，易磁化方向转变为难磁化方向，并且矫顽力从约 67 Oe 减小到约 26 Oe，剩余磁化强度从约 1 226 emu/cm^3 减小到约 945 emu/cm^3。电场对剩余磁化强度调控的相对变化量 $[M(+10\ \text{kV/cm})-M(+0\ \text{kV/cm})]/M(+0\ \text{kV/cm})$ 约为 23%。[01-1] 方向磁化过程的变化趋势相反，+10 kV/cm 的电场使磁化过程从难磁化变为易磁化，并且矫顽力从约 2 Oe 增大到约 24 Oe，剩余磁化强度从约 60 emu/cm^3 增大到约 920 emu/cm^3，电场对剩余磁化强度的相对调控量达到了 1 430%，比之前的结果大一个量级以上。此前报道的电场对铁磁 / 铁电异质结构的磁化强度的相对调控量的最大值为 90%，出现在 CoFeB/PMN-PT 异质结构中，其电场为 20 kV/cm，同时施加磁场来辅助调控。外延 Fe/PMN-PT 异质结构中的电控磁的大小约 60%，在具有较大磁致伸缩系数的 CoFe$_2$O$_4$/PMN-PT 中的调控约为 47%。在 30 K 和 2 T 磁场的条件下，Nd$_2$Fe$_{14}$B/PMN-PT 中也发现了 30% 的调控。由于在实际应用中，产生磁场的装置需要占用较大的空间，产生较大的能耗，不利于器件的小型化和降低能耗，因此实现没有磁场辅助的电场对磁化强度的调控具有重要意义。在图 7-39（a）和（b）中，+0 和 −0 kV/cm 电场下的磁滞回线并不重合，说明电场对磁性的调控具有非易失性。图 7-39（b）中绿色的磁滞回线是未加过电场的样品。从图中可以看出，−10 和 −0 kV/cm 电场下的磁滞回线与未被电场极化过的磁滞回线基本重合，说明负电场几乎不调控材料的磁性。

为了说明电场对 $\gamma'_{(011)}$ 样品的磁化强度调控的可重复性，测量了 [01-1] 方向的磁化强度随电场变化的曲线，如图 7-39（c）和（d）所示。图 7-39（c）在 [01-1] 方向加了 100 Oe 磁场，图 7-39（d）中未加辅助磁场。在图 4-9（c）中，施加 +10 kV/cm 电场时，磁化强度从约 350 emu/cm^3 增大到约 1 170 emu/cm^3，相对变化量约为 230%。+0 和 −0 kV/cm 电场下的磁化强度分别为约 600 和约 350 emu/cm^3，证实了电场对 $\gamma'_{(011)}$ 样品的磁性具有非易失性调控。为了说明样品的磁性受到纯电场调控的可重复性，接着测量了样品的剩余磁化强度随电场变化的曲线，如图 7-39（d）所示。施加 +10 kV/cm 电场时，磁化强度从约 100 emu/cm^3 增大到约 1 000 emu/cm^3，调控量达到了 900 emu/cm^3。在 CoFeB/PMN-PT、Co/PMN-PT 和 La$_{0.6}$Ca$_{0.4}$MnO$_3$/PMN-PT 中实现的电场对磁化强度的调控分别为：约 800、约 300 和约

5 emu/cm³。更重要的是,本工作利用纯电场对磁化强度进行调控,不需要辅助磁场,有利于其在电子学器件中的应用。从图 7-39(c)和(d)中还可以看出,在 +0 和 -0 kV/cm 电场下,样品的磁化强度明显不同,并且磁化强度的变化具有可重复性,说明调控为非易失性。在施加 100 Oe 磁场和不施加磁场时,对样品施加 +10 和 -10 kV/cm 电场脉冲,并测量磁化强度的变化,如图 7-39(e)和(f)所示。从图中可以看出,在正负电场脉冲下,样品的磁化强度周期性变化,进一步验证了电场调控磁化强度具有非易失性和可重复性。

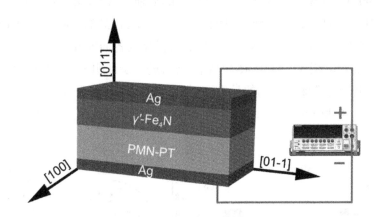

图 7-38　γ′-Fe₄N/PMN-PT 多铁性异质结构在磁电耦合测量中加电场的示意图

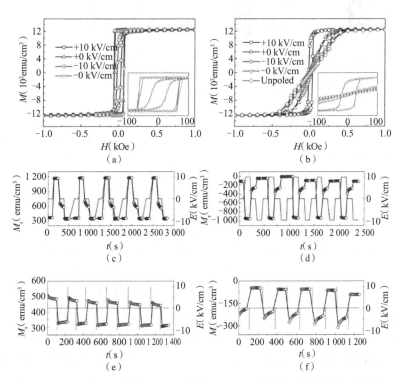

图 7-39　不同电场下,γ′₍₀₁₁₎ 样品面内(a)[100] 和(b)[01-1] 方向的磁滞回线;(c)施加 100 Oe 的磁场和(d)不施加磁场时,样品面内 [01-1] 方向磁化强度随电场的变化;(e)施加 100 Oe 的磁场和(f)不施加磁场时,样品面内 [01-1] 方向磁化强度受正负电场脉冲的调控

7.4.3　电场对高频磁性的调控

下面利用 ESR 系统测量 γ′$_{(011)}$ 样品在不同电场下面内不同方向的铁磁共振谱。图 7-40(a)给出了 ESR 系统的结构示意图。ESR 谐振腔内的恒定磁场可以在样品的面内旋转,面内 [100] 方向设置为 0°。在测量过程中,微波场垂直于样品平面。图 7-40(b)给出了不同电场下共振场随面内角度的变化。在 −0 kV/cm 电场下,共振场在 0° 时最小,当恒定磁场逐渐旋转到 90° 时,共振场逐渐增大,说明样品的易轴沿着 [100] 方向,难轴沿着 [01-1] 方向,与图 7-39 中 *M-H* 曲线结果一致。+10 kV/cm 电场下,样品的各向异性变化较大,易轴从 [100] 方向转到了 [01-1] 方向。+0 kV/cm 电场下,样品的各向异性处于 +10 和 −0 kV/cm 电场下的状态之间,这也与图 7-39 中 *M-H* 结果一致,进一步证明了非易失性调控的存在。图 7-40(c)给出了电场对铁磁共振场的易失性(黑色曲线)和非易失性(红色曲线)调控,即铁磁共振场分别在 +10 和 −10 kV/cm 与 +0 和 −0 kV/cm 之间的变化。电场对铁磁共振场的最大易失性调控为 700 Oe,

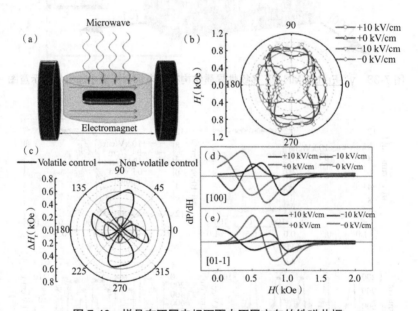

图 7-40　样品在不同电场下面内不同方向的铁磁共振

(a)ESR 系统的微波谐振腔示意图;(b)不同电场下,铁磁共振场随面内角度的变化;
(c)电场对铁磁共振场的易失性和非易失性调控;(d)不同电场下,面内 [100] 和方向的铁磁共振波谱;
(e)不同电场下,面内 [01-1] 方向的铁磁共振波谱

非易失性调控为 270 Oe,这也是在软磁性材料作为铁磁层的铁磁/铁电异质结构中对铁磁共振场的较大调控。在 La$_{0.7}$Sr$_{0.3}$MnO$_3$/PMN-PT 异质结构中电场对共振场的调控约为 464 Oe;FeGaB/NiTi/PMN-PT 为 230 Oe;Co/PMN-PT 为 350 Oe;Fe$_3$O$_4$/PMN-PT 异质结构为 600~780 Oe。不同电场下,Fe$_4$N/PMN-PT(011)多铁性异质结构的高频动态性表明,电场可以大幅度改变样品的磁各向异性。

那么 Fe$_4$N/PMN-PT 多铁性异质结构中磁电耦合机制是什么呢?由于 PMN-PT 基底具

有大的压电效应,首先想到来自 PMN-PT 基底对铁磁层产生的应力和铁磁层的逆磁致伸缩效应。因此,测量了样品面内 [01-1] 方向的剩余磁化强度随电场的变化(M_r-E 曲线),利用应力应变装置测量了样品在面内 [100] 和 [01-1] 方向所受到的应力随电场的变化(S-E 曲线),如图 7-41(a)和(b)所示。样品的 S-E 曲线虽然在正电场方向与标准的曲线一致,为蝴蝶状曲线,但是在负电场的高场处却几乎没有产生应力,这可能是由于 PMN-PT 基底本身的缺陷造成的。如图 7-41(a),M_r-E 曲线表现出回线形状,剩余磁化强度在正电场和负电场下出现较大的差别,说明可以在任意正电场和负电场下实现对磁化强度的调控,与在特定的单极电场下诱导的非 180° 畴翻转不同。此外,M_r-E 与 S-E 曲线的变化趋势相差较大。M_r-E 曲线是零电场下并不重合的回线形状,说明电场调控磁性的过程中应力效应并不占主导。由于 Fe$_4$N 具有负磁致伸缩系数,Fe$_4$N 薄膜在 [01-1] 方向的张应力下应更难磁化,在 [100] 方向的压应力下应更容易磁化,这与本实验中的结果相反。因此,应存在电荷效应对磁性的调控。静电屏蔽的电荷累积引起的磁性变化只发生在 1~2 nm 厚的薄膜中,在 17 nm 厚的薄膜中可以被忽略。在铁磁/铁电异质结构中还存在自旋相关的屏蔽效应(Spin-dependent Screening Effect, SSE),SSE 可以在厚度为十几甚至几十纳米的薄膜中实现大磁电耦合,下文将对其进行讨论。

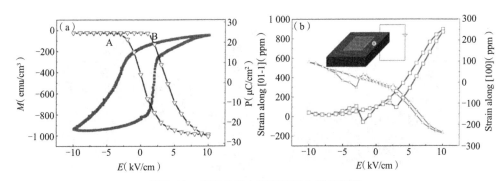

图 7-41　样品的铁电和磁性随电场的变化

(a)PMN-PT(001)基底的 P-E 曲线,$\gamma'_{(011)}$ 样品的 M_r-E 曲线;(b)面内 [100] 和 [01-1] 方向的 S-E 曲线(插图为相应的测量示意图)

当铁磁层与铁电层接触时,铁电极化将会通过 s-d 交换作用在铁磁层中激发的涡旋自旋密度 s

$$H_{sd}=J_{ex}\,\hat{\mathbf{s}}\cdot\mathbf{e}_{M_\parallel} \tag{7-13}$$

其中,$\hat{\mathbf{s}} = \sum_{\sigma\sigma'}\varphi_\sigma^*(\mathbf{r})\hat{\sigma}_{\sigma\sigma'}\varphi_{\sigma'}(\mathbf{r})$ 为自旋密度算子,$\mathbf{e}_{M_\parallel}=\mathbf{M}/M_s$。自旋密度 s 包括方向平行于易轴的 s$_\parallel$ 和难轴的 s$_\perp$。用来衡量 s$_\parallel$ 和 s$_\perp$ 大小的系数 S_1 和 S_2 为

$$S_1=\eta\rho/\lambda,\ S_2=(1-\eta)Q\rho \tag{7-14}$$

其中,η 是铁磁层的自旋极化率,λ 是自旋扩散长度,Q 是垂直于界面的自旋波矢,ρ 是与铁电极化相关的表面电荷密度。自旋密度方向可以由铁电极化来调控。自旋密度方向的变化,即磁化强度的变化,可以表示为

$$\Delta M_1=\eta\rho\mu_B/d,\ \Delta M_2=(1-\eta)\rho\mu_B/d \tag{7-15}$$

ΔM_1 和 ΔM_2 分别为沿易轴和难轴方向的磁化强度变化,d 为铁磁层的厚度,μ_B 是玻耳磁子。

在 Fe$_4$N 中，η 较大，所以理论上 ΔM_1 和 ΔM_2 值较大。根据式（7-15），由于 Fe$_4$N 的 η 的值为负，难轴磁化强度受到的调控 ΔM_2 大于易轴的 ΔM_1，这与图 7-39（a）和（b）中的实验结果一致。在 +10 kV/cm 电场下，$\rho > 0$，根据上式可以得到样品的磁化强度在 [100] 方向减小，在 [01-1] 方向增大。因此，易轴由 [100] 方向转变为 [01-1] 方向。在 +0 kV/cm 电场下，样品的磁各向异性处于未极化状态和 +10 kV/cm 的情况之间，这是由 PMN-PT（011）基底的剩余铁电极化引起的。同理，在 -10 和 -0 kV/cm 电场下，自旋密度方向更趋向于 [100] 方向。由于 PMN-PT（011）基底上外延 γ'-Fe$_4$N 薄膜具有较强的各向异性，[100] 方向为易轴，因此即使在未极化状态下几乎所有自旋的方向就都排在了 [100] 方向，所以 -10 和 -0 kV/cm 电场不会改变样品的各向异性。因此，-10 和 -0 kV/cm 电场下的铁磁共振曲线几乎一样，磁滞回线也与未极化状态下的一致。由上面的讨论可知，不论在样品上施加多大的负电场，自旋密度方向都不发生改变，即在负电场下样品的磁化强度不会变化，与图 7-41（a）中的 M_r-E 曲线一致。如图 7-41（a），图中的 A 和 B 为从 PMN-PT 基底的电滞回线中得到的铁电矫顽场，在矫顽场左侧的磁化强度不随电场变化，此时铁电极化是负值或零。随着正铁电极化逐渐增大，磁化强度也随之增大，这与上面的结论一致。为了更清楚地显示自旋是如何在不同电场下翻转的，图 7-42（b）给出了不同电场下自旋密度排布示意图。

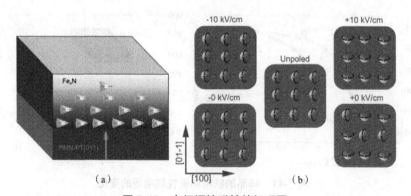

图 7-42　电场调控磁性的机理图

（a）SSE 机制示意图；（b）不同电场下 $\gamma'_{(011)}$ 的自旋密度方向排布示意图

　　为了排除 SSE，获得应力对磁化强度的作用效果，在 PMN-PT（011）基底上生长了 60 nm 厚的外延 γ'-Fe$_4$N 薄膜。由于薄膜的厚度远超过其自旋扩散长度，因此薄膜中的 SSE 可以被忽略，应力效应在 60 nm 的薄膜中几乎不会减弱，可以认为样品中的电场调控磁性来源于应力效应。图 7-43 给出了不同电场下 60 nm 厚 $\gamma'_{(011)}$ 样品的磁滞回线。在面内 [100] 方向，样品的磁滞回线变化较小。在 [01-1] 方向，样品的磁滞回线在 +10 kV/cm 下变得更难磁化，这与上面提到的由于基底的张应力与 Fe$_4$N 薄膜负的磁致伸缩系数引起的调控一致，与 17 nm 厚的样品所受到的电场调控相反，说明应力效应与 SSE 所产生的调控效果相反。由于应力效应产生的调控较弱，在 17 nm 厚的样品中只会表现出 SSE 效应引起的调控。

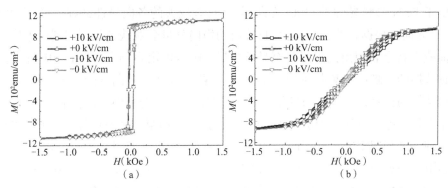

图 7-43　不同电场下,60 nm 厚 γ′$_{(011)}$ 样品面内 [100] 和 [01-1] 方向的磁滞回线
(a)[100];(b)[01-1]

在 FMR 测量中,电场除了对样品的铁磁共振场产生调控,还会影响铁磁共振波谱的线形。图 7-39(d)和(e)给出了不同电场下面内 [100] 和 [01-1] 方向的铁磁共振曲线。在 −10 kV/cm 电场下,[100] 方向的铁磁共振谱线的形状与正常曲线相反,出现负的吸收峰,说明在负电场下样品具有负的阻尼系数。负阻尼系数可以大幅度降低电子器件的能耗,有利于在高频器件上的应用。事实上,在 −10 kV/cm 电场下,样品的铁磁共振波谱随着面内的测量角度 φ 逐渐变化。图 7-44(a)给出了不同电场下沿面内不同方向的 FMR 微分曲线。图 7-44(b)给出了 −10 kV/cm 电场下的 FMR 积分曲线。图中的角度是静态磁场和样品 [100] 晶向的夹角。从图中可以看出,随着磁场从 [100] 转到 [01-1] 方向,−10 kV/cm 电场下,FMR 积分曲线从负吸收线形逐渐变成了正吸收线形,也表明样品从负阻尼到正阻尼的变化是逐渐变化的过程。

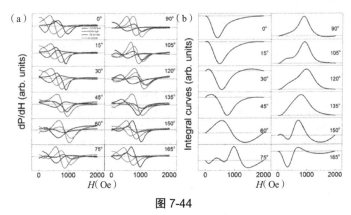

图 7-44
(a)不同电场下,17 nm 厚 γ′$_{(011)}$ 样品面内不同角度 FMR 微分曲线;
(b)−10 kV/cm 电场下,面内不同角度的 FMR 积分曲线,恒定磁场沿面内 [100] 方向时为 0°

负磁阻尼的出现是由界面处自旋流导致的,自旋流密度为

$$J=\hbar^2/2\,m\cdot\mathrm{Im}(\varphi^*\sigma\otimes\nabla\varphi) \tag{7-16}$$

它是由非平衡的表面电荷累积引起的。J 只与自旋密度相关:$J=D\nabla_z s$,D 是扩散常数。在 −10 kV/cm 电场下,界面处涡旋自旋密度的梯度 $\nabla_z s$ 达到最大值,因此自旋流 J 也达到

最大。由于 Fe_4N 薄膜易轴沿 [100] 方向，并且具有较大的各向异性，因此自旋密度和自旋流沿 [100] 方向。根据自旋转矩理论，自旋流的横向分量会对铁磁共振起到促进作用，在铁磁共振曲线上就会表现出无阻尼甚至是负阻尼。随着恒定磁场方向转到 [01-1] 方向，自旋流对铁磁共振的贡献逐渐减弱，阻尼逐渐变为正值，FMR 积分曲线变成正吸收波形。类似的自旋流诱导的铁磁共振线形的变化在钇铁石榴石和坡莫合金中也被报道。

为了排除静电荷对样品中磁电耦合的影响，接下来用第一性原理计算的方法进行验证。第一性原理计算利用密度泛函理论，采用 VASP 软件包进行，使用 Perdew、Burke 和 Ernzerhof 等提出的交换关联能的广义梯度近似方法。能量和力的收敛标准为 10^{-5} eV 和 0.01 eV/Å，K 点选择为 $5 \times 5 \times 1$。图 7-45（a）给出了 [011] 取向 Fe_4N 的晶格示意图。图 7-46 给出了 γ'-Fe_4N 晶格的总态密度和各原子的态密度图，与之前的结果一致，说明计算中参数选取具有合理性。

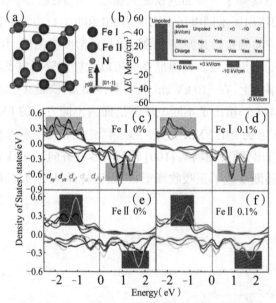

图 4-15   Fe₄N 晶格不同原子轨道分辨态密度图

（a）[011] 取向的 Fe_4N 晶格示意图；（b）不同电场下，Fe_4N 晶格的各向异性能 ΔE；
（c）应力为 0%，Fe I 原子的轨道分辨态密度图；（d）应力为 0.1%，Fe I 原子的轨道分辨态密度图；
（e）应力为 0%，Fe II 原子的轨道分辨态密度图；（f）应力为 0.1%，Fe II 原子的轨道分辨态密度图

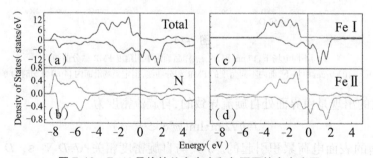

图 7-46   Fe₄N 晶格的总态密度和各原子的态密度图

（a）[011] 取向的 Fe_4N 晶格的总态密度图；（b）N 原子的态密度图；（c）Fe I 原子的态密度图；（d）Fe II 原子的态密度图

首先,模拟未极化状态和 +10、+0、-10、-0 kV/cm 四个电场下 Fe₄N 所受的应力和电荷的累积。样品所受到的应力可以由图 7-41(b)中 S-E 曲线中得到,界面处由于静电屏蔽效应产生的静电荷可以由图 7-41(a)中的电极化 P 计算得到,界面处平均每个单胞所产生的静电荷为 0.318e。图 7-45(b)给出了不同电场下样品所受应力和静电荷掺杂的情况。第一性原理计算得到了面内 [01-1] 和 [100] 方向的能量为 $E_{[01-1]}$ 和 $E_{[100]}$,面内各向异性能为 $\Delta E = E_{[01-1]} - E_{[100]}$。当 ΔE 为正时,[100] 方向为易轴;ΔE 为负时,[01-1] 方向为易轴。图 7-45(b)给出了不同电场下的 ΔE。在未极化状态下,易轴沿着 [100] 方向,与实验结果一致。在 +10 kV/cm 电场下,Fe₄N 单胞受到大的应力且失去 0.318e,易轴沿 [01-1] 方向,也与实验结果一致。在 +0、-10 和 -0 kV/cm 电场下,易轴也是沿 [01-1] 方向,这与实验结果相反。上述计算结果表明静电屏蔽效应在 17 nm 厚的薄膜中不起主导作用。在计算中只是考虑了界面处一层单胞所受应力和电荷的影响,实际上 17 nm 超过了静电屏蔽长度,所以界面处静电荷引起的各向异性改变可以被忽略。

7.4.4 薄膜厚度和温度对磁电耦合的影响

研究了 PMN-PT 取向、薄膜厚度、温度等对 Fe₄N/PMN-PT 多铁性异质结构中磁电耦合的影响。利用对向靶磁控溅射法在 PMN-PT(001)和(011)基底上制备了 5、8.5、12、17、25.5 和 34 nm 厚的 Fe₄N 外延薄膜。在不同温度和电场下,测量了样品的磁学性质和输运特性。

利用 SQUID-VSM 在不同电场下测量了不同厚度 $\gamma'_{(001)}$ 和 $\gamma'_{(011)}$ 样品的磁性。图 7-47、7-48 和 7-49 分别给出了不同厚度 $\gamma'_{(011)}$ 样品在面内 [100] 和 [01-1] 方向和 $\gamma'_{(001)}$ 样品在面内 [100] 方向加电场前后的磁滞回线,其中红色曲线为未施加电场的磁滞回线,黑色曲线为 +10 kV/cm 电场下的磁滞回线。由前文可知,只有 +10 kV/cm 电场对样品磁各向异性的调控最大,因此本节只选取 +10 kV/cm 和去掉电场后 +0 kV/cm 两个电场,记为 10 和 0 kV/cm。

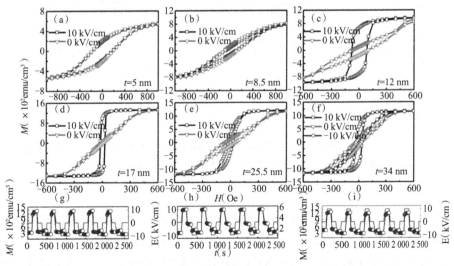

图 7-47 不同电场下,$\gamma'_{(011)}$ 样品面内 [01-1] 方向的磁滞回线,$\gamma'_{(011)}$ 样品面内 [01-1] 方向的磁化强度受电场调控的周期性变化

(a)5 nm;(b)8.5 nm;(c)12 nm;(d)17 nm;(e)25.5 nm;(f)34 nm;(g)17 nm;(h)25.5 nm;(i)34 nm

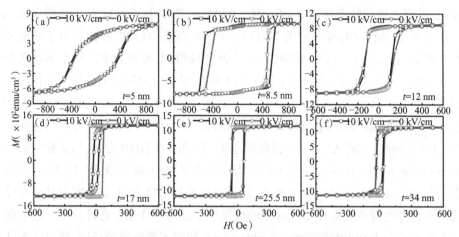

图 7-48　不同电场下, γ′ (011) 样品面内 [100] 方向的磁滞回线

（a）5 nm；（b）8.5 nm；（c）12 nm；（d）17 nm；（e）25.5 nm；（f）34 nm

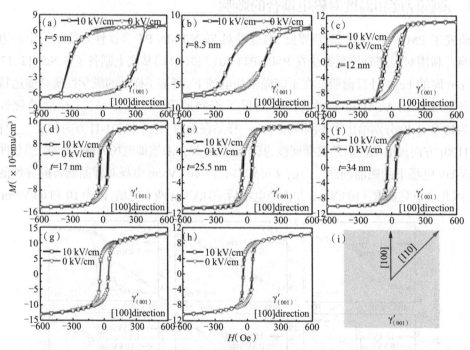

图 7-49　不同电场下, γ′ (001) 样品面内 [100] 方向的磁滞回线, 不同电场下, γ′ (001) 样品面内 [110] 方向的磁滞回线, 和 γ′ (001) 样品沿面内不同方向磁滞回线的测量示意图

（a）5 nm；（b）8.5 nm；（c）12 nm；（d）17 nm；（e）25.5 nm；（f）34 nm；（g）17 nm；（h）25.5 nm；（i）测量示意图

从图 7-47 可以看出, 当 $t \geqslant 12$ nm 时, 10 kV/cm 电场下样品变得更易磁化, 同时矫顽场增大, 这是由电场使铁磁层自旋屏蔽电子的自旋取向由易轴转向难轴导致的。当 $t = 5$ 和 8.5 nm 时, 磁化过程变得更难, 矫顽场减小, 这与较厚样品的情况相反。由前文可知, PMN-PT 基底应力对 Fe₄N 薄膜磁性的影响虽然较小, 产生的效果却与 SSE 引起的磁电耦合的效果相反。因此, 在 $t = 5$ 和 8.5 nm 时, SSE 机制产生的磁电耦合几乎消失, 磁电耦合仅由应力引起。从图 7-47 中可以看出，5 和 8.5 nm 样品的矫顽力有几百 Oe，比较厚的样品（小于 100 Oe）大。从样品的 AFM 图像可知，5 和 8.5 nm 样品的平均表面粗糙度最大，这也是导致样品矫顽力较大的原因。较大的平均表面粗糙度会使自旋扩散长度减小，从而降低 SSE 引起的磁电耦合效应。因此，在薄膜厚度为 5 和 8.5 nm 时，$\gamma'_{(001)}$ 样品的磁电耦合主要来源于 PMN-PT 基底的应力，这与较厚样品相反。为了说明电场对 $\gamma'_{(011)}$ 样品中磁化强度调控的可重复性，测量了 100 Oe 磁场下 17、25.5 和 34 nm 厚样品面内 [01-1] 方向的磁化强度随电场的变化，如图 7-47（g）～（i）所示。从图中可以看到电场对磁化强度较大的、稳定的、可重复的调控。图 7-48 给出了电场对 $\gamma'_{(011)}$ 样品面内 [100] 方向磁滞回线的调控。在 10 kV/cm 电场下，$t \geqslant 12$ nm 时磁化过程变得更难，矫顽场减小，这是由 SSE 引起的磁电耦合。当 $t=5$ 和 8.5 nm 时，SSE 所产生的调控降低，在 10 kV/cm 电场下 γ'-Fe₄N 薄膜所受到 PMN-PT 基底的压应力与薄膜负的磁致伸缩系数导致磁化过程变得更容易。图 7-49（a）～（f）给出了不同电场下 $\gamma'_{(001)}$ 样品沿着面内 [100] 方向的磁滞回线，图 7-49（i）为测量中磁场方向的图解。从图 7-49（a）～（f）可以看出，电场对 $\gamma'_{(001)}$ 样品磁各向异性的调控随薄膜厚度的变化与 $\gamma'_{(011)}$ 样品基本一致。当 $t \geqslant 12$ nm 时，10 kV/cm 电场下 $\gamma'_{(001)}$ 样品易轴方向的磁化过程变得更难，同时矫顽场减小，这是由 SSE 引起的。在 $t=5$ 和 8.5 nm 时，样品的磁化过程受到电场的调控是 SSE 机制引起的磁电耦合减弱后，基底的应力的效果引起的。在电场下，$\gamma'_{(001)}$ 样品面内 [100] 方向受到基底的压应力，γ'-Fe₄N 薄膜的磁致伸缩系数为负，从而使磁化过程变得更容易。图 7-49（g）和（h）给出了电场对 17 和 25.5 nm 厚 $\gamma'_{(001)}$ 样品面内 [110] 方向磁滞回线的调控，该调控比图 7-47 中 $\gamma'_{(011)}$ 样品在面内 [01-1] 方向的小，这个问题将在下文进行讨论。

从图 7-47、7-48 和 7-49 可以看出，Fe₄N/PMN-PT 多铁性异质结构的磁滞回线受电场调控的幅度随 Fe₄N 薄膜厚度的增加，先增大后减小，17 nm 时达到最大。由于该样品的磁电耦合主要是由界面处自旋相关的电荷累积引起的，因此随着薄膜厚度的增加，由于自旋扩散长度的限制，自旋屏蔽电子的密度减小，磁滞回线受电场的调控减小，这与 $t \geqslant 17$ nm 时变化趋势一致。然而，随着薄膜厚度从 17 nm 减小到 5 nm，较大的平均表面粗糙度降低了薄膜的自旋扩散长度，SSE 引起的磁电耦合逐渐减弱，与 SSE 具有相反调控效果的应力引起的磁电耦合出现。因此，当 Fe₄N 薄膜厚度 t 从 34 nm 减小到 17 nm 时，SSE 效应对样品磁各向异性的调控逐渐增强；当 t 从 17 nm 减小到 5 nm 时，样品的磁各向异性受到 SSE 效应的调控逐渐减弱。

电场对 $\gamma'_{(001)}$ 样品的磁化强度的调控幅度小于 $\gamma'_{(011)}$ 样品。由于 Fe₄N 的易轴沿着 [100] 方向，难轴沿着 [110] 方向，$\gamma'_{(001)}$ 样品的面内难易轴夹角为 45°，具有四重对称性；$\gamma'_{(011)}$ 样品的面内难易轴的夹角为 90°，具有二重对称性。由于难易轴之间的非 90° 夹角，$\gamma'_{(001)}$ 样品中的难易轴之间的各向异性差别小于 $\gamma'_{(011)}$。$\gamma'_{(001)}$ 和 $\gamma'_{(011)}$ 样品中，难易轴各向异性的差别可以从磁滞回线上得到。在图 7-47 和 7-48 中，不加电场时 $\gamma'_{(011)}$ 样品面内 [01-1] 方向的磁化过程比 [100] 方向难；在图 7-49 中，样品 $\gamma'_{(001)}$ 的面内 [110] 方向磁化过程和 [100] 方向较接近。

　　图 7-50 给出了不同温度和电场下 17 nm 厚 $\gamma'_{(001)}$ 和 $\gamma'_{(011)}$ 样品的面内 $M\text{-}H$ 曲线。随着温度从 5 K 升高到 300 K,电场对磁滞回线的调控幅度逐渐增大。此外,随着温度的升高,$\gamma'_{(001)}$ 和 $\gamma'_{(011)}$ 样品的矫顽力逐渐降低,这是由于热扰动的增大降低了磁化翻转的难度。由于 17 nm 厚 $\gamma'\text{-}Fe_4N/PMN\text{-}PT$ 多铁性异质结构中磁电耦合是由 SSE 引起的,随着温度的降低,热扰动减小,SSE 效应产生的自旋屏蔽电荷的自旋取向更难被翻转,因此电场对磁滞回线的调控幅度逐渐降低。如图 7-50(a)、(e)和(i),5 K 下 $M\text{-}H$ 曲线在 0 Oe 附近出现比较明显的畸变。畸变处最大的磁化强度达到了 2 680 emu/cm³,远大于 $\gamma'\text{-}Fe_4N$ 的理论饱和磁化强度(1 669 emu/cm³)。因此可以判断,磁滞回线的畸变并不是 $\gamma'\text{-}Fe_4N$ 的固有性质,是正常磁滞回线和额外信号的叠加。50 K 以上,畸变消失。综上所述,5 K 下,磁滞回线畸变可能来自界面处的超导信号,同时超导信号的大小和样品的磁滞回线相当。

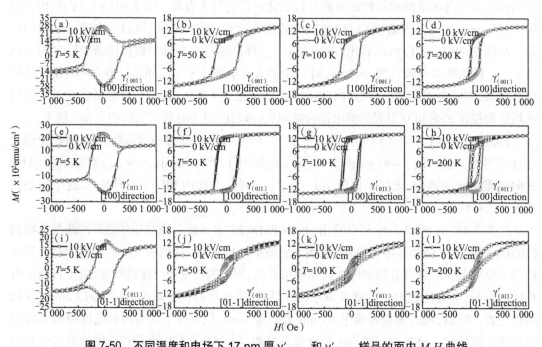

图 7-50　不同温度和电场下 17 nm 厚 $\gamma'_{(001)}$ 和 $\gamma'_{(011)}$ 样品的面内 $M\text{-}H$ 曲线

(a) $\gamma'_{(001)}$,[100] 方向,5 K;(b) $\gamma'_{(001)}$,[100] 方向,50 K;(c) $\gamma'_{(001)}$,[100] 方向,100 K;(d) $\gamma'_{(001)}$,[100] 方向,200 K;
(e) $\gamma'_{(011)}$,[100] 方向,5 K;(f) $\gamma'_{(011)}$,[100] 方向,50 K;(g) $\gamma'_{(011)}$,[100] 方向,100 K;(h) $\gamma'_{(011)}$,[100] 方向,200 K;
(i) $\gamma'_{(011)}$,[01-1] 方向,5 K;(j) $\gamma'_{(011)}$,[01-1] 方向,50 K;(k) $\gamma'_{(011)}$,[01-1] 方向,100 K;(l) $\gamma'_{(011)}$,[01-1] 方向,200 K

　　为了进一步研究 $Fe_4N/PMN\text{-}PT$ 异质结构的磁电耦合,测量了电场对 $\gamma'_{(011)}$ 样品的面外 $M\text{-}H$ 曲线的调控。图 7-51(a)~(f)给出了 10 和 0 kV/cm 电场下 $\gamma'_{(011)}$ 样品的面外 $M\text{-}H$ 曲线。从图中可以看出,10 kV/cm 电场下面外磁化过程变得更容易。为了更明显地看到面外 $M\text{-}H$ 曲线的变化幅度,图中给出了剩余磁化强度变化率 $\Delta M_r = [M_r(10\ kV/cm) - M_r(0\ kV/cm)]/M_r(0\ kV/cm)$。随着 Fe_4N 薄膜厚度的增大,ΔM_r 先增大后减小,$t = 17$ nm 时达到最大,ΔM_r 为 295.9%,这比之前的结果都大。电场对 $FeBSiC/PMN\text{-}PT(001)$ 异质结构的面外磁化强度调控为 36.5%;$CoFe_2O_4/PMN\text{-}PT(011)$ 结构的调控为 -5%。在 $t = 5$ 和 8.5 nm 时,加电

场后样品的面外磁滞回线几乎不变,证明电场对面外 *M-H* 曲线的调控趋势与面内的情况一致。在 10 kV/cm 电场下,面外磁滞回线显得更容易磁化,说明通过 SSE 实现的磁电耦合可能会使铁磁层产生垂直各向异性。图 7-51(g)给出了加电场前后 17 nm 厚 $\gamma'_{(001)}$ 样品的面外磁滞回线。从图中可以看出,与 $\gamma'_{(011)}$ 样品的情况相反,电场下 $\gamma'_{(001)}$ 样品的面外磁滞回线显得更难磁化。图 7-51(h)给出了 1 T 磁场下 $\gamma'_{(001)}$ 样品的面外磁化强度随外加电场的变化,表明电场的调控具有周期性和稳定性。

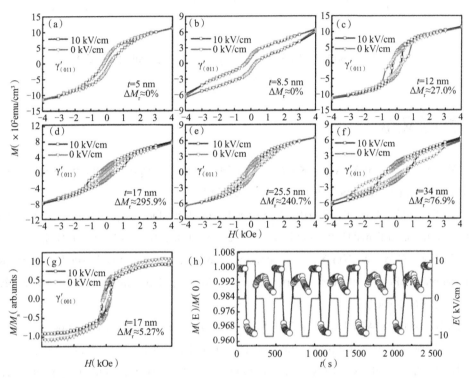

图 7-51　不同电场下,$\gamma'_{(011)}$ 样品面外方向的磁滞回线和 17 nm 厚 $\gamma'_{(001)}$ 样品面外方向的磁滞回线与磁化强度的周期性变化

(a)5 nm;(b)8.5 nm;(c)12 nm;(d)17 nm;(e)25.5 nm;(f)34 nm;(g)磁滞回线;(h)磁化强度的周期性变化

为了研究电场对样品的电输运特性的调控,利用 PPMS 测量了 17 nm 厚 $\gamma'_{(011)}$ 样品的 AMR 和 PHE。在测量前,先给样品施加 +10 或 -10 kV/cm 的脉冲电场。图 7-52(a)和(b)给出了 1 000 Oe 磁场下施加脉冲电场后 $\gamma'_{(011)}$ 样品的 AMR 和 PHE 图像。从图中可以看出,AMR 图像的相位在电场脉冲后几乎不变,但 AMR 的数值出现了变化。在施加电场脉冲后,PHE 的变化与 AMR 相似,证明电场脉冲可以调控磁各向异性,并具有非易失性,这与磁滞回线的结果一致。

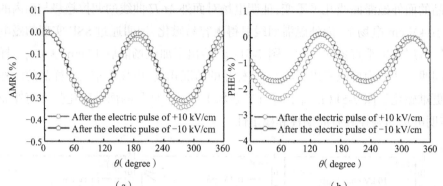

图 7-52　不同电场脉冲下，17 nm 厚 γ′$_{(011)}$ 样品的 AMR 和 PHE 图像
（a）AMR；（b）PHE

本章参考文献

[1]　HWANG H Y, IWASA Y, KAWASAKI M, et al. Emergent phenomena at oxide inter-faces[J]. Nature Materials, 2012, 11（2）: 103-113.

[2]　DUAN C, VELEV J P, SABIRIANOV R F, et al. Surface magnetoelectric effect in ferro-magnetic metal films[J]. Physical Review Letters, 2008, 101（13）: 137201/1-4.

[3]　FENG N, MI W, WANG X, et al. Superior properties of energetically stable La$_{2/3}$Sr$_{1/3}$MnO$_3$/ tetragonal BiFeO$_3$ multiferroic superlattices[J]. ACS Applied Materials & Interfaces, 2015, 7（19）: 10612-10616.

[4]　YAMADA H, GARCIA V, FUSIL S, et al. Giant electroresistance of super-tetragonal Bi-FeO$_3$-based ferroelectric tunnel junctions[J]. ACS Nano, 2013, 7（6）: 5385-5390.

[5]　SUNAGA K, TSUNODA M, KOMAGAKI K, et al. Inverse tunnel magnetoresistance in magnetic tunnel junctions with an Fe$_4$N electrode[J]. Journal of Applied Physics, 2007, 102（1）: 013917/1-4.

[6]　FENG N, MI W, WANG X, et al. The magnetism of Fe$_4$N/oxides（MgO, BaTiO$_3$, BiFeO$_3$）interfaces from first-principles calculations[J]. RSC Advances, 2014, 4（90）: 48848-48859.

[7]　YUASA S, NAGAHAMA T, SUZUKI Y. Spin-polarized resonant tunneling in magnetic tunnel junctions[J]. Science, 2002, 297（5579）: 234-237.

[8]　TAYLOR J, GUO H, WANG J. Ab initio modeling of quantum transport properties of mo-lecular electronic devices[J]. Physical Review B, 2001, 63（24）: 245407/1-13.

[9]　KRESSE G, FURTHMÜLLER J. Efficient iterative schemes for ab initio total-energy calcu-lations using a plane-wave basis set[J]. Physical Review B, 1996, 54（16）: 11169-11186.

[10]　BLÖCHL P E. Projector augmented-wave method[J]. Physical Review B, 1994, 50（24）: 17953-17979.

[11]　PERDEW J P, BURKE K, ERNZERHOF M. Errata: generalized gradient approximation

made simple[J]. Physical Review Letters，1996，77(18)：3865-3868.

[12] KIM Y，KUMAR A，HATT A，et al. Interplay of octahedral tilts and polar order in BiFeO$_3$ films[J]. Advanced Materials，2013，25(17)，2497-2504.

[13] GIL-REBAZA A V，DESIMONI J，PELTZER-Y-BLANCÁ E L. Study on the oscillatory behaviour of the lattice parameter in ternary iron-nitrogen compounds[J]. Physica B，2012，407(16)：3240-3243.

[14] ZHANG J X，HE Q，TRASSIN M，et al. Microscopic origin of the giant ferroelectric polarization in tetragonal-like BiFeO$_3$[J]. Physical Review Letters，2011，107(14)：147602/1-5.

[15] NARAHARA A，ITO K，SUEMASU T，et al. Spin polarization of Fe$_4$N thin films determined by point-contact Andreev reflection[J]. Applied Physics Letters，2009，94(20)：202502/1-3.

[16] SONG C，CUI B，LI F，et al. Recent progress in voltage control of magnetism：materials，mechanisms，and performance[J]. Progress in Materials Science，2017，87：33-82.

[17] CHEN A T，ZHAO Y G. Research Update：Electrical manipulation of magnetism through strain-mediated magnetoelectric coupling in multiferroic heterostructures[J]. APL Materials，2016，4(3)：032303/1-9.

[18] ZHANG J X，XIANG B，HE Q，et al. Large field-induced strains in a lead-free piezoelectric material[J]. Nature Nanotechnology，2011，6(2)：98-102.

[19] WUNNICKE O，PAPANIKOLAOU N，ZELLER R，et al. Effects of resonant interface states on tunneling magnetoresistance[J]. Physical Review B，2002，65(6)：064425/1-6.

[20] TAO L L，WANG J. Ferroelectricity and tunneling electroresistance effect driven by asymmetric polar interfaces in all-oxide ferroelectric tunnel junctions[J]. Applied Physics Letters，2016，108(6)：062903/1-5.

[21] ZHOU J，ZHAO W S，WANG Y，et al. Large influence of capping layers on tunnel magnetoresistance in magnetic tunnel junctions[J]. Applied Physics Letters，2016，109(24)：242403/1-4.

[22] HU W J，WANG Z，YU W，et al. Optically controlled electroresistance and electrically controlled photovoltage in ferroelectric tunnel junctions[J]. Nature Communications，2016，7：10808/1-9.

[23] YANG M，ALEXE M. Light-induced reversible control of ferroelectric polarization in BiFeO$_3$[J]. Advanced Materials，2018，30(14)：1704908/1-6.

[24] LU Z，LI P，WAN J，et al. Controllable photovoltaic effect of microarray derived from epitaxial tetragonal BiFeO$_3$ films[J]. ACS Applied Materials & Interfaces，2017，9(32)：27284-27289.

[25] HENRICKSON L E. Nonequilibrium photocurrent modeling in resonant tunneling photodetectors[J]. Journal of Applied Physics，2002，91(10)：6273-6281.

[26] CHEN J, HU Y, GUO H. First-principles analysis of photocurrent in graphene *PN* junctions[J]. Physical Review B,2012,85(15):155441/1-6.

[27] GUO R, YOU L, ZHOU Y, et al. Non-volatile memory based on the ferroelectric photovoltaic effect[J]. Nature Communications,2013,4:1990/1-5.

[28] CHU Y H, MARTIN L W, HOLCOMB M B, et al. Electric-field control of local ferromagnetism using a magnetoelectric multiferroic[J]. Nature Materials,2008,7(6):478-482.

[29] DUAN C G, JASWAL S S, Tsymbal E Y. Predicted magnetoelectric effect in Fe/BaTiO$_3$ multilayers: ferroelectric control of magnetism[J]. Physical Review Letters, 2006, 97(4): 047201/1-4.

[30] TAN H, TAKENAKA H, XU C, et al. First-principles studies of the local structure and relaxor behavior of Pb(Mg$_{1/3}$Nb$_{2/3}$)O$_3$−PbTiO$_3$-derived ferroelectric perovskite solid solutions[J]. Physical Review B,2018,97(17):174101/1-8.

[31] JIA C L, WEI T L, JIANG C J, et al. Mechanism of interfacial magnetoelectric coupling in composite multiferroics[J]. Physical Review B,2014,90(5):054423/1-6.

[32] ZHOU C, SHEN L, LIU M, et al. Long-range nonvolatile electric Field Effect in Epitaxial Fe/Pb(Mg$_{1/3}$Nb$_{2/3}$)$_{0.7}$Ti$_{0.3}$O$_3$ heterostructures[J]. Advanced Functional Materials, 2018, 28 (20):1707027/1-6.

[33] ZHOU C, SHEN L K, LIU M, et al. Strong nonvolatile magnon-driven magnetoelectric coupling in single-crystal Co/[PbMg$_{1/3}$Nb$_{2/3}$O$_3$]$_{0.71}$[PbTiO$_3$]$_{0.29}$ heterostructures[J]. Physical Review Applied,2018,9(1):014006/1-8.

[34] WANG J, NEATON J B, ZHENG H, et al. Epitaxial BiFeO$_3$ multiferroic thin film heterostructures[J]. Science,2003,299(5613):1719-1722.

[35] ZHANG Z C, WANG F L, DONG C H, et al. Electric field mediated non-volatile tuning magnetism at the single-crystalline Fe/Pb(Mg$_{1/3}$Nb$_{2/3}$)$_{0.7}$Ti$_{0.3}$O$_3$ interface[J]. Nanoscale, 2015,7:4187-4192.

[36] ZHOU W P, MA C L, GAN Z X, et al. Manipulation of anisotropic magnetoresistance and domain configuration in Co/PMN-PT(011)multiferroic heterostructures by electric field[J]. Applied Physics Letters,2017,111(5):052401/1-5.

[37] ZHANG H Q, YE Q Y, TANG L, et al. Nonvolatile modulation effects of electric field on the magnetic and electric properties in La-Ca-MnO$_3$/PMN-PT heterostructures[J]. IEEE Transactions on Magnetics,2015,51(11):2505004/1-4.

[38] ZHANG Y J, LIU M, ZHANG L, et al. Multiferroic heterostructures of Fe$_3$O$_4$/PMN-PT prepared by atomic layer deposition for enhanced interfacial magnetoelectric couplings[J]. Applied Physics Letters,2017,110(8):082902/1-5.

[39] YANG Y J, YANG M M, LUO Z L, et al. Large anisotropic remnant magnetization tunability in (011)La$_{2/3}$Sr$_{1/3}$MnO$_3$/0.7Pb(Mg$_{2/3}$Nb$_{1/3}$)O$_3$-0.3PbTiO$_3$ multiferroic epitaxial hetero-

structures[J]. Applied Physics Letters,2012,100(4):043506/1-3.

[40] LIU L Q, MORIYAMA T, RALPH D C, et al. Spin-torque ferromagnetic resonance induced by the spin Hall effect[J]. Physical Review Letters,2011,106(3):036601/1-4.

[41] ZHU X F, HARDER M, WIRTHMANN A, et al. Dielectric measurements via a phase-resolved spintronic technique[J]. Physical Review B,2011,83(10):104407/1-7.

[42] HYDE P, BAI L H, KUMAR D M J, et al. Electrical detection of direct and alternating spin current injected from a ferromagnetic insulator into a ferromagnetic metal[J]. Physical Review B,2014,89(18):180404(R)/1-5.

[43] LI Z R, MI W B, BAI H L. Electronic structure, vibronic properties and enhanced magnetic anisotropy induced by tetragonal symmetry in ternary iron nitrides：A first-principles study[J]. Computational Materials Science,2018,142:145-152.

[44] YANG J J, ZHAO Y G, TIAN H F, et al. Electric field manipulation of magnetization at room temperature in multiferroic $CoFe_2O_4/Pb(Mg_{1/3}Nb_{2/3})_{0.7}Ti_{0.3}O_3$ heterostructures[J]. Applied Physics Letters,2009,94(21):212504/1-3.

[45] 赖征勋. 对向靶磁控溅射外延 γ'-Fe₄N 薄膜的高频特性和磁电耦合 [D]. 天津大学,2019.

[46] 殷励. 多铁性 BiFeO_3 异质结构的电子结构、磁性和输运特性 [D]. 天津大学,2019.

[47] 李滋润. 反钙钛矿结构 Fe₄N 材料的磁各项异性调控 [D]. 天津大学,2019.

第 8 章　反钙钛矿结构 Fe₄N/ 重金属异质结构

拓扑霍尔效应是当前非共线电子学研究领域的热点之一,有望用于下一代具有高密度、低能耗和高速度的自旋电子器件中。拓扑霍尔效应可以间接地证明非共线手性自旋织构的存在。早期人们主要关注具有空间反演对称性破缺的材料,例如具有非中心对称的 B20 结构的 MnGe、FeCoSi 和 MnSi 等材料。但是,这类材料的拓扑霍尔效应和磁性斯格明子多数依赖于低温和强磁场条件,不利于拓扑霍尔效应物理机制的研究以及磁性斯格明子的实际应用。近年来,研究者们将目光投到由非磁性重金属和铁磁性金属组成的 HM/FM 异质结构上,希望可以通过改变材料的厚度、界面、周期等条件在室温下调控出稳定的斯格明子,从而制备具有高密度、高速度、低能耗的磁存储器件。

HM/FM 体系中的非共线手性自旋织构主要是由 HM 中强 SOC 和界面反演对称破缺诱发的界面 DMI 引起的。目前,可以通过直接或间接的手段来证明 HM/FM 体系中非共线手性自旋织构的存在。直接方式主要是使用显微技术证明磁畴的手性存在,如采用自旋极化的扫描隧道显微镜、磁光克尔显微镜和磁力显微镜(magnetic force microscopy, MFM)等手段在 HM/FM 体系中直接观测非共线手性自旋织构。间接的方式主要是通过霍尔输运性质的测量和理论模拟等方法来证明非共线手性自旋织构的存在。研究表明,较大的微磁系数(D)有助于非共线手性自旋织构的形成与稳定,例如, Ir/Co/Pt(D=2.0 mJ/m²)、Pt/Co/Ta (D=1.3 mJ/m²)和 Pt/Co/MgO(D=2.05 mJ/m²)等体系中均形成了稳定的磁性斯格明子。

目前,在可以实现室温拓扑霍尔效应的 HM/FM 异质结构中,多数采用多层堆垛的 [HM/FM]$_n$ 或 [HM₁/FM/HM₂]$_n$ 的异质结构来增强界面 DMI 强度。此外,磁性斯格明子的应用面临的一个巨大问题是如何降低操纵磁性斯格明子所需的电流密度。现阶段,以磁性斯格明子为依托的薄膜均采用磁控溅射法制备。这种制备方法在薄膜制备中引入太多的缺陷,增加了操控磁性斯格明子所需的电流密度。因此,有效的解决途径之一是制备具有斯格明子态的外延薄膜,可以减少由多晶或非晶薄膜,如 Ta/Co₂₀Fe₆₀B₂₀/TaO$_x$、Pt/Co/Ta 和 Pt/CoFeB/MgO 等的晶格对称性低、晶界和低各向异性引起的欧姆发热的问题。因此,期望发现具有大的界面 DMI 的 HM/FM 异质结构。

采用对向靶反应溅射法在单晶 MgO(001)基底上生长了外延 Pt/Fe₄N 双层薄膜,研究了 Pt 层和 Pt/Fe₄N 界面对体系磁性和自旋相关输运特性的影响,并结合第一性原理计算和微磁模拟方法分析了重金属 Pt 对体系的物理调控机制,为其实际应用提供实验和理论依据。

8.1　微观结构

图 8-1 给出了 MgO(001)基底上 Fe₄N(105 nm)薄膜的 AFM 图。从图中可以看出,

5 μm 标尺时 R_q 为 0.46 nm, 2 μm 标尺时 R_q 为 0.50 nm 以及 0.5 μm 标尺时 R_q 为 0.48 nm,表明 Fe₄N 薄膜表面较为光滑、粗糙度较小。

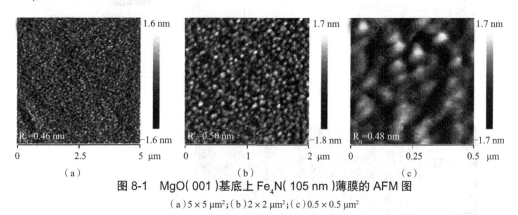

图 8-1　MgO(001)基底上 Fe₄N(105 nm)薄膜的 AFM 图

(a)5 × 5 μm²;(b)2 × 2 μm²;(c)0.5 × 0.5 μm²

图 8-2(a)~(c)给出了 Pt/Fe₄N/MgO、Fe₄N/MgO 和 Pt/MgO 样品的 XRD θ-2θ 图。从图中可以看出,仅仅出现 MgO(002)、Fe₄N(00 L)和 Pt(111)的衍射峰,表明在 MgO(001)基底上 Fe₄N 薄膜沿(001)取向生长,在 Fe₄N(001)薄膜上 Pt 薄膜沿(111)取向生长。图 8-2(d)给出了 Fe₄N(111)峰的 XRD 极图,发现图中出现了 4 个间隔为 90° 的 Fe₄N 衍射峰,表明在 MgO 基底上 Fe₄N 呈外延生长方式,且外延关系为 $[001]_{Fe_4N}//[001]_{MgO}$。图 8-2(e)~(j)给出了 Pt(25 nm)/Fe₄N(30 nm)/MgO 异质结构的 TEM 图。图 8-2(e)中可以得到每层薄膜的厚度,其中 Pt 层厚度为 25 nm, Fe₄N 层厚度为 30 nm。图 8-2(f)给出了 Pt/Fe₄N 界面的 TEM 图,沿白点线的位置可以看到 Pt/Fe₄N 界面。图 8-2(g)给出了 Pt 层放大的 TEM 图,得到 Pt(111)的晶面间距为 2.280 ± 0.003 Å。图 8-2(h)给出了 Fe₄N/MgO 的界面图,可以看到 Fe₄N/MgO 界面。图 8-2(h)中插图给出了放大 Fe₄N/MgO 界面的 TEM 图,图中黄色线沿 MgO 晶格排列的方向,白色线沿 Fe₄N 晶格排列的方向,发现 Fe₄N/MgO 界面出现了失配位错现象。图 8-2(h)中另一幅插图是 MgO 的 SAED 图,由有序的衍射斑点可知 MgO 具有立方晶格结构。图 8-2(i)给出了图 8-2(h)中白色框处放大的 TEM 图,图中粉色球规则排列,表明 Fe 原子是有序排列的。图 8-2(j)给出了 Pt/Fe₄N/MgO 异质结构的 SAED 图,表明 Pt、Fe₄N 和 MgO 间存在 $[111]_{Pt}//[001]_{Fe_4N}//[001]_{MgO}$ 的外延关系,进一步证实了 XRD 的结果。图 8-2(k)给出了 Pt(25 nm)/Fe₄N(30 nm)/MgO 异质结构的 STEM-HAADF 图,从图中可以看出,没有出现内部混合或缺陷。图 8-2(1)~(o)给出了元素的 EDS 面分布图,发现 Mg、O、Fe 和 Pt 元素分别均匀地分布在 MgO、Fe₄N 和 Pt 层。为了分析 Pt/Fe₄N/MgO 异质界面的组成,让一束高能电子束通过异质结构的区域,并使用 EELS 记录环境中的 C-K、Pt-M、Fe-L、N-K、O-K 和 Mg-K 边信号,如图 8-2(p)所示。EELS 结果进一步表明在 Pt/Fe₄N/MgO 异质结构中不存在混合的组分。在 70 nm 处, O-K 边尖峰出现,表明部分 O 存在于 Pt/Fe₄N 界面。由于 Pt/Fe₄N 双层薄膜是在 ≤2 × 10⁻⁵ Pa 的高真空环境下原位生长的,无外界 O 源引入,因此, O 可能是在 TEM 样品制备过程中引入的。

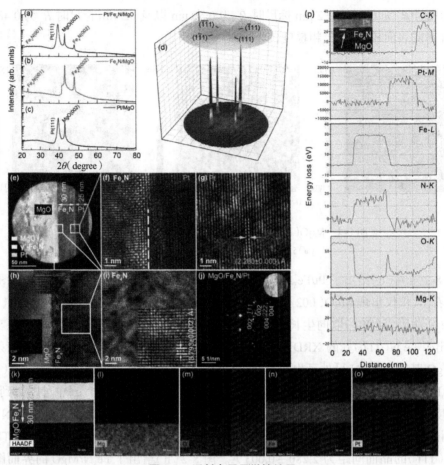

图 8-2　透射电子显微镜结果

（a）Pt/Fe₄N/MgO、（b）Fe₄N/MgO 和（c）Pt/MgO 样品的 XRD θ-2θ 的图；（d）Fe₄N（111）峰的 XRD 极图；
（e）Pt（25 nm）/Fe₄N（30 nm）/MgO 异质结构；（f）Pt/Fe₄N 界面；（g）Pt 层；
（h）Fe₄N/MgO 界面和（i）Fe₄N 层的 TEM 图；Pt/Fe₄N/MgO 异质结构的（j）SAED 和（k）STEM-HAADF 图；
（l）Mg、（m）O、（n）Fe 和（o）Pt 元素的 EDS 面图；（p）C-K（顶部）、Pt-M、Fe-L、N-K、O-K 和 Mg-K 边（底部）的层分辨的 EELS 图

8.2　磁学性质

图 8-3（a）给出了不同温度下 Fe₄N（5 nm）单层薄膜的面内 M-H 曲线。从图中可以看出，在 5 和 10 K 时 M-H 曲线出现了偏置现象。当样品经零磁场冷却至 5 K 时，Fe₄N（5 nm）薄膜的自发交换偏置场 $H_{EB}=-72$ Oe；当样品经 50 kOe 冷却至 5 K 时，$H_{EB}=-55$ Oe，如图 8-3（b）所示。通常，交换偏置是由 FM/AFM 界面交换耦合引起的，AFM 层的钉扎效应会影响 FM 层的磁化翻转程度。然而，Fe₄N/MgO 异质结中并不存在 AFM 相。因此，Fe₄N/MgO 异质结构中的交换偏置现象应该与 Fe₄N/MgO 界面耦合有关。图 8-3（c）给出了从图 8-3（a）M-H 曲线中提取的 M_S、M_C 和 H_{EB} 随温度的变化关系。从图中可以看出，温度低于 20 K 时，$H_{EB} \neq 0$，且随温度从 20 K 降低至 5 K 过程中，M_S 和 H_C 迅速增大。同时，Fe₄N 薄膜的 M_S 不满足布洛赫 $T^{3/2}$ 的自旋波理论，H_C 不满足 $T^{1/2}$ 的关系，这些现象进一步表明 Fe₄N/MgO 界

面耦合对 H_{EB}、M_S 和 H_C 均有影响。此外,由于 Fe_4N(c_{Fe_4N}=3.795 Å)和 MgO(c_{MgO}=4.211 Å)之间存在 9.88% 的晶格失配率,靠近 MgO 附近的 Fe_4N 薄膜将受到来自 MgO 基底较大的张应力。图 8-2(h)中放大的插图给出了 Fe_4N/MgO 界面的 TEM 图,发现 Fe_4N 和 MgO 间存在位错。应变调控 Fe_4N 单层薄膜的磁学性质的工作已经表明,由于磁力耦合效应,张应变下 Fe_4N 薄膜的 M_S 和 H_C 均增大。因此,Fe_4N/MgO 的界面耦合对 Fe_4N/MgO 异质结构的磁性有影响。

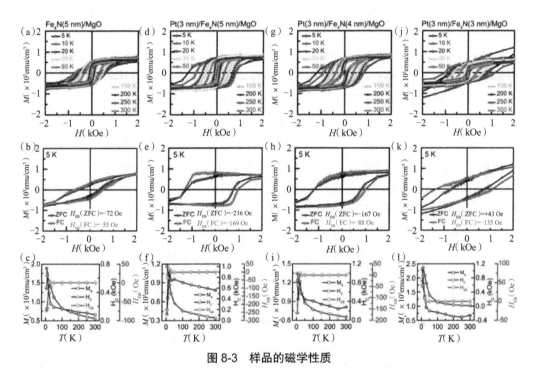

图 8-3　样品的磁学性质

(a)-(c) Fe_4N(5 nm)/MgO;(d)-(f) Pt(3 nm)/Fe_4N(5 nm)/MgO;(g)-(i) Pt(3 nm)/Fe_4N(4 nm)/MgO;
(j)-(l) Pt(3 nm)/Fe_4N(3 nm)/MgO 异质结构的(a)(d)(g)(j)ZFC 条件下的面内 M-H 曲线;
(b)(e)(h)(k)5 K 时 ZFC 和 FC 条件下的 M-H 曲线;(c)(f)(i)(l)M_S、H_C 和 H_{EB} 随温度的变化关系

图 8-3(d)、(g)和(j)给出了 5~300 K 范围内 Pt(3 nm)/Fe_4N(t_2)/MgO(t_2=5、4 和 3 nm)异质结构的面内 M-H 曲线。图 8-3(e)、(h)和(k)给出了 5 K 时 ZFC 和 FC 条件下 Pt/Fe_4N/MgO 异质结构的 M-H 对比图。在 Pt(3 nm)/Fe_4N(t_2)/MgO 异质结构中,随着 t_2 从 5 nm 减小至 3 nm,在 ZFC 条件下,H_{EB} 分别为 -236、-167 和 43 Oe;在 FC 条件下,H_{EB} 分别为 -169、-88 和 -135 Oe。

显然,Pt/Fe_4N/MgO 异质结构的 H_{EB} 远大于单层 Fe_4N 薄膜。此外,从图中还可以发现,在 FC 条件(红色曲线)下 Pt/Fe_4N/MgO 异质结构的磁化强度和 H_C 大于 ZFC 条件(黑色曲线)下磁化强度和 H_C,这在 Fe_4N 单层薄膜中是不存在的,表明除了 Fe_4N/MgO 的界面耦合之外,Pt/Fe_4N 界面在 Pt/Fe_4N/MgO 异质结构的磁性中同样起着重要的作用。图 8-3(f)、(i)和(l)分别给出了 Pt(3 nm)/Fe_4N(t_2)/MgO 中 M_S、H_C 和 H_{EB} 随温度的变化关系。当温度低于 50 K 时,M_S-T 曲线不再呈单调关系,H_C 迅速增加且 $|H_{EB}| \neq 0$。同时,由于 Pt/Fe_4N/MgO

异质结构中存在 Fe₄N/MgO 和 Pt/Fe₄N 界面耦合作用，Pt/Fe₄N/MgO 异质结构的 H_C 大于 Fe₄N/MgO 薄膜。因此，与 Fe₄N/MgO 相比，相同温度下 Pt/Fe₄N/MgO 异质结构中较大的 $|H_{EB}|$ 和 H_C 既与 Fe₄N/MgO 界面耦合相关，又与 Pt/Fe₄N 界面耦合相关。

为了研究 Pt/Fe₄N/MgO 异质结构的磁各向异性，图 8-4（a）~（f）给出了异质结构的面内和面外 M-H 曲线。在 MgO 基底上 Fe₄N 单层薄膜表现为 IMA，即易轴沿面内 [100] 或 [010] 方向，分别定义 [100]//x、[010]//y 和 [001]//z。如图 8-4（a）所示，300 K 时 Fe₄N（5 nm）/MgO 薄膜的面内磁矩比面外磁矩更易磁化。当 5 nm 的 Fe₄N 上覆盖 3 nm 的 Pt 时，Pt（3 nm）/Fe₄N（5 nm）/MgO 异质结构仍表现为 IMA，如图 8-4（b）所示。当固定 Pt 层厚度为 3 nm，依次减小 Fe₄N 厚度为 3 和 2 nm 时，发现 Pt（3 nm）/Fe₄N/MgO 异质结构的面内和面外 M-H 曲线逐渐重合，表明 x/y 轴和 z 轴均是 Fe₄N 的易轴，如图 8-4（c）和（d）所示。当固定 Fe₄N 层厚度为 3 nm，将 Pt 层厚度由 3 nm 减小为 2 nm 时，发现 Fe₄N 的易轴方向仍沿 x/y 轴和 z 轴，如图 8-4（e）所示。值得注意的是，相比 Fe₄N（5 nm）/MgO，20 K 以下时 Pt（3 nm）/Fe₄N（5 nm）/MgO 异质结构的磁各向异性发生了较明显的变化，如图 8-3（a）、（b）和（d）、（e）所示。因此，图 8-4（f）给出了 10 K 时 Pt（2 nm）/Fe₄N（3 nm）/MgO 异质结构的面内和面外 M-H 曲线，发现低温时这种磁易轴共存行为更加明显，且出现了两步磁化饱和的现象。这种磁易轴共存和两步磁化饱和的现象应该与 Fe₄N 的生长过程有关。当 Fe₄N 外延生长在 MgO 基底上时，由于失配位错和 Fe₄N/MgO 界面耦合，靠近 MgO 基底的 Fe₄N 薄膜受到来自 MgO 基底的晶格应变，发生四方扭曲或晶格畸变，出现 PMA，易轴沿 z 轴方向；当 Fe₄N 薄膜逐渐变厚为 3 nm 时，由于应变释放和 Fe₄N/MgO 界面耦合减弱，远离 MgO 基底的 Fe₄N 薄膜逐渐恢复立方反钙钛矿结构，表现为 IMA，易轴沿 x/y 轴方向。值得注意的是，相比 Fe₄N/MgO 异质结构，5 K 时 Pt/Fe₄N/MgO 异质结构的磁矩更趋于沿面内方向，易轴沿 x/y 轴方向，表明在磁各向异性中 Pt/Fe₄N 界面耦合起着重要的作用，如图 8-3（b）和（e）所示。将 Pt（3 nm）/Fe₄N（t_2）/MgO 异质结构中这种既具有 PMA 又具有 IMA 的磁性行为称为双组分磁各向异性。基于 Pt（3 nm）/Fe₄N（t_2）/MgO 中的磁性行为，可以通过图 8-4（f）中插图来说明 Fe₄N 层中可能存在的自旋织构，即非共线自旋织构。该非共线自旋织构是在失配位错、Pt/Fe₄N 界面耦合和 Fe₄N/MgO 界面耦合共同作用下导致的。图 8-4（g）和（h）给出了 I 到 VI 不同磁化阶段的非共线自旋织构的示意图。其中，H//x 时，测得蓝色的 M-H 曲线；H//z 时，测得红色 M-H 曲线。当 H//x 时，随着磁场增大，具有 IMA 的顶部 Fe₄N 磁矩率先达到饱和状态，如图 8-4（g）的第 III 磁化阶段所示；当 H_x 继续增大，进入第 II 磁化阶段，顶部自旋方向仍然沿 x 方向保持不变，底部自旋方向逐渐向 x 方向偏转；当 H_x 继续增大并进入第 I 磁化阶段时，顶部自旋方向保持不变，底部自旋完全转至 x 方向。同理，当 H//z 时，具有 PMA 的底部自旋方向迅速转向 z 轴，顶部自旋仍处于面内方向，如图 8-4（h）的第 III 磁化阶段所示；当 H_z 继续增大，进入第 II 磁化阶段，底部自旋方向仍然沿 z 方向保持不变，顶部自旋方向逐渐向 z 方向偏转；当 H_z 继续增大并进入第 I 磁化阶段时，顶部自旋方向保持不变，底部自旋完全转至 z 方向。

为了更好地理解这种双组分磁各向异性，有必要进一步研究较薄 Fe₄N 层（$t_2 < 3$ nm），即

Pt(3 nm)/Fe$_4$N(2 nm)/MgO 异质结构的磁性行为。图 8-4（ i ）给出了 ZFC 和 FC 条件下 Pt（ 3 nm)/Fe$_4$N(2 nm)/MgO 异质结构的面内 M-H 曲线。从图中可以看出，在 M-H 曲线的零场附近出现了一对对称的峰或谷，在 50 K 以下该现象尤其明显。这里的峰或谷与 Pt（ 3 nm)/Fe$_4$N(t_2)/MgO 异质结构的非共线自旋结构有关。当施加一个面内磁场时，Fe$_4$N 的底部 PMA 向顶部 IMA 过渡过程中，会由于相互竞争的磁耦合作用形成阻挫的自旋结构。随着温度从 5 K 升至 300 K，由于高温热扰动作用，峰 / 谷的位置逐渐从 0 Oe 移向 90 Oe，如图 8-4（ i ）所示。此外，当给样品施加 50 kOe 的面内磁场且从 300 K 冷却至 5 K 时，发现 50 K 以下时 FC 条件下磁化强度 |M| 和 H_C 均大于 ZFC 条件下的 |M| 和 H_C。经过面内磁场的场冷却过程后，具有 PMA 的底部 Fe$_4$N 的多数面外磁矩被拉至面内，且在外磁场作用下 Pt/Fe$_4$N 界面耦合和 Fe$_4$N/MgO 界面耦合均增强，导致较大的 |M| 和 H_C。总之，在失配位错、Pt/Fe$_4$N 界面耦合和 Fe$_4$N/MgO 界面耦合的共同作用下，Pt（ 3 nm)/Fe$_4$N(t_2)/MgO 异质结构中产生了双组分磁各向异性。

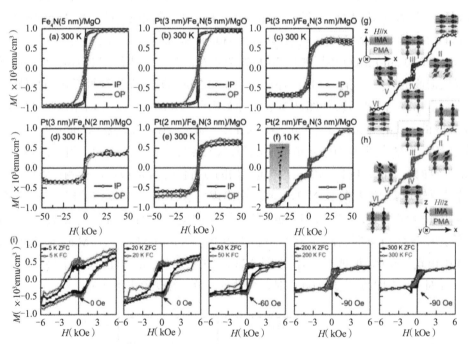

图 8-4　不同温度下异质结构的面内和面外 M-H 曲线，H//x 和 H//z 时不同磁化阶段自旋织构的示意图，不同温度下 Pt(3 nm)/Fe4N(2 nm)/MgO 异质结构的面内 ZFC 和 FC 的 M-H 曲线

（ a ）300 K 时 Fe$_4$N（ 5 nm)/MgO；(b ）300 K 时 Pt（ 3 nm)/Fe$_4$N(5 nm)/MgO；(c ）300 K 时 Pt（ 3 nm)/Fe$_4$N(3 nm)/MgO；(d)300 K 时 Pt（ 3 nm)/Fe$_4$N(2 nm)/MgO；(e)300 K Pt（ 2 nm)/Fe$_4$N(3 nm)/MgO；(f)10 K 时 Pt（ 2 nm)/Fe$_4$N(3 nm)/MgO；(g)H//x；(h)H//z；(i)ZFC 和 ZC 的 M-H 曲线

8.3　霍尔效应

为了研究具有双组分磁各向异性的 Pt/Fe$_4$N/MgO 异质结构的电输运性质，测量了 5~300 K 范围内样品的霍尔电阻率（ ρ_{xy} ）随面外磁场（ H_z ）的变化曲线。图 8-5 给出了测量

ρ_{xy}-H_z 曲线所使用的霍尔桥的测量示意图。霍尔桥通道的长和宽均为 50 μm。在 Fe₄N 单层薄膜中，霍尔效应包括正常霍尔效应（Ordinary Hall effect，OHE）和 AHE。因此，$\rho_{xy} = \rho_{OHE} + \rho_{AHE}$，其中 $\rho_{OHE} = R_0 H_z$ 和 $\rho_{AHE} = 4\pi R_S M_z$，式中 R_0 和 R_S 分别是 OHE 和 AHE 的系数，M_z 是面外磁化强度。ρ_{OHE} 与 H_z 之间呈线性关系，ρ_{AHE} 与 M_z 之间成正比关系。

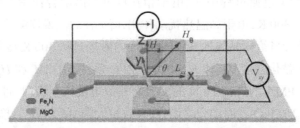

图 8-5　霍尔电阻率测量示意图（H_z 是面外磁场；H_θ 是位于 xz 面内与 x 轴夹角为 θ 时的磁场）

图 8-6 给出了不同温度下 Fe₄N（30 nm）/MgO 单层薄膜的 ρ_{xy}-H_z 曲线，发现曲线位于一三象限且 ρ_{xy} 随 H_z 单调变化，表明 ρ_{xy} 是由 OHE 和 AHE 共同决定的。当 3 nm 的 Pt 覆盖在 6 nm 的 Fe₄N 上形成 HM/FM 异质结构时，5~300 K 范围内 ρ_{xy}-H_z 曲线位于一三象限，变化趋势与 Fe₄N（30 nm）/MgO 单层薄膜相似，如图 8-7（a）所示。当固定 Pt 厚度为 3 nm 时，Pt/Fe₄N 双层薄膜的 ρ_{xy} 不仅随 Fe₄N 的厚度（5、4 和 3 nm）减小发生符号反转，而且随测量温度的升高也出现符号反转，如图 8-7（b）~（d）所示。图 8-7（e）~（h）给出了从图 8-7（a）~（d）中提取的 ρ_{AHE}-t_{Fe4N}、ρ_{AHE}-t_{Pt} 和 ρ_{AHE}-T 的曲线。此外，图 8-7（c）和（d）的蓝色箭头处出现了台阶，表明当 H_z 较小时面外磁矩迅速饱和，这与磁性测量中得出的双组分磁各向异性的结果是一致的。然而，Pt/Fe₄N/MgO 异质结构的 ρ_{xy} 随 Fe₄N 薄膜厚度和测量温度的变化出现的符号反转现象，并未在 Fe₄N 单层薄膜中出现。这种 ρ_{xy} 符号反转的现象与磁近邻效应和自旋霍尔效应相关，与 Pt/Fe₄N/MgO 异质结构中的非线性自旋织构无关。特别地，当 Fe₄N 厚度减小到 4 nm 时，在 30~35 kOe 范围内 Pt（3 nm）/Fe₄N（t_{Fe4N}）/MgO 异质结构的 ρ_{xy}-H_z 曲线中出现了非单调的驼峰 / 谷，如图 8-7（c）中的红色三角形处所示。图 8-7（d）给出了 t_{Fe4N}=3 nm 时 ρ_{xy}-H_z 曲线，发现 300 K 时非单调的驼峰 / 谷现象更加明显。

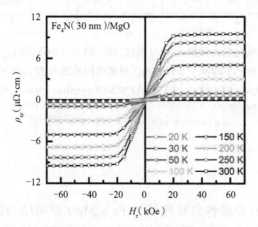

图 8-6　不同温度下 Fe₄N（30 nm）单层薄膜的 ρ_{xy}-H_z 曲线

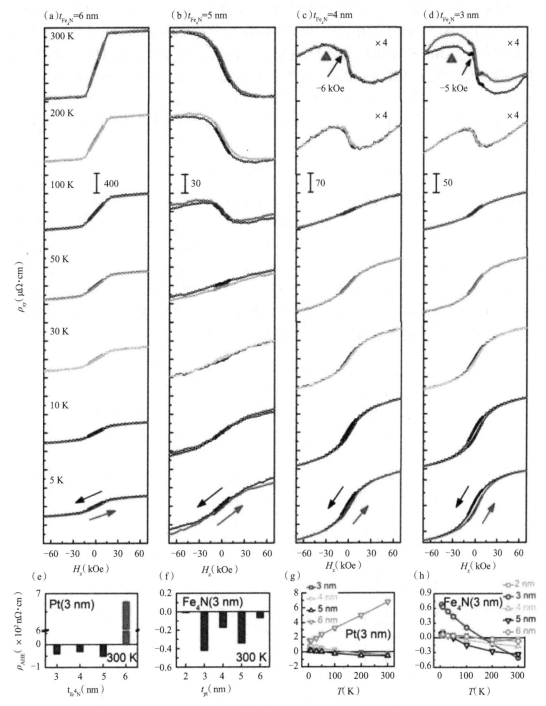

图 8-7　不同温度下，不同 Fe₄N 厚度 t_{Fe_4N} 的 Pt(3 nm)/Fe₄N(t_{Fe_4N})/MgO 异质结构的 ρ_{xy}-H_z 曲线(黑色和紫色箭头代表扫场路径；蓝色箭头指向的是 300 K 时曲线中的小凸起处；红色三角形指向的是 300 K 时出现的非线性曲线部分)与 Pt/Fe₄N/MgO 的 ρ_{AHE} 随原子厚度及温度的变化关系图

(a)t_{Fe_4N}=6 nm；(b)t_{Fe_4N}=5 nm；(c)t_{Fe_4N}=4 nm；(d)t_{Fe_4N}=3 nm；(e)Pt(3 nm)/Fe₄N(t_{Fe_4N})/MgO 的 ρ_{AHE} 随 Fe₄N 厚度的变化关系；(f)Pt(t_{Pt})/Fe₄N(3 nm)/MgO 的 ρ_{AHE} 随 Pt 厚度的变化关系；(g)Pt(3 nm)/Fe₄N(t_{Fe_4N})/MgO 的 ρ_{AHE} 随温度的变化关系；(h)Pt(t_{Pt})/Fe₄N(3 nm)/MgO 的 ρ_{AHE} 随温度的变化关系

当固定 Fe$_4$N 厚度为 3 nm，改变 Pt 厚度为 6、5、4、3 和 2 nm 时，发现在较薄 Pt（2 nm）层中也出现了这种非单调的 ρ_{xy}-H_z 曲线，如图 8-8 所示。这些非单调的驼峰/谷现象表明 ρ_{xy}-H_z 曲线中除了 OHE 和 AHE 的贡献之外还存在非单调 ρ_{xy} 的贡献，即反常的输运现象。通常，出现相反驼峰的 ρ_{xy}-H_z 曲线是非共线手性自旋织构的标志。在 Pt（3 nm）/Fe$_4$N（t_{Fe_4N}≤4 nm）/MgO 异质结构中，由于 Pt 中强 SOC 和界面处破缺的反演对称性，在 Pt/Fe$_4$N 和 Fe$_4$N/MgO 界面出现了界面 DMI。因此，Pt（3 nm）/Fe$_4$N（t_{Fe_4N}≤4 nm）/MgO 体系的哈密顿量 H 可表示为

$$H = -J_{ij} \cdot \sum_{<i,j>} (\boldsymbol{S}_i \cdot \boldsymbol{S}_j) - D_{ij} \cdot \sum_{<i,j>} \boldsymbol{d}_{ij} \cdot (\boldsymbol{S}_i \times \boldsymbol{S}_j) - K_u \cdot \sum_{<i>} (\boldsymbol{S}_i)^2 \qquad (8\text{-}1)$$

其中，J_{ij}、D_{ij} 和 K_u 分别代表海森堡交换相互作用、DMI 和磁各向异性，$\boldsymbol{S}_i$ 和 $\boldsymbol{S}_j$ 是 i 和 j 原子的单位自旋矢量。在 30~35 kOe 和 200~300 K 时，由于 J_{ij}、D_{ij} 和 K_u 之间的竞争，Pt/Fe$_4$N/MgO 体系中形成了非共线手性自旋织构。电荷流 $\boldsymbol{J}_C$、自旋流 $\boldsymbol{J}_S$ 和电子自旋 σ 之间满足 $\boldsymbol{J}_S$=$\boldsymbol{J}_C×\sigma$，当电荷流 J_C 流入具有强 SOC 的 Pt 层时，在 SHE 作用下携带自旋极化电子的纯自旋流 $\boldsymbol{J}_S$ 在 Pt 中产生并注入 Fe$_4$N 中。当 J_S 流经 Fe$_4$N 层的非共线手性自旋织构时，运动的电子将会得到一个额外的贝利相位，产生具有相反驼峰的新颖的霍尔效应，即反常的输运现象。因此，非共线的手性自旋织构是产生反常输运的原因。

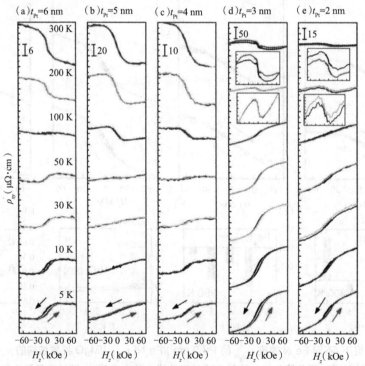

图 8-8　在不同温度下，不同 Pt 厚度 t_{Pt} 的 Pt（t_{Pt}）/Fe$_4$N（3 nm）/MgO 异质结构的 ρ_{xy}-H_z 曲线（黑色和灰色箭头代表扫场路径）

（a）t_{Pt}=6 nm；（b）t_{Pt}=5 nm；（c）t_{Pt}=4 nm；（d）t_{Pt}=3 nm；（e）t_{Pt}=2 nm

8.4　界面 Dzyaloshinskii-Moriya 相互作用和磁畴结构

为了确定 Pt/Fe₄N/MgO 异质结构中界面 DMI 的贡献,计算了微观 DMI 常数(d)和微磁 DMI 系数(D)。基于之前的报道,Pt/Fe₄N/MgO 体系总 DMI 常数 d^{tot} 与 Pt/Fe₄N 和 Fe₄N/MgO 两个界面 DMI 常数的和接近。由于 DMI 主要存在于 HM/FM 和 FM/Oxide 界面,因此,将 Pt/Fe₄N/MgO 体系分成 Pt/Fe₄N 和 Fe₄N/MgO 两个界面来进行 DMI 计算。图 8-9(a)~(c)分别给出了 Fe₄N、MgO 和 Pt 的原子结构示意图。图 8-9(d)~(f)分别给出了具有 5 个原子层的 Fe₄N、3 个原子层的 Pt 和 5 个原子层的 MgO 的 Fe₄N/MgO、Pt/Fe₄N 和 Pt/Fe₄N/MgO 的结构示意图。

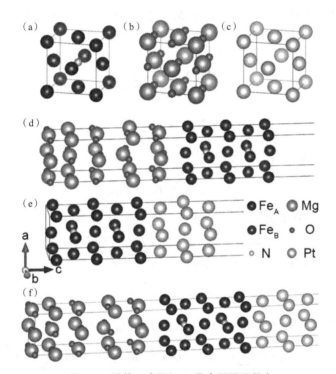

图 8-9　结构示意图(ML 代表原子层数)

(a)Fe₄N 的原子结构示意图;(b)MgO 的原子结构示意图;(c)Pt 的原子结构示意图;
(d)Fe₄N(5 ML)/MgO(5ML)界面优化后的结构示意图;(e)Pt(3 ML)/Fe₄N(5 ML)界面优化后的结构示意图;
(f)Pt(3 ML)/Fe₄N(5 ML)/MgO(5ML)界面优化后的结构示意图

为了评估 Pt/Fe₄N/MgO 的总 DMI 以及 Pt、Fe₄N 原子层的层 DMI 分布,进行了第一性原理计算。根据式(8-1),可知 DMI 能量为

$$E_{DMI} = \sum_{(i,j)} \boldsymbol{d}_{ij} \cdot (\boldsymbol{S}_i \times \boldsymbol{S}_j) \tag{8-2}$$

式中,$\boldsymbol{d}_{ij}$ 垂直于第 i 和 j 个 Fe 原子的自旋 $\boldsymbol{S}_i$ 和 $\boldsymbol{S}_j$。基于 Moriya 的对称性原则,$\boldsymbol{d}_{ij}$ 可以表示为

$$\boldsymbol{d}_{ij} = d_{ij}(\boldsymbol{z} \times \boldsymbol{u}_{ij}) \tag{8-3}$$

式中,$\boldsymbol{u}_{ij}$ 是指由第 i 个原子指向第 j 个原子的单位矢量;$\boldsymbol{z}$ 是垂直于薄膜的单位矢量。总

DMI 常数 d^{tot} 可通过计算具有相反手性自旋构型的 DFT 能量 E_{CW} 和 E_{ACW} 的差值来确定，计算的能量差值为

$$d^{tot} = \frac{E_{CW} - E_{ACW}}{m} \tag{8-4}$$

式中，m 依赖于摆线的长度。图 8-10（a）和（b）分别给出了 Pt/Fe$_4$N 界面处 Fe 层的顺时针（CW）和逆时针（ACW）的自旋构型的示意图。在 CW 构型中，3 号原子的能量为

$$E_{3,CW} = \frac{1}{2}[\boldsymbol{d}_{32'} \cdot (\boldsymbol{S}_3 \times \boldsymbol{S}_{2'}) + \boldsymbol{d}_{33'} \cdot (\boldsymbol{S}_3 \times \boldsymbol{S}_{3'}) + \boldsymbol{d}_{33''} \cdot (\boldsymbol{S}_3 \times \boldsymbol{S}_{3''})$$
$$+ \boldsymbol{d}_{32''} \cdot (\boldsymbol{S}_3 \times \boldsymbol{S}_{2''})] + E_{other} \tag{8-5}$$

式中，系数 1/2 表示每个键的两个位点间共享 DMI 能量；E_{other} 包含自旋不相关的、各向异性的和对称性交换的能量的贡献。由于 $\boldsymbol{S}_3 \parallel \boldsymbol{S}_{3'} \parallel \boldsymbol{S}_{3''}$ 且 $\boldsymbol{S}_3 \perp \boldsymbol{S}_{3'} \perp \boldsymbol{S}_{3''}$，式 8-5 可写成

$$E_{3,CW} = \frac{1}{2}[-\boldsymbol{d}_{32'}^y - \boldsymbol{d}_{32''}^y] + E_{other}$$
$$= \frac{1}{2}[-\frac{\sqrt{2}}{2}d_{32'} - \frac{\sqrt{2}}{2}d_{32''}] + E_{other} \tag{8-6}$$
$$= -\frac{\sqrt{2}}{2}d_{32'} + E_{other}$$

在 ACW 构型中，3 号原子的能量为

$$E_{3,ACW} = \frac{\sqrt{2}}{2}d_{32'} + E_{other} \tag{8-7}$$

因此，每层 Fe 原子的 DMI 能量为

$$\Delta E_{DMI} = n \cdot (E_{3,CW} - E_{3,ACW}) = 8\sqrt{2}d_{32'} \tag{8-8}$$

式中，$n=8$。$d^{tot}=d_{32'}$。因此，微磁 DMI 常数 d^{tot} 可表示为

$$d^{tot} = \frac{E_{CW} - E_{ACW}}{8\sqrt{2}} \tag{8-9}$$

在微磁学中，第 i 个原子在界面和基底处的 DMI 能量为

$$E_{i,DMI} = \frac{1}{2}rd^{tot}\sum_{n=1}^{4}(\boldsymbol{z} \times \boldsymbol{u}_n) \cdot \left[\boldsymbol{m}(\boldsymbol{r}_i) \times (u_n^x \frac{\partial \boldsymbol{m}}{\partial x}(\boldsymbol{r}_i) + u_n^y \frac{\partial \boldsymbol{m}}{\partial y}(\boldsymbol{r}_i))\right] \tag{8-10}$$

并对平面内所有的四个最近邻原子的 DMI 能量求和。式（8-10）中，r 是平面内最近邻原子间的间距 $r = a/\sqrt{2}$，且 a 是 Fe$_4$N 的晶格常数。$\boldsymbol{m} \times \partial_u \boldsymbol{m}$ 满足

$$\boldsymbol{m} \times \frac{\partial \boldsymbol{m}}{\partial u} = \left(L_{yz}^u, -L_{xz}^u, L_{xy}^u\right) \tag{8-11}$$

式中，$L_{yz}^u = m_y \partial_u m_z - m_z \partial_u m_y$，且 $L_{yz}^u = -L_{zy}^u$。将式（8-11）代入（8-10），得

$$E_{i,DMI} = \frac{1}{2}rd^{tot}\sum_{n=1}^{4}(\boldsymbol{z} \times \boldsymbol{u}_n) \cdot \left[u_n^x\left(L_{yz}^x, -L_{xz}^x, L_{xy}^x\right) + u_n^y\left(L_{yz}^y, -L_{xz}^y, L_{xy}^y\right)\right] \tag{8-12}$$

对于 3 号原子，$\boldsymbol{z} \times \boldsymbol{u}_{ij}$ 满足 $\boldsymbol{z} \times \boldsymbol{u}_{33'} = \left(-\frac{\sqrt{2}}{2}, \frac{\sqrt{2}}{2}, 0\right)$，$\boldsymbol{u}_{33'} = \left(\frac{\sqrt{2}}{2}, \frac{\sqrt{2}}{2}, 0\right)$，$\boldsymbol{z} \times \boldsymbol{u}_{33''} = \left(\frac{\sqrt{2}}{2}, \frac{\sqrt{2}}{2}, 0\right)$，$\boldsymbol{u}_{33''} = \left(\frac{\sqrt{2}}{2}, -\frac{\sqrt{2}}{2}, 0\right)$，$\boldsymbol{z} \times \boldsymbol{u}_{32''} = \left(\frac{\sqrt{2}}{2}, -\frac{\sqrt{2}}{2}, 0\right)$，$\boldsymbol{u}_{32''} = \left(-\frac{\sqrt{2}}{2}, -\frac{\sqrt{2}}{2}, 0\right)$，

$z \times \boldsymbol{u}_{32'} = \left(-\dfrac{\sqrt{2}}{2}, -\dfrac{\sqrt{2}}{2}, 0 \right)$ 和 $\boldsymbol{u}_{32'} = \left(-\dfrac{\sqrt{2}}{2}, \dfrac{\sqrt{2}}{2}, 0 \right)$。因此,式(8-12)可以改写成

$$E_{i,\mathrm{DMI}} = rd^{\mathrm{tot}} \left(L_{zx}^{x} + L_{zy}^{y} \right) \tag{8-13}$$

由于式(8-13)与

$$E = D \left[m_z \frac{\partial m_x}{\partial x} - m_x \frac{\partial m_z}{\partial x} + m_z \frac{\partial m_y}{\partial y} - m_z \frac{\partial m_z}{\partial y} \right] \tag{8-14}$$

式(8-14)的微磁形式相同,式(8-14)中的 D 是单位体积微磁能量的微磁 DMI 系数。因此, D 可通过 rd^{tot} 除以界面一个原子的体积 V 来获得。

$$V = \sigma \cdot t_{\mathrm{F}} = \frac{a^2}{2} \cdot t_{\mathrm{F}} \tag{8-15}$$

$$D = \frac{rd^{\mathrm{tot}}}{V} = \frac{\dfrac{a}{\sqrt{2}} d^{\mathrm{tot}}}{\dfrac{a^2}{2} \cdot \dfrac{a}{2} N_{\mathrm{F}}} = \frac{2\sqrt{2} d^{\mathrm{tot}}}{N_{\mathrm{F}} a^2} = \frac{2\sqrt{2} d^{\mathrm{tot}}}{5 a^2} \tag{8-16}$$

式中, t_{F} 是铁磁性原子的厚度; N_{F} 是铁磁性原子层的数目。

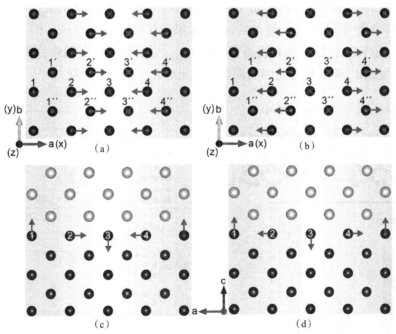

图 8-10　界面 Fe 层的顺时针和逆时针自旋构型的示意图和具有顺时针和逆时针自旋构型的 Pt/Fe₄N 的侧视图

(a)顺时针自旋构型示意图;(b)逆时针自旋构型示意图;(c)顺时针自旋构型侧视图;(d)逆时针自旋构型侧视图

图 8-11(a)给出了 CW 和 ACW 手性自旋构型示意图。图中只给出了界面层的磁矩方向,所有 Fe 原子层均设置了相同自旋手性构型来计算总 DMI 常数 d^{tot}。图 8-11(b)给出了根据式(8-16)计算得到的 Pt/Fe₄N、Fe₄N/MgO 和 Pt/Fe₄N/MgO 界面的微观 DMI 常数 d 和微

磁 DMI 系数 D。从图中可以得出，Pt/Fe₄N 界面的 DMI 对总 DMI 起支配作用，且与 Fe₄N/MgO 界面的 DMI 具有相同的手性。对 Pt/Fe₄N 和 Fe₄N/MgO 界面的 d 或 D 求和，获得 Pt（3 ML）/Fe₄N（5 ML）/MgO（5 ML）的 d 和 D，其中 $D=2.90$ mJ/m²，这非常接近于具有手性磁结构的 Pt（3 ML）/Co（3 ML）的 D 值（约 3 mJ/m²），大于之前报道的其他多层 HM/FM 体系的 D，比如 Ir/Co/Pt（2.0 mJ/m²）、Pt/Co/Ta（1.3 mJ/m²）和 Pt/Co/MgO（2.05 mJ/m²）。因此，第一性原理计算结果显示 Pt/Fe₄N/MgO 体系具有较大的 DMI 系数（2.90 mJ/m²），表明在 Pt/Fe₄N/MgO 中可能存在诸如手性磁畴壁或磁性斯格明子的非共线手性自旋织构。为了确定 Pt/Fe₄N 和 Fe₄N/MgO 界面 DMI 的物理机制，计算了与 DMI 相关的原子层分辨的 SOC 能量 E_{SOC}。图 8-11（c）给出了 Pt/Fe₄N 界面各层原子的 E_{SOC} 分布图。从图中可以看出，Fe1、Fe2 和 Fe3 原子层对 E_{SOC} 均为负贡献；靠近界面的 Pt1 原子层对 E_{SOC} 有主要贡献，Pt2 原子层对 E_{SOC} 的贡献比 Pt1 原子层小，Pt3 原子层对 E_{SOC} 为负贡献。因此，Pt/Fe₄N 界面的 E_{SOC} 主要来自 Pt1 原子层的贡献。图 8-11（d）给出了 Pt/Fe₄N 界面 Pt 层原子的 d 轨道分辨的 E_{SOC} 二维分布热图，图中标出了主要轨道的 E_{SOC} 贡献值。从图中可以看出，Pt 原子的 E_{SOC} 主要来源于 d_{z^2} 和 d_{xz}、d_{xz} 和 $d_{x^2-y^2}$ 以及 d_{xy} 和 d_{yz} 的轨道之间的耦合矩阵元，其 E_{SOC} 分别为 2.79、0.35 和 -0.70 meV。因此，Pt/Fe₄N 界面处 Pt 层的 E_{SOC} 主要来自于 d_{z^2} 和 d_{xz} 轨道之间的耦合矩阵元的贡献。图 8-11（e）给出了 Fe₄N/MgO 界面处各层原子的 E_{SOC} 分布图，发现在 Fe1、Fe2 和 Fe3 原子层中 E_{SOC} 是正的，在 Fe4 原子层中 E_{SOC} 是负的。图 8-11（f）给出了 Fe₄N/MgO 界面处 Fe 层原子的 d 轨道分辨的 E_{SOC} 二维分布热图，图中标出了主要轨道的 E_{SOC} 贡献值，发现 d_{z^2} 和 d_{xz} 轨道之间的耦合矩阵元对 E_{SOC} 起主要贡献。

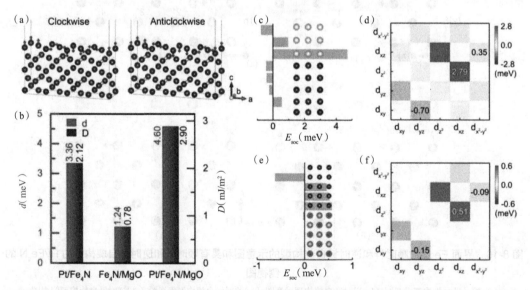

图 8-11　（a）顺时针（CW）和逆时针（ACW）手性自旋构型示意图（红色箭头代表磁矩方向）；（b）Pt/Fe₄N、Fe₄N/MgO 和 Pt/Fe₄N/MgO 界面的微观 DMI 常数 d 和微磁 DMI 系数 D；（c）Pt/Fe₄N 界面和（e）Fe₄N/MgO 界面的 DMI 相关的原子层分辨的 SOC 能量 E_{SOC}；（d）Pt/Fe₄N 界面的界面 Pt 层和（f）Fe₄N/MgO 界面的界面 Fe 层的 DMI 相关的 d 轨道分辨的 SOC 能量 E_{SOC}

为了证实 Pt/Fe₄N/MgO 体系中非共线手性自旋织构的存在,进行了不同面外磁场下微磁模拟,如图 8-12 所示。考虑到 Pt/Fe₄N/MgO 体系中 J_{ij}、D_{ij} 和 K_u 项之间的竞争,Pt/Fe₄N 界面较大 DMI 系数 D 对非共线手性自旋织构的形成起着至关重要的作用。在 0 kOe 时,条纹磁畴和手性磁畴共存,如图 8-12(a)所示。当面外磁场为 ±1.5 kOe 时,发现条纹畴逐渐减少,且手性磁畴增多,表明非共线手性自旋织构存在于 Pt/Fe₄N/MgO 体系中,如图 8-12(b)和(f)所示。当面外磁场为 ±5 kOe 时,形成了均匀稳定的斯格明子,如图 8-12(c)和(g)所示。当面外磁场大于 12 kOe 时,非共线手性自旋织构被外磁场湮灭,如图 8-12(e)和(i)所示。

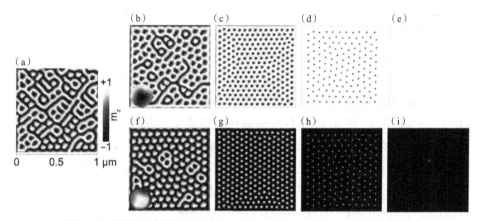

图 8-12   不同面外磁场下 Pt(3 nm)/Fe₄N(3 nm)/MgO 的微磁模拟图

(a)0 kOe;(b)1.5 kOe;(c)5 kOe;(d)10 kOe;(e)12 kOe;(f)-1.5 kOe;(g)-5 kOe;(h)-10 kOe;(i)-12 kOe

图 8-13 给出了 -1.5~1.5 kOe 范围内 Pt(3 nm)/Fe₄N(3 nm)/MgO 异质结构的 MFM 图。从图中可以观察到在蓝色背景色下分布着大小不同、形状不规则的红色畴状磁泡。图 8-13 中插图给出了方框区域放大的 MFM 图。当面外磁场从 0 kOe 增大至 0.5 kOe 时,具有不同尺寸且形状不规则磁泡的磁畴数目也增加,这些磁泡状的磁畴相当于一个或多个斯格明子。值得注意的是,在 300 K 时,图 8-7(c)、(d)中 Pt(3 nm)/Fe₄N(t_{Fe4N}≤4 nm)/MgO 的 ρ_{xy}-H_z 曲线中凸起的峰与之前报道的峰的形状不同,表现为弥散的驼峰状,这可能与图 8-13 中 MFM 图中观察到大小不同且形状不规则的磁泡有关。因此,ρ_{xy}-H_z 曲线中成对驼峰的出现与 Pt/Fe₄N 和 Fe₄N/MgO 界面 DMI 诱发的非共线手性自旋织构有关。

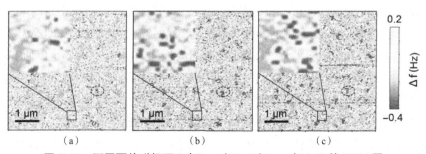

图 8-13   不同面外磁场下 Pt(3 nm)/Fe₄N(3 nm)/MgO 的 MFM 图

(a)0 kOe;(b)0.5 kOe;(c)1.5 kOe

8.5　各向异性磁电阻和平面霍尔电阻

在 HM/FM 体系中，HM 具有强 SOC，可通过 SHE 产生纯净的自旋流 J_S，并通过 ISHE 探测 J_S，还可以通过界面对称性破缺和强 SOC 诱发 DMI。因此，HM/FM 体系可能具有复杂且有趣的磁输运特性。例如，在 Ta/NiFe 双层薄膜中，Ta/NiFe 界面存在电荷流与自旋流的相互转换，出现负自旋霍尔磁电阻。在 Pt/Fe 双层薄膜中，Pt 层中自旋极化的电子诱发导带中的 Pt 产生磁性，导致 AMR 增大。在 Pt/YIG 体系中，磁近邻效应导致界面 Pt 层产生局域磁矩。因此，HM 层对 HM/FM 异质结构的自旋相关输运特性的影响仍存在争议。AMR 和 PHE 是铁磁性薄膜自旋相关输运特性的两个主要特征。在 HM/FM 体系中，AMR 和 PHE 不仅与磁化强度和电流方面间的夹角密切相关，而且还与 SOC 密切相关。本节研究了 Pt/Fe₄N 体系中 SOC 对 AMR 和 PHE 的影响，揭示了 SOC 作用于 AMR 和 PHE 的物理机制。

图 8-14（a）~（d）给出了 10~300 K 范围内 Fe₄N 和 Pt/Fe₄N 异质结构的 AMR 随角度 θ 的变化关系。AMR 测量采用的是两端测量法，霍尔桥的长和宽均是 50 μm，如图 8-14（j）所示。测量过程中，磁场位于 xy 平面内，大小为 50 kOe；电流沿 x 轴方向，$I_{xx}=1\,000$ μA。AMR 的定义式同式（3-8）。值得注意的是，由于温度漂移，AMR-θ 曲线呈现一定的倾斜趋势，如图 8-14（b）中的橙色曲线所示。通常，样品周围环境温度的变化或自身能量积累均会导致温度漂移。图 8-14（a）给出了不同温度下 Fe₄N（30 nm）单层薄膜的 AMR 随角度 θ 的变化关系。从图中可以看出，AMR 是负的，且在 20~300 K 范围内出现二重对称性形状，在 10 K 时出现四重对称性形状，如图 8-14 所示。根据式（1-2）、（1-3）和（1-4），负 AMR 是由 Fe₄N（30 nm）中负 P_D（P_D(Fe₄N)=-0.6）和负 P_σ（P_σ(Fe₄N)=-1.0）共同导致的。图 8-14（e）中蓝色线给出了 0° 时 Fe₄N（30 nm）单层薄膜的 AMR，即 AMR_0，可以发现 AMR_0 随温度的降低而增大，且在 100 K 以下迅速增大。在 Fe₄N 和 Ni 基合金等强铁磁性材料中，AMR 与电输运理论相关。电输运理论是以由导带态和局域 d 态组成体系的双电流模型为基础。局域 d 态是由具有自旋轨道相互作用、交换场和晶体场的哈密顿量决定的。为了揭示 AMR_0-T 的变化关系和四重对称性行为，采用式（3-9）对所有的 AMR-θ 曲线进行拟合。Fe₄N 薄膜的 AMR-θ 曲线形状表明沿 xy 面内的 <100> 和 <110> 方向分别对应薄膜的易磁化和难磁化轴方向。图 8-14（f）~（i）给出了 $C_{2\theta}$ 和 $C_{4\theta}$ 随温度的变化关系，其中 $C_{2\theta}$ 和 $C_{4\theta}$ 是由式（3-9）拟合图 8-14（a）~（d）中 AMR-θ 曲线得到的。结果表明，$C_{2\theta}$-T 曲线（如图 8-14（f）的黑线所示）与 AMR_0-T 曲线（如图 8-14（e）的蓝线所示）的变化趋势相似，表明 |AMR_0| 随温度的升高而减小是高温下磁化强度减小所致。一般而言，M_S 随温度的变化关系满足布洛赫的自旋波理论，即高温下热扰动增强，铁磁有序性变弱，导致 M_S 减小。此外，在 xy 面内施加 50 kOe 的磁场足以使 Fe₄N 薄膜的面内磁化强度达到饱和。因此，AMR_0-T 的变化关系与高温下增强的热扰动密切相关。

|$C_{2\theta}$| 和 |$C_{4\theta}$| 均随温度的降低而增大，且在 10 K 时达到最大值，如图 8-14（f）和（g）所示。根据式（3-9），在 10 K 时，四方对称的晶体场出现，导致 |$C_{4\theta}$| 项较大；高于 20 K 时，四方对称性逐渐向立方对称性转变，导致 |$C_{4\theta}$| 逐渐消失。此外，在 Fe₄N/MgO 体系中，由于 Fe₄N（$a=b=c$=3.795 Å）和 MgO（$a=b=c$=4.211 Å）间的晶格失配度高达 9.88%，Fe₄N 将受到

来自 MgO 基底的较大的张应力。同时,由于热胀冷缩,温度降低将会导致晶格收缩。晶格的四方扭曲是基底张应变和温度降低时压应变共同竞争的结果。因此,10 K 时 $|C_{4\theta}|$ 出现与四方扭曲密切相关。

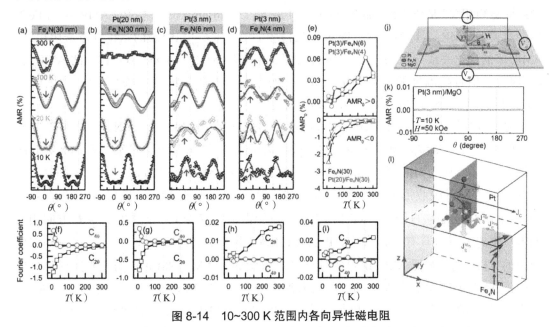

图 8-14 10~300 K 范围内各向异性磁电阻

(a)(f)Fe₄N(30 nm)/MgO;(b)(g)Pt(20 nm)/Fe₄N(30 nm)/MgO;(c)(h)Pt(3 nm)/Fe₄N(6 nm)/MgO;(d)(i)Pt(3 nm)/Fe₄N(4 nm)/MgO 异质结构的(a)-(d)AMR 随角度的变化关系;(e)AMR₀ 随温度的变化关系;(f)-(i)$C_{2\theta}$ 和 $C_{4\theta}$ 分别随温度的变化关系;(j)AMR 和平面霍尔电阻的测量示意图;(k)10 K 时 Pt(3 nm)/MgO 的 AMR;(l)输运机制示意图

图 8-14(b)给出了不同温度下 Pt(20 nm)/Fe₄N(30 nm)双层薄膜的 AMR 随角度 θ 的变化关系。图 8-14(e)中粉色曲线给出了 Pt(20 nm)/Fe₄N(30 nm)的 AMR₀ 随温度的变化关系。从图中可以看出,Pt(20 nm)/Fe₄N(30 nm)双层薄膜的 AMR₀-T 曲线与 Fe₄N(30 nm)单层薄膜的变化趋势相同,但 |AMR₀| 略小于 Fe₄N(30 nm)单层薄膜。因此,在 Pt(20 nm)/Fe₄N(30 nm)双层薄膜的 AMR 中,块体效应仍然起主导作用。为了研究界面 SOC 效应对 Fe₄N 薄膜 AMR 的影响,研究了具有较薄 Pt(≤5 nm)层和较薄 Fe₄N(≤6 nm)层的 Pt/Fe₄N 双层薄膜的 AMR,如图 8-14(c)和(d)所示。值得注意的是,在 Pt(3 nm)/Fe₄N(6 nm)和 Pt(3 nm)/Fe₄N(4 nm)双层薄膜中均出现了具有 'M' 形状的正 AMR。图 8-14(e)中黑线和红线分别给出了 Pt(3 nm)/Fe₄N(6 nm)和 Pt(3 nm)/Fe₄N(4 nm)双层薄膜的 AMR₀ 随温度的变化关系,发现双层薄膜的 AMR₀ 大小是 10^{-2} 量级,小于 Fe₄N(5 nm)单层薄膜的 10^{-1} 量级。一方面,I_{xx} 在双层薄膜和单层薄膜中的电流路径不同,Pt(3 nm)/Fe₄N(t_{Fe4N}≤6 nm)双层薄膜中 Pt 的电阻率小于 Fe₄N 的,较多的 I_{xx} 分量流经 Pt 层,较少的 I_{xx} 分量流经 Fe₄N 层。为了排除 Pt 层的 I_{xx} 分流对 AMR₀ 大小的影响,图 8-14(k)给出了在 10 K 和 50 kOe 时 Pt(3 nm)/MgO 的 AMR 随角度 θ 的变化关系。Pt 具有顺磁性,导致 AMR 与角度 θ 无关,Cheng 等在 Pt(2 nm)/Al₂O₃ 中也观察到同样的现象。因此,Pt(3 nm)/MgO 的 AMR-θ 结果表明 AMR₀ 大小与 I_{xx} 分流无关,同时也可以排除 Pt 块体的影响。另一方面,Ma 等、

Sakanashi 等和 Kang 等分别报道了 W/YIG、Pt/Co 和 Ta/NiFe 等 HM/FM 双层薄膜中，AMR 信号与 MPE 诱发的界面重金属中的局域磁矩有关。因此，Pt(3 nm)/Fe₄N (t_{Fe_4N}≤6 nm)双层薄膜的较小的 AMR_0 可能与界面附近 Pt 中的局域磁矩有关。假设 'AMR 可能与界面 Pt 中的局域磁矩相关' 是成立的，那么 Pt(3 nm)/Fe₄N (t_{Fe_4N}≤6 nm)双层薄膜的 AMR_0-T 与 Fe₄N 单层薄膜的 AMR_0-T 行为一致。Fe₄N 单层薄膜的 $C_{2\theta}$ 和 $C_{4\theta}$ 与薄膜的磁化分量密切相关，AMR_0-T 的变化关系与 M_S-T 一致。然而，Pt(3 nm)/Fe₄N (t_{Fe_4N}≤6 nm)双层薄膜的 AMR_0 和 $C_{2\theta}$ 均为正值且随温度的升高而增大，这与双层薄膜的 M_S-T 的变化关系相反，表明仅仅 MPE 是无法解释具有 'M' 形状的正 AMR 的现象。

为了解释具有 'M' 形状的正 AMR 的现象，图 8-14(1)给出了 Pt/Fe₄N 双层薄膜的物理机制的示意图。J_S=J_C×σ，其中 J_S 是自旋流，J_C 是电荷流，σ 是电子自旋。J_C 沿 x 轴方向流经 Pt 层，在 SHE 作用下沿 z 方向产生纯净的 J_S。J_S 将聚集在 Pt/Fe₄N 界面，一部分注入 Fe₄N 层中并被其吸收形成 J_S^{abs}，另一部分被反射回 Pt 层形成 J_S^{ref}。J_S^{ref} 与 Pt 层中的 J_S 中和，减小了 Pt 层的净自旋流。同时，J_S^{ref} 在逆自旋霍尔效应的作用下诱发了与 J_C 方向相反的电荷流 J_C^{ind}，导致具有 'M' 形状的正 AMR 出现。因此，Pt(3 nm)/Fe₄N (t_{Fe_4N}≤6 nm)双层薄膜的 AMR 的符号是 MPE 诱发的具有 'W' 形状的负 AMR 和 ISHE 诱发的具有 'M' 形状的正 AMR 共同竞争的结果。此外，随着温度的升高，MPE 诱发的面内 M_S 减小，|AMR| 减小。同时，随着温度的升高，Pt 层自旋霍尔角增大，ISHE 诱发的 M_S 增大，|AMR| 增大。因此，具有 'M' 形状的正 AMR 是由 ISHE 主导的，且随温度的升高 Pt(3 nm)/Fe₄N (t_{Fe_4N}≤6 nm)双层薄膜的 AMR_0 和 $C_{2\theta}$ 增大。

为了进一步证实具有 'M' 形状的正 AMR 的物理机制，研究了 Pt/Fe₄N 双层薄膜的平面霍尔效应。图 8-15(a)-(d)给出了在 10~300 K 范围内 Fe₄N 和 Pt/Fe₄N 异质结构的平面霍尔电阻率(ρ_{xy})随角度 θ 的变化关系。H 顺时针旋转，θ 相应地增大；θ=0° 对应于 H//I_{xx}，沿 xy 面内的 Fe₄N[100] 方向，如图 8-14(j)所示。图 8-15(a)~(d)中红色实线给出了经过式(3-10)拟合后的 ρ_{xy}-θ 曲线。图 8-15(e)~(h)给出了傅里叶系数 C_1 随温度的变化关系，其中 C_1 是由式(3-10)拟合图 8-15(a)~(d)中的 ρ_{xy}-θ 曲线得到的。结果表明，随着温度从 300 K 降至 10 K，Fe₄N(30 nm)薄膜的 ρ_{xy}-θ 曲线由双峰变为四峰，这与 AMR-θ 曲线中观察到的现象一致，如图 8-14(a)和 8-15(a)的蓝色三角形处所示。当在 6 nm 的 Fe₄N 上覆盖 3 nm 的 Pt 时，仅仅在 300 K 时 ρ_{xy}-θ 曲线中出现了 ρ_{xy} 翻转，如图 8-15(b)所示。同时，Pt(3 nm)/Fe₄N(6 nm)双层薄膜的 C_1 符号反转出现在 200 K 附近，如图 8-15(f)所示。这些现象与 Pt(3 nm)/Fe₄N(6 nm)的 AMR 和 $C_{2\theta}$ 中观察到的结果是不同的，表明沿 y 轴方向的反射自旋流分量 $J_{S_y}^{ref}$ 小于沿 z 轴方向的反射自旋流分量 $J_{S_z}^{ref}$。值得注意的是，在 10~300 K 范围内，Fe₄N(30 nm)薄膜的 C_1<0。在 10~200 K 范围内，Pt(3 nm)/Fe₄N(6 nm)双层薄膜的 C_1<0 且在 250~300 K 范围内 C_1>0。在 10~300 K 范围内，Pt(3 nm)/Fe₄N(4 nm)和 Pt(3 nm)/Fe₄N(2 nm)双层薄膜的 C_1>0。结果表明，Pt(3 nm)/Fe₄N(t_{Fe4N}≤6 nm)双层薄膜的 C_1 符号反转是由 MPE 诱发的负 C_1 和 ISHE 诱发的正 C_1 共同作用的结果，这与具有 'M' 形状的正 AMR 的物理机制一致。为了说明 Pt 厚度对 ρ_{xy} 的影响，图 8-16 给出了 10~300 K 范围内的

Pt(t_{Pt} ≤5 nm)/Fe₄N(3 nm)双层薄膜的 ρ_{xy} 随 θ 的变化关系。显然，Pt(t_{Pt} ≤5 nm)/Fe₄N(3 nm)双层薄膜的 C_1 均为正，且 Pt 厚度越大 C_1 越大。值得注意的是，Fe₄N 厚度越大 C_1 也越大，如图 8-15(g)和(h)所示。厚 Pt 层中出现较大 C_1 可能与 Pt/Fe₄N 较强的 ISHE 有关。

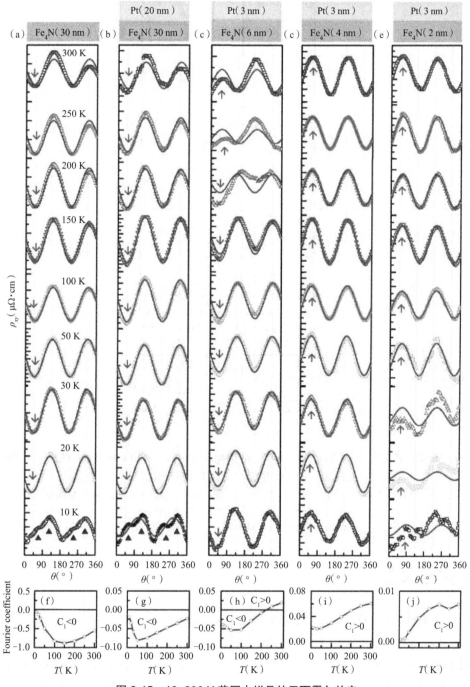

图 8-15　10~300 K 范围内样品的平面霍尔效应

(a)(f)Fe₄N(30 nm)/MgO；(b)(g)Pt(20 nm)/Fe₄N(30 nm)/MgO；(c)(h)Pt(3 nm)/Fe₄N(6 nm)/MgO；
(d)(i)Pt(3 nm)/Fe₄N(4 nm)/MgO 以及（ e)(j)Pt(3 nm)/Fe₄N(2 nm)/MgO 异质结构的(a)-(e) ρ_{xy} 随 θ 的变化关系；
(f)-(j) C_1 随温度的变化关系

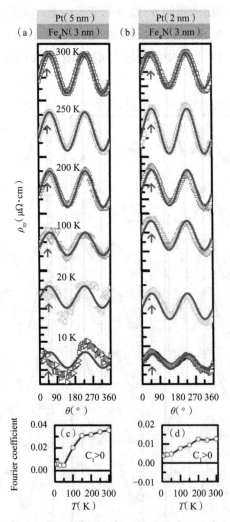

图 8-16　10~300 K 范围内 Pt(5 nm)/Fe₄N(3 nm)/MgO 和 Pt(2 nm)/Fe₄N(3 nm)/MgO 异质结构的
ρ_{xy} 随 θ 的变化关系与 C_1 随温度的变化关系

（a）Pt(5 nm)/Fe₄N(3 nm)/MgO 异质结构的 ρ_{xy}-θ 曲线；（b）Pt(2 nm)/Fe₄N(3 nm)/MgO 异质结构的 ρ_{xy}-θ 曲线；
（c）Pt(5 nm)/Fe₄N(3 nm)/MgO 异质结构 C_1 随温度的变化关系；
（d）Pt(2 nm)/Fe₄N(3 nm)/MgO 异质结构 C_1 随温度的变化关系

本章参考文献

[1] KOKADO S, FUJIMA N, HARIGAYA K, et al. Theoretical analysis of highly spin-polarized transport in the iron nitride Fe₄N[J]. Physical review B, 2006, 73(17): 172410/1-4.

[2] MIRON I M, GAUDIN G, AUFFRET S, et al. Current-driven spin torque induced by the Rashba effect in a ferromagnetic metal layer[J]. Nature materials, 2010, 9(3): 230-234.

[3] YU X Z, ONOSE Y, KANAZAWA N, et al. Real-space observation of a two-dimensional skyrmion crystal[J]. Nature, 2010, 465: 901-904.

[4] KANG M G, GO G, KIM K W, et al. Negative spin Hall magnetoresistance of normal metal/ ferromagnet bilayers[J]. Nature communications, 2020, 11(1): 3619/1-7.

[5] LI J X, JIA M W, DING Z, et al. Pt-enhanced anisotropic magnetoresistance in Pt/Fe bilayers[J]. Physical review B, 2014, 90: 214415/1-5.

[6] HUANG S Y, FAN X, QU D, et al. Transport magnetic proximity effects in platinum[J]. Physical review letter, 2012, 109(10): 107204/1-5.

[7] LIANG X, SHI G, DENG L, et al. Magnetic proximity effect and anomalous Hall effect in Pt/Y₃Fe₅₋ₓAlₓO₁₂ heterostructures[J]. Physical review applied, 2018, 10: 024051/1-9.

[8] LU Y M, CHOI Y, ORTEGA C M, et al. Pt magnetic polarization on Y₃Fe₅O₁₂ and magnetotransport characteristics[J]. Physical review letters, 2013, 110(14): 147207/1-5.

[9] AJEJAS F, GUDÍN A, GUERRERO R, et al. Unraveling Dzyaloshinskii-Moriya interaction and chiral nature of graphene/cobalt interface[J]. Nano letters, 2018, 18: 5364-5372.

[10] RÖSSLER U K, BOGDANOV A N, PFLEIDERER C. Spontaneous skyrmion ground states in magnetic metals[J]. Nature, 2006, 442(7104): 797-801.

[11] BODE M, HEIDE M, VON BERGMANN K, et al. Chiral magnetic order at surfaces driven by inversion asymmetry[J]. Nature, 2007, 447(7141): 190-193.

[12] MECKLER S, MIKUSZEIT N, PRESSLER A, et al. Real-space observation of a right-rotating inhomogeneous cycloidal spin spiral by spin-polarized scanning tunneling microscopy in a triple axes vector magnet[J]. Physical review letters, 2009, 103(15), 157201/1-4.

[13] HOU Z P, ZHANG Q, XU G Z, et al. Manipulating the topology of nanoscale skyrmion bubbles by spatially geometric confinement[J]. ACS nano, 2019, 13: 922-929.

[14] WOO S, LITZIUS K, KRÜGER B, et al. Observation of room-temperature magnetic skyrmions and their current-driven dynamics in ultrathin metallic ferromagnets[J]. Nature materials, 2016, 15(5): 501-506.

[15] TONOMURA A, YU X, YANAGISAWA K, et al. Real-space observation of skyrmion lattice in helimagnet MnSi thin samples[J]. Nano letters, 2012, 12(3): 1673-1677.

[16] WANG L, FENG Q, KIM Y, et al. Ferroelectrically tunable magnetic skyrmions in ultrathin oxide heterostructures[J]. Nature materials, 2018, 17: 1087-1094.

[17] SOUMYANARAYANAN A, RAJU M, Gonzalez Oyarce A L, et al. Tunable room-temperature magnetic skyrmions in Ir/Fe/Co/Pt multilayers[J]. Nature Materials, 2017, 16(9): 898-904.

[18] QIN Q, LIU L, LIN W, et al. Emergence of topological Hall effect in a SrRuO₃ single layer[J]. Advanced materials, 2019, 31: 1807008/1-6.

[19] MOREAU-LUCHAIRE C, MOUTAFIS C, REYREN N, et al. Additive interfacial chiral interaction in multilayers for stabilization of small individual skyrmions at room temperature[J]. Nature nanotechnology, 2016, 11(5): 444-448.

[20] BOULLE O, VOGEL J, YANG H, et al. Room-temperature chiral magnetic skyrmions in ultrathin magnetic nanostructures[J]. Nature nanotechnology, 2016, 11(5): 449-454.

[21] SUN L, CAO R X, MIAO B F, et al. Creating an artificial two-dimensional skyrmion crystal by nanopatterning[J]. Physical review letters, 2013, 110(16): 167201/1-5.

[22] CHEN S, YUAN S, HOU Z, et al. Recent progress on topological structures in ferroic thin films and heterostructures[J]. Advanced materials, 2020, 33(6): 1-24.

[23] LI Z R, FENG X P, WANG X C, et al. Anisotropic magnetoresistance in facing-target reactively sputtered epitaxial γ′-Fe₄N films[J]. Materials research bulletin, 2015, 65: 175-182.

[24] CHIBA D, SAWICKI M, NISHITANI Y, et al. Magnetization vector manipulation by electric fields[J]. Nature, 2008, 455(7212): 515-518.

[25] FERT A, REYREN N, CROS V. Magnetic skyrmions: advances in physics and potential applications[J]. Nature reviews materials, 2017, 2(7): 17031/1-15.

[26] JIANG W J, UPADHYAYA P, ZHANG W, et al. Blowing magnetic skyrmion bubbles[J]. Science, 2015, 349(6245): 283-286.

[27] LIN W N, YANG B S, CHEN A P, et al. Perpendicular magnetic anisotropy and Dzyaloshinskii-Moriya interaction at an oxide/ferromagnetic metal interface[J]. Physical review Letters, 2020, 124(21): 217202/1-7.

[28] KANAZAWA N, ONOSE Y, ARIMA T, et al. Large topological Hall effect in a short-period helimagnet MnGe[J]. Physical review letters, 2011, 106(15): 156603/1-4.

[29] MÜHLBAUER S, BINZ B, JONIETZ F, et al. Skyrmion lattice in a chiral magnet[J]. Science, 2009, 323(5916): 915-918.

[30] RITZ R, HALDER M, WAGNER M, et al. Formation of a topological non-fermi liquid in MnSi[J]. Nature, 2013, 497(7448): 231-234.

[31] JONIETZ F, MÜHLBAUER S, PFLEIDERER C, et al. Spin transfer torques in MnSi at ultralow current densities[J]. Science, 2010, 330(6011): 1648-1651.

[32] JIANG W J, ZHANG X C, YU G Q, et al. Direct observation of the skyrmion Hall effect[J]. Nature physics, 2016, 13(2): 162-170.

[33] LI Z R, MI W B, BAI H L. The contribution of distinct response characteristics of Fe atoms to switching of magnetic anisotropy in Fe₄N/MgO heterostructures[J]. Applied physics letters, 2018, 113(13): 132401/1-5.

[34] YIN L, WANG X C, MI W B. Perpendicular magnetic anisotropy preserved by orbital oscillation in strained tetragonal Fe₄N/BiFeO₃ bilayers[J]. ACS applied materials & interfaces, 2017, 9(18): 15887-15892.

[35] YIN L, MI W B, WANG X C. Perpendicular magnetic anisotropy and high spin polarization in tetragonal Fe₄N/BiFeO₃ heterostructures[J]. Physical review applied, 2016, 6(6): 064022/1-8.

[36] NAGAOSA N, SINOVA J, ONODA S, et al. Anomalous Hall effect[J]. Reviews of modern physics, 2010, 82:1539-1592.

[37] YU X, TOKUNAGA Y, TAGUCHI Y, et al. Variation of topology in magnetic bubbles in a colossal magnetoresistive manganite[J]. Advanced materials, 2017, 29(3):1603958/1-6.

[38] WANG W B, DANIELS M W, LIAO Z L, et al. Spin chirality fluctuation in two-dimensional ferromagnets with perpendicular magnetic anisotropy[J]. Nature materials, 2019, 18:1054-1059.

[39] LIU N, TENG J, LI Y. Two-component anomalous Hall effect in a magnetically doped topological insulator[J]. Nature communications, 2018, 9(1):1282/1-8.

[40] YASUDA K, WAKATSUKI R, MORIMOTO T, et al. Geometric Hall effects in topological insulator heterostructures[J]. Nature physics, 2016, 12(6):555-559.

[41] 史晓慧. 对向靶反应溅射 Fe₄N 薄膜的磁性和自旋相关输运特性的调控 [D]. 天津:天津大学, 2021.